Über dieses Buch

Fort Lauderdale in Südflorida, 5. Dezember 1945. Vom Flughafen des Marinestützpunkts startet eine Staffel von fünf Torpedoflugzeugen mit 14 Mann Besatzung zu einem Übungsflug. Als wenig später der Funkkontakt zu der Staffel abreißt, wird ein riesiges Flugboot ausgeschickt, um die Spur der Flugzeuge aufzunehmen. Aber weder von der Staffel noch von dem Flugboot wird jemals wieder auch nur ein Wrackteil gefunden. Sie bleiben verschollen.

Seit dieser Zeit sprechen Seeleute und Piloten vom *Bermudadreieck*, vom *Friedhof des Atlantik* – oder eben vom *Teufelsdreieck*. Das Gebiet zwischen Florida, Bermuda und Puerto Rico gilt als gefährlichste Seezone der Welt. Zahllose Schiffe und Flugzeuge sind hier auf rätselhafte Weise verschwunden, mehrere tausend Menschen wurden nie wieder gesehen.

Die tragische Geschichte des *Teufelsdreiecks* wird mit Meerungeheuern, Ufos, Geisterschiffen, Marsmenschen und Dämonen erklärt. Wissenschaftler dagegen sehen Faktoren wie Wetter, menschliches Versagen, Materialfehler oder Überfälle als Ursachen der Katastrophen im *Dreieck*.

Richard Winer arbeitete vier Jahre an dieser bisher gründlichsten Darstellung der dramatischen Ereignisse. Mit seinem Segelboot, Wasserflugzeugen und einem Team von Tauchern untersuchte er alle wichtigen Unfallstätten und kam so zu verblüffenden Erklärungen der Rätsel des *Teufelsdreiecks*.

Der Autor

Richard Winer stammt aus Sioux Falls im US-Bundesstaat South Dakota, studierte Pädagogik, gehörte im Zweiten Weltkrieg zu den Kampftruppen der amerikanischen Marine im Pazifik. Heute arbeitet er als Dokumentarfilmmacher, und sein Fernsehreport über das *Teufelsdreieck* war eine der aufsehenerregendsten Sendungen der letzten Jahre. Derzeit arbeitet er an einem Buch über die *Cyclops*, die mit ihrer gesamten Besatzung im *Dreieck* verschwand.

Richard Winer

Das Teufelsdreieck

Fischer
Taschenbuch
Verlag

Deutsche Erstausgabe
Fischer Taschenbuch Verlag
1.–15. Tausend: Januar 1977
16.–25. Tausend: Mai 1977
26.–35. Tausend: August 1977

Umschlagentwurf: Christoph Laeis

Titel der Originalausgabe: ›The Devil's Triangle‹
Erschienen im Verlag Bantam Books, Inc., New York
Aus dem Amerikanischen von Norbert Wölfl

Fischer Taschenbuch Verlag GmbH, Frankfurt am Main

Gesamtherstellung: Hanseatische Druckanstalt GmbH, Hamburg
Printed in Germany
580-ISBN-3-596-21833-0

Dieses Buch
ist den nächsten Opfern
gewidmet

Inhalt

Einleitung

Genau gegenüber dem Hafen von Hongkong gab es in Kowloon eine gutgehende Hafenkneipe, bekannt als ›Mike's Bar‹. Mike war ein Vollblut-Chinese. Seine Kundschaft bestand aus Seeleuten, Vertretern der Unterwelt der Kronkolonie, Landstreichern, Prostituierten, ausgefallenen Typen und gelegentlich mal einem verirrten Touristen. Die Spelunke rühmte sich, die wildeste Bar der Welt zu sein. Selbst die berüchtigte ›Quinn's Bar‹ in Tahiti konnte mit Mike's Bar nicht konkurrieren. Wenn Mikes Kunden gerade einmal nicht in eine Schlägerei verwickelt waren, dann meist nur deshalb, weil sie irgendeiner anderen Prügelei zusahen. In den seltenen Fällen, wo es einigermaßen ruhig zuging, pflegten Mikes Kunden ihr Seemannsgarn zu spinnen.

1967, im selben Jahr, als ein unglückseliger Gast Mike mit einer abgebrochenen Flasche erledigte, hörte ich dort zum ersten Mal von einem kleinen und geheimnisvollen Gebiet des Weltmeeres auf der anderen Seite des Globus, das ›das Teufelsdreieck‹ genannt wurde. Angeblich segelten die Schiffe dort über das Ende der Welt hinaus, Flugzeuge stiegen in den Himmel empor und kehrten nie zurück, Seeleute und Flieger verschwanden für immer.

Das ›Teufelsdreieck‹ ist eigentlich gar kein Dreieck, sondern ein Trapez. Eine Fläche mit vier ungleich langen Seiten, das ist die äußere Form dieser gigantischen Mausefalle.

Ich hatte über fünfzehn Jahre in Florida gelebt und von Zeit zu Zeit etwas über ein Schiff, ein Flugzeug oder eine Jacht gelesen, die ganz einfach spurlos verschwunden war. Aber der wahre Umfang dieser Ereignisse ging mir erst in ›Mike's Bar‹ auf.

Die Insel San Salvador auf den Bahamas, vermutlich die Stelle, an der Christoph Columbus seinen Fuß zum ersten Mal auf den Boden der Neuen Welt setzte, liegt ebenso innerhalb des ›Teufelsdreiecks‹ wie Crooked Island und Rum Kay, die beiden Inseln, von denen Historiker behaupten, Columbus hätte sie zuerst gesichtet. Im Tagebuch des großen Entdeckers wird erwähnt, daß Columbus und seine Mannschaft in der Nacht vor der epochemachenden Entdekkung ein grünliches Licht erblickten, das sich zuweilen bewegte.

Anthropologen vertreten die Theorie, daß es sich dabei um die Feuer auf Kanus von karibischen Ureinwohnern handelte, die sich auf den Wellen bewegten. Manche Ozeanographen vertreten die Auffassung, die grünlichen Lichter seien Feuer am Strand gewesen, in Farbe und Form verzerrt durch die Brandung und durch diese Illusion auch scheinbar bewegt. Die Philosophie der Ufo-Anhänger bedarf keiner Erklärung. Aber was immer die Seeleute in der Nacht des Jahres 1492 am östlichen Rand der Bahamas gesehen haben mögen, ob Indianer, optische Täuschungen oder Ufos – seitdem haben sich dort jedenfalls seltsame Dinge ereignet.
Sie dürfen sicher sein, daß dieser geheimnisvolle Abschnitt des Atlantischen Ozeans wieder ein neues Opfer gefordert haben wird, bevor Sie dieses Buch zu Ende gelesen haben. Vielleicht handelt es sich um einen unbekannten Fischer von den Bahamas, vielleicht um einen prominenten Bürger, der in einem Flugzeug startete und nie wieder gesehen wurde. Auf jeden Fall wird es geschehen. Man braucht kein Prophet zu sein, um vorherzusagen, daß einige Leser dieser Zeilen in jene Welt von toten Schiffen, vermißten Flugzeugen, todgeweihten Menschen und verlorenen Hoffnungen hinaussegeln werden, um nie wiederzukehren.

1. Flug ins Vergessene

Der 5. Dezember 1945 war ein für Südflorida typischer Wintertag: wechselnde Winde, ein kühler Morgen und ein blauer Nachmittag mit klarem Himmel. Auf der Marinefliegerstation Fort Lauderdale, dem jetzigen internationalen Flugplatz Hollywood–Fort Lauderdale, herrschte Hochbetrieb. Der Zweite Weltkrieg war seit fast vier Monaten vorüber. Abgesehen vom ständigen Personal und den Angehörigen der TBM(Torpedo-Bomber-Medium)-Schule, warteten hier Matrosen und Marine-Infanteristen auf ihre Abmusterung.Die Überschrift des *Miami-Herald* lautete an diesem Tag »CIA überwirft sich mit Truman«. Die Wetterfrösche hatten für den folgenden Morgen einen Temperatursturz bis plus 3 Grad vorhergesagt. Aber die drei Angehörigen der Bomber-Schule, die nach dem Essen aus der Messe in ihre Kaserne zurückkehrten, kümmerten sich weder um Politik noch um das Wetter von morgen. Es waren Sergeant Robert Gallivan aus Northampton in Massachusetts, Obergefreiter Robert Gruebel aus Long Island in New York und Unteroffizier Allen Kosnar aus Kenosha in Wisconsin. Ihre Unterhaltung drehte sich um zwei Fragen: ob sie zu Weihnachten wohl zu Hause sein würden, und welche der beiden Kinovorstellungen auf dem Stützpunkt sie besuchen sollten. Sie entschlossen sich, in ›What Next, Corporal Hargrave?‹ mit Robert Walker zu gehen. Aber diesen Film sollten sie niemals sehen.
Alle drei waren für den Nachmittag mit einer Staffel von fünf Torpedoflugzeugen vom Typ Avenger zu einem Übungsflug eingeteilt. Bis dahin hatten sie noch über eine Stunde Zeit und beschlossen, sich ein wenig aufs Ohr zu legen.
Als sie dann ihre Unterkünfte verließen, um sich über den Flug orientieren zu lassen, überkam Unteroffizier Kosnar eine seltsame Vorahnung, als sollte er lieber nicht mitfliegen. Es fiel ihm nicht schwer, sich zu entschuldigen, denn für diesen Monat hatte er die erforderlichen Flugstunden bereits erfüllt. Bob Gallivan und Bob Gruebel meldeten sich zusammen mit zwölf anderen Marine-Fliegern bei der Flugleitung.

›Flug 19‹ stellte eine normale Übungsaufgabe in Navigation dar. Keiner der sechs Angehörigen der Marine und der acht Marine-Flieger konnte ahnen, daß ihre Operation in Armeekreisen später als eines der »seltsamsten ungelösten Geheimnisse des Meeres« bezeichnet werden sollte.

Vierundzwanzig Jahre später kehrte Allen Kosnar auf den Flugplatz von Fort Lauderdale zurück, um an einem Dokumentarfilm über merkwürdige ungelöste Geheimnisse des Meeres mitzuwirken. Während er durch die alten Kasernenanlagen ging, die jetzt als Schule dienten, kam ihm eines der Gebäude bekannt vor. Der Umkleideraum der Turnhalle war die alte Unterkunft, in der er zusammen mit Gallivan, Gruebel und den meisten anderen Teilnehmern am Flug 19 gewohnt hatte. Schweigend und tief in Gedanken versunken, ging Kosnar an den Spinden und Bänken vorbei. Die übermalten Fenster ließen wenig Licht eindringen. Als er wieder in die Sonne hinaustrat, blinzelte er und murmelte: »Komisch, ich kann selbst nicht erklären, warum ich damals nicht fliegen wollte.«

Für Sergeant Gallivan, einen erfahrenen Bordschützen mit drei Jahren Kriegseinsatz im Pazifik, sollte es ein reiner Routineflug werden. Obergefreiter Gruebel war erst knapp ein Jahr beim Militär und freute sich einfach auf die wunderbare Gelegenheit zu fliegen. Seine Kameraden hatten ihm den Spitznamen »Yo-Yo« gegeben, da er jede Gelegenheit zum Fliegen wahrnahm. Nach Ableistung des Wehrdienstes wollte er allerdings Priester werden. Er hatte gerade nach Hause geschrieben, daß er seine Angehörigen in ein paar Wochen bei der Christmesse wiedersehen würde.

Der Flug 19 stand unter dem Befehl von Lieutenant Charles C. Taylor aus Corpus Christi in Texas, einem Mann mit sechs Dienstjahren. Bei ihm in der ersten Maschine saßen Bordfunker Walter Parpart und der Soldat George Devlin, beide aus Brooklyn. Die anderen Piloten und Mannschaften waren Joseph Bossi aus Arkansas City in Kansas, Herman Thelander aus Kimbrew in Minnesota, Bert Valuk aus Bloomfield in New Jersey, Lieutenant Forest Gerber aus New Ulm in Minnesota, William Lightfoot aus Lexington in Illinois (bei ihm sollte Kosnar mitfliegen), Captain George W. Stivers aus Piedmont, Missouri (zu seiner Mannschaft gehörten Gruebel und Gallivan), Captain Edward Powers aus Mount Vernon, New York, Howell Thompson aus Chicago in Illinois und George Paonessa aus Mamaroneck, New York.

Um 13.30 Uhr trafen die fünf Piloten und ihre Mannschaften auf dem Platz ein, um ihre Maschinen zu überprüfen. Die Avenger war eine der größten und stärksten einmotorigen Propellermaschinen,

die je gebaut wurden. Sie wurde sowohl von Flugzeugträgern als auch von Inselstützpunkten aus eingesetzt. Zur Platzersparnis konnte man auf Flugzeugträgern die Tragflächen zurückklappen. Die Maschine hatte eine Spannweite von über siebzehn Metern und ein Wright-Cyclone-Triebwerk mit 1600 PS. Sie konnte eine Spitzengeschwindigkeit von 300 Meilen in der Stunde erreichen und entweder ein Torpedo oder eine Tonne Bomben an Bord nehmen.
Die dreiköpfige Mannschaft bestand aus Pilot, Funker und Bordschütze. Den Torpedoflugzeugen waren im Zweiten Weltkrieg einige der entscheidensten amerikanischen Luftsiege im Pazifik zu verdanken. Der spektakulärste war die Versenkung des größten Schlachtschiffes der Welt, der *Yamato*, mitsamt ihrem Konvoi, bestehend aus dem Kreuzer *Yahagi* und vier Zerstörern. Sämtliche sechs japanischen Schiffe waren knapp eine Stunde nachdem die erste Avenger sie gesichtet hatte auf dem Grund des Meeres.
Bei der Wetterbesprechung für den Flug 19 ergab sich ein Bodenwind von 20 Knoten mit Böen bis 30 und vereinzelten Wolken. Für kleine Boote wäre das vielleicht schon rauhes Wetter gewesen, aber die TBMs waren ja für so etwas gebaut.
Um 14.00 Uhr war Lieutenant Taylors Maschine in der Luft. Zehn Minuten später bildeten die fünf Flugzeuge mit ihrer vierzehnköpfigen Besatzung eine Formation und flogen nach Osten über den Atlantik auf ihr Ziel zu, ein Schiffswrack südlich vor Bimini auf den Bahamas.
Nach einigen simulierten Torpedoangriffen auf den Betonrumpf gruppierte sich der Flug 19 neu und begann mit der Tagesaufgabe, einer routinemäßigen Navigationsübung, die 160 Meilen weit genau nach Osten führen sollte, dann 40 Meilen nach Norden und dann West-Südwest zurück zum Stützpunkt; dieser Dreieckskurs paßte sehr gut in das ›Teufelsdreieck‹.
Um 15.45 Uhr, eine Viertelstunde bevor die Maschinen zurückerwartet wurden, klebte Korporal Kosnar im Aufenthaltsraum einen Brief zu, den er gerade an seine Eltern geschrieben hatte. 150 Meilen nördlich an der Küste Floridas, in der Marinefliegerstation Banana-River, dem heutigen Luftwaffenstützpunkt Patrick bei Kap Caneveral, meldeten sich gerade Lieutenant Harry G. Cone aus Gainsville in Florida und seine zwölfköpfige Mannschaft zum Dienst. Es war ein routinemäßiger Bereitschaftsdienst für den Fall, daß eines der gewaltigen, dort stationierten Flugboote vom Typ Mariner PBM für einen Rettungseinsatz gebraucht werden sollte. Die Besatzung des Towers im Marinefliegerstützpunkt Fort Lauderdale sollte um 16.00 Uhr abgelöst werden. Während der Cheffunker des Towers

vor der Übergabe noch einmal sein Logbuch durchging, traf eine verzweifelte Meldung von Lieutenant Taylor ein: »Hallo, Tower, hallo Tower, das ist ein Notruf, wir scheinen vom Kurs abzukommen, wir sehen kein Land. Ich wiederhole: Wir sehen kein Land.«

»Bitte ihre Position«, funkte der Tower zurück.

»Wir wissen unsere Position nicht genau«, antwortete Lieutenant Taylor. »Wir wissen nicht recht, wo wir sind. Wir scheinen uns verfranzt zu haben.«

Die Männer im Tower waren verblüfft. Wie konnten sich fünf Flugzeuge mit erfahrenen Besatzungen bei einigermaßen gutem Flugwetter einfach verfranzen?

»Gehen sie genau auf Westkurs!« funkte der Tower.

Taylor antwortete: »Wir wissen nicht, wo Westen liegt. Alles ist so fremd und seltsam. Wir sind uns der Richtung nicht mehr sicher. Sogar das Meer sieht anders aus als es sollte!«

Kurz nach 16.00 Uhr übergab der Flugleiter das Kommando plötzlich an Captain Stivers, der Gallivan und Gruebel bei sich hatte. Inzwischen hatte es sich auf dem Flugplatz herumgesprochen, daß der Flug 19 in eine schwierige Lage geraten war.

Kosnar eilte hinüber zum Turm. Um 16.25 Uhr hörte er Captain Stivers Stimme: »Wir wissen nicht genau, wo wir sind. Nach unserer Meinung müssen wir uns 225 Meilen nordöstlich des Stützpunktes befinden.« Nach einigen Störungen meldete sich dieselbe Stimme wieder: »Es sieht aus, als gerieten wir in weißes Wasser.« Dann kam eine gebrochene Stimme: »Wir haben uns vollkommen verirrt.« Dann Schweigen.

Um diese Zeit war Lieutenant Cone mit seinem Mariner-Flugboot vom Banana-River bereits unterwegs zur letzten mutmaßlichen Position vom Flug 19. Die Mariner mit ihrer Spannweite von über 40 Metern war größer als eine »Fliegende Festung«. Ihre dreizehnköpfige Besatzung war auf solche Such- und Rettungsaktionen gedrillt. Die riesige Maschine führte alle nur erdenklichen Rettungsgeräte mit sich, angefangen von sich selbst aufpumpenden Schlauchbooten bis zu wasserdichten Notrufsendern, die beim Aufschlagen auf das Wasser eingeschaltet wurden und dann stundenlang einen Notruf sendeten. Die Maschine hatte genügend Treibstoff für über vierundzwanzig Stunden Flugzeit an Bord.

Eine knappe halbe Stunde später meldete der Funker der Mariner, J. Jordan aus Oakland in Kalifornien, die Maschine nähere sich der letzten mutmaßlichen Position der fünf vermißten Avengers, aber es sei nichts zu sehen. Zur Besatzung der Mariner gehörten außerdem Lieutenant J. G. W. G. Jeffrey aus Los Angeles in Kalifornien, R. M. Allen aus Sumter in Süd-Carolina, G. D. Arceneaux aus Lafayette in Indiana, L. A. Eliason aus Montevideo in Minnesota, J. Mendez aus Jacksonville in Florida, D. E. Peterson aus Carpenter in Arkansas, W. D. Cargill aus Columbus in Alabama, R. C. Cameron aus Hondo in Texas, T. W. Newman aus North Ill in Pennsylvania, J. F. Osterheld aus Salinas in Kalifornien und Joseph Zywicki aus Chicago in Illinois.

Die Mariner funkte noch eine Positionsmeldung. Dann zeigte sich, daß die Dreizehn für Harry Cone und seine zwölfköpfige Besatzung eine Unglückszahl war, denn von dem Riesenvogel wurde nie wieder etwas gehört.

Um 19.04 Uhr fing der Tower des Marineflugstützpunktes Opa Locka in Miami einen sehr schwachen Funkspruch auf: »FT – FT«. Diese Buchstaben gehörten zum Rufzeichen des Fluges 19. War es möglich, daß eine der Avenger-Maschinen sich noch in der Luft befand – fast zwei Stunden, nachdem auch der letzten Maschine dieser Gruppe der Treibstoff ausgegangen sein mußte? Kein anderes Flugzeug hätte diese Buchstaben verwendet.

Unmittelbar nach Abbruch des Funkkontakts mit dem Mariner-Flugboot waren Suchfahrzeuge der Marine und der Küstenwacht ausgelaufen. Im Morgengrauen des nächsten Tages beteiligten sich zweihundertzweiundvierzig Flugzeuge und achtzehn Schiffe an der Aktion. Sie wurden durch den Flugzeugträger *Solomons* mit 35 Maschinen an Bord unterstützt. Die Operation entwickelte sich zu einer der intensivsten Suchaktionen zu Wasser und in der Luft, die je durchgeführt wurden. Im Laufe des Tages beteiligten sich noch weitere Schiffe und Flugzeuge daran und kämmten ein Gebiet von über 280 000 Quadratmeilen durch. Sogar die Everglades, die Sümpfe um Miami, und der Golf von Mexico wurden abgesucht. Zu Fuß durchkämmten Suchkommandos Hunderte von Meilen der Küsten von Florida und den Bahamas.

Am Montag, dem 9. Dezember, berichtete eine Militärmaschine, sie hätte 300 Meilen nordöstlich von Miami zwei Rettungsboote gesichtet. Ein Kutter der Küstenwacht wurde hingeschickt, aber es handelte sich nur um Packkisten. Als sich der Abend über den 9. Dezember senkte, wurde die Suche abgebrochen.

Im Marineministerium herrschte Aufregung. Wie konnten sechs Maschinen und siebenundzwanzig Mann in einem verhältnismäßig kleinen Gebiet des Atlantischen Ozeans einfach verschwinden? Nach einer Untersuchung des Seegerichts, bei der Lieutenant Taylor posthum von jeglicher Verantwortung freigesprochen wurde, erklärte eines der Mitglieder des Untersuchungsausschusses: »Wir können nicht einmal vermuten, was geschehen ist.« Ein anderer Beamte sagte: »Sie sind so vollständig verschwunden, als seien sie zum Mars geflogen.« Ein Sprecher der Küstenwacht erklärte: »Wir haben keine Ahnung, was zum Teufel da draußen vorgeht!«

Viele Theorien wurden ventiliert, angefangen von Ufos bis zu der einer Massenkollision. Aber nichts konnte effektiv bewiesen werden. Im Falle einer Massenkollision zwischen den fünf Avengers hätte man sicherlich Trümmer und Treibgut gefunden. Bei fünf Flugzeugen kann nicht gleichzeitig der Treibstoff ausgehen. Wäre eine der Maschinen abgestürzt, so hätte eine der andern diese Tatsache gemeldet – usw. bis zum Absturz des letzten Flugzeuges. Es hat viele Fälle gegeben, in denen Avengers zum Notwassern gezwungen waren und dann 30 Minuten lang an der Oberfläche blieben. Sämtliche Maschinen des Fluges 19 waren mit automatischen Rettungsschlauchbooten und anderen Rettungsgeräten ausgestattet.

Richard Adams, heute Grundstücksmakler in Fort Lauderdale, steuerte während der Suchaktion vom Banana-River aus eines der Mariner-Flugboote. Er erinnert sich, daß an jenem Tag eine Kaltfront das Gebiet durchzog und abrupte Änderungen der Windrichtung mit sich brachte. Dadurch konnte der Kurs der Maschinen, bei dessen Berechnung man von südöstlichen Winden mit einer Stärke von zwanzig bis dreißig Knoten ausging, durch den vierzig Knoten starken Nordwestwind mehrere hundert Meilen weit nach Süden abgelenkt werden. Aber in diesem Falle hätten sich die Flugzeuge irgendwo in der Nähe von Andros Islands oder den Exumas auf den Bahamas befunden. Vom Zeitpunkt des ersten Notrufs bis zum letzten Funkspruch hätten die Besatzungen unbedingt eine der vielen Inseln unter ihnen sichten müssen. Was die vermißte Mariner betrifft, meint Adams, daß diese Flugboote wegen der riesigen eingebauten Treibstofftanks häufig als ›Fliegende Benzintanks‹ bezeichnet wurden. Es sei üblich gewesen, daß der Pilot oder der Co-Pilot vor jedem Start die Besatzungsangehörigen nach Streichhölzern oder Feuerzeugen absuchte, weil die Explosionsgefahr zu groß war. Adams hält es für möglich, daß Cone und seine Besatzung so eilig starteten, daß diese Vorsichtsmaßnahme übersehen wurde und daß einer der Männer vielleicht versucht hatte, sich eine Zigarette anzuzünden.

Ein Handelsschiff, die *S.S. Gaines Mills,* berichtete, an jenem Abend um 19.30 Uhr vor Melbourne Beach eine laute Explosion gehört und beobachtet zu haben. Aber das wäre zwei Stunden nach dem letzten Funkspruch der Mariner gewesen. Während einer ausgedehnten Suchaktion hätte das gewaltige Flugboot bestimmt nicht so lange Funkstille bewahrt. Und falls das Funkgerät ausgefallen sein sollte – die Mariner hatte ein zweites, davon völlig unabhängiges Gerät. Falls durch einen Zufall beide Funkanlagen ausfielen, wäre die Maschine sofort zum Stützpunkt zurückgekehrt. Auch wurde von der Mariner nicht das kleinste Wrackteil gefunden, das auf eine Explosion hingewiesen hätte.

Dr. Manson Valentine, ein weltbekannter Forscher und Experte für die Kulturen der Mayas und Azteken, beschäftigt sich zur Zeit mit den möglichen Ruinen einer versunkenen Stadt vor den Bahamas; er vertritt eine völlig andere Theorie: »Sie sind noch da, aber in einer anderen Dimension, und zwar auf Grund eines magnetischen Phänomens, das vielleicht von einem Ufo geschaffen wurde.«

Henry White, ein Ozeanograph von der Nova University, vertritt die Auffassung, die Erwähnung von ›weißem Wasser‹ während der letzten Sekunden der Funkverbindung mit den fünf Avengers könnte einen gewaltigen Wirbelsturm bedeuten, den man manchmal auch als ›weiße Windhose‹ bezeichnet. Dabei treten so heftige Sturmböen auf, daß sich der windgepeitschte Regen völlig mit dem aufgewühlten Ozean verbindet und so gewaltige Turbulenzen hervorruft, in denen fünf Maschinen leicht verlorengehen können. Aber auch dieser Theorie muß man entgegenhalten, daß weder Trümmer noch Leichen gefunden wurden. Außerdem waren die fünf Maschinen dreißig Minuten vor der Erwähnung des ›weißen Wassers‹ völlig desorientiert und in Panik geraten.

Commander Robert Cox, ein passionierter Offizier der amerikanischen Marine, fungierte damals, als der Flug 19 verschwand, auf dem Stützpunkt Fort Lauderdale als Leiter des Flugunterrichts. Er befehligte zum Zeitpunkt des Unglücks gerade eine andere Gruppe und sprach von Maschine zu Maschine mit Lieutenant Taylor. In einem Brief vom 5. Dezember 1970 erklärt Cox:

> Es ist seltsam, daß ich diesen Brief genau 25 Jahre nach jenen geheimnisvollen Ereignissen schreibe, aber ich schreckte in der Vergangenheit immer davor zurück, wenn diese Geschichte erwähnt wurde. Was angeblich geschehen ist, liest sich gut und könnte ohne viel Schwierigkeiten zu einem modernen Märchen verarbeitet werden. Tatsächlich war ich jedoch die einzige Person, die mit Lieutenant Taylor in dauerndem Funkkontakt stand, nachdem er die Orientierung verloren hatte. Ich befand mich mit

zwölf Maschinen zu einem Formationsflug in der Luft und sprach mit Lieutenant Taylor, bis in meinem Funkgerät ein Relais durchbrannte und ich landen mußte, um den Apparat reparieren zu lassen oder mir eine andere Maschine zu nehmen, um seine Gruppe, die unter einem unguten Stern stand, sicher zurückzugeleiten. Ich weiß genau, wo er sich befand, und versuchte alles, um es ihm mitzuteilen. Es gab damals eine langwierige Untersuchung, bei der ich einer der Hauptzeugen war.

Ich versichere Ihnen, daß es überhaupt nichts Mysteriöses gibt. Eine Kette unglücklicher Ereignisse und schlichten menschlichen Versagens führten zum Verlust der TBM-Maschinen, und die PBM-3 (Mariner) wäre höchstwahrscheinlich auch auf jedem anderen Flug explodiert. Dieses Unglück hat mit dem anderen nichts zu tun.

Commander Cox war wie Unteroffizier Kosnar ein unmittelbar beteiligter Zeuge. Seine Theorien leitet er aus direkten Beobachtungen ab. Sie stehen in genauem Gegensatz zu jenen von Dr. Valentine. Aber über die Ufos wurden Hunderte von ›Sach‹-Büchern geschrieben, und Tausende von ›echten‹ Wahrnehmungen wurden gemeldet. Ich selbst habe als Schriftsteller, Reporter und Fotograf während vieler Flüge über dem ›Dreieck‹ und vieler Seereisen in diesem Gebiet nie etwas Seltsames oder gar ›Okkultes‹ beobachtet. Aus diesem Grund kann ich nur skeptisch sein, und dennoch frage ich mich in Anbetracht der bekannten Tatsachen, ob im ›Teufelsdreieck‹ nicht doch etwas Ungewöhnliches vor sich geht.

Valentine, White und Adams brachten lediglich Vermutungen zum Ausdruck. Auch Commander Cox, der den Vorgängen so nahe war wie irgendeiner, präsentiert eine Vermutung. Handelt es sich bei dem Mysterium des ›Todesdreiecks‹ um nichts weiter als eine Kette logisch erklärbarer Vorgänge? Es gibt so viel Pro und Kontra. Aber die US-Marine konnte das Schicksal des Fluges 19 nie endgültig aufklären.

Im Laufe der Jahre wurden ungezählte Theorien darüber aufgestellt, was dem Flug 19 und dem Mariner-Flugboot zugestoßen sein könnte. Aber es gibt drei Männer, die während der gesamten kritischen Phase mit dem Flug 19 in Verbindung standen. Es sind die Funker Melvin Baker, George Rovic und Gene Dionne. Sie waren in einer Funkzentrale der Armee und der Marine in Port Everglades stationiert, knapp eine Meile vom Marineflugstützpunkt Fort Lauderdale entfernt. Dieser Stützpunkt hatte die Aufgabe, jede Form von Nachrichtenverbindung durchzuführen, angefangen von der

Weitergabe von Marschbefehlen bis zur Leitung von Rettungsaktionen für das Gebiet des Marineflugstützpunktes Banana-River bis nach Süden hinunter zu den Florida Keys und in den Golf von Mexico hinein. In der Zentrale wurden auch die Bewegungen der Seefahrzeuge in einem Umkreis von 400 Meilen seewärts registriert und die Positionen der Schiffe auf einer riesigen Seekarte mit farbigen Stecknadeln markiert. Sieben der dreizehn Radioempfänger des Stützpunktes reichten mit ihrer Kapazität um den ganzen Globus. Viele Frequenzen wurden rund um die Uhr überwacht, insbesondere die internationale Notruffrequenz 3000.
In einem Brief vom 23. Mai 1973 schreibt Melvin Baker:

> In unserem Stützpunkt wurde jedes Funkgespräch im Logbuch in Form einer Papierrolle rund um die Uhr notiert. Es handelte sich dabei um eine endlose Papierrolle, ähnlich einem Handtuchautomaten. Das Fiasko vom ersten Notruf bis zur ergebnislosen Einstellung der Suche machte eine ganze Rolle und den Teil einer weiteren aus. Jede einzelne Mitteilung, oft mehrere in der Minute, wurde festgehalten und identifiziert. Dies war die einzige komplette Aufzeichnung aller Mitteilungen. Als offenkundig wurde, daß mit einer eingehenden Untersuchung zu rechnen sei, kam ein Offizier aus dem Büro des Admirals im Bezirkshauptquartier Miami in unsere Station, um dieses Logbuch abzuholen. Ich weigerte mich, es ihm ohne die Zustimmung meines Vorgesetzten, Lieutenant Thompson, auszuhändigen. Das Logbuch wurde in unserem Safe eingeschlossen, bis es am ersten Tag der von Marineminister Forrestal geleiteten Untersuchung von Mr. Thompson persönlich vorgelegt wurde. Über diese Untersuchung erfuhren wir nichts Endgültiges, aber es gingen Gerüchte um, daß ein Vize-Admiral und einige seiner Untergebenen sowie auch der Offizier vom Dienst in der Marinefliegerstation Fort Lauderdale eine Rüge erhielten. Wir von der Nachrichtenzentrale wurden niemals befragt, und niemand setzte sich mit uns in Verbindung. Wir waren ja nur einfache Soldaten, und lediglich das Logbuch spielte bei dem Gerichtsverfahren eine Rolle; wie weit wissen wir nicht.
>
> Entgegen den Vorschriften wurde es niemals zurückgegeben. Ich kann nur hoffen, daß es die richtigen Leute ›erwischt‹ hat, aber ich bin auch sicher, daß sie der gerechten Bestrafung entgingen.

An jenem verhängnisvollen Dezembertag, als Baker, Rovic und Dionne für die Nachrichtenzentrale zuständig waren, liefen in voller Lautstärke sieben Sprechfunkempfänger, über die sich ständig Flugzeuge, Schiffe, Boote und andere Stationen miteinander unterhielten. Aber die Funker waren das gewöhnt, und es fiel ihnen nicht schwer, dem Inhalt der vielen verschiedenen Funkgespräche zu folgen. Sie wußten von Anfang an, daß beim Flug 19 Schwierigkeiten aufgetreten waren. Aber ursprünglich war der Flugleiter der Marinefliegerstation für den Flug verantwortlich. Deshalb hörten die drei Funker nur zu.

Baker schrieb:

> Ich merkte, daß die Stimme des Kommandanten (Taylor) plötzlich Angst und Furcht ausdrückte. Deshalb schaltete ich mich sofort ein und ließ mir bestätigen, daß er sich verflogen habe. Nach seinen Angaben war er auf einen Gegenwind von 80 Meilen Stundengeschwindigkeit gestoßen und hatte die Richtung verloren. Der erste Schritt bestand darin, die Funkzentrale auf dem Marineflugstützpunkt Fort Lauderdale anzurufen. Dies wurde telefonisch erledigt. Wir erbaten den genauen Flugplan, den Zeitpunkt des Starts, den Treibstoffvorrat der Maschinen, die genaue vergangene Flugzeit und den Treibstoffverbrauch der betroffenen Maschinen. Nachdem das erledigt war, nahm ich mit dem Kommandanten wieder Verbindung auf. Heute kann ich sagen, daß sich . . . seine Flugkontrolle vom Stützpunkt mit keinem einzigen Funkspruch mehr meldete . . . nicht ein einziges Mal . . . und keinen Piep von sich gab. Der Kommandant war zu dem Schluß gelangt, in den Golf von Mexico abgetrieben worden zu sein.

Baker ließ sofort Karte und Wetterlage überprüfen und stellte fest, daß keine solche Winde über Land oder dem Golf von Mexico existierten. Es wurde jedoch festgestellt, daß über dem Atlantik, wo sich der Flug 19 befinden sollte, Höhenwinde vorherrschten. Baker schloß daraus, daß die fünf Maschinen mit Sicherheit die Orientierung verloren hatten, und rief das Marinehauptquartier Miami an, um eine Radioortung der Maschinen zu verlangen. Bei dem Ortungsgerät handelt es sich im Prinzip um einen starken Empfänger, der eine Funksendung anpeilen und den Ursprung angeben kann. Werden zwei solcher Geräte von verschiedenen Punkten aus auf ein Signal gerichtet, läßt sich die Position des Senders leicht feststellen.

Baker bat Taylor weiterzusprechen, damit Miami durch Peilung die Flugrichtung feststellen konnte. Aber das wäre nur eine Ortung gewesen, zwei waren erforderlich. Im Laufe der Zeit wurde das Marinehauptquartier Miami im Abstand von wenigen Minuten ersucht, eine Richtungspeilung vorzunehmen. Die Antwort war immer dieselbe: »Wir versuchen es.« Inzwischen hielten sich

Lieutenant Hatch, der Nachrichtenoffizier, der Funker Ted Ardary und viele Mitarbeiter, die frei hatten, im Nachrichtenraum auf. Baker fährt fort:

> Ich drehte meinen Sender soweit zurück, daß mich der Kommandant der Gruppe gerade noch hören konnte. Auf diese Weise stellte ich fest, daß er sich nicht über dem Golf befand. Ich veranlaßte den Kommandanten, auf den ortsüblichen Notrufkanal umzuschalten, erinnere mich aber nicht mehr daran, ob wir auch den Flugschülern Anweisung zur Umschaltung gegeben haben. Das war nicht üblich, solange noch eine Funkverbindung bestand. So wurde ich selbst und der Kommandant (Taylor) auf dieser Frequenz isoliert. Sein Stützpunkt wußte es und konnte mithören. Ich weiß auch, daß dies geschehen ist. Wir konnten uns natürlich auch mit den anderen Maschinen in Verbindung setzen, aber sie meldeten sich nur selten. Ich verständigte alle Betroffenen von meinem Versuch mit dem gedrosselten Sender und versuchte sie davon zu überzeugen, daß ich meiner Sache ganz sicher war. Außerdem hatten wir in einem Umkreis von 400 Meilen jedes uns bekannte Fahrzeug verständigt. Lieutenant Thompson ließ alle Rettungsfahrzeuge im Hafen auftanken und für alle Fälle bereitstellen. Alle Flugstützpunkte in Florida waren alarmiert und hielten ihre Maschinen bereit. Nach unseren Berechnungen wurde der Treibstoff knapp. Auf Anfragen nach der Radiopeilung erhielten wir vom Hauptquartier Miami wiederholt negative Antworten. Die Männer in den Flugzeugen gerieten in Panik. Einer meldete sich, während ich den Strom zurückgedreht hatte, und sagte: Er weigere sich, mit den anderen in der Formation zu bleiben, weil er glaube, sie flögen hinaus aufs Meer. Ich versuchte ihn zu überreden, aber nach einiger Zeit sonderte er sich von der Gruppe ab und wurde nie wieder gesehen.

Ironischerweise war mehrere Monate vor diesen Ereignissen ein Patrouillenfahrzeug zum Abwracken nach Port Everglades gebracht worden. Die Männer aus der Nachrichtenzentrale brachten es fertig, einen Teil der elektronischen Geräte von dem Schiff zu ›organisieren‹. Daraus bauten sie sich einen eigenen Teilsender zusammen. Er arbeitete bis auf den Bruchteil eines Grades genau, und sie hatten ihre Methode soweit verfeinert, daß sie ein Funksignal innerhalb von 90 Sekunden fixieren konnten. Aber ein Offizier im Hauptquartier des Admirals in Miami erfuhr von diesem selbstgebastelten Apparat, der besser funktionierte als die anderen, für die die Marine Tausende von Dollar bezahlt hatte. Deshalb erging Anweisung, das Gerät zu zerstören.

Das Marinehauptquartier Miami wurde noch einmal um eine Radiopeilung gebeten. Diesmal erfolgte die Bitte durch einen Anruf im Büro des kommandierenden Admirals. Wieder war die Antwort: »Wir versuchen es immer noch.«

Baker fährt fort:

> Als der Treibstoff nur noch für knapp eine Stunde reichte, sichtete der Kommandant Land. Er beschrieb es sehr genau von der Luft aus, und ich war hundertprozentig davon überzeugt, daß er sich über der Insel Andros (in den Bahamas) südöstlich von seinem Stützpunkt befand. Ich ließ die Landkarte an Hand seiner Beschreibung immer wieder kontrollieren und bin bis heute sicher, daß er über Andros war. Ich gab ihm einen Kurs an, der ihn zu uns führen mußte. Wir besaßen einen Sichtweitensender, zwei Meter hoch und einen Meter breit und von höchster Empfindlichkeit. Bei unbehindertem Sichtkontakt ist die Wiedergabe dieses Gerätes so klar wie bei einem Telefon. Die Sichtweite auf offenem Meer beträgt fünfzig Meilen. Auch unter den günstigsten Voraussetzungen, wenn sich eine Maschine über dem Meer befindet und keine Wolke am Himmel ist, würde ich sagen, daß dieser Sender 75 Meilen unmöglich übertreffen kann. Ich sprach über diesen Sender vier Minuten lang ununterbrochen mit dem Kommandanten und drehte dabei allmählich den Strom zurück. Er hörte mich immer noch, aber ich konnte ihn wahrscheinlich nicht davon überzeugen, daß ich meiner Sache sicher war. Ich bat seinen Vorgesetzten auf dem Marinestützpunkt Lauderdale, ihn anzuweisen, sich nach meinen Signalen zu orientieren. Aber sie meldeten sich nicht. Sie meldeten sich überhaupt nicht. Nun flehte ich den Flugkommandanten an, immer noch mit verminderter Sendestärke. Ich wußte genau, wo er sich befand. Ich berechnete seine Fluggeschwindigkeit, als er die Insel Andros überquerte, und wußte genausogut wie andere im Nachrichtengebäude, daß er auf uns zukam, aber er hörte nicht auf mich. Er antwortete, wenn er so nahe wäre, müßte er ja Land sehen. Ich entgegnete, das sei nicht der Fall, wenn er parallel zu uns flöge. Dann berechnete ich seinen Treibstoffvorrat und erklärte ihm, es sei noch genug übrig, um einen Kreis von 360 Grad mit einem Durchmesser von 50 Meilen zu fliegen, denn dann könne er sein Ziel nicht verfehlen. Aber ich konnte ihn nicht davon überzeugen. Schließlich erklärte er mir, er werde den Kurs ändern und tat es auch. Ich folgte ihm mit meinem Gerät. Seine Signale wurden schwächer, und ich teilte es ihm mit. Ich bat ihn noch einmal, auf mich zu hören . . . ich bat seine Dienststelle,

ihm entsprechende Befehle zu geben, aber ohne Erfolg. Mit jeder Sekunde wurden die Funkzeichen schwächer. Nach einer Weile hörte er mich nur noch unterbrochen. Er flog in dieselbe Richtung weiter, bis sein Treibstoff zu Ende war.

Während Baker mit Lieutenant Taylor in Verbindung stand, waren die anderen in der Nachrichtenzentrale damit beschäftigt, Positionsberechnungen anzustellen und Schiffe sowie andere Flugzeuge in dem Gebiet zu verständigen. Nachdem das letzte Funkzeichen von Flug 19 verklungen war, setzte sich der Funker Baker noch einmal mit dem Marinehauptquartier Miami in Verbindung.

Er schreibt dazu:

Immer noch keine Funkpeilung. Ich flehte und bettelte, aber es war nichts zu machen. Wir hatten die Fluglage von allen Seiten her durchgerechnet und festgestellt, daß kein Treibstoff mehr übrig sein konnte. Es gab keine Verbindung mehr. Aber trotzdem versuchten wir es immer noch. Ich erinnere mich nicht mehr an die genaue Zeit, aber es müssen etwa zwei Stunden und vierzig Minuten nach meinem letzten verständlichen Gespräch mit dem Kommandanten vergangen sein, als das Marinehauptquartier Miami endlich die Funkpeilung durchgab. Wir versuchten es immer noch. George Rovic und ich blieben die ganze Nacht, den folgenden Tag und die nächste Nacht, also 72 Stunden, ohne Unterbrechung am Gerät, aßen an unserem Arbeitsplatz und warfen Abfälle einfach vor die Tür. Ted Ardary, Gene Dionne, ein gewisser Broctor und einige andere waren auch die meiste Zeit über da.

Über das vermißte PBM-Flugboot vom Typ Mariner schreibt Baker:

George Rovic und ich standen mit dem ›Dumbo‹ (Spitzname für die Mariner Flugboote) von der Zeit vor dem Start bis zu seinem Verschwinden in Verbindung. Als der ›Dumbo‹ die von uns angepeilte Stelle erreicht hatte, gaben wir Anweisung, während des Kreisens mindestens alle drei Minuten zu funken, gleichgültig ob es etwas zu melden gab oder nicht. Er machte keine Wahrnehmungen. Aber kaum hatte die Maschine mit dem Kreisen begonnen, da brach der Funkkontakt ab. Wir stritten über die Frage, ob aus seinem Sender ein Knall zu hören war oder nicht. Ich persönlich kann es nicht behaupten, aber ich glaube es. Ich rief die Maschine noch längere Zeit immer wieder an.

Während Baker versuchte, über Sprechfunk den Kontakt zu der Mariner wieder herzustellen, bemühte sich ein schwerer Kreuzer, das Flugboot über Morsezeichen zu erreichen. Das Schiff meldete sich genau von der Position aus, an der sich die Mariner befinden mußte. Jeder verfügbare Mann stand an Bord und beobachtete den Himmel. Der große ›Dumbo‹ hätte fast genau über dem Schiff sein müssen. Das Schiff verfügte über genügend Fachkräfte und Geräte, um seine Position bis auf eine Meile genau zu bestimmen. Es lag an der Stelle, wo das Flugboot zu kreisen beginnen sollte, als die Verbindung abbrach. Das Schiff meldete, daß sich das Suchflugzeug überhaupt nicht in seinem Bereich befunden hätte.

Aus den Briefen und Erklärungen der Personen, die direkt oder indirekt mit dem Verlust der sechs Flugzeuge etwas zu tun hatten, scheint hervorzugehen, daß fast alle Details bekannt sind und daß man sie nur miteinander in Verbindung bringen müßte, um das nach Ansicht der Marine größte Geheimnis des Meeres zu klären. Es sind genügend Tatsachen aktenkundig, um ohne Übertreibung gewisse Schlüsse ziehen zu können.

Erstens: Die PBM-Flugboote vom Typ Mariner waren wegen der großen Mengen an hochoktanigem Treibstoff recht gefährliche Flugzeuge. Eine Reihe dieser Maschinen explodierte in der Luft.

Zweitens: Am 5. Dezember 1945 zog eine Kaltfront mit heftigen Winden durch die Straße von Florida und rief eine plötzliche Änderung der Windrichtung von Südost auf Nordwest hervor.

Drittens: Lieutenant Taylor wußte nicht mehr, in welcher Richtung, von seinem Stützpunkt aus gesehen, er sich befand.

Viertens: Die Tatsache, daß Funker Baker und Lieutenant Taylor ihre Geräte auf einen anderen Kanal schalteten als den der anderen Maschinen, kann dazu geführt haben, daß der Tower annahm, Captain Stivers hätte das Kommando übernommen. Höchstwahrscheinlich sprach er mit den übrigen Maschinen, während Taylor mit Bakers Bemühung beschäftigt war, die Maschine nach Hause zu lotsen.

Fünftens: Die eine Maschine, die aus der Formation ausscherte und in die Gegenrichtung davonflog, kann das Bodenpersonal an den Funkgeräten zu der Annahme veranlaßt haben, daß oben Panik herrschte.

Sechstens: Es wurde häufig die Frage gestellt, warum man sich für den Rückflug nach Westen nicht nach der Sonne richtete, da sich der Zwischenfall kurz vor Sonnenuntergang ereignete. Dafür kann es zwei Erklärungen geben: eine Wolke, die mit der Kaltfront hereinzog, oder Taylors Annahme, daß er sich über dem Golf von Mexico befand – in diesem Fall würde er natürlich von der Sonne wegfliegen und immer weiter hinaus in den Atlantischen Ozean geraten.

Siebtens: Commander Cox stand unter dem Eindruck, den gesamten Sprechfunkverkehr mit dem Flugkommandanten gehört zu haben und bis fast zum Ende hin mit ihm in Verbindung zu stehen. Aber Bakers Funkgerät war wesentlich stärker und hielt die Verbindung mit dem Flugzeug etwas länger aufrecht als Cox oder der Stützpunkt Fort Lauderdale. Außerdem hatten Baker und Taylor für eine gewisse Zeit, in die auch die letzte Meldung der Maschine fiel, auf einen anderen Kanal geschaltet.

Achtens: Die Insel Andros liegt etwa hundert Meilen südöstlich von Miami und wird entlang der Ostküste von Tiefenwasser begrenzt, nach Westen hin von Untiefen, die sich über viele Meilen erstrekken. Die Insel ist lang und schmal. Die Untiefen reichen mindestens fünfzig Meilen weit nach Westen und können bei unklarem Wetter von der Luft aus leicht mit der Südspitze von Florida dicht nördlich der Keys verwechselt werden. Die beiden Gegenden sehen einander so ähnlich, daß Lieutenant Taylor annehmen konnte, er hätte gerade Florida überflogen und befände sich über dem Golf. Er war sich dieser Tatsache so sicher, daß er auf Baker nicht hören wollte. Er drehte in die Gegenrichtung ab, aber anstatt nach Florida zurückzufliegen, flog er in Wirklichkeit in Richtung Andros und verfehlte die Insel wahrscheinlich überhaupt. So flog er immer weiter nach Osten, fort von seinem Stützpunkt.

Neuntens: Wenn die Piloten die veränderte Windrichtung nicht rechtzeitig ausgeglichen haben sollten, mußten sie genau nach Andros abgetrieben worden sein.

Zehntens: Die Maschinen flogen höchstwahrscheinlich nach Westen, aber ihre Geschwindigkeit über dem Boden muß durch stürmische Winde von siebzig bis achtzig Knoten verringert worden sein. So kam es, daß sie sich der Insel Andros näherten, während sie nach ihren Berechnungen schon nahe der Küste von Florida sein mußten. Nun hätten sie in der Lage sein müssen, die Windstärke abzuschätzen; und nach Erreichen des offenen Meeres können sie in ein Gebiet geraten sein, das von der Kaltfront bereits passiert war und in dem sich die stürmischen Winde legten.

Elftens: Einige Monate vor diesem 5. Dezember 1945 wurde die Nachrichtenstation Port Everglades wegen hervorragender Leistungen in der Koordinierung von Rettungsaktionen von Marineminister James Forrestal offiziell belobigt.

Ausgehend von diesen Tatsachen läßt sich die Katastrophe des Fluges 19 rekonstruieren. Es war vermutlich kurz nach 15.30 Uhr am 5. Dezember 1945, als sich die fünf Marineflugzeuge vom Typ Avenger auf dem letzten Abschnitt ihres Routineflugs befanden.

Kurz bevor sie nach ihrer Berechnung Land sichten konnten, stießen sie auf eine Kaltfront mit dichter Wolkendecke und heftigen nordwestlichen Winden. Diese Winde, von denen die Flieger nichts wußten, trieben sie von ihrem Kurs nach Süden ab und verringerten vermutlich ihre Geschwindigkeit über dem Boden. Als sie die Kaltfront passiert hatten und aus den Wolken auftauchten, sahen sie hinter sich Land verschwinden und unter sich Untiefen, die sich weit nach Westen erstreckten. In der Annahme, daß sie soeben die Südspitze von Florida passiert hätten, führte der Kommandant die Gruppe in weitem Bogen nach Norden und wollte Fort Lauderdale von Westen anfliegen. An dieser Stelle trafen sie in 2400 Meter Höhe auf Gegenwind von 70 bis 80 Meilen in der Stunde. Bei ihrem Kurs nach Nordosten verschwand das Land bald wieder, und sie befanden sich erneut über dem offenen Meer. Sie hatten Andros, die größte der Bahama-Inseln, mit Südflorida verwechselt.
Das geschah kurz vor 16.00 Uhr. Sie teilten ihrem Stützpunkt mit, sie hätten sich verflogen. In einem Versuch, den vorherigen Kurs wieder aufzunehmen, wandten sie sich erneut nach Westen. Nun müssen sie sich über den tiefen Gewässern nordöstlich von Andros befunden haben. Aber inzwischen standen sie mit dem Funker Baker in Verbindung. Im Süden konnten sie Land sehen und beschrieben es Baker. Als die Mannschaft im Nachrichtenzentrum ermittelt hatte, daß es sich bei diesem Land um Andros handelte, hatten die Maschinen bereits die halbe Entfernung nach Florida zurückgelegt. Die einzelne Maschine, deren Pilot auf eigene Faust navigierte, hatte sich bereits von der Gruppe getrennt, und so befanden sich nur noch vier Flugzeuge im Anflug auf die Küste Floridas. Aber aus unerfindlichen Gründen war der Kommandant immer noch davon überzeugt, sich über dem Golf von Mexico zu befinden. Deshalb ließ er umkehren. Nun behielt die Gruppe den Ostkurs bei, bis jegliche Nachrichtenverbindung verlorenging. Die Maschinen flogen weiter, bis ihnen nacheinander der Sprit ausging und sie Bruchlandungen machten – einige im Gebiet der Bahamas, andere draußen im Atlantik, in der sogenannten Sargasso-See.
Diese bekannten Tatsachen sind Beweis genug für das Schicksal, das die Flieger ereilte. Aber sind es wirklich hieb- und stichfeste Beweise? Die beiden letzten Glieder in der Kette von Ereignissen fehlen immer noch: die Opfer und die Wracks. Es ist durchaus möglich, daß eine Maschine spurlos verlorengeht. Man kann sich auch denken, daß zwei Maschinen spurlos verschwinden. Drei Flugzeuge – das ist möglich, aber nicht wahrscheinlich. Wie aber

steht es bei sechs Flugzeugen und siebenundzwanzig Mann Besatzung, von denen keine zwei Maschinen im selben Gebiet abstürzten? Die Suchmannschaften hatten es mit sechs verschiedenen Absturzstellen in der Nähe der Inselgruppe zu tun, wobei alle Maschinen innerhalb eines verhältnismäßig kurzen Zeitraums abstürzten. Selbst wenn das riesige Mariner-Flugboot in der Luft explodiert wäre, so enthielt es ungezählte Bestandteile, die an der Wasseroberfläche hätten bleiben müssen. Wenn ein Wirbelsturm entsprechend der Theorie von der ›Weißen Windhose‹ die Avengers zerrissen hätte, wären auch von ihnen Wrackteile auf der Wasseroberfläche zurückgeblieben. Und konnte die fünfte Maschine, die sich von den anderen abgesondert hatte, überhaupt in einen solchen Wirbelsturm geraten? Es ist undenkbar, daß den fünf Flugzeugen genau gleichzeitig der Treibstoff ausging. Auch dann hatte jede von ihnen noch die Möglichkeit einer Notwasserung und eine gute Chance, zumindest einige Minuten lang an der Oberfläche zu bleiben. Es war während des Krieges im Pazifik oft genug vorgekommen, daß Avenger-Maschinen auf dem Meer notwassern mußten und lang genug schwammen, daß ihre Mannschaften die Rettungsboote aufblasen und ›aussteigen‹ konnten, ohne sich die Füße naß zu machen.

Wenn es sich bei der fünften Maschine um diejenige handelte, in der Unteroffizier Kosnar hätte mitfliegen sollen, dann wäre sie länger in der Luft geblieben als die übrigen, weil sie weniger Last an Bord hatte, und sie hätte auch die Formation verlassen können, bevor der Flug auf den Gegenwind stieß, der einen überhöhten Treibstoffverbrauch forderte. Das könnte die Erklärung für das mysteriöse Funkzeichen »FT-FT« sein, das der Tower Opa Locka mehrere Stunden nach dem Abbruch jeglicher Verbindung mit den Maschinen auffing. Zwischen dem Punkt der größten Annäherung an Florida und dem offenen Meer im Osten liegen zahlreiche Inseln. Es ist denkbar, daß entweder die fünfte Maschine oder die geschlossene Formation mindestens eine der Inseln überflog und eine Notlandung versuchte. Dennoch bleibt die Möglichkeit bestehen, daß die Maschinen durch einen dummen Zufall durch den einzigen schmalen Korridor zwischen den Bahamas, dem North-West-Providence-Channel, nach Osten flogen und auf keiner Seite Land sichteten. Dieses Land hätte sich dann zu beiden Seiten in einer Entfernung von etwa 12 Meilen befunden. Es wären die Berry-Inseln gewesen, die Südspitze von Great Abaco und die Nordspitze von Eleuthera Island. Danach kam das offene Meer.

Im Mai 1961 stellten die Zeitungen von New York bis Florida in ihren Schlagzeilen Spekulationen darüber an, daß ›das große Geheimnis von Fort Lauderdale endlich gelöst‹ sein könnte. Am 19. Mai arbeitete ein riesiger Saugbagger im Banana River am westlichen Rand von Kap Canaveral. Es sollte Füllmaterial für den gewaltigen Saturn-Raketenkomplex gewonnen werden, der am Kap gerade gebaut wurde. Nachdem man einige Tage in dem weichen Schlamm ohne Schwierigkeiten gearbeitet hatte, blieb die große Saugpumpe plötzlich knirschend stehen. Man nahm die Maschine auseinander und entdeckte, daß sich der Zylinder eines Flugzeugtriebwerks im Mechanismus verklemmt hatte. Zuerst glaubten die Männer, es handele sich um einen Bestandteil von einer abgewrackten Maschine. Aber nach Entfernen des Aluminiumzylinders entdeckten sie menschliche Knochen und einen Schuh, von dem sich später herausstellte, daß dieses Modell von den Marinefliegern getragen wurde. Eine Tauchmannschaft wurde an die Fundstelle entsandt, aber das Wasser war so trüb, daß die Männer ihre eigenen Atemblasen nicht sehen konnten. Wegen des grundlosen Schlamms blieben ihre Bemühungen erfolglos.
Es wurde festgestellt, daß der Zylinder von einem Flugzeugtyp wie dem Avenger stammte. Bald darauf holte die Saugpumpe zwei gleiche Funkarmaturen herauf, die auch zu einem Avenger gehören konnten. Die Zeitungen verfolgten den Fall fast eine Woche lang, aber das Rätsel sollte ungelöst bleiben. Ein Team der Marine unter der Leitung von Capitän Lieutenant Richard Stack stellte fest, daß die Wrackteile von einem SBD der Marine stammten, einem Bombenflugzeug aus den frühen Tagen des Zweiten Weltkriegs. Aber nun ergab sich ein neues Rätsel: Eine Überprüfung sämtlicher Unterlagen brachte das Ergebnis, daß innerhalb der Reichweite der Maschine von keinem Stützpunkt aus dem Zweiten Weltkrieg eine SBD vermißt wurde.

In den offiziellen *Naval Aviation News*, Ausgabe Juni 1973, erschien ein Artikel von Michael McDonell, unter der Überschrift ›Verlorene Patrouille‹.
Unter anderem wird darin die Frage beantwortet, warum Commander Cox, der Leiter der Flugschule, nicht noch einmal startete, nachdem er wegen der Schwierigkeiten an seinem Funkgerät zum Stützpunkt zurückgekehrt war. Nach McDonells Angaben bat Cox um Erlaubnis, mit einer anderen Maschine zu starten, um den in Bedrängnis geratenen Avengers beizustehen. Aber der Offizier vom Dienst antwortete. »Ausgeschlossen!« Vor der Untersu-

chungskommission sagte der Flugleiter aus, nach seinem Gefühl hätte sich der Flug 19 schließlich wieder orientiert und kehrte zum Stützpunkt zurück. Er erklärte weiter, auf Grund der Schlechtwetterfront, die sich von Norden näherte, sei ein Sicherheitsrisiko vorhanden gewesen. Unbeantwortet bleibt trotzdem noch die Frage, warum die anderen elf Maschinen von Commander Cox' Einheit nicht in der Lage waren, Hilfe zu leisten, nachdem sein Funkgerät ausgefallen war.
Die zwischen den Flugzeugen und der Bodenstation nach Angabe der *Aviation Week* gewechselten Funksprüche scheinen Melvin Bakers Aussage zu bestätigen. Sie unterstreichen auch Bakers Ansicht, daß die Funkpeilung über Gebühr lange dauerte. Als das Ergebnis endlich da war, befanden sich die Maschinen weit draußen über dem Meer und hatten »nur noch etwa für 20 Minuten Treibstoff«. Wären die siebenundzwanzig Flieger gestorben, wenn rechtzeitig eine richtige Peilung vorgenommen worden wäre? Die einzigen, die diese Fragen beantworten könnten, sind tot. Der Artikel wirft ein neues Schlaglicht auf das vermißte Flugboot. Der Flugzeugträger *USS Solomons*, der zum Zeitpunkt des Unglücks vor der Küste Floridas operierte, berichtet später: »Unser Radarschirm zeigte eine Maschine, die sich gestern abend nach dem Start in Banana River mit einer anderen Maschine traf (das zweite Suchflugzeug), sich dann von ihr trennte und auf Kurs 045 Grad weiterflog. Genau zu diesem Zeitpunkt sichtete die *S.S. Gains Mills* eine Stichflamme, und genau an dieser Stelle verschwand die genannte Maschine vom Radarschirm, um nicht wieder aufzutauchen.« Diese Angabe läßt Lieutenant Cones Theorie glaubwürdig erscheinen, nach der die Mariner in der Luft explodierte.
Nach diesem Artikel gab es außer Kosnar noch ein Besatzungsmitglied, dem an diesem Tag nicht nach Fliegen zumute war. Er bat den Offizier vom Dienst, ihn durch einen anderen Piloten austauschen zu lassen, und erklärte, er wolle nicht fliegen. Es wurde ihm jedoch gesagt, daß kein Ersatz vorhanden sei und sein Ansuchen abgelehnt werden müsse. Durch Lieutenant Taylors verspätetes Erscheinen in der Flugzentrale verzögerte sich der Start um 25 Minuten. Aber dann flog er doch – ins Vergessen.

2. So fing es an

Soll ich ihn warnen oder nicht, schließlich und endlich hat er mich in Ketten und Schande nach Hause geschickt. Nun ist er im Begriff, als Held nach Spanien heimzukehren. Ist das gerecht? So ähnlich mag Christoph Columbus gedacht haben, als er im Heck des Bootes stand, das ihn am 1. Juli 1502 in Santo Domingo an Land ruderte. Anlaß seiner Überlegung war der Anblick von 32 Karavellen, die sich hier zur Heimreise nach Spanien versammelt hatten. Der Wind wehte aus Westen. Aber während der Sommermonate hätte er in der Karibischen See aus Osten wehen müssen – das wußte Columbus –, falls nicht ein Sturm der Stürme herannahte, ein Hurrikan.

Columbus hatte Bobadilla, den Mann, der ihn in Ketten nach Spanien zurückgeschickt hatte, seit zwei Jahren nicht mehr gesehen. Columbus war inzwischen freigelassen worden und hatte die Erlaubnis erhalten, wieder in die neue Welt zu fahren und seine Forschungen im westlichen Bereich der Karibischen Inseln fortzusetzen. Nun sollten sich ihre Wege erneut kreuzen, denn im Interesse der über achthundert Seeleute, die mit dieser Flotte nach Spanien heimkehren sollten, war Columbus entschlossen, Bobadilla vor dem herannahenden Sturm zu warnen. Er befahl den Ruderern auf die *El Dorado* zuzuhalten, das Flaggschiff von Admiral Antonio De Torres. Auf diesem Schiff mußte sich Bobadilla aufhalten. Der Wind blies immer noch aus Westen.

Als Columbus an Bord stieg, erblickte er eine Gruppe indianischer Sklaven, die sich mit einem Tisch aus massivem Gold abmühten. Der Tisch wog über 3000 Pfund. Er war als Geschenk Bobadillas für die königliche Familie in Spanien bestimmt. Außer diesem unschätzbar kostbaren Tisch hatte das Schiff Gold und Silber im Wert von zwei Millionen Dollar an Bord. Es sollte der reichste Schatz sein, der je an Bord eines einzelnen Fahrzeugs nach Spanien geschickt wurde.

Bobadilla, der Fahrgast an Bord der *El Dorado,* stand hoch oben auf den Heckaufbauten. Unerschrocken näherte sich der Entdecker dem Mann, der ihn nur zu gern wieder in Ketten zurückgeschickt hätte. Er versuchte, Bobadilla vor dem drohenden Wirbelsturm zu war-

nen. Aber der heimkehrende Gouverneur von Espanola (heute Haiti und die Dominikanische Republik) schlug die Warnungen des erfahrensten Seemannes seiner Zeit in den Wind. Admiral De Torres nahm Columbus' Warnung zwar ernst, aber Bobadilla überzeugte ihn davon, daß die für die Jahreszeit ungewohnten Westwinde die Flotte weit hinaus in den Atlantik treiben und ihnen viel Zeit ersparen würden, die sie bei den sonst üblichen strengen Ostwinden verlieren würden. Am Abend stach die Flotte in See, beobachtet von dem großen Entdecker, der an Land auf einem Hügel stand. Im Morgengrauen war auch das letzte Schiff am Horizont verschwunden.
Drei Tage später entfesselte die Natur all ihre Gewalten, als die Armada in die Mona-Passage einfuhr, die Espanola von Puerto Rico trennte. Die See tobte und der Sturm heulte. Blitze zuckten, Donner grollte, waagrecht peitschte der Regen. Segel wurden zerfetzt, Maste brachen, Männer brüllten, andere knieten nieder und beteten. Tonnenweise sanken Gold und Silber durch die geborstenen Schiffsrümpfe auf den Grund des Meeres hinab. Dann waren Sturm und Regen plötzlich vorüber. Nur die See tobte noch. Die Sonne stach durch die windgepeitschten Wolken. Die Hälfte der Flotte war verloren.
Die *El Dorado* schwamm noch auf dem Wasser. Sie war beschädigt, aber der Himmel hatte sie verschont – so dachten die Männer an Bord. Die Luft war heiß, schwül und regungslos, das Meer war eine einzige aufgewühlte Masse. Aus einer Richtung rollten gewaltige Wogen heran. Aus einer anderen Richtung kamen noch höhere. Die gewaltigsten Brecher kamen aus der dritten Richtung. Dennoch regte sich kein Lüftchen. Strahlend und heiß schien die Sonne. Die Karavellen wurden so hin und her geschleudert, daß dadurch fast mehr Schaden entstand als durch den Sturm. Es war unmöglich, etwas zu reparieren. Dann kam der Sturm, ebenso plötzlich wie er vor wenigen Minuten aufgehört hatte, mit verdoppelter Wucht aus der entgegengesetzten Richtung. Dieser Überfall traf die überlebenden Matrosen vollkommen unerwartet, denn sie hatten noch nie einen Hurrikan zwischen den westindischen Inseln erlebt.
Wieder zuckten Blitze, aber vom Donner war nichts zu hören. Das Kreischen des Sturms übertönte jedes andere Geräusch. Der Regen trommelte die Farbe von den Schiffsrümpfen und Deckaufbauten. Der Sturm, dessen Geschwindigkeit niemand mehr abzuschätzen vermochte, riß Tauwerke los und köpfte Männer. Weitere Fahrzeuge gingen verloren, Schiffe, die vielleicht hätten gerettet werden können, wenn sich ihre Mannschaften darum bemüht hätten; aber

die knieten an Bord und beteten. Herabstürzende Masten und Sparren zerschmetterten Männer, die leichter gestorben wären, wenn die See sie von Bord gespült hätte. Steuerleute glaubten, daß ihre Schiffe sich leichter lenken ließen, aber sie wußten nicht, daß sie die Ruder verloren hatten. Karavellen kollidierten und sanken miteinander. Wer unvorsichtig seine Augen öffnete, dem wurden sie vom Sturm aus den Höhlen gespült. Kleidungsstücke wurden weggerissen, Leichen so verstümmelt, als hätten Neptuns eigene Wächter sie geschlagen. Münder öffneten sich zum Schrei, aber sie spuckten nur Blut. Ladungen verrutschten. Schiffe kenterten. Männer wurden zerdrückt, andere ertranken. Sterbende beteten ums Überleben. Die Lebenden beteten um den Tod.
Woran mag Bobadilla gedacht haben, vielleicht an den massiven goldenen Tisch, das kostbarste Möbelstück, das die Welt je gesehen hat. Vermutlich dachte er an seine eigene Sicherheit oder gar an Columbus' Warnung, die er ignoriert hatte. Aber höchstwahrscheinlich war er so mit dem Überleben beschäftigt, daß er überhaupt nichts mehr dachte. Die Welt wird es nie erfahren, denn die *El Dorado* und sechsundzwanzig andere Schiffe existierten nicht mehr, als der Sturm sich an jenem Tag gegen Abend legte. Zehn Wracks fand man später auf Riffen und entlang der Küsten von Puerto Rico und Espanola. 17 Schiffe waren mit samt ihren Besatzungen spurlos verschwunden. Irgendwo in mindestens 300 Meter Tiefe liegt unter dem Wasser der Mona-Passage ein über 3000 Pfund schwerer Tisch aus massivem Gold inmitten der Überreste der Karavelle *El Dorado*. Von den 17 kleineren Schiffen wurde nie mehr auch nur eine Spur gefunden. Die Mannschaften der fünf übriggebliebenen Fahrzeuge waren mit dem Kampf ums nackte Leben zu sehr beschäftigt, um sich um etwas anderes zu kümmern.
Die 17 mit Gold und Silber beladenen Karavellen, die ihre Mannschaften am 4. Juli 1502 ins Verderben rissen, sind die ersten geschichtlich bekannten Verluste im ›Teufelsdreieck‹. Wir wissen natürlich, daß ihr Verlust einen bestimmten Grund hatte – aber gibt es nicht auch einen Grund für all die Hunderte von Schiffen und Flugzeugen und für die Tausende von Menschen, die im Laufe der Jahre seitdem im Teufelsdreieck verschwunden sind?

3. Jenseits der blauen Ferne

Sie flogen nach Nase und Fingerspitzengefühl. Ihre Flugzeuge waren nicht mehr als stoffbespannte Kisten. Der Stoff wurde mit Bananenöl gehärtet, im Fachjargon ›Dope‹ genannt. Damals verkleidete nur Buck Rogers seine Maschine mit Metall. Der Geruch nach Dope war symbolisch für die Flieger, die über Kornfelder und Baumwipfel hinweghuschten und ins Blaue hineinsegelten. Jeder Schuljunge hatte den Ehrgeiz, einmal Pilot zu werden. Wer als Junge das Glück hatte, in der Nähe eines Flugplatzes zu wohnen oder zumindest mit dem Rad hinfahren zu können, arbeitete den ganzen Samstag mit Schwamm und Seife an den Maschinen, um am Sonntag ein paar Minuten fliegen zu dürfen. Nur eins war schöner als ein Familienpicknick am See: Wenn sich an einem Sommerabend oder einem Sonntagnachmittag alle in die Familienkutsche drängten und aufs Land hinausfuhren, um den Maschinen beim Starten und Landen zuzusehen. Damals lagen noch alle Flugplätze draußen auf dem Land. Jeder richtige Junge baute Flugmodelle, die mit ihren gummigetriebenen Propellern bis zu einer Meile weit flogen, wenn die Windverhältnisse stimmten. Das größte Ereignis im Jahr war nicht der Zirkus, nicht der Jahrmarkt. Es war die Flugzeugschau. Jeder Junge wünschte sich brennend, mit den waghalsigen Piloten zu tauschen, die ein so schnelles und faszinierendes Leben führten. Sie rasten mit dem Kopf nach unten ein paar Meter über dem Boden hinweg, brachen mit ihren Maschinen durch brennende Scheunen und fingen sie im letzten Augenblick aus dem Trudeln ab. Sie donnerten an den Tribünen vorbei, während hübsche Mädchen im Cowboydress auf den Tragflügeln standen.

Aber es gab damals noch eine andere Sorte von waghalsigen Fliegern, über die man weniger wußte: die fliegenden Alkoholschmuggler. Ende der 20er und Anfang der 30er Jahre arbeiteten nicht weniger als 45 von ihnen zwischen West-End auf den Bahamas und Palm Beach. Als die Behörden, die für die Einhaltung des Prohibitionsgesetzes sorgen mußten, endlich ebenso schnelle Schiffe bekamen wie die Schmuggler, flüchteten diese in die Luft.

Grant Bahama ist die zweitgrößte der Bahama-Inseln. An ihrer

Westspitze liegt West-End, fünfzig Meilen östlich von Palm Beach. Und in West-End unterhielt John Smith, ein Eingeborener von den Bahamas, seinen Konzern. Die Firma nannte sich ›First and Last Bar‹. Aus dieser Firma stammte der größte Teil der illegalen Luftfrachten. Je sechs Flaschen Schnaps wurden in einen Sack genäht, und zwei Säcke füllten eine Kiste. Smiths Firma beschäftigte zweiundzwanzig Mädchen, die nichts anderes taten, als zum Versand die Whiskyflaschen in Säcke einzunähen. Dann brachte ein Lastwagen vom Modell T die Konterbande zu einem der verschiedenen Flugplätze, die im Südosten der Stadt in das Dickicht geschlagen worden waren. Die Piloten kassierten 10 Dollar pro Kiste dafür, daß sie den Schnaps zu einem der einsamen Landeplätze im Westen des County Palm Beach flogen. Sie packten ihre Maschinen mit den Kisten so voll, daß sie nur noch Sicht nach vorn hatten.
Einer dieser fliegenden Schmuggler, Al Page (der Name wurde geändert, da er noch lebt), erinnert sich noch, wie er in einer mit Schwimmern ausgerüsteten Maschine bei rauhem Wetter zehn Meter hoch über die Wellenköpfe dahin huschte. Da brach eine Treibstoffleitung, und er wurde zum Notwassern in der kabbeligen See gezwungen . . . Beim Aufschlag brachen die Schwimmer ab, der Vogel stellte sich auf die Nase und ging auf Grund seiner schweren Ladung fast augenblicklich unter. Al fand gerade noch Zeit, herauszuklettern.
Ein Schmugglerboot auf dem Weg nach Palm Beach beobachtete die Notwasserung und hielt auf den badengegangenen Piloten zu, der darum bat, nach Florida mitgenommen zu werden. Der Kapitän kannte Al und kletterte über die vielen Kisten Whisky, mit denen sein Schiff überladen war. Er rief: »Al, bevor wir dich an Bord nehmen, müssen wir sechs Kisten Champagner abladen. Bezahlst du den Champagner? Sonst wirst du schwimmen müssen!« Natürlich bezahlte Al die sechs Kisten Champagner. Wenn der Schmuggler nicht zufällig Al gesichtet hätte, wäre in den Abendzeitungen etwa folgende Schlagzeile erschienen. ›Pilot mit Wasserflugzeug spurlos verschwunden‹.
Auch Herbie Pond war ein fliegender Schmuggler. Herbie hatte nicht soviel Glück wie Al Page. Im Juni 1931 kam Herbie mit einer vollen Ladung Whisky von West-End herüber und hüpfte an der Küste von Palm Beach gerade noch über die Palmen und Pinien hinweg. Er überquerte Lake Worth, flog weiter nach West-Palm Beach und hinaus zu der Stelle, an der heute die Autobahnausfahrt West-Palm Beach liegt. 1931 waren die damaligen Viehweiden der Treffpunkt zwischen den fliegenden Schmugglern und ihren Ab-

nehmern. An diesem sonnigen Nachmittag wehte eine leichte südöstliche Brise. Herbie umkreiste mehrmals die Weide, um sicher zu sein, daß keine Zollbeamten auf seine Landung lauerten. Während er noch kreiste, rollten zwei Hudson-Tourenwagen Super Six (die Lieblingsfahrzeuge der Schmuggler) und eine große siebensitzige Packard Super Eight-Limousine auf die Wiese hinaus. Das waren Herbies Kunden. Der Hochdecker vom Typ Curtiss Robin landete glatt. Herbie war ein ausgesprochen geschickter Pilot und die Curtiss Robin eines der zuverlässigsten Flugzeuge.

Noch bevor der Sieben-Zylinder-Boxer-Motor verstummte, begannen die Männer aus den Autos schon mit dem Entladen. Sie bildeten eine Kette und reichten die Säcke in den ersten Wagen. Als er beladen war, rollte der zweite Hudson heran, und das Löschen ging ohne Unterbrechung weiter. Die Männer im Packard bewachten die beiden anderen Fahrzeuge. Sobald die vierundvierzig Sack Whisky (22 Kisten) ausgeladen waren, kontrollierte Herbie Öl und Treibstoff sowie die wichtigsten Funktionen der Maschine, kletterte an Bord und rief: »Anwerfen!« Einer der Männer drehte vorsichtig den Propeller. Bei der zweiten Umdrehung sprang der Motor an. Herbie winkte den Männern zu. Sie zogen die Verdecke über die Hudsons und rollten zur nordwestlichen Ecke der Wiese. Als sich die drei Autos in Bewegung setzten, gab Herbie Gas, die Maschine donnerte übers Gras und erhob sich glatt in die Luft. Sie schwebte West-End und einer neuen Ladung Whisky entgegen, aber auch dem ›Teufelsdreieck‹.

Seitdem hat niemand mehr etwas von der Curtiss Robin und von Herbie Pond gesehen; er genießt die zweifelhafte Ehre, der erste Flieger zu sein, von dessen Verschwinden im ›Teufelsdreieck‹ man weiß.

Im Dezember 1935 starteten die drei Kubaner José Perez, Juan Hernandez und José Delgado von Havanna aus in ihrer neuerworbenen Maschine. Ihr Ziel war die Isle of Pine, hundert Meilen südlich von Cuba. Sie wollten sich einige Ländereien ansehen. Der viersitzige, geschlossene Waco-Doppeldecker war eines der zuverlässigsten Flugzeuge der damaligen Zeit. Mit ihrer großen 250-PS-Wright-Will-Wind-Maschine hätte das Flugzeug für die Strecke höchstens eine Stunde brauchen dürfen. Die ersten 40 Meilen führten über Land, der Rest über kristallklares Wasser mit einer Tiefe von höchstens acht Metern. Selbst ein schlechter Navigator mußte die dreißig Meilen breite Insel, die nur durch seichtes Gewässer von Cuba getrennt war, mit Leichtigkeit finden. Perez

war ein erfahrener Flieger. Dennoch erreichte die Maschine niemals ihr Ziel.
Am nächsten Tag wurde in dem gesamten Landgebiet südlich von Havanna die Suche aufgenommen. Man kämmte jeden Gipfel und jede Bergflanke durch. Flugzeuge und Schiffe suchten das spiegelglatte Gewässer ab, das von dem vermißten Flugzeug überflogen worden war. Aber von dem Waco-Doppeldecker und den drei Männern wurde niemals eine Spur entdeckt. Sie waren ins ›Teufelsdreieck‹ geflogen.

Während des Zweiten Weltkrieges verschwanden einige Militärmaschinen im ›Dreieck‹. Die meisten dieser Verluste wurden nie veröffentlicht. Viele dieser Maschinen wurden von Flugschülern gesteuert, die vielleicht teilweise selbst Abstürze verschuldeten. Auch in den letzten Jahren fanden Jäger und Bauarbeiter immer wieder die Überreste von z. T. nicht mehr identifizierbaren Zivil- und Militärflugzeugen in den Sümpfen der Everglades. Einige dieser Maschinen waren nicht einmal als vermißt gemeldet. Für jedes Flugzeug, das bekanntermaßen im Gebiet des ›Teufelsdreiecks‹ verlorenging, gibt es mindestens zwei Maschinen, deren Verlust nie gemeldet wurde – zumindest nicht öffentlich. Schlagzeilen gibt es nur dann, wenn viele Menschenleben zu beklagen sind.
Im Dezember 1944 legte eine Gruppe von sieben US-Bombern, die als Nachschub für die hart angeschlagene 15. Luftflotte in Italien gedacht waren, in Bermuda eine Zwischenlandung ein.
Nach dem Auftanken und einer Ruhepause für die Besatzungen starteten die Maschinen wieder. Zwei Stunden später stieß die Gruppe etwa 300 Meilen vom Kindley Field entfernt auf eine Reihe merkwürdiger Wetterphänomene. Knapp eine Minute lang tanzten die Maschinen auf und ab, aber sie wurden manchmal hundert Meter und mehr hochgerissen und wieder hinabgestürzt. Die Turbulenzen waren so schlimm, daß zwei der Maschinen zur Rückkehr nach Bermuda gezwungen wurden. Die anderen fünf wurden nie wieder gesehen. Dieser Zwischenfall ereignete sich fast auf den Tag genau ein Jahr vor dem Verschwinden der fünf Marineflugzeuge des Marinestützpunktes Fort Lauderdale.
Über das Verschwinden der fünf Luftwaffenbomber war kaum etwas zu erfahren, und es wurde auch nicht viel darüber geschrieben. In seinem Buch *Invisible Horizons* gibt Vincent Gaddis einen Augenzeugenbericht; er war einer der Überlebenden in den

Maschinen, die nach Kindley Field zurückkehrten.
Aber in der Nähe von Bermuda ereigneten sich auch zwei Zwischenfälle, die in Zeitschriften und Zeitungen großes Aufsehen erregten. Am 30. Januar 1948 wurde um 22.30 Uhr ein Funkspruch nach Kindley Field abgesetzt. Er stammte von Captain D. Colby, einem Piloten der inzwischen in der BOAC aufgegangenen British South American Airlines. Er flog die Linienmaschine *Star Tiger:* »Position etwa 400 Meilen nordöstlich von Ihnen. Erwarte planmäßige Landung, Wetterbedingungen ausgezeichnet.«
Die Linienmaschine war am Dienstag, dem 27. Januar, in London gestartet und sowohl in Lissabon als auch auf Santa Maria auf den Azoren zwischengelandet. Unterwegs nach Kingston in Jamaika, sollte die *Star Tiger* in Bermuda und Nassau landen. Als Captain Colby seinen Funkspruch absetzte, hatte das Flugzeug 25 Passagiere und sechs Mann Besatzung an Bord. Unter den Passagieren befand sich auch der dreiundfünfzigjährige Britische Luftmarschall Arthur Conningham. Die *Star Tiger* sollte in Bermuda kurz vor Mitternacht landen. Doch nach Captain Colbys Funkspruch von 22.30 Uhr wurde nie wieder etwas von der Maschine gehört.
Schon früh am nächsten Morgen hatte Oberst Tom Ferguson, Kommandant des Luftwaffenstützpunktes Kindley Field, dreißig Maschinen und zehn Schiffe eingesetzt, um nach Überlebenden der *Star Tiger* zu suchen. Am 31. Januar ließ das schlechte Wetter alle Hoffnungen für die vermißte Linienmaschine sinken. Im ganzen Suchgebiet herrschten schwere Stürme und hohe See vor. Nach Abzug des Schlechtwetters beteiligten sich elfhundert Mann an einer erneuten Suche. Aber am Dienstag, dem 4. Februar, wurde sie abgeblasen. Man hatte keine Überlebenden, keine Wrackteile und keine Opfer gefunden. Am selben Tag fingen Funkamateure an der Ostküste der Vereinigten Staaten das Wort »Tiger« auf. Kurz danach buchstabierte eine Stimme: »G-A-H-N-P«. Das war seltsam, denn es handelte sich um das Rufzeichen der *Star Tiger.* Die Suche wurde sofort wieder aufgenommen, aber niemand war imstande, die merkwürdigen Funkzeichen anzupeilen. Die zuständigen Stellen gelangten daher zu der Überzeugung, daß es sich bei dem mysteriösen Ruf um einen Trick handelte.
Die *Star Tiger* war eine Tudor IV, eine Maschine, die technisch ihrer Zeit voraus war. Als Abwandlung der britischen Lancaster aus dem Zweiten Weltkrieg war die Tudor mit vier Rolls-Royce-Merlin-623-Triebwerken mit je 1760 PS ausgestattet. Das Flugzeug erreichte in Seehöhe eine Stundenleistung von 235 Meilen und in 7500 Meter Höhe 305 Meilen. Die Passagierkabine der Tudor war

druckfest und verfügte zusätzlich zu den Haupttüren über sechs Notausgänge. Außer der Besatzung bot sie 32 Passagieren Platz. Eine Anzahl von Fluggesellschaften, darunter auch die BOAC, setzten die Tudor IV zur Beförderung von Passagieren und in einer abgewandelten Version auch als Transporter ein. Die Fließbänder in Avro, dem Herstellungsort der Maschine, arbeiteten rund um die Uhr. Aber die Neujahrsglocken des Jahres 1949 läuteten gleichzeitig das Ende der Tudor als Verkehrsmaschine ein.

Am Morgen des 19. Januar 1949 war in Bermuda strahlend schönes Wetter. Es war einer jener Tage, an denen man lieber nach draußen als ins Büro ging. Dieses Gefühl hatte auch der Fluglotse Henry White, als er mit seinem Motorroller zum Tower von Kindley Field fuhr. Es war 7.45 Uhr. Bis zu seinem Dienstbeginn um 8.00 Uhr hatte er noch einige Minuten Zeit. Er ging zum Zaun hinüber und sah der *Star Ariel*, einer Linienmaschine der British South American Airlines vom Typ Tudor IV beim Probelauf am Ende des Rollfelds zu. Der Pilot jagte die mächtigen Triebwerke hoch, dann donnerte die Maschine das Rollfeld entlang und erhob sich in die Lüfte. Die Hügel ringsum und die Gebäude erbebten vom Dröhnen der vier Triebwerke.

Um 8.25 Uhr funkte C. McPhee, der Kapitän der *Star Ariel*, an Bermuda Tower: »Wir befinden uns jetzt etwa 180 Meilen südlich von Bermuda. Flugwetter ist gut, alles in Ordnung. Ich schalte um auf Nassau.« Das war die letzte Nachricht, die von der *Star Ariel*, den sieben Besatzungsmitgliedern und den dreizehn Passagieren existiert. Auch in diesem Fall herrschte im ›Teufelsdreieck‹ ideales Flugwetter, und wieder entschwand eine Maschine ohne jedes Anzeichen einer Notsituation ins Unbekannte.

Als die Tudor IV in Nassau nicht eintraf, wurde eine umfangreiche Suchaktion eingeleitet. Die US-Marine führte gerade in einem Bereich mehrere hundert Meilen südlich von Bermuda Manöver durch. Die Schiffe und Flugzeuge wurden von der Übung zur Suche abkommandiert. Darunter befanden sich das Schlachtschiff *Missouri*, die Flugzeugträger *Leyte* und *Kearsage*, eine Anzahl von Kreuzern und Zerstörern sowie mehrere Hilfsfahrzeuge. Das ganze Gebiet zwischen Bermuda und Jamaika wurde durchgekämmt. Zwei Zerstörer liefen einen Punkt 300 Meilen südlich von Bermuda an, weil sowohl eine Linienmaschine als auch ein Bomber der US-Luftwaffe ein seltsames grünes Licht auf dem Wasser gemeldet hatten. Die Zerstörer fanden nichts. Ihre Suchaktion überschnitt sich bald mit der Suche der Küstenwacht nach dem Fischerboot *Trift Wood*, das auf einer Fahrt von Fort Lauderdale nach Bimini mit fünf

Mann an Bord verschwunden war. Man hat weder von *Trift Wood* noch von der *Star Ariel* je eine Spur entdeckt.
Das rätselhafte Verschwinden der beiden Tudor IV sowie der Verlust einer dritten Maschine dieses Typs vor der Küste Südamerikas veranlaßte den britischen Minister für zivile Luftfahrt, die Tudor IV für den weiteren Liniendienst zu sperren. Die noch vorhandenen Maschinen wurden als Frachter umgebaut und leisteten bei der Berliner Luftbrücke wertvolle Dienste. Die Produktion der Tudor IV wurde eingestellt. Was die beiden Maschinen *Star Tiger* und *Star Ariel* anbetraf, wurde lediglich die Nachricht herausgegeben, daß sie offensichtlich über dem Meer abstürzten und ohne zu zerbrechen in einem Stück zum Meeresboden sanken.

Chico in Kalifornien ist weit vom ›Teufelsdreieck‹ entfernt. Dort hat die New Tribes Mission, eine interkonfessionelle Organisation, die gut ausgebildete Missionare an weit entfernte Außenposten entsendet, ihr Hauptquartier und Trainingszentrum. Die Mission besaß sogar eine DC 3, mit der die Missionare zu ihren Posten transportiert wurden.
Am 9. Juni 1950 startete die Maschine nach einer 24stündigen Pause nach einem Flug aus Nordkalifornien in Miami in Florida. Das Ziel hieß Venezuela, dazwischen sollte auf Jamaika aufgetankt werden. David Kimball aus Chicago war der Co-Pilot, seine Frau Hazel die Stewardess. Pilot der DC 3 war Flugkapitän Ben Wetherald, ebenfalls ein Missionar. Zu den Passagieren gehörten Mildred Garber, Clyde Snow und John Greiner, alles Angehörige der Mission aus Chico. Die übrigen Insassen der Maschine waren Missionare und ihre Kinder, darunter Harold Mills, William Hoffman, seine Frau Peggy und ihre beiden Kinder Lorel und Billy sowie Mrs. Betty Hilker mit ihren drei Kindern Nelda, Danny und David.
Die Missionsmaschine tankte in Kingston auf und nahm dann Kurs auf Marakaibo. Aber dort kam sie nie an. Eine Woche verging, bevor das Flugzeug als überfällig gemeldet wurde. Inzwischen war die Maschine ins Unbekannte entschwunden und hatte fünfzehn Menschen, die das Wort des Herrn in den Dschungeln Südamerikas verbreiten wollten, mitgenommen.

Am 2. Februar 1953 funkte eine britische York-Transport-Maschine mit 33 Mann und einer sechsköpfigen Besatzung an Bord während des Flugs nach Jamaika SOS. Der Truppentransporter gab keine Position und keinen Grund für den Notruf an. Eine zweiwöchige intensive Suche ergab keinerlei Hinweis auf das Schicksal der

Maschine und der Opfer. Ein Untersuchungsausschuß der Royal Air Force erklärte, die Ursache sei ›nicht feststellbar‹.

Eine Constellation der Marine mit 42 Personen an Bord, darunter Frauen und Kinder von Matrosen, verschwand am 30. Oktober 1954 nordwestlich von Bermuda. Über hundert Maschinen und Schiffe suchten tagelang, aber weder von der riesigen viermotorigen Constellation noch von den Insassen wurde je eine Spur entdeckt. Die Marine vermochte das Verschwinden der Maschine nicht zu erklären.

Am Freitagabend, dem 9. November 1956, stieg von Hamilton auf Bermuda ein zweimotoriger Patrouillenbomber P5M der Marine auf. Es handelte sich dabei um eine Abwandlung des Martin Mariner mit derselben Tragfläche und demselben Rumpfoberteil, aber ausgerüstet mit einem besonderen magnetischen Anomalie-Detektor. Kurz nach dem Start setzte die Maschine einen Funkspruch ab. Seitdem wurde von der Martin P5M und den zehn Mann an Bord nie wieder etwas gehört. Ein liberianischer Frachter berichtete aus der betreffenden Gegend, er hätte gegen 21.00 Uhr ein brennendes Flugzeug gesichtet. Das Gebiet wurde abgesucht, doch das Ergebnis war wieder dasselbe: keine Überlebenden, keine Leichen, keine Wrackteile.

Der folgende Zwischenfall ereignete sich zwar nicht im ›Teufelsdreieck‹ selbst, aber immerhin nahe genug, um erwähnenswert zu sein. Am 8. Januar 1962, einem ungemütlich kalten Wintermorgen, zog das Bodenpersonal die Bremsklötze unter den Rädern des gewaltigen KB-50-Tankers der Luftwaffe auf dem Luftwaffenstützpunkt Langley in Virginia hervor. Die Maschine sollte zu einem Auftankmanöver starten. Die KB-50 war eine Abwandlung der letzten gebauten Superfestungen. Obgleich sie als ›düsengetriebene Lufttanker‹ eingestuft waren, handelte es sich in Wirklichkeit um Propellermaschinen. Der fliegende Tanker erreichte das Rollfeld, und der Tower gab dem Piloten Major Robert Tawney die Starterlaubnis. Kurz danach fing der Tower einen verstümmelten Notruf der Maschine auf. Schon Minuten später wurde eine Suchaktion eingeleitet. Aber von der KB-50 und ihren acht Mann Besatzung hat man nie wieder eine Spur entdeckt.

Wenn man von Propellermaschinen liest, die in diesem geheimnisvollen Abschnitt des Atlantischen Ozeans verschwinden, denkt man an alle möglichen Mißgeschicke, die solchen Maschinen zustoßen können: schlechtes Wetter, menschliches Versagen, ozeanographische Abweichungen, magnetische Anomalien, strukturelle oder mechanische Fehlfunktionen. All das kann es gewesen sein – oder etwas anderes. Aber wie steht es mit Düsenmaschinen, die alle durch Meeresphänomene hervorgerufenen Störungen hoch überfliegen können? Am 28. August 1963 trat das ›Teufelsdreieck‹ ins Jet-Zeitalter ein.

Zwei beim 19. Bombergeschwader der strategischen Luftflotte auf dem Luftwaffenstützpunkt Homestead in Florida stationierte KC-135-Strato-Tanker rollten zum Start. Es handelt sich dabei im Grunde genommen um eine militärische Version des Düsenklippers 707; diese Strato-Tanker waren die ersten beiden Düsenmaschinen, die ihre Namen in die makabre Chronik des ›Teufelsdreiecks‹ eintragen sollten. An Bord der Maschinen befanden sich elf Mann Besatzung. Ihr Bestimmungsort war beim Start noch geheim.

Um die Mittagszeit gaben die Maschinen ihre Position mit 335 Meilen südwestlich von Bermuda an. Dann folgte Schweigen. Alle Versuche, mit den Maschinen in Verbindung zu treten, schlugen fehl. Wieder wurde eine umfassende Suchaktion eingeleitet. Aber diesmal fand man Beweise. Eine erhebliche Menge von Wrackteilen der KC-135 wurden in der Nähe der letzten gemeldeten Position entdeckt. Ein Pilot bezeichnete dieses Gebiet als ›schwimmenden Schrottplatz‹. Die *Owasco*, ein Kutter der Küstenwacht, sammelte an Ort und Stelle die Trümmer ein. Am 29. August berichtete Associated Press, man habe drei Rettungsboote gefunden. Jede Maschine hatte zwei dieser Schlauchboote an Bord. Trotz aller Bemühungen fand man weder Überlebende noch Leichen. Es wurde angenommen, daß die Maschinen wie befohlen in Formation flogen und in der Luft kollidierten. Die Suche wurde abgebrochen.

Doch knapp achtundvierzig Stunden später, nämlich am 31. August, fand man eine weitere Ansammlung von Wrackteilen der KC-135 – jedoch 160 Meilen von der ersten Absturzstelle entfernt in einem Seegebiet etwa 400 Meilen östlich von Fort Pierce. Der Kutter *Chiola* der Küstenwacht wurde dorthin entsandt, hatte jedoch Schwierigkeiten mit der Nachrichtenverbindung, was an sich schon geheimnisvoll ist, weil der Kutter die modernsten Funkgeräte an Bord hatte. Konnte das Phänomen, das die Funkanlage der *Chiola* störte, etwas mit dem Verlust der beiden Maschinen zu tun haben?

Die beiden KC-135 flogen in Formation und hielten untereinander

sowohl durch direkte Sicht als auch durch Radar ständige Verbindung. Sie sprachen miteinander in kurzen Abständen, bis sie unmittelbar nach ihrer letzten Positionsmeldung die Sendungen einstellten. Warum funkte die verbleibende Maschine keinen Notruf, als das erste Flugzeug abstürzte, warum wurden drei Rettungsboote an der ersten Absturzstelle gefunden, wo es doch nur zwei geben konnte?
Es wurde zwar einwandfrei festgestellt, daß die an beiden Stellen gefundenen Wrackteile von den vermißten Maschinen stammten. Unter anderem konnte ein Fliegerhelm an der Aufschrift identifiziert werden. Dennoch gab es keine Erklärung für die Entfernung zwischen beiden Absturzstellen. Befanden sich die Maschinen in einer ›toten Zone‹ des ›Dreiecks‹, in der besondere atmosphärische Bedingungen jeden Funkverkehr unmöglich machten? Herrschte dieses Phänomen immer noch vor, als die *Chiola* die zweite Absturzstelle erreichte? Daß es solche ›Zonen‹ gibt, weiß man. Aber ihre Wirkung bleibt immer auf einen Umkreis von wenigen Meilen beschränkt und erstreckt sich nie auf Entfernungen wie die zwischen den beiden Anhäufungen von KC-135-Trümmern. Nach Absturz der ersten Maschine mußte das zweite Flugzeug innerhalb weniger Minuten aus der ›toten Zone‹ heraus sein. Außerdem hätte man die Funkgeräte auf andere Frequenzen umschalten können, denn die ›toten Zonen‹ berühren nur gewisse Wellenlängen, und ein heute gestörter Kanal kann schon am nächsten Tag ungestört bleiben. Militärische Schiffe und Flugzeuge können sowohl die Frequenzen als auch die Antennen wechseln, um diesen ›toten Zonen‹ zu entgehen.
Einige Ufo-Fans haben die Theorie aufgestellt, daß ein drittes Flugzeug unbekannter Herkunft die Funkgeräte beider Maschinen blockierte und das erste Flugzeug zerstörte. Die zweite Maschine konnte noch über 150 Meilen zurücklegen, ehe auch sie eingeholt und vernichtet wurde.
Die plausibelste Erklärung ist wahrscheinlich die, daß in beiden Maschinen auf Grund zu großer Höhe oder mechanischer Schwierigkeiten innerhalb weniger Minuten Fehler am Sauerstoff- oder Drucksystem auftraten. Solche Fälle sind dokumentiert: Düsenmaschinen des Militärs, in denen die Besatzungen ohnmächtig geworden waren, flogen mit Hilfe ihrer automatischen Piloten noch stundenlang weiter, bevor sie abstürzten. Das ist zwar nur eine Mutmaßung, scheint aber die einzige vernünftige Erklärung dafür zu sein, warum keine der beiden Maschinen während der letzten 160 Meilen Flug irgendein Signal senden konnte.

Es scheint klar zu sein, daß den Mannschaften der beiden KC-135 etwas zustieß, bevor die Maschinen abstürzten. Allerdings bleibt die Frage offen, woher an der ersten Absturzstelle das dritte Rettungsboot kam.

Der 41jährige Louis Giuntoli hatte als Flieger sowohl den Zweiten Weltkrieg als auch Korea mitgemacht. Nach seinem Abschied vom aktiven Dienst kehrte er nach Milwaukee zurück und arbeitete dort als selbständiger Handelsvertreter. Er lebte mit seiner Frau und seinem Sohn in dem Vorort Brookfield. Der 29 Jahre alte Larry Gares und der 32jährige Dick Bassett hatten in Milwaukee die Universität von Wisconsin absolviert. Milton Adams war 36, Tom Nugent 30, Frank Allison 41, Raul Benedict 35, Duan Brooks 32 und Norman Mimier 34 Jahre alt. Sie alle stammten aus der Gegend von Milwaukee. John Lazenby besuchte gerade seine Mutter in der Wohnwagenstadt Islar Gold in Miami. Er war Pilot und auf Urlaub vom Luftwaffenstützpunkt Ramey auf Puerto Rico. Diese zehn Männer hatten eines gemeinsam: folgende Schlagzeile, die im *Miami Herald* am 7. Juni 1965 erschien: »Maschine aus Homestead vor den Bahamas vermißt.«
Und so kam es zu dieser Schlagzeile: Major Louis Giuntoli startete am Samstag, dem 5. Juni 1965, um 10.00 Uhr seine Transportmaschine vom Typ C-119 vom General Mitchell Field in Milwaukee. Sein Co-Pilot war Lawrence Gares. Beide waren, ebenso wie die anderen sieben Mann an Bord des fliegenden Transportes, Reservisten der Luftwaffe. Sie hatten den Auftrag, ein Ersatztriebwerk für eine andere C-119 ihres Geschwaders (des 440. Truppentransport-Geschwaders) zu überführen und einzubauen. Die Maschine lag mit schadhaftem Triebwerk auf dem Luftwaffenstützpunkt Grand Turk Island fest. Vier der neun Männer waren Techniker und sollten den Motor auswechseln. Eine Zwischenlandung zum Auftanken war geplant, und zwar auf dem Luftwaffenstützpunkt Homestead, Florida.
An diesem Abend, um 19.47 Uhr startete die zweimotorige Maschine von Homestead aus, mit Kurs auf Grand Turk. Es waren zehn Mann an Bord, weil der Pilot Lazenby darum gebeten hatte, zu seinem Stützpunkt auf Puerto Rico mitgenommen zu werden. Beim Start herrschte ideales Flugwetter, aber als der fliegende Güterwagen in die ›Zwielichtzone‹ des Atlantik eintauchte, nahm die Gewitterneigung zu. Allerdings lagen die Gewitterfronten so vereinzelt, daß sie leicht umflogen werden konnten. Die vorgezeichnete Route hieß bei der Luftwaffe ›Yankee‹. Es war der fest zugeteilte Luftkor-

ridor für Militärmaschinen zwischen Homestead und Puerto Rico sowie den dazwischenliegenden Inselstützpunkten. Die C-119 sollte um 23.00 Uhr auf Grand Turk landen. Um 22.04 Uhr meldete die Maschine, daß sie sich in der Nähe von Crooked Island befände. Um dieselbe Zeit durchflog eine andere C-119 mit Nordwestkurs in Richtung Florida dasselbe Gebiet. Ihre Mannschaft meldete später Gewitter »mit viel Blitzen«.

Kurz nach 22.30 Uhr fing der Funker des Tower von Grand Turk einen verstümmelten Funkspruch auf, der von irgendwo nordöstlich der Insel kam. Es wird sich wohl nie feststellen lassen, ob dieser Funkspruch von Major Giuntolis Maschine stammte. Um 23.45 Uhr wurde die Küstenwacht von Miami benachrichtigt, daß die C-119 auf Grand Turk überfällig ist.

Im ersten Morgengrauen des Sonntag nahmen Küstenwacht, Luftwaffe und Marine mit 13 Maschinen die Suche in einem 2.000 Quadratmeilen großen Gebiet nördlich von Grand Turk auf. Nichts wurde gesichtet. Sieben Maschinen setzten die Aktion während der ganzen Nacht fort. Am Montag dehnten 33 Flugzeuge und 7 Schiffe die Suche nach Norden hin bis jenseits der Insel San Salvador und nach Süden bis zur Dominikanischen Republik hin aus. Ein Gebiet von 27 000 Quadratmeilen wurde erfaßt.

Der Treibstoffvorrat des vermißten Flugzeugs mußte etwa bis Sonntagmorgen 4.30 Uhr reichen. Aber es ist höchst unwahrscheinlich, daß sich die Maschine solange in der Luft befand, denn in dieser Zeit konnte sie leicht einen Funkspruch absetzen oder mit reichlicher Reserve nach Homestead zurückkehren. Die C-119 hatte ein Rettungsboot für 20 Mann an Bord, das man von der Luft aus unbedingt sehen mußte. Als die Maschine höchstwahrscheinlich verlorenging, war der Seegang für ein Umsteigemanöver ideal. Doch Oberst Leonard Dereszynsky, stellvertretender Kommandeur des 440. Geschwaders erklärte: »Noch niemals wurde eine C-119 notgewassert. Ein solches Manöver wird im Handbuch nicht einmal empfohlen.«

»Wenn die Maschine in der Luft explodiert wäre, hätte irgendwo etwas herumschwimmen müssen«, sagte Kapitän Hardy F. Ledel, einer der an der Suchaktion beteiligten Piloten. »Und wenn sie noch in einem Stück das Wasser berührte, mußte sie beim Aufschlag auseinanderbrechen, und auch dann hätten wir Trümmer gesehen. Explodierte die Maschine aber nicht auf dem Wasser, wäre jemand lebend herausgekommen.«

Ledel und seine Besatzung sichteten am Montagabend einen grellen Lichtschein. Wie sich herausstellte, handelte es sich um ein vom

Kurs abgekommenes Fischerboot. Später sahen sie ein Paddel, aber dieser Schein entpuppte sich als Täuschung. Am Dienstagabend wurde die Suchaktion durch eine durchziehende Schlechtwetterfront schwer behindert.

Ein Pilot erklärte, Giuntoli sei vielleicht durch Störsendungen aus Kuba, die seine Navigationsgeräte irritierten, vom Kurs abgekommen. Das sei schon anderen Piloten zugestoßen.

Dorothy Giuntoli, die Frau des Majors, saß inzwischen ängstlich wartend in Milwaukee. Sie sagte nur: »Man kann bloß hoffen und optimistisch sein.«

Die Frau von Sergeant Norman Mimier erklärte: »Er muß zurückkommen.«

Die Frau von Frank Allison sagte: »Wir sind sicher, daß Gott sich seiner annehmen wird.«

Die Frau von Milton Adams stieß unter Tränen hervor: »Ich kann es einfach nicht glauben, so etwas darf doch nicht passieren, es ist unmöglich.«

Kapitän Richard Bassetts Frau meinte, die Unsicherheit über das Schicksal ihres Mannes sei kaum zu ertragen. »Ich bin vollkommen benommen, ich kann nicht mehr denken, ich weiß doch, daß sie alles Menschenmögliche tun.«

Eine andere Frau sagte: »Niemand kann etwas unternehmen, man kann nur abwarten.«

Als am Donnerstag, dem 10. Juni, um 20.00 Uhr der fliegende Güterwagen Nummer 25889 nach stundenlanger Suche nach der vermißten Schwestermaschine von der 440. Schwadron auf dem Luftwaffenstützpunkt Ramey niederging, wurde die Aktion abgeblasen. Major Harry Anderson aus Minneapolis und seine Männer hatten zusammen mit den anderen Maschinen Tausende von Quadratmeilen Ozean abgesucht. Alle Besatzungen meldeten übereinstimmend: Nichts von Bedeutung. Die Küstenwacht in Miami beendete die Suche mit der Feststellung, die genau den Kern der Sache traf: »Fünf Tage und Nächte gesucht, Ergebnis negativ, keine Mutmaßungen möglich.« George Schiffer, vom Pressebüro des Siebenten Bezirks der Küstenwacht, sagte, dieser Fall werde erst dann zu den Akten gelegt, bis man irgendeinen Hinweis auf das Schicksal gefunden habe.

›Hinweis auf Schicksal der Todesmaschine entdeckt‹ lautete zwei Monate später, am 17. August, die Überschrift in der *Miami News.* Der Kutter *Diligence* der Küstenwacht berichtete, ein Rad und andere Gegenstände, mit der aufgedruckten Nummer der verlorenen C-119, nämlich 2860, seien gefunden worden. Nähere Untersuchungen ergaben, daß die Bestandteile tatsächlich von einer C-119 stammten und nicht untergeschoben waren. Die Maschine Nummer 2860 war die einzige zu jenem Zeitpunkt vermißte C-119. Aus Verwitterung und Bewuchs ließ sich schließen, daß die Gegenstände nicht länger als zwei Monate im Meer gelegen hatten. Was der Maschine zugestoßen war, ließ sich daraus nicht ableiten. Man mußte annehmen, daß die zehn Mann tot waren. Hinsichtlich der vermißten C-119 wurden viele Meinungen und Theorien geäußert. Im Laufe der Jahre haben einige Verfasser von Geschichten über das ›Dreieck‹ den Verlust der Maschine lediglich als einen unter vielen seltsamen Zwischenfällen angeführt. Bis zu dem Tage, an dem das Meer das Schicksal der C-119 preisgibt, kann man jedoch nur das wiederholen, was im Pressekommunique der Küstenwacht steht: »Fünf Tage und Nächte gesucht, Ergebnis negativ, keine Mutmaßungen möglich.«

Am 11. Januar 1967 half der Fotograf Oscar Barber beim Einladen von Filmgeräten und Zubehör in eine umgebaute Frachtmaschine vom Typ Chase YC-122. Bei diesem Flugzeug handelte es sich im Grunde um einen großen Gleiter, dem zwei Triebwerke angebaut worden waren, um ein theoretisch sehr sicheres und stabiles Flugzeug daraus zu machen. Das Verladen fand auf dem Internationalen Flughafen von Fort Lauderdale statt, wo zweiundzwanzig Jahre zuvor die fünf Maschinen zu dem verhängnisvollen Flug 19 gestartet waren. Die Ladung war für ein Filmteam von Ivan Tors bestimmt, daß auf Bimini, 60 Meilen jenseits des Golfstroms, arbeitete.
Der Pilot hieß Charles Lundgrem, sein Co-Pilot William Suiter. Beide stammten aus Fort Lauderdale. Zwei Passagiere flogen ›nur so zum Spaß‹ mit. Der Hotelbesitzer Larry Waplehorst und Eugene Lemire, ein Linienpilot, der gerade frei hatte. Der dritte Passagier sollte Barber sein. Aber er beschloß im letzten Augenblick, nicht mitzukommen. Er sah der Maschine nach, wie sie über dem Atlantik Höhe gewann und fuhr nach Hause.
Das vollkommen intakte Flugzeug mit seinen erfahrenen Piloten an Bord schickte noch einen Funkspruch an den Turm von Fort Lauderdale – dann verschwand es irgendwo auf dem 60 Meilen breiten Streifen offenen Wassers. 30 Meilen nordwestlich von Bimini wurden Trümmer gefunden, aber es konnte nie schlüssig nachgewiesen werden, daß sie von der vermißten Frachtmaschine stammten.
Als Barber später gefragt wurde, warum er denn nicht mitgeflogen

sei, antwortete er: »Ich hatte so ein Gefühl, daß ich lieber eine Verkehrsmaschine nehmen sollte.« Hatte Oscar Barber etwa dasselbe Gefühl, das im Dezember 1945 auf demselben Flughafen Allen Kosnar befallen hatte, als der Flug 19 startklar gemacht wurde?

Das Verschwinden der vier Männer und einer Ladung von Filmgeräten war nur der Anfang einer Kette tragischer Ereignisse, die aus der Woche vom 11. bis 18. Januar 1967 eine ›schwarze Woche‹ für die Luftfahrt im Raum der Karibischen See machte. Am selben Tag, an dem die Chase YC-122 verschwand, verscholl auch der 55jährige Phillip Quegley mit seiner leichten Privatmaschine während eines Fluges von Cozumel nach Honduras. Er hatte zwar einen Flugplan eingereicht, aber auf Grund von Verzögerungen in der internationalen Abwicklung wurde sein Verschwinden erst vier Tage später bemerkt.

Drei Tage danach, am Morgen des 14. Januar, kontrollierte Robert van Westerborg, ein 35 Jahre alter Unternehmensberater aus Miami auf dem internationalen Flugplatz der Stadt seine einmotorige Beach Craft Bonanza. Van Westerborg war den Beamten der örtlichen Flugsicherung als einer der überzeugtesten Verfechter von Sicherheit beim Fliegen bekannt. Er nahm regelmäßig an einschlägigen Besprechungen teil und hielt anderen Piloten vor, wie wichtig es sei, einen Flugplan zu hinterlegen: »Flugpläne haben schon mehr Piloten gerettet, als man zählen kann. Wenn eine Maschine mehr als 15 Minuten Verspätung hat, wird sie schon von der Nationalen Flugsicherung gesucht.«

Van Westerborg startete um 12.22 Uhr. Er befand sich in Begleitung seiner Frau Adelaid und zweier Freunde: Phillip de Berad Jr., eines Public-Relation-Mannes bei der Southern Bell Telephone Company, und dessen Frau.

Eine halbe Stunde später landete die blau-weiße Maschine auf dem tausend Meter langen privaten Rollfeld des Yacht Clubs Ocean Reef auf Key Largo. Die Gruppe speiste im Club und begab sich zur Maschine zurück. Sie hatte vor, die Florida Keys zu überfliegen und die neue Relais-Station der Telefongesellschaft für Mikrowellen zu fotografieren. Spät am Nachmittag wollten sie nach Miami zurückkehren. Eine Kellnerin fand auf dem Tisch, an dem die vier gespeist hatten, eine Kamera und schickte einen Laufjungen damit hinaus zum Flugzeug. Er überreichte den Fotoapparat einem »großen Mann mit Brille« als gerade der Motor angeworfen wurde. Das Flugzeug startete.

Ein Ehepaar, das zum Fischen draußen war, berichtete später, sie

hätten eine kleine blau-weiße Maschine vom Key Large starten sehen. Sie sei auf die See hinausgeflogen. Von dem Flugzeug und den vier Menschen an Bord wurde nie wieder etwas gesehen.
Nach sieben Tagen stellte man die Suche ein. Robert Van Westerborg, von dem der Satz stammt, »Flugpläne haben schon mehr Piloten gerettet, als man zählen kann«, startete an diesem Tag, ohne einen Flugplan einzureichen.
Während noch weit im Nordwesten nach den vermißten Maschinen aus Miami und Fort Lauderdale und im westlichen Bereich der Karibischen See nach Quegles Sportflugzeug gesucht wurde, jagte der 52jährige John D. Walston seine zweimotorige Piper Apache auf dem Flughafen San Juan die Startbahn entlang. Der Boden wich unter ihm zurück, er gewann an Höhe und nahm Kurs auf Saint Thomas auf den Jungferninseln. Sein Ziel lag knapp eine Flugstunde entfernt. Seine beiden Passagiere, die das Flugzeug gechartert hatten, waren Stephan R. Currier und seine Frau. Die 33jährige Mrs. Currier, Tochter des US-Botschafters in Großbritannien, David Bruce, war die Erbin eines Vermögens von 700 Millionen Dollar. Ihr 36 Jahre alter Mann war Philanthrop und ein Vorkämpfer der Bürgerrechtsbewegung. Für den zehntägigen Urlaub in Westindien hatten sie ihre drei Kinder zu Hause gelassen. Sie flogen nach Saint Thomas, um dort eine Jacht für eine Kreuzfahrt in der Karibischen See zu chartern. Der Flug sollte ausschließlich über Land führen oder doch in Sichtweite der Küste, da sie Puerto Rico sehen konnten, kurz bevor sie Saint Thomas erreichten. Aber irgendwo auf dieser 40 Meilen breiten Wasserstraße, muß etwas geschehen sein. Die Maschine kam in Saint Thomas nicht an. Während der siebentägigen Suche, an der sich 40 Militär- und Zivilflugzeuge sowie eine Anzahl von Wasserfahrzeugen beteiligten, wurde keine Spur der vermißten zweimotorigen Maschine oder ihrer drei Insassen gefunden. Die Suchaktion lief erst neun Stunden nach der vorgesehenen Landung der Maschine an. John Walston, der schon vor dem Zweiten Weltkrieg geflogen war und die Route zwischen San Juan und Saint Thomas wie seine Westentasche kannte, hatte zum ersten Mal keinen Flugplan eingereicht.

Es gibt zahlreiche Beispiele von Maschinen, die im ›Dreieck‹ verschwanden und zuvor keinen Flugplan eingereicht hatten. Aber wieviele Flugzeuge gibt es, die verschwanden und überhaupt nicht vermißt wurden; Maschinen, die bis heute nicht als vermißt gelten?
Nehmen wir als Beispiel einen geradezu unheimlichen Vorfall, der

sich am 23. März 1969 ereignete. Zwei Ärzte aus Florida flogen eine zweimotorige Beach Craft von Kingston auf Jamaika nach Nassau. An diesem Samstagabend fing eine kanadische Militärmaschine, die über die Bahamas flog, einen dringenden Notruf vom Flugzeug der Ärzte auf. Die beiden, James Horton und Charles Griggs, stammten aus Okeechobee in Florida. Sie kehrten auf den Flughafen Palm Beach zurück und sollten in Nassau zum Auftanken zwischenlanden. Aber vor der Landung in Nassau geschah irgend etwas. Bei einer Suchaktion, die sich auf einen Punkt 60 Meilen nordöstlich von Nassau konzentrierte, kämmten fünf Maschinen der Küstenwacht am ersten Tag 13 000 Quadratmeilen durch. Nach fünf Tagen waren 50 000 Quadratmeilen abgesucht worden. Am dritten Tag berichtete ein Fischer, er hätte Wrackteile eines Flugzeuges auf einer Insel 30 Meilen nordöstlich von Kuba gesichtet.
Eine Untersuchungskommission begab sich auf die Insel und fand dort einen drei Meter langen Abschnitt von einem Flugzeugrumpf. Die Insel lag an der vorgesehenen Route der beiden Ärzte. Aber zwei Dinge paßten nicht ins Bild: Die zweimotorige Beach Craft befand sich schon 120 Meilen hinter der Insel, als sie den Notruf sendete, und das Wrack stammte von einer Maschine anderer Farbe und anderen Typs.
Am 27. März wurde die Suche eingestellt. Für die vermißten Ärzte bestand keinerlei Hoffnung mehr, aber ihr geheimnisvolles Verschwinden warf ein zweites Rätsel auf. Woher stammte das Wrackteil, das auf der Insel an Land gespült worden war? Zu dem betreffenden Zeitpunkt wurde kein anderes Flugzeug vermißt, und es war auch in den vergangenen Monaten keins verschollen, zu dem das Wrackteil passen konnte. Handelte es sich um das Wrack eines Phantoms?

Nicht ganz drei Monate später startete Caroline Coscio, eine 24 Jahre alte Krankenschwester aus Miami Beach, in ihrer Cessna 172 vom Flugplatz Pompano Beach in Florida. Sie und ihr Fluggast Richard Rosen aus North Miami Beach, wollten nach Jamaika. Nach einem ereignislosen Flug landeten sie in Nassau zur Treibstoffaufnahme. Sie starteten wieder und flogen weiter nach George Town auf dem Exumas, zu einem zweiten Tankstopp. Um 16.40 Uhr war die Cessna wieder in der Luft und hielt auf Grand Turk zu, die dritte Station zum Auftanken.
Um 19.35 Uhr empfing der Tower von Grand Turk eine Nachricht von der Pilotin: Sie habe sich verflogen, und ihr Peilkompaß funktioniere nicht. Die Gäste eines Hotels auf einer nahegelegenen

Insel sahen die Lichter eines Flugzeugs nicht weit von der Küste entfernt kreisen, während der Tower noch mit Miss Coscio sprach. Sie wußten natürlich nicht, daß sich das Flugzeug in Schwierigkeiten befand. Um 20.22 Uhr hörte der Tower einen Notruf aus der Cessna: »Mir ist der Sprit ausgegangen! Ich muß runter!« Dann war es still. Das hört sich natürlich so an, als sei wieder einmal eine Maschine ins Meer gestürzt, nachdem sie ihren Treibstoff verbraucht hatte, aber dennoch ist etwas Mysteriöses daran. Die Hotelgäste konnten die Positionslichter der Cessna sehen – aber warum konnte Miss Coscio nicht die Lichter auf der Insel sehen, die doch viel heller leuchteten als die Lampen ihrer Maschine? Wenn sie sich verflogen hatte und nur noch über eine geringe Treibstoffreserve verfügte, wäre es vernünftig gewesen, in der Nähe der Lichter zu bleiben. Aber aus unerfindlichen Gründen flog sie in die dunkle Nacht davon und wurde nie wieder gesehen.

Vier Monate später kehrten Hector Guzman und seine Frau aus Summit Hills aus Puerto Rico in ihrer zweimotorigen Sportmaschine aus Fort Lauderdale zurück. Nach einer Zwischenlandung zum Auftanken auf Great Inagua, starteten sie wieder und nahmen Ostkurs auf San Juan. Die Maschine, die sowohl Schwimmwesten als auch Rettungsflöße an Bord hatte, wurde nie wieder gesehen. Zwei weitere Menschen waren einem rätselhaften Schicksal zum Opfer gefallen.

Am 26. Juli 1971 beendeten sechs Flugzeuge ihre Suche nach einer vermißten Maschine, die dem Fliegerclub ›Horizon Hunters‹ aus Miami gehörte. Zweiundachtzigtausend Quadratmeilen westindischer Gewässer waren kontrolliert worden. Zentrum der Aktion war eine Stelle 40 Meilen westlich von Barbados. An Bord der vermißten Maschine befanden sich Paul und Dolores Warren aus North Miami und Gerome und Beatrice Levin aus North Miami Beach. Sie hatten einen Ausflug von Curaçao nach Barbados gemacht. Sie teilten per Funk mit, sie müßten notwassern, dann hörte niemand mehr etwas von der Maschine.

Es ist schon schwierig, sich all diese Flugzeugunglücke vorzustellen, ohne irgendwie an etwas Übernatürliches zu denken. Geht in den Maschinen, die im ›Dreieck‹ verschwinden, etwas Seltsames und Gespenstisches vor? Seltsam ja. Aber gespenstisch – das verneint Ted Jones, ein Maurer aus Miami. Wenn Jones einmal keine Häuser baut, beschäftigt er sich mit seinem Hobby: Klassische Flugzeugtypen. Ted besitzt eine T-6-Schulmaschine aus dem Zweiten Weltkrieg, die er selbst restauriert hat. Im Herbst 1969 startete Ted von Bimini in den Bahamas mit Kurs auf Miami. Die Strecke führt 45 Meilen weit über den Golfstrom. Das gelbe Flugzeug erhob sich dröhnend in die Lüfte und ging auf Westkurs.

Als sich Jones der Küste Floridas näherte, stieß er auf eine ausgedehnte Wolkendecke. Als die Maschine 30 Minuten später wieder aus den Wolken auftauchte, stellte Jones fest, daß er sich nicht da befand, wo er hätte sein müssen, nämlich über Florida. Statt dessen war er wieder über Bimini! Seine Maschine flog immer noch genau nach Westen. War Jones mit seiner T-6 30 Minuten lang in eine Zeitfalle oder in eine andere Dimension geraten? »Kaum«, sagte Ted. »Ich war auf einen Gegenwind von 175 Meilen in der Stunde gestoßen und wurde dabei mit 50 Meilen pro Stunde zurückgepustet.«

Wahrscheinlich sind sehr viele verschiedene Gründe mit verantwortlich dafür, daß Dutzende von Maschinen aus dem ›Dreieck‹ nicht zurückkehrten. Der Hauptgrund dürfte aber zweifellos Treibstoffmangel nach völliger Desorientierung sein. Wenn man diese Gewässer nicht kennt, kann man sich nicht vorstellen, welche gewaltigen leeren Flächen es da gibt. Und wenn sich ein Pilot verflogen hat, wie soll er dann die Position angeben, an der er notwassern muß, und wie soll man vernünftig und ausführlich über dieses Thema diskutieren, wenn es keine Zeugen gibt?

Aber wenn es nun Zeugen gäbe? Im Jahre 1935 beobachteten Hunderte von Menschen in Daytona Beach in Florida, wie dicht vor der Küste ein Flugzeug in die Brandung stürzte – ein Flugzeug, von dem die Behörden behaupteten, daß es nie existiert hat. (Genauer Bericht an anderer Stelle.) Auch andere Dinge sind vorgekommen. Am Freitag, dem 10. Dezember 1971, startete ein Düsenjäger vom Typ F-4 Phantom II, mit Kapitän John Romero aus Lafayette in Louisiana und Lieutenant Norman Northrup aus Portland in Oregon, um 8.05 Uhr vom Luftwaffenstützpunkt Homestead. Die Maschine hatte Treibstoff für siebzig Minuten an Bord. Vier Techniker beobachteten den Düsenjäger auf ihrem Radarschirm. Nach ihrer Feststellung befand sich die Maschine 85 Meilen südöstlich von Miami, also etwa über der Westspitze der Great Bahama Bank in der Nähe von Orange Cay, wo die Wassertiefe nicht über 10 Meter beträgt. Dann verschwand plötzlich der Punkt, der das Flugzeug darstellte, vom Radarschirm. Wenige Minuten später rasten mehrere Düsenjäger zu der Stelle, an der sich das vermißte Flugzeug zuletzt befunden hatte. Der Kutter *Steadfast* der Küstenwacht, vier Maschinen der Küstenwacht und drei der Luftwache suchten ein Gebiet von über 22 000 Quadratmeilen ab. Aber von dem Flugzeug und der zweiköpfigen Besatzung wurde nichts mehr gefunden. Man überflog mit einem transportablen Magnetometer die letzte bekannte Position. Das Gerät zeigte Metall an. Taucher gingen auf den Meeresboden hinunter. Aber es wurde keine Spur der vermißten F-4 gefunden. Das Magnetometer hatte auf bisher unbekannte Schiffswracks angesprochen.

Aber was ist mit wirklichen Augenzeugen, mit Zeugen, die dabei waren und die aus erster Hand berichten können? Am 20. Oktober 1971 machte das Forschungsschiff *R/Discoverer* Echolotungen 13 Meilen südlich von Grand Inagua.

Über ihre Köpfe hinweg flogen Frank Bacahanov, Mario Alvarez, Rene Travieso aus Miami und Hector Reales aus Columbia in einer viermotorigen Super Constellation mit einer Ladung gefrorener Rinderseiten. Ein oder zwei Minuten, nachdem die Maschine die *Discoverer* passiert hatte, beobachteten die Männer auf dem Vermessungsschiff, wie das Flugzeug plötzlich ins Trudeln geriet und ins Meer stürzte. Fünfzehn Minuten später war das Schiff an der Absturzstelle. Aber es konnte auch mit seinen komplizierten elektronischen Geräten kein einziges Stück Metall von der großen Frachtmaschine finden. Es gab keine Leichen und nicht einmal einen Ölfleck. Nur eine Rinderseite schwamm im Meer. Wenn die *Discoverer* nicht zufällig zur Stelle gewesen wäre, als die Constellation abstürzte, hätte man der Legende vom ›Todesdreieck‹ ein weiteres Kapitel hinzufügen müssen.

Freitag, der 25. Mai 1973, begann als strahlender Sonnentag, wie er für die Westküsten von Südflorida typisch ist. Keine Wolke war am Himmel, und ein leichter Wind wehte aus Südosten. Normalerweise entwickeln sich über dem feuchtheißen Landesinneren Regenschauer und Gewitter, aber sie erreichen erst am Nachmittag die Küste. Die Vormittage sind daher die ideale Zeit, um in einer leichten Sportmaschine die Halbinsel Florida zu überfliegen.

Der 46jährige Robert Corner winkte seiner Frau noch einmal zu. Reno Riggon lächelte zu seiner winkenden Freundin Jean Gimble hinunter. Dann ließ Corner die schwarz-weiß gestrichene Navion 16 vom Hangar zur Piste hinüberrollen. Der Tower von Fort Myers erteilte ihm die Starterlaubnis. Der einmotorige Tiefdecker donnerte die Piste entlang und stieg mit den beiden Männern an Bord in den Himmel hinauf. Das Ziel war West Palm Beach.

Nach einem Flug ohne besondere Vorkommnisse setzte die Navion

in West Palm Beach auf. Corner ließ nachtanken und überprüfte die Maschine noch einmal. Der nächste Teil ihrer Reise zu den Bahama-Inseln führte über offenes Wasser von einer Breite von etwa 50 Meilen. Dann wollten sie der Küste von Grand Bahama bis zu ihrem Ziel Freeport folgen.
Eine Viertelstunde später waren sie wieder in der Luft. Sie überflogen Lake Worth und den Binnenkanal und gewannen immer noch an Höhe, als sie die Palmen und Pinien von Palm Beach hinter sich ließen. Corner teilte dem Tower von West Palm Beach mit, seine Maschine N5-126 K hätte Palm Beach mit Kurs auf Freeport verlassen. Aber sie trafen an ihrem Bestimmungsort nie ein.
Sofort nach der Vermißtenmeldung durch die Flugsicherung wurde eine Rettungsaktion eingeleitet. Maschinen der Marine, der Luftwaffe, der Zivil Air Patrol und der Küstenwacht nahmen die Suche auf. Die Kutter *Dauntless* und *Cape Fox* fuhren den östlichen Rand des Golfstroms ab. Die westliche Seite patrouillierten die *Point Charles* und die *Point Barnes*. Die abgesuchte Fläche erstreckte sich von den Florida Keys bis Portsmouth in Virginia und 150 Meilen seewärts. Die Windgeschwindigkeit betrug 12 Knoten, der Seegang weniger als einen Meter. Vereinzelt traten schwere Gewitter auf, aber sie waren so weit voneinander entfernt, daß eine Maschine sie leicht umfliegen konnte.
Als sich am 29. Mai die Dunkelheit auf das ›Teufelsdreieck‹ senkte, wurde die Suche abgebrochen. Von der schwarz-weißen Maschine von Bob Corner und Reno Riggon hatte man keine Spur entdeckt. Dieser Zwischenfall wurde in den Zeitungen Südfloridas kaum erwähnt, aber das Verschwinden der Maschine ist genauso rätselhaft wie das Verschwinden der *Star Tiger*, der *Star Ariel* und anderer Flugzeuge im ›Teufelsdreieck‹.

Im ›Dreieck‹ verschwinden noch weitere Maschinen, von denen man nichts erfährt, und zwar ungefähr eine im Monat. Das liegt nicht daran, daß niemand etwas von den Unglücken wüßte, aber wer mit diesen ›Gespensterflugzeugen‹ etwas zu tun hat, breitet gerne einen Schleier des Geheimnisses über die Sache. Es sind nämlich die sogenannten ›Pot-Piloten‹, die mit ihren Maschinen das lukrative Geschäft betreiben, harte Drogen von Jamaika und Columbien nach Florida zu schmuggeln. Da mit dem Transport von Heroin immense Gewinne zu erzielen sind, geht es den Beteiligten in erster Linie um ihren Profit, in zweiter Linie um Geheimhaltung und ganz zuletzt um die Sicherheit. Wenn die Maschinen irgendeinen abgelegenen oder nicht mehr benutzten Landestreifen im südlichen Florida anfliegen, sind sie meist bedenklich überladen. Einige von ihnen stürzten bereits beim Start ab, weil sie auf Grund ihres Übergewichtes gar nicht vom Boden wegkamen. Sie haben gerade genug Treibstoff an Bord, um ihren Treffpunkt in Florida zu erreichen, die Konterbande zu entladen und einen regulären Flughafen anzufliegen, um als Urlauber oder Geschäftsleute, die von den Westindischen Inseln zurückkehren, durch den Zoll zu gehen. Andere kümmern sich gar nicht um den Zoll, weil sie auch ihre Abreise aus den Vereinigten Staaten nicht gemeldet haben. So werden sie auch nicht vermißt, wenn sie in ihren überladenen, ungenügend aufgetankten Maschinen verschwinden. Wenn Herbie Pond, der erste im ›Dreieck‹ verschwundene Schmuggler, wüßte, unter welchen Bedingungen diese Heroinflieger operieren, würde er sich zweifellos in seinem nassen Grab umdrehen.

Am 4. Dezember 1971 war es im südlichen Florida ungewöhnlich kalt. An diesem Samstag wurden sogar Kamine, die eigentlich zur Dekoration bestimmt waren, in Betrieb genommen. Genau wie vor fast 26 Jahren, als fünf Flugzeuge der Marine vom Stützpunkt Fort Lauderdale aus in den Tod flogen, bewegte sich eine Kaltfront von Norden herab.

Um 20.00 Uhr hatten Robert N. Fischer und seine Frau Judy ihre drei kleinen Töchter zu Bett gebracht. Sie saßen in ihrem Haus am Binnenkanal in Fort Lauderdale vor dem Farbfernseher und hatten die Nachrichten des Senders WPTV in Miami eingeschaltet. Vincent Price berichtete über einen geheimnisvollen Abschnitt des Nordatlantiks namens ›Teufelsdreieck‹.

Später diskutierte Dr. Fischer, ein bekannter Orthopäde, mit einigen Freunden, die diese Sendung ebenfalls gesehen hatten, und hörte sich mehrere Theorien an. Auch einige Patienten sprachen mit ihm über das ›Teufelsdreieck‹. Alle gaben ihre Meinung zum besten, aber Fischer hörte nur zu. Wenn sie Naturerscheinungen erwähnten, nickte er beifällig. Kam das Übernatürliche zur Sprache, lauschte der Arzt nur kommentarlos. Nur gegenüber wenigen engen Freunden redete er über seine eigene Philosophie. Nach seiner Meinung konnte man die Zwischenfälle, die zum Verschwinden von Flugzeugen und Schiffen führten, in vollem Umfang wissenschaftlich erklären, wenn nur alle Tatsachen bekannt wären. Er konnte nicht ahnen, daß er eines Tages die Gelegenheit dazu bekommen sollte.

Am Morgen des Freitag, des 10. August 1973, fuhren die Fischers mit ihren beiden jüngeren Töchtern zum Flughafen. Es war eine

Reise zur Insel Great Abaco auf den Bahamas geplant. Die Familie wollte das Wochenende in Marsh Harbor verbringen und am Sonntagabend nach Fort Lauderdale zurückfliegen. Die älteste Tochter, die 12jährige Laure, sollte in Fort Lauderdale bleiben, um eventuell an einem Tennisturnier teilzunehmen. Fischer hatte die Absicht, die von dem Kollegen Dr. Frank Stuart geliehene Sportmaschine zu steuern. Stuart machte Urlaub auf einer Jacht in Nassau.

Um 10.46 Uhr ließ der 39 Jahre alte Fischer die einmotorige Beach Craft *Bonanza* auf dem Internationalen Flughafen Fort Lauderdale-Hollywood zur Startbahn rollen. Er hatte zuvor bei der Flugsicherung angerufen und erklärt, er werde den Flugplan nach dem Start einreichen. Das war ein durchaus übliches Verfahren. Als die Maschine das Ende der Rollbahn neben der Staatsstraße I–95 erreichte, beugte sich die 38jährige Judy Fischer zurück, um noch einmal die Sicherheitsgurte bei der siebenjährigen Julie und der dreijährigen Melinda zu kontrollieren. Im Osten konnte man in einer Entfernung von 25 bis 30 Meilen eine Gewitterfront erkennen, die sich dort aufbaute, doch in Fort Lauderdale war der Himmel klar und sonnig. Der Arzt kontrollierte seine Instrumente. Dann gab er Gas, und die Maschine setzte sich in Bewegung. Ein großer Düsenklipper der Eastern Airlines mit dem Ziel New York donnerte die Rollbahn entlang. Die gelbgrüne Beach Craft ging an den Start. Fischer funkte zum Tower: »7956 KILO startklar.«

»Start frei für 7956 KILO«, antwortete der Tower. Fischer gab nun Vollgas, die Maschine wurde schneller und hob vom Boden ab. Nachdem er seine Flughöhe erreicht hatte, nahm Fischer Kurs nach Osten in Richtung Atlantik. Der Flug nach Abaco sollte zweieinhalb Stunden dauern. Die Maschine hatte Treibstoff für vier bis fünf Stunden an Bord. Entweder vergaß Fischer den Flugplan oder er konnte ihn nach dem Start nicht mehr melden, denn die letzten Worte, die man von ihm hörte, waren: »7956 KILO startklar.«

Eine Reihe anderer Flugzeuge, die an diesem Tag zu den Bahamas fliegen wollten, kehrten wegen des schlechten Wetters und der atmosphärischen Störungen um. Einige gaben an, umgekehrt zu sein, weil es ihnen nicht gelungen war, Funkverbindung mit dem Tower aufzunehmen und ihren Flugplan einzureichen, während sie noch in Sichtweite des Landes waren. Ist Dr. Fischer weitergeflogen, obgleich er keinen Sprechkontakt bekam, und verlor er völlig die Orientierung, als seine Maschine in eine Gewitterfront geriet, oder ist dort draußen etwas anderes geschehen?

Um 20.20 Uhr wurde die Küstenwacht von Miami davon unterrichtet, daß Fischers Maschine in Marsh Habor nicht angekommen war. Die Nacht verzögerte die Suche von der Luft aus, aber der 63 Meter lange Kutter *Dauntless,* der in Miami Beach für solche Aktionen Bereitschaftsdienst hatte, bereitete sich zum Auslaufen vor. Im ersten Morgengrauen sollte der Kutter mit seinem Hubschrauber an Bord die vorgeschriebene Position vor den Bahamas erreicht haben.

Bei Tagesanbruch machten sich fünf Flugzeuge der Küstenwacht, eins der Marine und eins der Luftwaffe auf den Weg zu den verschiedenen Einsatzgebieten. Die *Dauntless* war die ganze Nacht mit 18 Knoten Geschwindigkeit gefahren und suchte bereits das Gebiet vor Grand Bahama ab. Der Hubschrauber wurde gestartet und in Richtung Süden gesandt. Die Everglades in Florida wurden von Maschinen der Zivil Air Patrol kontrolliert.

Am Samstagnachmittag schlossen sich sieben Privatflugzeuge mit Freunden der Familie Fischer der Suchaktion an. Sie kämmten die Planquadrate durch, die ihnen von der Küstenwacht zugeteilt wurden. Als die Dunkelheit hereinbrach, kehrten zwölf der vierzehn Maschinen zu ihren Stützpunkten zurück. Zwei weitere, nämlich der Hubschrauber an Bord der *Dauntless* und eine Alvatross der Küstenwacht arbeiteten mit Hilfe mächtiger Scheinwerfer bis tief in die Nacht hinein weiter. Aber es wurde nichts gefunden. Am Sonntag nahm man die Suche wieder auf. Abgesehen von den Militärmaschinen beteiligten sich drei Flugzeuge des Rettungsdienstes Bahama und zehn Privatmaschinen. Sie alle fahndeten nach irgendeiner Spur des Ehepaars Fischer und der beiden kleinen Mädchen. Manche Gebiete entlang des mutmaßlichen Kurses der verlorenen Maschine wurden immer wieder abgesucht, weil man hoffte, zumindest Anzeichen von Überlebenden oder Trümmerstücke zu entdecken. »Es sieht wirklich nicht gut aus«, sagte Lieutenant John Brooks, der verantwortliche Offizier der Küstenwacht von Miami Beach, am Sonntagabend. »Wenn uns eine vermißte Maschine gemeldet wird, suchen wir für gewöhnlich drei bis fünf Tage lang. Wenn wir die Insassen an den ersten beiden Tagen oder wenigstens am dritten Tag nicht finden, sind die Überlebenschancen gering. Ob jemand am Leben bleibt, hängt unter solchen Umständen von der Stärke der Betroffenen ab und davon, wie lang sie um ihr Leben zu kämpfen bereit sind. Wenn es der Familie gelingt, sich an Flugzeugtrümmern festzuhalten, kein Meerwasser zu trinken und die Hoffnung nicht aufzugeben, verbessern sich ihre Chancen. Auch ein Regen hilft manchmal, weil er die Überlebenden mit Trinkwasser versorgt.«

Am Montag entdeckte der Hubschrauber der *Dauntless* kurz vor

Mittag ein offenes, aber nicht aufgeblasenes Schlauchboot und holte es fünfundzwanzig Meilen südwestlich des Ferienorts Freeport aus dem Wasser. Eine Überprüfung der Seriennummer auf dem knallgelben Rettungsboot ergab, daß es zusammen mit einem zweiten derartigen Boot vom Hersteller an den Ausrüster B'Hia Mar in Fort Lauderdale verkauft worden war. Aus diesem Geschäft waren die beiden Boote weiterverkauft worden, eins davon an Dr. Frank Stuart, den Besitzer der vermißten Maschine. Der Käufer des anderen Bootes war unbekannt und wurde trotz einer mühsamen und umfassenden Fahndung nicht entdeckt. Die Chance war zwar gering, aber es konnte dennoch eine weitere Maschine oder ein Schiff in Seenot geraten sein.

Am Dienstagabend brach die Küstenwacht die Suchaktion mit folgender Erkärung ab. »Es ist wahrscheinlich zwecklos, die Suche fortzusetzen. Sie wird daher unterbrochen, bis sich etwas Neues ergibt. Beim geringsten Hinweis darauf, daß die Familie noch am Leben sein könnte, wird die Suche sofort wieder aufgenommen.«

Harry Vordermeier, sein Bruder Ken Walter Mc Crory, Ken Whittengton, Dr. Nile Lestrange und sieben andere Freunde der Fischers, die mit ihren Privatmaschinen mitgeholfen hatten, versammelten sich an diesem Abend an einem Hangar auf dem Flugplatz und beschlossen, die Suche auf eigene Faust mindestens über das kommende Wochenende hinweg fortzusetzen. Die Tage kamen und gingen, und es war immer dasselbe: nichts.

Am letzten Tag der geplanten Aktion kam Harry Vordermeier eine Idee. Für den Fall, daß das Schlauchboot nicht von Fischers Maschine stammte und Fischer vielleicht bis hierhin gelangt sein mochte, flog er die Küstenlinie der Insel Little Abaco ab. An der verlassenen Südküste dieser Insel entdeckte er im Gebüsch etwas silbrig Glänzendes. Es sah aus wie ein Stück von einem Flugzeug. Walter Mc Crory und Mrs. Fischers Bruder mieteten einen Jeep und fuhren in das entlegene Gebiet in dem Vordermeier seine Entdeckung gemacht hatte. Es handelte sich tatsächlich um ein Wrackteil von einem Flugzeug, aber es stammte nicht von Fischers Maschine. Es mußte schon viele Monate lang Wind und Wetter ausgesetzt gewesen sein. Von wessen Maschine mochte das Wrackteil stammen? Das mit Styropor isolierte Aluminium konnte zu keinem Flugzeug gehören, das in den vergangenen Jahren als vermißt gemeldet worden war. Das Material paßte zu keiner der abgestürzten Maschinen. Es gab auch keine Markierungen oder andere Hinweise darauf, woher das Wrack stammte oder wer die Maschine geflogen hatte.

Wieder einmal waren die Retter bei der Suche nach einem Flugzeug auf Teile einer anderen Maschine gestoßen, deren Verschwinden nie gemeldet worden war. Wenn das ›Teufelsdreieck‹ eines seiner Geheimnisse preisgibt, dann nur, um uns klarzumachen, daß da draußen Dinge vorgehen, von denen wir nichts ahnen.

4. Reisen nach Nirgendwo

Als die mit Schätzen beladene Gallione in den Schiffahrtskanal zwischen Serranilla und den Pedro-Untiefen einfuhr, wurde sie von heftigen Winden geschüttelt, die nur eines bedeuten konnten: einen Hurrikan. Wütende Brecher jagten die *Genovese* nach Osten. Soweit die Matrosen noch nicht über Bord gespült waren, mühten sie sich verzweifelt, die zerfetzte Takelage zu kappen. Alle Segel waren verloren, entweder in Stücke gerissen oder vom heulenden Sturm über Bord geweht. Aber der Schiffsrumpf bewegte sich schneller durch das Wasser, als er es zuvor unter voller Besegelung getan hatte. Mit großer Regelmäßigkeit forderten Wind und See ihre Opfer. Die Männer kämpften miteinander um die Plätze an den Lenzpumpen. Die Pumpengriffe waren das einzige, woran man sich an Bord noch festhalten konnte. Ihre Gesichter bluteten von der salzigen sturmgepeitschten Gischt. Wer es wagte, die Augen in den Wind zu öffnen, war auf der Stelle blind. Das Ende war unvermeidlich. Es kam nicht plötzlich, sondern langsam – falls in einem Hurrikan überhaupt etwas langsam geht. Der Kiel der *Genovese* scharrte über die Ausläufer des Banner-Riff. Bodenplanken splitterten. Erst war es eine Planke am Bug, dann eine am Heck. Das Pumpen wurde sinnlos. Sie warfen Anker. Ein halbes Dutzend Männer gingen mit dem Anker über Bord. Durch die ständig größer werdende Anzahl von Löchern im Rumpf, stürzten tonnenweise Gold und Silber auf den Meeresgrund. Ein königlicher Schatz wurde über eine Fläche von Meilen verstreut. Als die Gallione schließlich auf einem Korallenriff strandete, war nur noch eine Handvoll der Besatzung am Leben. Sie klammerten sich an das Wrack, bis der Sturm nachließ und die Retter sie fanden. Das alles geschah am 23. August 1730.

Die *Genovese* war eines der ersten Schiffe, von denen bekannt ist, daß sie auf der Pedro Bank, etwa 50 Meilen südlich vom Westende Jamaikas, Schiffbruch erlitten. Im Laufe der Jahre sind über zwei Dutzend Schiffe den trügerischen Untiefen zum Opfer gefallen.

Fast jeder Bericht über das ›Teufelsdreieck‹ erwähnt die 19 Meter lange *Sno' Boy* aus Kingston auf Jamaika, die mit 35 bis 37 Fischern

und Matrosen in der Nähe der Pedro-Bank verschwand. Die *Sno' Boy* wird immer nur mit ein oder zwei Sätzen am Rande erwähnt. Die Autoren stellen lediglich fest, das Schiff sei auf dem Weg von Kingston nach North East Cay im ›Dreieck‹ mit 40 Menschen an Bord verschwunden. Von den trügerischen Strömungen und Korallenriffen, die es im Bereich von North East Cay reichlich gibt, oder vom Wetter wird nicht gesprochen.
Das Schiff verließ am Dienstag, dem 2. Juli 1963, den Hafen von Kingston. Der Kapitän war Louis Tole. Wieviel Menschen sich an Bord befanden, konnte nie restlos geklärt werden. Das Schiff nahm Kurs auf North East Cay, ein kleines Inselchen im nordöstlichen Teil der verhängnisvollen Pedro-Bank. Die *Sno' Boy* war ein umgebautes Rettungsboot, wie man es zur Aufnahme abgestürzter Flieger und in Seenot geratener Matrosen benutzte, bevor Hubschrauber für diesen Zweck eingesetzt wurden. Mit den beiden Originalmaschinen, Packard oder Hall-Scott, erreichten diese Schiffe über 40 Knoten und verbrauchten dabei pro Maschine und Stunde 150 Liter Treibstoff. Wer diese Maschine aus Restbeständen der Marine kaufte, wie zum Beispiel Robert Braman aus Miami, der Besitzer der *Sno' Boy*, tauschte die starken Benzinmotoren für gewöhnlich gegen wirtschaftlichere Dieselmaschinen aus. Die Schiffsrümpfe bestanden aus zwei Schichten diagonal verlaufender Planken, die auch stundenlang schwere See aushalten konnten. Das Profil ähnelte den größeren PT-Patrouillenbooten. Die Ähnlichkeit war so groß, daß die meisten sogenannten ›PT-Boote‹ aus dem bekannten Film ›PT-109‹ verkleidete Rettungsboote waren. Braman hatte das Schiff an Byron Hill aus Kingston vermietet, der zusammen mit der Regierung von Jamaika die Fischerei des Landes zu fördern trachtete.
Am 4. Juli wurde die *Sno' Boy* mit 55 Personen an Bord als vermißt gemeldet. Am folgenden Tag berichtete die Marine, das Schiff sei in Sicherheit. Es habe vor dem schlechten Wetter Schutz in einem kleinen Hafen gesucht.
Zwei Tage später meldete *Associated Press* das Schiff immer noch als vermißt. Die irrtümliche Verlautbarung, es sei gesichtet worden, war dadurch entstanden, daß ein ähnliches ASR-Boot der kolumbianischen Marine in dem kleinen Hafen Zuflucht gesucht hatte.
Zehn Maschinen vom Flugzeugträger *Wasp* und einige Schiffe schlossen sich der Suchaktion an. Es war immer noch unbekannt, wie viele Menschen an Bord des vermißten Schiffes die 80 Meilen lange Reise zur Pedro-Bank angetreten hatten. Am 6. Juli gab der

Hafenmeister in Kingston bekannt, das Schifferboot *Marsotana* habe zweieinhalb Meilen nordöstlich von North East Cay einen Gegenstand gefunden, bei dem es sich um eine Tischplatte von der *Sno' Boy* handeln könnte. Am 7. Juli meldete der Zerstörer *Malloy*, er nehme Wrackteile auf, darunter Abschnitte diagonaler Planken, Teile eines Ruderhauses, Schwimmwesten, Täfelung sowie eine Leiche. Die Trümmer waren 50 Meilen südlich von Jamaika über eine Fläche von 15 Quadratmeilen verstreut. Ein Sprecher der Küstenwacht erklärte, die gefundenen Gegenstände deuteten darauf hin, daß die *Sno' Boy* entweder von hoher See überspült oder auf ein Riff gelaufen sei. Der Zustand der Wrackteile deutete auf die zweite Möglichkeit hin. So kann man ein weiteres ›ungelöstes‹ Rätsel des ›Teufelsdreiecks‹ als ganz normalen Vorgang betrachten, der nie etwas Merkwürdiges an sich hatte. Das 25 000-Dollar-Schiff war ganz einfach so sehr überladen, daß es schwer zu manövrieren war, als es nahe der Pedro-Bank in einen Sturm geriet. An Bord drängten sich Fischer, es waren 19 Tonnen Eis an Bord, viele Fässer Wasser und Treibstoff, Nahrungsmittel und Geräte, sowie bündelweise Bambusstöcke. Später wurden das Beiboot und ein Rettungsfloß gefunden, aber nichts wies darauf hin, daß sie benutzt worden waren. Das einzige Geheimnis im Zusammenhang mit der *Sno' Boy*, ist die Frage, wie viele Menschen sie mit ins nasse Grab nahm: sechsunddreißig, vierzig, fünfundvierzig oder siebenundfünfzig?
Auch die *Sno' Boy* gesellte sich auf einem der zahlreichen Schiffsfriedhöfe der Karibischen See zur *Genovese*, aber sie verschwand nicht im ›Teufelsdreieck‹.
Am 15. März 1910 lief der Marineschlepper *USS Nina* aus dem Stützpunkt Norfolk aus. Er nahm Kurs auf Havanna in Kuba und sollte sich dort an der Bergung des Schlachtschiffes *Maine* beteiligen. Südlich von Savannah in Georgia wurde der Schlepper mit Südkurs gesehen. Seitdem hörte oder sah man nie wieder etwas von ihm. Die *Nina* war das erste Dampfschiff, das im ›Teufelsdreieck‹ verschwand.

Die Annalen der US-Marine weisen viele Berichte über berühmte Schiffe auf, wie die *Constitution, Constellation, Wasp, Hornet, Bonhomme Richard, Essex Enterprise, Monitor, Maine, Arizona, York Town* und *Missouri.* Doch auf jedes Schiff, das zu Ruhm und Ehre gelangte, kommen Dutzende, über die nichts in den Geschichtsbüchern steht. Eines dieser vergessenen Schiffe ist die *USS Grampus.*

Am 1. Mai 1822 kaperte die *Grampus* unter dem Kommando von Lieutenant H. Gregory vor Suggar Key in der Straße von Florida vier Piratenschoner. Am 12. Mai kaperte sie zwei weitere. Am 16. August kaperte die Grampus nach einem ganztägigen Feuergefecht den Piratenschoner *Palmyra*.

Am 22. Mai des darauffolgenden Jahres eroberte die *Grampus* zwei weitere Piratenschiffe: Die Piraten verfügten über zweimal soviel Feuerkraft wie das Marinefahrzeug. Dieser Husarenstreich wurde vor Campeche in Mexico vollführt.

Am 3. März 1825 fing die *Grampus* nach dreitägiger Verfolgungsjagd entlang der Südküste von Puerto Rico eine Piratenschaluppe, die über ein Jahr lang unter den Kauffahrtschiffen schweren Schaden angerichtet hatte. Es war einer der letzten Zusammenstöße zwischen der US-Marine und den wenigen noch verbliebenen Piratenschiffen. Fahrzeuge wie die *Grampus* haben Totenkopf und gekreuzte Knochen ein für allemal von den Westindischen Inseln vertrieben.

In den nächsten fünf Jahren patrouillierte die *Grampus* in der Karibischen See und im Golf von Mexico und vertrat hier die amerikanischen Interessen. Während sie dann am 5. Juni 1830 durch die Windward-Passage glitt, entdeckte der Ausguck vor Kap Haitien auf Haiti ein verdächtiges Segel.

Es stellte sich heraus, daß es sich um die Barke *Fenix* handelte, von der man seit langem vermutete, daß sie ein Sklavenschiff war, der man aber bislang nichts nachweisen konnte. Die *Grampus* nahm die Verfolgung auf und überholte bald die *Fenix*. Matrosen enterten die Barke und fanden Sklaven an Bord: In den Ladeluken drängten sich Afrikaner. Der *Grampus* gelang es, über dreihundert Menschen vor einem Leben in Sklaverei zu retten. Wer in der Karibischen See keine weiße Weste hatte, hielt es daraufhin für besser, einen großen Bogen um die *Grampus* zu machen. 1836 wurde sie zur Unterstützung der Infanterie beim Seminole-Aufstand in Florida abkommandiert. Am 25. August landete die *Grampus* eine Abteilung Marineinfanteristen in Tampa Bay. Sie sollten Siedler vor aufrührerischen Indianern schützen. Die *Grampus* unterstützte die amerikanischen Landstreitkräfte in Florida bis zur offiziellen Beendigung des Unternehmens am 14. August 1842.

Bis zum 1. März 1843 patrouillierte die *Grampus* die Westindischen Gewässer. Dann wurde sie nach einundzwanzig Jahren Wachdienst vor Florida und in der Karibik schließlich in den Heimathafen Charleston zurückgerufen. Von der *Madison* aus wurde sie am 3. März mit Heimatkurs vor Saint Augustine in Florida gesichtet.

Seitdem hat niemand mehr etwas von dem Schiff gesehen. Die *Grampus,* ein heldenhaftes Schiff, ging in jenen Gewässern verloren, die später einmal das ›Teufelsdreieck‹ genannt werden sollten.

Am Freitag, dem 9. Oktober 1971, beendeten die Schauerleute in Barranquilla in Kolumbien das Beladen des 110 Meter langen Motorschiffes *Caribe.* Sie hatten dazu eine Woche gebraucht. Die Ladung bestand aus Zement. Sie sollte nach dem Kontrakt der Reederei, der ›Dominican-Bordas-Lines‹, in Santa Domingo abgeliefert werden, etwa 700 Meilen ostnordöstlich. Am nächsten Morgen fuhr der Frachter mit seiner achtundzwanzigköpfigen Besatzung zehn Meilen weit den Magdalena Fluß hinunter und dann hinaus in die Karibische See.
Am Sonntagabend setzte sich das Schiff mit der Reederei in Verbindung und meldete, es werde am Dienstag seinen Bestimmungsort erreichen. Das sollte die letzte Nachricht von der *Caribe* sein. Sie pflügte zwar durch eine vielbefahrene Wasserstraße, die sie in der Vergangenheit selbst schon oft durchfahren hatte, aber sie wurde nie wieder gesehen. Die *Caribe* hatte die modernsten Funkgeräte an Bord, und dennoch wurde kein Notruf ausgesendet. Eine gemeinsame Suche von Maschinen der Küstenwacht und der Marine der USA, Kolumbiens und der Dominikanischen Republik erbrachte überhaupt keine Hinweise.
Die verschiedensten Theorien kamen zur Sprache, angefangen von einer Entführung der *Caribe* durch kolumbianische Guerillas nach Kuba bis hin zu einer Explosion des äußerst feinen Zementstaubs, der den Luftraum oberhalb der Ladung füllte. Aber diese und andere Theorien wurden als zu weit hergeholt abgetan. Das Schiff galt ganz einfach als ›auf See verloren gegangen, Ursache unbekannt‹. Es war die übliche Geschichte: keine Überlebende, keine Opfer, keine Wrackteile.

Man sagt oft, die Tage ›hölzerner Schiffe und eiserner Männer‹ seien für immer vorbei. Diese Behauptung ist unrichtig, denn die US-Marine unterhält immer noch eine Flotte hölzerner Schiffe. Ihre Mannschaften könnte man manchmal als ›eiserne Männer‹ bezeichnen. Diese Fahrzeuge sind zwar nur 55 Meter lang und haben eine Wasserverdrängung von weniger als 600 Tonnen, sie operieren jedoch bei jedem Wetter auf hoher See. Es sind die Minensuchboote. Solange im Krieg Magnetminen verwendet werden, benutzt die Marine in aller Herren Länder diese hölzernen Schiffe.
Typisch für diese seegängigen Minensucher, ist die *USS Sturdy.* Ihre vier Packard-Diesel verleihen ihr eine Geschwindigkeit von

fünfzehneinhalb Knoten. Sämtliche Metallteile bestehen aus rostfreiem Stahl, Bronze oder einem nichtmagnetischen Material. Das Schiff hat eine Besatzung von 75 Offizieren und Mannschaften.
Am 14. Juli 1968 erschien in der *Fort Lauderdale News*, ein Bericht über das ›Teufelsdreieck‹. Die Überschrift lautete: ›In 25 Jahren 53 Menschen im Dreieck vermißt‹.
Am darauffolgenden Tag, dem 15. Juli, brachte dieselbe Zeitung einen Bericht über einen der rätselhaftesten Zwischenfälle im ›Dreieck‹. Die *Sturdy* kehrte gerade von einem Manöver 150 Meilen östlich von Jacksonville in Florida zurück, als ein Ausguck einen Gegenstand sichtete, der Backbord voraus im Wasser schwamm. Der Kapitän befahl eine Kursänderung und steuerte den Gegenstand an. Als die *Sturdy* längsseits ging, stellte die Mannschaft fest, daß es sich um den gekenterten Rumpf einer Jacht oder eines Fischerbootes handelte. Man kratzte Muscheln und Seetang vom Bug und konnte schließlich den Namen *Crystal* und Fort George Island, Florida, lesen. Der Fund wurde der Küstenwacht in Jacksonville über Funk gemeldet. Kurz danach antwortete die Küstenwacht, es liege keine Nachricht darüber vor, daß ein solches Schiff vermißt wurde oder überfällig sei.
Mehrere Stunden danach ging auf der *Sturdy* eine zweite Nachricht von der Küstenwacht ein: Es stimmte tatsächlich, daß ein Schiff namens *Crystal* aus Fort George Island in Florida mitsamt der Besatzung vermißt werde. Aber die Küstenwacht hatte die Suche nach der *Crystal* schon 1964, also vor vier Jahren, als aussichtslos abgebrochen.

Am 3. April, knapp zwei Monate nachdem der Ozeanriese *Queen Elizabeth I* unter dem neuen Namen *Seawise University* zu seiner letzten Fahrt von Port Everglades auslief – einer Katastrophenfahrt, die mit der Vernichtung des Schiffs durch ein rätselhaftes Feuer im Hafen von Hongkong endete –, verließ ein anderes Schiff mit schwarzem Rumpf, das ebenfalls *Elizabeth* hieß, den Hafen von Everglades. Doch von der ›kleinen‹ *Elizabeth* sprach niemand. Das Geleit gaben ihr lediglich ein paar Schauerleute an den Leinen und der Schiffahrtsagent. Das Schiff hatte gerade 2000 Tonnen gebündeltes Altpapier für Venezuela an Bord genommen. Das 191 Meter lange, umgebaute Landungsschiff gehörte der Orinoco Shipping Company aus Paterson in New Jersey.
Die *Elizabeth* war für ihr Alter und ihre Größe ein ziemlich schnelles Schiff. Zwei Tage später, am 5. April, erhielt die Reederei die Nachricht, sie verlasse die Bahamas und fahre in die Windward-

Passage ein, das Gewässer zwischen Haiti und Kuba. Das sollte überhaupt die letzte Nachricht von der *Elizabeth* bleiben. Am 1. Mai erhielt die Küstenwacht in Miami ein Telegramm von der Reederei, mit der Mitteilung, ihr Schiff sei in Venezuela überfällig. Eine Suchaktion, die von den Bahama-Inseln über Westindien bis Venezuela reichte, erbrachte nicht die geringste Spur von dem vermißten Schiff.

Man stellte Vermutungen darüber an, daß das alte, im Material müde gewordene Schiff aus der Kriegszeit auseinandergebrochen und gesunken sei. Aber die Ladung bestand aus gepreßten Papierballen, und solche Altpapierballen schwimmen tagelang auf dem Wasser. Schon eine zusammengerollte Zeitung kann stundenlang schwimmen. Falls die *Elizabeth* wirklich auseinandergebrochen wäre, hätte die Unglücksstelle mit schwimmenden Papierballen übersät sein müssen, und die hätte man leicht von anderen Fahrzeugen oder von Flugzeugen aus gesehen. Das unglückselige Schiff befand sich nämlich auf einer der meist befahrenen Wasserstraßen zwischen den Vereinigten Staaten, Mittelamerika und dem nördlichen Südamerika.

Nach alter Seemannsüberlieferung bringt es Unglück, den Namen eines Schiffes zu ändern. Hat deshalb das Schicksal bei den zwei schwarzen Schiffen mit dem Namen *Elizabeth* zugeschlagen – das eine Schiff eine Königin, das andere eine schlichte Arbeiterin? Beide Schiffe waren 1971 im Abstand von 60 Tagen von Port Everglades aus in das ›Teufelsdreieck‹ eingelaufen. Genau 30 Jahre zuvor war der Name eines anderen Schiffes geändert worden, bevor es in das ›Teufelsdreieck‹ segelte.

Am 12. März 1941, einem Mittwoch, um 9.09 Uhr morgens, wurde von einer Stelle irgendwo 600 Meilen östlich von Jacksonville in Florida SOS gefunkt: »Lassen Boote zu Wasser . . . Besatzung verläßt das Schiff.« Es stellte sich bald heraus, daß der Funkspruch von der *Mahukona* stammte, die zwei Tage zuvor mit 3200 Tonnen Kohle für Rio de Janeiro an Bord von Orfolk ausgelaufen war. Vier Schiffe, die sich in unmittelbarer Nähe befanden, nahmen sofort Kurs auf das Unglücksschiff. Es waren die Küstenwacht-Kutter *Bibb* und *Modoc*, der Frachter *West Shipper* und das nach Puerto Rico laufende Linienschiff *Borinquen*. Das Fahrgastschiff traf zuerst an der letzten bekannten Position der *Mahukona* ein. Es sichtete weder Wrackteile noch irgendwelche Überlebenden.

Die *Mahukona* war 1919 von der Great Lakes Ship Building Corperation für die Matson Navigation Company gebaut worden. Sie hatte ihre Dienstzeit im Pazifik absolviert. Von 1928 bis 1940

war das Schiff eingemottet, dann wurde es mit einem Aufwand von 75 000 Dollar renoviert und zur Auslieferung nach Frankreich an die Ostküste Amerikas verlegt. Nach der Kapitulation Frankreichs machte die zuständige Schiffahrtskommission den Kauf jedoch rückgängig. Das Schiff wurde an die brasilianische Gesellschaft Navebras Inc. verkauft und *Santa Clara* genannt.
Am 16. März meldete der Kutter *Bibb* den Fund von Wrackteilen in der Nähe der Bermudas. Sie schienen von der *Mahukona* zu stammen. Ein Deckhaus war dabei, ein Stück Mast und zwei Schwimmwesten. Auf einer stand der Name *Mahukona*, auf der anderen war er frisch überpinselt und durch *Santa Clara* ersetzt. Von den Rettungsbooten und den 26 Mann der Besatzung wurde niemals eine Spur entdeckt. War das Schiff dem sogenannten Fluch des ›Teufelsdreiecks‹ zum Opfer gefallen – oder einer alten Seemannslegende?

In der Zeit von 1920 bis 1933 verbot der 18. Zusatz zur Verfassung der USA den Gebrauch, die Herstellung, den Transport und Verkauf, den Import und Export berauschender Getränke. Dadurch entstand eine neue Sorte von Abenteurern: Die ›Rumrunners‹, die Alkoholschmuggler. Diese Männer wurden nicht so bekannt wie die alten Alkoholschmuggler und nicht so berüchtigt wie die Wegelagerer. Man könnte sie vielleicht als ›Blockadebrecher‹ bezeichnen, da sie sich ständig auf der Flucht vor den Schiffen des Zolls und der Küstenwacht befanden. Die meisten Straßenräuber sind tot, und die Schmuggler bringen sich nicht gern in Erinnerung. Aber wer von denen noch lebt, die während der Prohibitionszeit per Schiff oder Flugzeug illegal Schnaps ins Land gebracht haben, erinnert sich immer noch gern an die ›gute alte Zeit‹. Das waren schon tolle Hechte.
Boote aus den Werften Miamis galten für den Alkoholschmuggel als die geeignetsten. Einige jener Schiffe, die eigens für den Zweck der raschen Überquerung des Golfstroms von den Bahamas nach Florida entworfen wurden, sind die Vorbilder für die heutigen Luxus- und Sportboote.
Hunderte dieser Boote wagten den riskanten Sprung von den Westindischen Inseln zum Festland. Mit vier bis fünf erfolgreichen Fahrten konnte ein Boot sich bereits bezahlt machen. Was danach verdient wurde, war Gewinn. Doch das war leichter gesagt als getan. Einige Schmuggler hatten Erfolg, andere wurden von der Küstenwacht oder vom Zoll erwischt, wieder andere verschwanden unter rätselhaften Umständen. Niemand weiß, was ihnen zugestoßen ist.

Einige wurden vielleicht von Räubern niedergeschossen und mitsamt ihrem Schiff auf den Meeresboden befördert. Oder ein Matrose bekam von einem Schmuggler eine große Summe Geldes, um schwarzen Whisky zu kaufen und verschwand damit. Oder er kaufte den Schnaps tatsächlich und veräußerte ihn an einen anderen Schmuggler, bevor er sich absetzte. Außerdem spielte sich das alles innerhalb der Grenzen des ›Teufelsdreiecks‹ ab.
Viele Länder hatten sich mit gefährlichen Gangsterbanden auseinanderzusetzen. Mit der Zeit verklärte sich das Bild dieser schießwütigen Halunken, und sie wurden zu einer Art von Volkshelden. Da waren die Gebrüder James aus Missouri, die Doolins aus Oklahoma, die Daltons und die Ashley-Bande aus Florida. In der Zeit nach dem Ersten Weltkrieg prägten die vier Gebrüder Ashley unter Führung von John die Geschichte Floridas mit einer Serie von Bankrauben und Schießereien überall auf der Halbinsel. John wurde schließlich gefangen. Bob Ashley wurde getötet, nachdem er bei einem Versuch, John zu befreien, zwei Beamte niedergeschossen hatte.
Die beiden anderen Brüder Ed und Frank kehrten dem Bankraub den Rücken und beförderten Rum von den Bahamas nach Florida. Ihr Schiff war eines der schnellsten. Schließlich bezahlten ja auch die Banken dafür.
An einem Märzabend des Jahres 1924, als der Golfstrom bis auf gelegentliche Regenschauer ruhig da lag, liefen Ed und Frank von Grand Bahama aus, um mit einer Bootsladung Whisky die fünfzig Meilen weite Tour nach Palm Beach zu machen. Doch sie erreichten das Festland nie. Sie verschwanden einfach. Das Wetter war gut, und die normalerweise sehr zuverlässig funktionierende Flüsterpropaganda der Unterwelt ließ nicht darauf schließen, daß die beiden Brüder überfallen worden waren.
In dieser Zeit saß John Ashley in Raiford, dem Staatsgefängnis Floridas, seine Strafe ab. Die Nachricht vom Verschwinden seiner Brüder traf ihn schwer. Einige Wochen später träumte John, eine rivalisierende Bande hätte seine Brüder getötet und sich die Ladung Whisky im Wert von 18 000 Dollar angeeignet. Im Mai floh John Ashley aus dem Gefängnis.
Einen Monat später machten sich die drei Angehörigen der rivalisierenden Bande – Beau Stokes, Dick Allen und Ed White – in ihrem sehr schnellen Boot von Palm Beach aus auf den Weg nach West-End auf den Bahamas. Irgendwo auf dem fünfzig Meilen breiten Gewässer zwischen Palm Beach und West-End verschwanden die drei Männer, denn sie holten nie die Schnapssendung ab, die sie bestellt hatten. Sie wurden auch nie wieder gesehen. Es wird für

immer ein Geheimnis bleiben, ob sie die beiden Ashley-Brüder auf dem Gewissen hatten und ob John Ashley sie auf Grund eines Traums tötete. Was bewaffnete Bankwächter, Polizisten, Zollfahnder und Sheriffs nicht schafften, erledigte das ›Teufelsdreieck‹.

In der Geschichte der japanischen Seefahrt wimmelt es von Legenden über Seeungeheuer, Dämonen und Geisterschiffe. Aber die japanischen Gewässer sind weit vom ›Teufelsdreieck‹ entfernt. Die Mannschaft des Frachters *Raifuku Maru* war zweifellos sehr froh, als sie im Januar 1921 für eine Reise anheuerte, die aus den kühlen Gewässern ihrer Heimat in die warme Gegend der Karibischen See, in den tropischen Atlantik und wahrscheinlich weiter bis New York führen sollte.

Die Fahrt quer über den Pazifik, durch den Panamakanal und weiter in die Karibische See, verlief ohne Zwischenfälle. Aber als das Schiff an den Bahama-Inseln vorbeidampfte, mußte die japanische Mannschaft feststellen, daß merkwürdige Ereignisse im westlichen Atlantik mehr waren als nur eine Legende. Das letzte, was man von dem Frachter *Raifuku Maru* hörte, war die verschlüsselte Mitteilung: »Gefahr jetzt wie ein Dolch, kommt schnell!« Dann wurde es still.

Was war aus dem japanischen Schiff geworden? Während der ersten Hälfte des Jahres 1921 waren mindestens zehn weitere große Schiffe im westlichen Atlantik verschwunden. Nicht weniger als sechs liefen allein aus Newport aus und gaben nie wieder ein Lebenszeichen von sich. Man dachte schon an massierte Piraterie. Aber wenn die *Raifuku Maru* von Piraten angegriffen worden wäre, hätte man das Wort ›Piraten‹ rascher und schneller durchgeben können als den seltsamen Notruf. Ein Ufo? Ufologen haben ihre Objekte als untertassenförmig, oval oder zigarrenförmig beschrieben, aber sie ähnelten niemals einem Dolch.

Eine Erklärung klingt wahrscheinlicher als jede andere: eine Wasserhose - ein Tornado auf dem Meer. Was die vernichtende Gewalt einer solchen Wasserhose anbetrifft, sind die Meteorologen unterschiedlicher Ansicht. Der Anblick einer solchen Naturerscheinung ist unheimlich. Aber an Bord eines Schiffes von einem solchen Tornado getroffen zu werden, ist eine Erfahrung, die sich nicht beschreiben läßt.

Stellen Sie sich vor, Sie führen an Bord eines kleines Frachters durch subtropische Gewässer. Die Ladeluken sind bis zum Rand voll mit Betonklötzen, Stahlträgern und Zementsäcken. Die Deckladung besteht aus Holzbalken, die durch Ketten gesichert sind; diese

Ketten werden durch Winschen und Spanner strammgehalten. Die Ladung ist für ein Feriendorf bestimmt, das auf einer privaten Westindischen Insel entstehen soll.
Seit zwei Tagen sind die Wetterbedingungen ideal. Winde zwischen acht und zehn Knoten machen den Aufenthalt unter dem Sonnendach hinter dem Ruderhaus angenehm. Aber dieser kühlende Wind weht nun nicht mehr. Die Kiellinie ist die einzige Störung des ansonsten spiegelglatten Meeres. Die Geschwindigkeit von sechs Knoten, erzeugt kaum das Gefühl einer Luftbewegung.
Voraus im Südosten hat sich eine Wand aus grauen Wolken aufgebaut. Sie fließen bald zu einer einzigen Masse zusammen. Das Grau wird immer dunkler. Die oberen Schichten scheinen bis in die Stratosphäre zu reichen und breiten sich dort amboßförmig aus. Die untere Kante verläuft fast liniengerade, abgesehen von einigen Sägezähnen. Innerhalb von Minuten greift einer dieser spitzen Zacken langsam hinunter bis zur Wasseroberfläche. Das Schiff kommt näher. Immer näher schieben sich die Fangzähne heran. Aber es ist kein Zahn mehr, jetzt sieht er mehr nach der Klinge eines Dolches aus. Dicht über dem Wasser hält er inne. Das Schiff kommt immer noch näher. Aus dem Meer hebt sich ein zweiter Dolch dem ersten entgegen. Sie vermischen sich zu einer einzigen Masse. Nun bewegt sich das Gebilde über das Wasser. Das Phänomen hat Sie so sehr in Angst und Schrecken versetzt, daß Ihnen jetzt erst die Gefahr aufgeht: Der Kapitän muß das Schiff wenden, weil sich der Frachter genau auf Kollisionskurs mit der grauschwarzen, trichterförmigen Masse befindet.
Der Skipper ist zwar kein Mulatte, aber sein Gesicht läßt erkennen, daß sich irgendwo zwischen seinen schwarzen Vorfahren auch ein Weißer befunden haben muß. Seine Uniform, die er stets trägt, besteht aus Sandalen mit Gummischnüren, knielangen Khaki-Shorts, ohne Gürtel, die nur von der gewaltigen Bauchfalte gehalten werden und die der Schwerkraft spotten, sowie einer abgegriffenen Seemannsmütze mit dem Wort ›Captain‹ in Goldstickerei über dem Mützenschirm. Man sieht es dieser Mütze an, daß sie schon zahlreiche Stürme, Seereisen, Schlägereien und andere Kapitäne überlebt hat. Dieser Kommandant aus Honduras macht den Eindruck derber Freundlichkeit. Aber in dem dicken Mann mit dem runden Gesicht steckt einiges an Sturheit.
Das Schiff behält seinen Kurs bei. Der Tornado tut es auch. Ein Zusammenstoß zwischen Mensch und Natur ist unvermeidlich. Die Naturerscheinung und das Schiff treffen sich. Der gleichmäßige Rhythmus der uralten Dieselmaschine wird vom Brüllen des Tor-

nados übertönt. Bis auf den Kapitän und den Steuermann sind Sie der einzige, der sich noch an Deck befindet. Die Mannschaft ist nach unten geflüchtet. Sie gehen ins Ruderhaus, und der Mann am Rad faßt die Speichen fester an. Der Kapitän bleibt draußen auf der offenen Brücke. Das Brüllen erinnert an einen D-Zug, der über Sie hinwegrollt. Nein – es sind mindestens ein Dutzend D-Züge. Zu sehen ist nichts mehr. Man hat das Gefühl, als segelte das Schiff genau unter den Niagarafällen hindurch. Irgend etwas passiert draußen an Deck. Man kann nicht sagen, was.

Nach weniger als einer halben Minute ist das Unwetter vorbei, und das Meer sieht wieder vollkommen normal aus, nicht aber das Schiff. Die Holzladung schwimmt jetzt auf dem Meer, als eine Spur der Niederlage, deren Sieger sich immer weiter entfernt. Auch einige Lukendeckel sind verschwunden. Die Relings sind nur noch verbogene Metallstreifen. Die tausend Pfund schweren stählernen Ladebäume haben sich aus ihrer Halterung gelöst und sind auf das Deck gefallen. Der Kapitän hockt blutend und nackt auf Deck, Arme und Beine um eine stählerne Stütze gewickelt. Immer noch lächelnd macht er eine Bemerkung darüber, wie frisch das Wasser geschmeckt habe. Der Rest des Tages und der ganze nächste Tag vergehen mit der Bergung von Holz und Lukendeckeln aus dem Meer. So ist es, wenn man eine Wasserhose durchquert (eigenes Erlebnis des Autors).

Wasserhosen sind ebenso unberechenbar wie das Meer selbst. Es ist vorgekommen, daß Schiffe mit ihnen in Berührung kamen und unbeschädigt blieben. In anderen Fällen wurden die Schiffe von diesen Tornados auf See vernichtet. Genauere Messungen beweisen, daß diese Wasserhosen Höhen von fast 3000 Metern erreichen und einen Umfang von 500 Metern. Hat die japanische Besatzung der *Raifuku Maru*, die noch nie zuvor eine solche Wasserhose gesehen hatte, den Schlauch aus Panik oder wegen der Sprachschwierigkeiten als ›Dolch‹ beschrieben?

So wie die Weihnachtszeit im ›Dreieck‹ anscheinend besonders ungünstig für Flugzeuge, kleine Boote und Jachten ist, scheinen im Februar und März die gefährlichsten Monate für größere Schiffe zu sein. Im Februar oder März gingen die *Marine Sulphur Queen*, die *Cyclops*, die *Mahukona*, *Raifuku Maru*, die *Carull A. Deering* und die *Hewitt* verloren, um nur einige wenige zu nennen.

Am 13. März 1926 lief der Frachter *Suduffco* von Port Newark in New Jersey aus – trotz des alten Aberglaubens, daß man eine Seereise nie an einem 13. antreten solle. Seine Ladung bestand aus

4000 Tonnen Stahlrohren im Wert von 500 000 Dollar. Bestimmungsort war Panama, wo das Schiff am 22. März eintreffen sollte. Der Kapitän hatte über 25 Jahre Erfahrung auf hoher See. Am 7. April meldete die Reederei das Schiff als vermißt. Die sofort eingeleitete Suchaktion ergab keinen Hinweis auf sein Schicksal. Von der *Suduffco* und ihrer achtundzwanzigköpfigen Besatzung wurde nie wieder etwas gehört. Wieder einmal war in den Monaten Februar/März ein Schiff dem ›Dreieck‹ zum Opfer gefallen.

1921 erreichte die Zahl der in den ersten drei Monaten des Jahres verschwundenen Schiffe eine Rekordhöhe. Die Verlustliste liest sich fast wie das Kriegstagebuch eines U-Bootkommandanten: der italienische Dampfer *Monte San Michele*, der britische Dampfer *Esperanza de Larrinaga*, der brasilianische Dampfer *Cabedello*, der britische Tanker *Ottawa* (diese Schiffe liefen alle am 2. und 3. Februar aus), der Schwefelfrachter *Hewitt* und die drei norwegischen Barken *Steinsund*, *Florino* und *Svartskog*. Von keinem dieser acht Schiffe wurde je wieder eine Spur entdeckt. Einige Monate zuvor stachen zwei weitere Fahrzeuge in See, um auf Nimmerwiedersehen zu verschwinden. Es waren die russische Barke *Albyan*, die am 1. Oktober 1920 auslief, und der spanische Dampfer *Yute*, der den Hafen am 14. November 1920 verließ. Alle diese Schiffe liefen aus Häfen an der Ostküste der Vereinigten Staaten aus. Einige befanden sich im ›Dreieck‹. Andere hatten diese Gegend nördlich umfahren. Niemand weiß etwas über das Schicksal dieser Schiffe.

Einen Hinweis darauf, was manchem der verlorenen Schiffe zugestoßen sein könnte, gibt es: Der Winter 1920/21 war im nördlichen Atlantik einer der schlimmsten seit Menschengedenken. Gelegentlich überschritten die Windgeschwindigkeiten noch die Stärke eines Hurrikans, zum Beispiel in der ersten und zweiten Woche des Februar 1921. Stürme in den Tropen sind gefährlich für jedes Schiff, aber Winde, die mit mehr als hundert Stundenkilometern aus der Arktik heranfegen, sind die Hölle. Ein Eispanzer überzieht die Schiffe schneller, als die Mannschaften ihn wegschlagen können. Mit der Zeit bekommen alle Aufbauten und Masten eine Eisschicht, und das Schiff wird gefährlich kopflastig. Die gewaltigen Brecher, die solche Stürme begleiten, können das Schiff dann leicht zum Kentern bringen, wenn sie in einen Trog zwischen zwei Wellenbergen geraten. Nutzlose Rettungsboote gehen, festgefroren, mitsamt den Schiffen unter. Rettungsflöße, die sich normalerweise von gekenterten Schiffen lösen, haben festgefrorene Hebel. Unter solchen Bedingungen kann niemand länger als wenige Minuten überleben. Die Gewässer des Nordatlantik werden dann ebenso furcht-

bar wie die Gegend vor Kap Horn.
Nach Angabe des amerikanischen Wetteramtes fegten Stürme mit Windgeschwindigkeiten bis zu 140 Stundenkilometern in einer Länge von tausend Meilen drei Tage lang – vom 6. bis 9. Februar – über die atlantischen Schiffahrtslinien hinweg. Auch am 15. Februar tobten 72 Stunden lang aus dem mittleren Atlantik kommende Stürme. In den Unterlagen des Wetteramtes befinden sich Berichte von Schiffen, die jene Februarstürme überstanden und mit erheblichem Schaden ihre Häfen erreichten. Außer dem Wetter gab es nichts Merkwürdiges zu berichten. Doch nie zuvor und nie danach sind in einem so kurzen Zeitraum soviele Schiffe in einem verhältnismäßig kleinen Gebiet des Atlantischen Ozeans verschwunden.

Es gibt jedoch eine ganze Reihe von Schiffen, deren Verschwinden im ›Teufelsdreieck‹ tatsächlich mit bizarren Begleiterscheinungen verbunden ist. Anfang Januar 1955 segelte der 22 Meter lange Schoner *Home Sweet Home* von Philadelphia aus für den Winter in die Karibische See. Nach einem mehrtägigen Aufenthalt in Bermuda setzte der Schoner Segel mit Kurs auf Antegua, etwa 1200 Meilen jenseits der sogenannten Sargasso-See. Es war der 13. Januar 1955. Von den sieben Mann an Bord schien niemand abergläubische Bedenken gegen den 13. als Abreisetermin zu haben. Um 5.00 Uhr morgens stach das Schiff in See. An Bord befanden sich der Eigner Ward Wheelock, ein Werbemanager aus Philadelphia, seine Frau, ihr Sohn Ian, der Bankdirektor Kent Willing von der Girard Trust Corn Exchange Bank aus Philadelphia, seine Frau, der Bootskapitän Harry Darrel aus Bermuda und der Bootsmann Miller Powell, ebenfalls aus Bermuda.
Noch am selben Tag tobten Sturmböen über das Gebiet hinweg, die so schlimm waren, daß mehrere Schiffe Notrufe sendeten. Am 27. Januar wurde die *Home Sweet Home* von Antegua als vermißt gemeldet, und die Suche begann. Eine B-29 der Luftwaffe entdeckte 605 Meilen südöstlich von Bermuda im Meer einen nicht mehr identifizierbaren, seltsam aussehenden Gegenstand. Der Küstenwacht-Kutter *Duane* hörte die Meldung der Maschine mit und bat um die genaue Position. Der Pilot funkte zurück, die Maschine habe gerade Schwierigkeiten mit den Navigationsgeräten und könne keine genaue Position nennen. Der Pilot erklärte weiterhin, der fremde Gegenstand sei mit Sicherheit kein Bestandteil der vermißten Jacht. Der Kutter, der bereits acht Überlebende einer notgewasserten C-54 an Bord hatte, lief die ungefähre Gegend der letzten

Meldung an, entdeckte aber keine Spur des fremdartigen Gegenstands, der auf dem Wasser treiben sollte, und keinen Hinweis auf die *Home Sweet Home.*

Zehn Jahre bevor die *Home Sweet Home* als vermißt gemeldet wurde, suchte man schon einmal nach zwei großen Schonern. Am 27. Dezember 1945 – man hatte gerade die Hoffnung für die sechs vor Florida verlorengegangenen Maschinen der Marine aufgegeben – meldete die *New York Times*, daß zwei große Schoner vermißt würden. Es handelte sich um die 23 Meter lange *Voyager II*, die von dem ehemaligen Offizier Gifford Hitz aus Westport in Connecticut und seinen drei Kindern den Küstenkanal hinuntergesegelt wurde; keiner der Kontrollpunkte entlang des Kanals hat das Fahrzeug gesichtet.

Das zweite vermißte Schiff war der Zweimastschoner *Valmore* mit einer vierköpfigen Besatzung an Bord. Der Zweimaster wurde von der *Dunworking* aus Morehead City in North Carolina hinausgeschleppt. Der Schlepper wurde manövrierunfähig und kappte die Leinen zu dem Schoner. Später trieb die *Dunworking* an Land und ging dabei zu Bruch. Von der *Valmore* und den vier Mann an Bord hat seitdem niemand mehr etwas gehört.

Am Freitagnachmittag, dem 14. Januar 1949, war es für Florida recht kühl, als Captain Johnny Pellet mit seinem 12 Meter langen Kabinenkreuzer *Driftwood* bei Dink Frost anlegte, um Treibstoff, Köder und andere Ausrüstung an Bord zu nehmen. Dink Frost versorgte die meisten Boote aus Dania, dem nächsten Ort südlich von Fort Lauderdale, mit Fischereibedarf und Treibstoff. Außer Pellet befanden sich an Bord der *Driftwood* Bert LaBree, ein Versicherungs- und Grundstücksmakler aus Dania, der Stadtbaurat Paul J. Hackert, Logan Eisle, ein Industrieller aus Nashville in Tennessee und Dr. Albert Sullivan, ein Arzt aus Nashville. Die fünf Männer wollten für fünf Tage zum Fischen in die Gewässer um Bimini auf den Bahamas fahren.

Nach dem Auftanken und Aufnehmen der Köder und Vorräte, machte Pellet die Leinen los und ging auf Südostkurs. Das Schiff passierte die Einfahrt von Port Everglades. Am nächsten Morgen wollten die Sportangler in Bimini sein. Sie hatten vor, vier Tage lang zu fischen und am Donnerstagabend nach Dania zurückzukehren. Am Mittwochmorgen wollten sie wieder zu Hause sein. Das Boot war gerade im Trockendock gewesen; man hatte die Unterseite des Rumpfes frisch gestrichen und die beiden Chrysler-Maschinen überholt. Das Schiff befand sich in ausgezeichnetem Zustand. Johnny Pellet hatte die Kreuzfahrt zu den Bahamas schon fast hundert Mal gemacht.

Trotz des kalten Abends war die Wetterlage immer noch sehr günstig. Als sich die Sonne auf den Horizont herabsenkte, wechselte das azurblaue Wasser des Golfstroms wie immer über dunkelblau zu schwarz. Weitab vom Land ist die Dämmerung für die meisten Seeleute eine Stunde der Einsamkeit. Selbst eine mondlose Nacht wirkt auf hoher See nicht so bedrückend wie die Abenddämmerung. Vielleicht liegt es an dem Gefühl, daß das Tageslicht nun dem Dunkel der Nacht weichen muß und daß sich hinter dem Dunkel etwas Bedrohliches verbergen könnte. Die *Driftwood* fuhr in die Nacht hinaus.

Dink Frost machte sich keine allzu großen Sorgen, als die *Driftwood* am Mittwochmorgen nicht wie vorgesehen wieder anlegte. Er dachte, das Angeln machte den Männern soviel Spaß, daß sie ihren Urlaub um einen Tag verlängerten.

Als Frost am nächsten Morgen beim Kaffee saß, las er von einer umfangreichen Suchaktion zu Wasser und in der Luft. Marine, Küstenwacht und Luftwaffe beteiligten sich daran und forschten nach einer Linienmaschine der British South American Airways, die mit vierundzwanzig Menschen an Bord zwischen Bermuda und Jamaika abhanden gekommen war.

Frost legte die Zeitung auf ein funkelnagelneues Funkgerät, das Johnny Pellet gehörte. Pellet wollte es nach seiner Rückkehr aus Bimini in die *Driftwood* einbauen lassen. Frost rief einen befreundeten Piloten an, der noch am selben Vormittag einen Charterflug nach Bimini geplant hatte. Der Pilot erklärte sich einverstanden, bei Pellet zurückzufragen, wann die *Driftwood* denn wieder einlaufen werde.

Kurz nach dem Mittagessen erhielt Dink Frost eine Nachricht von dem Piloten aus Bimini. Sie war kurz und bündig: Die *Driftwood* war in Bimini überhaupt nicht eingetroffen, und niemand hatte sie im Gebiet der Inseln gesehen. Sofort wurde die Küstenwacht verständigt. Eine Stunde später war im Bereich des ›Teufelsdreiecks‹ eine zweite Suchaktion in Gange. Die Straße von Florida bis hinauf nach Brunswick in Georgia wurde durchgekämmt. Nach Osten erstreckte sich die Suche über die Bahamas hinaus in den offenen Atlantik und überlappte dort mit der Suchaktion nach dem verschwundenen Flugzeug. Nach zwei Wochen wurden beide Aktionen abgebrochen. Weder von der Jacht *Driftwood* noch von der Linienmaschine *Star Ariel* hatte man auch nur die geringste Spur entdeckt. In die Liste der ungeklärten Todesfälle im ›Dreieck‹ mußten neunundzwanzig weitere Namen eingetragen werden.

Im Juni 1950 wurde der Frachter *Sandra* mit 350 Tonnen Insektenpulver für Puerto Cabello in Venezuela beladen. Das Schiff war damit bis an die Grenze seiner Tragfähigkeit belastet. Seine Dieselmaschinen schafften eine Höchstgeschwindigkeit von 10 Knoten. So verließ die *Sandra* den Hafen von Savannah in Georgia und nahm Südkurs in Richtung auf die Straße von Florida. Auf der Fahrt nach Süden halten sich die Schiffe für gewöhnlich dicht an der Küste Floridas, um dem nach Norden fließenden Golfstrom auszuweichen. An den Rändern hat der Golfstrom eine sehr viel geringere Geschwindigkeit. Wenn diese Schiffe einmal nicht in Sichtweite des Landes fahren, so bleiben sie doch zumindest dicht genug an der Küste, um nachts den Lichtschein der verschiedenen Küstenstädte zu sehen. Ein mit Funk ausgestattetes Schiff auf dieser Route ist selten weiter als eine Flugstunde vom nächsten Marinestützpunkt entfernt, für den Fall, daß es in Schwierigkeiten geraten sollte.
Auch die *Sandra* geriet in Schwierigkeiten. Aber sie gab keinen Notruf durch. Irgendwo in der Straße von Florida, zwischen Jacksonville und Miami, verschwand der 115 Meter lange Frachter auf einer der meist befahrenen Schiffahrtslinien an der Ostküste spurlos von der Erdoberfläche.

Am 27. Oktober 1969 empfing die Küstenwacht in Miami einen einzelnen Notruf, der von einem Schiff namens *Keela* oder *Tequila* stammte: Das Schiff sinke rasch in Florida Bay, jenem weit ausgedehnten seichten Seegebiet, das die Florida Keys vom Golf von Mexico trennt. An Bord waren ein Mann, eine Frau und ein Kind. Sie konnten ihre Position nicht angeben, da Kompaß und Landkarten über Bord gegangen seien, aber sie glaubten sich nördlich von Islamarada zu befinden. Bei der nachfolgenden Suche wurden keinerlei Spuren eines Schiffes oder irgendwelcher Überlebender entdeckt. Es wurde auch niemals ein solches Schiff oder ein Ehepaar mit einem Kind als vermißt gemeldet.
Manchmal sendet ein Schiff einen Notruf aus, kann die Schwierigkeiten dann aber allein bewältigen und aus eigener Kraft den nächsten Hafen anlaufen; oft wird dann versäumt, die Behörden zu verständigen. War das hier der Fall? Oder war eine solche dreiköpfige Familie nie in Schwierigkeiten, war der Notruf nur ein schlechter Witz, wie ihn die Küstenwacht von Zeit zu Zeit empfängt? Ein SOS löst immer eine umfangreiche Rettungsaktion aus. Wenn die Witz-

bolde schon sicher zu Hause vor dem Fernseher sitzen oder fest in ihren Betten schlafen, befinden sich die Helfer draußen auf hoher See und setzen ihr Leben ein, indem sie nach einem Schiff suchen, das gar nicht vermißt wird.

Würde man hundert Leser fragen, die sich mit dem Thema ›Seefahrt‹ befassen, welche Tragödie die meisten Menschenleben gefordert habe, so würden höchstwahrscheinlich neunzig von ihnen erklären, es sei der Untergang der *Titanic*, die am 15. April 1912 auf ihrer Jungfernfahrt im Nordatlantik mit 1517 Menschen an Bord gesunken ist. Aber das wäre ein Irrtum. Fast vier Jahre später sank der französische Hilfskreuzer *Provence* am 26. Februar 1916 im Mittelmeer. Dabei gingen nicht weniger als 3000 Menschenleben verloren.

Von denselben hundert interessierten Lesern würden 99 erklären, die größte Katastrophe im ›Teufelsdreieck‹ sei der Untergang der *USS Cyclops* auf dem Wege von Barbados nach Baltimore im Jahre 1918 gewesen. Bei dieser Katastrophe starben 308 Menschen. Aber auch dies wäre ein Irrtum.

Am 1. März 1854 segelte die *City of Glasgow* mit ihrem schwarzen Rumpf als eines von dreizehn Schiffen von Liverpool nach Amerika. Sie hatte 480 Besatzungsmitglieder und Passagiere an Bord, zumeist Auswanderer in die USA. Die Besitzer des Schiffes, die Liverpool and Philadelphia Steam Ship Company, behauptete, ihr eisernes Schiff würde die Überfahrt nach Philadelphia unter Segeln ebenso schnell schaffen wie mit der zusätzlichen Dampfmaschine.

In der zweiten Aprilwoche hätte die 1010 Tonnen schwere *City of Glasgow* in die Bucht von Delaware einfahren sollen. Aber sie kam nicht. Die Agenten der Besitzer, die Firma Richardson Brothers and Company, vermuteten, das Schiff hätte eine Maschinenpanne und müsse bei schwachen Winden unter Segeln fahren. Doch der April ging vorbei, und man hörte immer noch nichts von dem großen Schiff.

Im Mai kolportierten die Zeitungen eine Reihe von Gerüchten: Die *City of Glasgow* sei im Eis eingeschlossen; Piraten hätten sie gekapert; das Schiff sei vor der Küste Afrikas gestrandet, und alle Reisenden säßen nun verlassen an einer einsamen Küste, oder man habe sie in der Nähe der Bahamas gesichtet.

An diesem letzten Gerücht mag ein Körnchen Wahrheit sein. Im Monat März hatte der Kapitän sicherlich einen Kurs gewählt, der südlich an allen Gebieten vorbeiführte, in denen noch die Gefahr von Treibeis bestand. Hinzu kam, daß das Schiff um so weniger Märzstürmen begegnen und um so weniger mit Gegenwind zu kämpfen haben würde, je weiter südlich es segelte. Noch heute weist die Nordatlantikkarte für den Monat März für schwächere Schiffe – die *City of Glasgow* wäre in diese Kategorie gefallen –, die von den Britischen Inseln nach New York oder Philadelphia segeln, einen großen Halbkreis nach Süden aus. Transozeanschiffe fahren von Hafen zu Hafen nur selten eine gerade Linie, wie Laien nach einem Blick auf die Landkarte denken mögen. Winde und Strömungen beeinflussen die Route eines Schiffes. So hätte die *City of Glasgow* durch die Irische See nach Süden segeln müssen, von dort nach Südwesten an den Azoren vorbei bis mindestens 35 Grad nördlicher Breite und dann weiter nach Westen. Sie hätte mindestens bis 65 Grad westlicher Breite den Westkurs beibehalten müssen und wäre dann in der Nähe von Bermuda gewesen. Hätte sie es überhaupt bis hierhin geschafft und wäre sie weiter ihrem Bestimmungsort entgegengefahren, dann hätte sie hier Nordwestkurs einschlagen müssen um die Delaware-Bucht zu erreichen – das heißt, falls sie den Weg durch das ›Teufelsdreieck‹ überlebte. Aber die *City of Glasgow* blieb mit ihren 399 Passagieren und 81 Mann Besatzung verschwunden; es wurde nie wieder etwas von dem Schiff gesehen oder gehört.

Seit Fidel Castro auf Kuba die Macht übernahm, sind nicht weniger als 10000 Menschen auf dem Seeweg von der Insel geflüchtet – das heißt, Küstenwacht und andere Fahrzeuge haben diese 10000 Flüchtlinge aufgenommen. Es vergeht keine Woche, in der nicht mindestens ein Boot oder irgendein anderes Fahrzeug, in nördliche Richtung treibend, in der Straße von Florida gesichtet wird. Diese merkwürdigen Gebilde sind zuweilen Segelboote, manchmal aber auch Flöße, die aus zusammengebundenen Autoschläuchen bestehen. Manche dieser Flöße findet man vom Sturm zerschlagen und leer. Andere sind von Kugeleinschüssen zersiebt und ebenfalls leer. Nach amtlichen Schätzungen sind mindestens tausend Kubaner, die sich auf irgendwelchen Fahrzeugen zur Flucht aus der Heimat aufgemacht haben, verschollen. Will man von Kuba aus das amerikanische Festland erreichen, riskiert man nicht nur die Entdeckung durch kubanische Patrouillenboote, sondern man muß auch die aufgewühlten Gewässer des Golfstroms bewältigen, die sich durch die Straße von Florida hinaus in den offenen Atlantik drängen. Niemand wagt zu schätzen, wieviele Flüchtlinge die Küste von Florida hinter sich verschwinden sahen, wenn ihre manövrier-

unfähigen Boote oder Flöße durch die Meerengen nordwärts in den offenen Atlantik getrieben wurden. Ihre Lage ist hoffnungslos, denn nach ihnen würde niemand suchen. Am Ende müssen Hunger und Durst unerträglich werden. Zusammen mit den Qualen der stechenden Sonne auf salzverkrusteten Körpern muß jeder Mensch verrückt werden. Und wohin kann sich ein Verrückter in einem kleinen offenen Boot oder auf einem Floß draußen auf dem Atlantik retten? Doch nur zurück ins Meer, aus dem irgendwann am Anfang unserer Entwicklung alles Leben kam.
Das ist das ›Teufelsdreieck‹.

Man fragt sich manchmal, wieviele Menschenleben unnötigerweise im ›Teufelsdreieck‹ verlorengingen. Das muß nicht so sehr die Schuld der Opfer sein, sondern der Grund kann darin liegen, daß jemand anderes keine Scherereien haben wollte oder sich um einen Mitmenschen in Seenot nicht kümmerte. Nehmen wir als Beispiel Talmadge Riggins, A. C. Price und zwei andere Männer aus Miami. Sie waren am 25. Februar 1972 mit einem sechs Meter langen Boot zum Fischen hinausgefahren, als vor den Florida Keys ihre Maschine versagte. Ein Westwind trieb sie hinaus in die Schiffahrtsstraße des Golfstroms. Später wurden sie von der Küstenwacht gerettet. Sie gehörten zwar zu den Glücklichen, die nicht auf der Verlustliste des ›Teufelsdreiecks‹ stehen, aber dennoch war Riggins bei seiner Rettung wütend. »Wir wurden beinahe von einem Tanker gerammt, dessen Ausguck uns von der Brücke mit einem Suchscheinwerfer anstrahlte«, berichtete Riggens, »doch der Tanker ignorierte uns und fuhr einfach weiter.«
Es gibt ähnliche Zwischenfälle, wie zum Beispiel die schwere Prüfung, die der 36jährige William C. Hoadley aus De Land in Florida und die zwanzigjährige Debbie Blocker aus Cary in North Carolina durchmachten. Am 29. Mai 1973 geriet ihr 17 Meter langes Boot *Tahoma* 80 Meilen südlich von Kuba in Seenot. Sie hatten zwei Hunde bei sich. Am 27. Mai waren sie aus Guanaha in Spanisch-Honduras ausgelaufen. Zwei Tage später verstopfte sich eine Treibstoffleitung. Die Batterien waren zu schwach, um die Maschine wieder anzulassen. So trieben Hoadley, die schwangere Debbie und die beiden Hunde zweiundvierzig Tage lang in der Karibischen See. Hoadley improvisierte mit Bettüchern, Stangen und Rudern eine Art Besegelung für die *Tahoma.* »Wir trieben von Kuba aus bis fast zur US-Küste, dann schob uns der Mississippi zurück, und wir trieben bis hinunter nach Yukatán. Dann ging es wieder auf die Küste zu, noch einmal hinunter bis zur Campeche-

Bank und hinaus bis beinahe nach New Orleans«, berichtete Hoadley.
Während dieser 1500 Meilen langen Irrfahrt sammelten sie Regenwasser und lebten von Fisch. Einmal näherten sie sich etwa hundert Meilen vor der Küste Alabamas bis auf eine Meile einem russischen Trawler. Hoadley schoß Notraketen ab, aber die Russen ignorierten ihn. Schließlich wurden sie etwa 60 Meilen südöstlich des Mississippi von dem Schlepper *Mary St. Phillip* vor Florida entdeckt und gerettet. Hoadley sagte, seine größte Sorge sei die Schwangerschaft seiner Braut gewesen.
Folgenden Rat erteilt William Hoadley allen, die hilflos im Meer treiben: »Behaltet einen kühlen Kopf. In der Panik könntet ihr euch selbst umbringen. Bleibt ruhig und denkt nach. Und betet zu euerem Lieblingsgott.« Er erwähnte zwar nicht, worum man beten soll, aber sicherlich geht es auch darum, daß ein Schiff, von dem man entdeckt wird, sich nicht wie der russische Trawler benimmt, der die Notsignale der *Tahoma* nicht zur Kenntnis nahm, oder wie der Tanker, der sich nicht um Talmadge Riggins' Bitte um Hilfe kümmerte.

Es kann nicht daran gezweifelt werden, daß große Schiffe manchmal daran Schuld sind, wenn kleinere Wasserfahrzeuge ›spurlos‹ verschwinden und nicht mehr in ihren Hafen zurückkehren, insbesondere dann, wenn die Boote hilflos auf dem Meer treiben.
Der 17 Meter lange Kabinenkreuzer *Extapa* sollte rechtzeitig zu Weihnachten 1971 in Marathon in Florida Keys eintreffen. Die *Extapa* kehrte von einer Reise nach Cozumel in Mexico zurück. Ihr Besitzer war John Denton. Die Mannschaft bestand aus Richard Spalding, Richard Antonio und Tom Rash, alle aus Wilmington in Delaware. Doch das Schiff kam nicht an, und alle Versuche, die *Extapa* über Funk zu erreichen, schlugen fehl. So begann die Suche. Zwei Tage lang blieb sie ergebnislos. Als am 28. Dezember die Dunkelheit hereinbrach, wurde die Suche für die Dauer der Nacht unterbrochen. Aber kurz bevor es finster wurde, entdeckte eines der Schiffe einen weißen Gegenstand, der vom Golfstrom nach Norden getrieben wurde. Man identifizierte ihn als Teil der Kabine eines Motorboots und nahm ihn in Schlepp. Es waren keine Spuren eines Feuers oder einer Explosion zu erkennen.
Am nächsten Tag setzte man sich mit Dentons Bruder in Verbindung, aber er konnte nicht mit Sicherheit sagen, ob das Wrackteil von der *Extapa* stammte oder nicht. Weitere Untersuchungen und eine Rückfrage beim Hersteller des Schiffes ergaben jedoch ein-

wandfrei, daß es Trümmer des vermißten Bootes waren.
Unter den Schiffern entlang der Küste von Miami wurden nun die verschiedensten Überlegungen darüber angestellt, was der *Extapa* und ihrer Mannschaft zugestoßen sein mochte. Die Mutmaßungen reichten von magnetischen Phänomenen bis zum Zusammenstoß mit einem größeren Schiff. Einige Okkultisten warfen die Frage auf: Warum wurde nur die Kabine gefunden?
Ein Ufo-Anhänger erklärte sogar: »Raumfahrer mußten die Kabine entfernen, um an die versteckte Besatzung heranzukommen.« Manche Leute gaben ihm recht. Aber die meisten Fischer, Jachtbesitzer, Schlepperkapitäne und andere Fachleute blieben bei der Überzeugung, die Jacht sei von einem Schiff gerammt worden, das dann einfach weiterfuhr, weil die Besatzung von dem Zwischenfall überhaupt nichts bemerkte.
Wenn nun das Boot, das die Kabinentrümmer der *Extapa* fand, diesen Punkt ein bis zwei Minuten später erreicht hätte, nachdem es schon völlig finster geworden war, oder wenn dieses Schiff nur wenige Meter an den Kabinentrümmern vorbeigefahren wäre – dann hätte die Mannschaft im Dunkeln auch nichts mehr gesehen. Bis zum nächsten Tag hätte die Strömung des Golfstroms das Wrackteil viele Meilen weit nach Norden getragen, und man hätte es wahrscheinlich nie gefunden. Was dann? Wahrscheinlich hätte die Legende vom ›Schiffsfriedhof‹ weiteren Auftrieb bekommen.

Am 24. April 1973 gab die Küstenwacht den Abbruch der Suchaktion nach fünf Vermißten vor der Westküste Floridas, unmittelbar nördlich von Florida Bay bekannt. Dieses Gebiet gehört zwar eigentlich nicht mit zum ›Teufelsdreieck‹, aber die Bedingungen sind dort sehr ähnlich, nur wehen die Winde meist aus einer anderen Richtung und der Golfstrom fließt nicht vorbei. Unter Umständen kann dieses Seegebiet jedoch ebenso gefährlich werden. Die vorherrschenden Winde wehen nämlich ebenfalls aus Südosten, aber sie sind nicht anlandig wie an der Ostküste Floridas sondern ablandig. Wenn daher ein manövrierunfähig gewordenes Fahrzeug in Gewässer gerät, die zum Ankern zu tief sind, kann es in den Golf von Mexico hinausgeblasen werden.
Vier der fünf Vermißten, nämlich William Forshee, sein Sohn William De Witt, Lewis und ein gewisser Gaskin, stammten aus der Gegend von Miami. Sie waren mit ihrem Sechsmeter-Außenborder von der Insel Marco aus zum Fischen gefahren.
Der fünfte Mann, Robert Stone aus Fort Myers, war in seinem Fünfmeter-Außenborder schon am 7. April zum Fischen gefahren.

Elf Flugzeuge und zahlreiche Boote der Küstenwacht und ihrer Hilfsorganisationen suchten über 16 000 Quadratmeilen ab und flogen 150 Meilen in den Golf von Mexico hinaus. Aber weder die beiden Boote noch einer der Sportfischer wurde jemals gesehen.

Wie bereits erwähnt, rettet die amerikanische Küstenwacht beinahe schon routinemäßig Flüchtlinge aus Kuba. Aber es gibt noch eine andere Diktatur, die ihre Opfer ebenfalls so sehr zur Verzweiflung treibt, daß sie Fluchtversuche unternehmen.
Im Alten Bahama-Kanal, der die Bahamas von Kuba trennt, wurden am 17. Juli 1973 18 Flüchtlinge aus Haiti auf dem Weg in die Freiheit von ihrem sinkenden Boot gerettet. Es ging noch auf dem Weg nach Miami, wohin es von dem Retter geschleppt werden sollte, unter.
Ein Sprecher der Flüchtlingsgruppe, der dreiunddreißigjährige Georges Pierre, berichtete von den Qualen die die Flüchtlinge zu erleiden hatten. Unter ihnen befanden sich zwölf Frauen. Erbarmungslos brannte die Sonne vom Himmel, sie verloren ihr Trinkwasser, mußten ständig Wasser schöpfen, um nicht unterzugehen, und beteten pausenlos. Er sagte: »Sie riefen immer wieder Gott an, und manche behaupteten, mit ihm gesprochen zu haben. Er hätte gesagt: ›Habt Geduld, ich bringe euch schon an euer Ziel.‹ Ich war da nicht so sicher. Wir mußten immer rascher schöpfen, weil die Fugen zwischen den Planken undicht wurden.«
Pierre fährt fort: »Das zweite Boot verschwand in der zweiten Nacht.« Dann berichtete er von dem zweiten Boot, das seines begleitet hatte. Fünfundvierzig Leidensgenossen drängten sich auf der sieben Meter langen Schaluppe. Zwei Tage lang befanden sich beide Boote in Sicht- und Rufweite. Ihre Entfernung betrug nie mehr als 100 bis 200 Meter. Am zweiten Abend senkte sich Schweigen auf die beiden Boote herab, die nur drei Bootslängen voneinander getrennt waren. Fast alle Insassen von Pierres Boot schliefen. Wer als Wache und zum Wasserschöpfen eingeteilt war, glaubte, daß auch die Menschen auf dem anderen Boot eingeschlafen seien und kümmerte sich nicht darum. Doch dann entdeckten sie, daß das zweite Boot verschwunden war. Sie glaubten zuerst, es sei in der Dunkelheit abgetrieben und sie würden es in ein paar Stunden in der Morgendämmerung wiederfinden. Aber als der Tag anbrach, war das Meer von Horizont zu Horizont leer. Sie konnten nicht einmal ein Wrackteil entdecken. Zuerst glaubte Pierre, das andere Boot sei gekentert, denn es lag bis zwanzig Zentimeter unterhalb der Dollen im Wasser. Pierre fährt fort: »Aber wir hörten auch keinerlei Hilferufe und keinen Hinweis darauf, daß sie

Schwierigkeiten hatten. Alles blieb still.«
Ja – alles war still. Fünfundvierzig Menschen sehnten sich so sehr nach der Freiheit, daß sie bereit waren, ohne Bedenken die kleine sieben Meter lange Schaluppe zu besteigen. Auf dem Boot war es so eng, daß die meisten nur stehen konnten. Sie wußten, wie gering ihre Chance war, die Freiheit zu erreichen – aber alles andere war besser als das Leben, das sie bisher ertragen hatten. So stachen sie in See. Aber sie fanden nicht das Leben, die Freiheit und das Glück – das ›Teufelsdreieck‹ verschlang sie.

George Boston wurde dadurch berühmt, daß er in Havard zusammen mit Robert F. Kennedy Football spielte und der erste Student im ersten Semester war, der gegen die Rivalen von der Universität Yale einen Punkt machte. Aber George Bostons große Liebe war das Meer. Er wurde für die Dodgers, eine berühmte Baseballmannschaft, nominiert und erregte bereits beim Training großes Aufsehen. Dennoch entschied er sich für das Meer. Dafür verzichtete er sogar auf das große Geld, das er als Profi verdient hätte. Er schrieb für mehrere Jacht- und Seglerzeitschriften, verfaßte wöchentlich für Segler eine Spalte in der *Boston Globe* und hielt im Club Vorträge über die Hohe Kunst des Segelns. Seine Freunde bezeichneten ihn als ›stämmigen, derben, liebenswerten Kerl, der mit dem Hosenboden segelt‹. In Fachkreisen wurde er als Einhandsegler berühmt.
Sein ehrgeizigstes Abenteuer – eine Erdumsegelung allein in einem zehn Meter langen Tahiti-Besankutter – scheiterte an einer Gelbsucht in Ägypten. Trotz dieses Mißerfolgs wurde George Boston überall bewundert, wo er mit seinem kleinen weißen Kutter *Fiddler's Green* auftauchte. Das ist übrigens das mythologische Paradies, in das alle guten Segler nach ihrer letzten Fahrt eingehen.
George Boston machte seine letzte Reise nicht an Bord der *Fiddler's Green.* Nach seiner Rückkehr aus dem Mittelmeer startete er wiederum allein zu einer Segeltour durch Westindien. Auf dieser Reise lernte er eine Seglerin kennen und heiratete sie. Sie kehrten nach Florida zurück und kauften sich neben einem Kanal, auf dem die Segelboote in Fort Lauderdale lagen, ein bescheidenes gelb-weißes Häuschen. Boston verdiente sein Geld hauptsächlich damit, daß er Jachten segelte und auslieferte. In seiner Freizeit schrieb er ein Buch über seine Erlebnisse an Bord der *Fiddler's Green.* Das Buch bekam zwar ein letztes Kapitel, aber das hat nicht mehr George Boston geschrieben.
Im Oktober 1965 beauftragte der Schiffsmakler Jan D. Bragg aus

Fort Lauderdale George Boston mit der Auslieferung eines 15 Meter langen Katamaran-Hausbootes an Enrique Blanco in San Juan auf Puerto Rico. Die *El Gato* hatte nach Braggs Aussage ›viele Sachen an Bord, darunter auch ein Dingi mit Außenborder‹. Bei der Reise handelte es sich um ein simples ›Inselhüpfen‹ entlang einer Route, die Boston schon oftmals befahren hatte.
Am 16. Oktober erklärte Boston seiner Frau Margaret, er werde in zehn Tagen zurück sein, wenn das Wetter gut bleibe und die Maschine des Bootes richtig funktioniere. Er gab ihr einen Abschiedskuß, bestieg die *El Gato* – zu Deutsch ›die Katze‹ –, kontrollierte noch einmal alles und machte die Leinen los.
Der erste Abschnitt seiner Reise führte von Fort Lauderdale nach Nassau. Doch schon am ersten Tag stellte sich ein Maschinenschaden ein, und Boston schlich mit vier Knoten Fahrt nach Nassau. Dort lag die *El Gato* mehrere Tage lang, während die Maschine repariert wurde. Bragg überwies Boston zur Begleichung der Reparaturrechnung Geld, dann machte sich die *El Gato* am 23. Oktober wieder auf den Weg zu ihrem nächsten Ziel, Georgetown auf den Exumas. Am 27. Oktober wurde das Boot als überfällig gemeldet. Aber schon am nächsten Tag entdeckte man es in einem kleinen Hafen auf Great Exuma, wo es in einer Bucht ankerte. Boston hatte hierher einen Abstecher gemacht, um Freunde zu besuchen.
Am 28. Oktober legte Boston angeblich zusammen mit einem eingeborenen Bootsmann ab. Genau konnte man das nicht feststellen. Das nächste Ziel der *El Gato* sollte die Insel Great Inagua sein. Dort kam die *El Gato* niemals an. Sechs Flugzeuge der Küstenwacht suchten das Meer ab. Während der Aktion herrschte verhältnismäßig ruhige See, aber als die *El Gato* verschwand, meldete die Küstenwacht Wellen von fünf bis sechs Metern Höhe. Die Suche konzentrierte sich auf die 135 Meilen breite Zone zwischen Great Inagua und den Grand Turk-Inseln. Als man nach mehreren Tagen in diesen Gewässern nichts gefunden hatte, dehnte man die Suche auf die südlichen Bahamas, Kuba, Haiti, die Dominikanische Republik, Puerto Rico und weiter hinunter zur Windward Passage aus. Nach zwei Wochen wurde die Aktion abgebrochen. Nur die Militärflugzeuge hatten weiterhin Anweisung, nach dem vermißten Boot Ausschau zu halten.

In Fort Lauderdale kannte man in Seglerkreisen den 43jährigen Atlantikbezwinger und schloß Wetten darüber ab, daß er früher oder später wieder auftauchen werde. Margaret Boston, die mehrmals zusammen mit ihrem Mann durch die Gewässer gesegelt war,

in denen sein Schiff verlorenging, bemerkte: »Ich bin sicher, daß es ihm gut geht. Die Maschine war bei der Abfahrt nicht ganz in Ordnung, aber er weiß sich ja zu helfen. Wahrscheinlich sitzt er auf irgendeiner Insel unter einer Palme und repariert den Vergaser oder sonst etwas.«
Aber wenn das stimmt, dann sitzt George Boston viele tausend Meilen entfernt auf einer Insel unter einer Palme – falls es in ›Fiddler's Green‹ Palmen und Vergaser gibt.

5. Die Cyclops

Die *USS Cyclops* hatte etwas mit ihrem Namensvetter, dem Riesen der griechischen Mythologie, gemeinsam: Sie wurde nur von einem einzigen Auge regiert, und dieses Auge gehörte Korvettenkapitän George W. Worley. Dieser Captain Bligh des 20. Jahrhunderts pflegte auf seiner Kommandobrücke auf und ab zu marschieren, einen Stock in der Hand, einen Derby-Hut auf dem Kopf und lange Unterhosen an den Beinen. Dabei kaute er wütend auf einer Zigarre herum. Hätte Jack London jemals diesen Mann kennengelernt, wäre in seinem weltberühmten ›Seewolf‹ nicht Wolf Larsen sondern George Worley Kommandant des Schoners *Ghost* geworden. Als Silhouette vor dem Vollmond konnte man Worley leicht mit einem Gorilla verwechseln, der auf der Brücke des Schiffes hin und her lief. In diesem Fall hätte das Äußere nicht einmal getäuscht, denn er besaß die Kraft von drei Männern, was seine Matrosen mehr als einmal zu spüren bekamen. Seine Schritte waren sicher und fest, sein Fuß schien sich jedesmal mit dem Deck zu verbinden. Jede Bewegung seiner Muskeln, angefangen vom Schulterheben bis zum Verziehen der Lippen an der Zigarre, stand in Einklang mit dem Auf und Ab der *Cyclops*, die mit ihrer Ladung aus Kohle, Post und Nachschub für eine amerikanische Kriegsflotte, die an der Ostküste Südamerikas stationiert war, im Januar 1918 aus Norfolk auslief.

Der schwerbeladene Neunzehntausend-Tonnen-Frachter lag tief im Wasser und rollte schwerfällig, als er aus dem kühlen Nordatlantik südwärts gegen die Strömung des warmen Golfstroms ankämpfte. Soweit die Mannschaft nicht Wache hatte oder unten in den Kojen schlief, stand sie an der Reling und beobachtete fasziniert, wie der Bug das spiegelglatte phosphoreszierende Meer durchschnitt. Ab und zu warf einer der Männer einen unruhigen Blick hinauf zu dem Schatten, der auf der Brücke hin und her lief. Wer schon einmal mit Captain Worley gefahren war, wußte, daß er sich auf einem ›Höllenschiff‹ befand. Doch weder die Männer noch ihr Kommandant wußten, daß sich die *Cyclops* bereits im geheimnisvollsten Bereich der sieben Weltmeere befand – ›im Teufelsdreieck‹.

Keiner der Offiziere und Mannschaften wagte es, diesem wandelnden Hurrikan die Stirn zu bieten, auch wenn das Recht auf seiner Seite war. Aber Worley war wie ein Barrakuda, der immer wieder ein Korallenriff nach Beute absuchte: Er brauchte ein Opfer. Auf dieser Fahrt war es ein junger Offizier, Fähnrich Cain, der vom Kapitän so sehr gequält wurde, daß ihn der Schiffsarzt Dr. Burt J. Aspen in die Krankenabteilung legte, um zu verhindern, daß er völlig den Verstand verlor. Und doch gab es einen Mann an Bord des Schiffes, der seinem Chef mutig entgegentreten sollte: Leutnant Harvey Forbes, der Erste Offizier. Aber auch er sollte dem Zorn seines Herrn zum Opfer fallen.

›Manchmal dachte ich, Captain Worley sei fünfzig oder gar hundert Jahre zu spät geboren worden. Er war das typische Beispiel für den tyrannischen Segelschiffskapitän, der seine Matrosen nicht als menschliche Wesen betrachtete, sondern als Mittel zum Zweck, um den nächsten Hafen zu erreichen. Er war ein exzentrischer Vertreter der alten Schule und hielt immer seinen Stock in der Hand, besaß aber sonst wenig menschliche Qualitäten. Er war ein gleichgültiger Seemann und ein schlechter, übervorsichtiger Navigator, unfreundlich und finster, allgemein unbeliebt bei Offizieren und Mannschaften.‹ Diese Worte schrieb Conrad Nervig, der als Fähnrich 1918 als letzter von Bord der *Cyclops* ging, bevor sie auf Nimmerwiedersehen davonsegelte.

›Ich lernte Captain Worley im November 1917 kennen, als ich mich an Bord der *Cyclops* meldete. Er machte einen netten Eindruck auf mich. Erst später entdeckte ich das Absonderliche an ihm. Er besuchte mich während der Hundswache (von Mitternacht bis vier Uhr morgens) auf der Brücke, trug einen Spazierstock, lange Unterhosen und dazu einen Derby-Hut. Er lehnte sich dann ans Brückengeländer, starrte nach vorn ins Meer und erzählte von Frau und Kindern. Manchmal war er sehr sprunghaft. Im selben Atemzug wechselte seine Stimmung, und er wirkte ausgesprochen eingebildet – er sah sich als verkanntes Genie. In dieser Laune ließ er seine Wut dann an irgendeinem unschuldigen Offizier aus. Mich behandelte er sehr anständig, denn er schien mich zu mögen, warum weiß ich nicht. So etwas war typisch für ihn. Als es für mich Zeit wurde, das Schiff zu verlassen, versuchte er, den Admiral der Süd-Atlantik-Flotte zu bewegen, mich an Bord zu belassen. Glücklicherweise kam ich davon, denn sonst wäre ich nicht mehr am Leben.‹

Nervig hatte recht. Wenn es Worley gelungen wäre, ihn auf dem Schiff zu behalten, hätte Nervig nicht 52 Jahre später vor einer Kamera auftreten und für den Dokumentarfilm ›das Teufelsdrei-

eck‹ über das Leben an Bord der *Cyclops* berichten können.
»Unangenehm an Bord war die düstere Stimmung in der Messe. Durch das seltsame Benehmen des Kapitäns waren alle deprimiert. Wir fühlten uns unglücklich. Es war wie eine Erleichterung, wenn man zur Wache auf die Brücke mußte und nichts um sich hatte als den Mondschein und die spiegelglatte See. Nach der gedrückten Stimmung unten war das eine regelrechte Erholung.«
Kapitän Worley brachte das Schiff, das er seit dem Stapellauf im Jahre 1910 befehligte, sicher durch das ›Teufelsdreieck‹. Aber die Fahrt blieb nicht ohne Zwischenfälle. Nervig fährt fort: »Viele ungewöhnliche Dinge widerfuhren der *Cyclops* auf ihrer Reise nach Südamerika. Zuerst kollidierten wir beim Auslaufen aus dem Marinestützpunkt Norfolk beinahe mit der *USS Survey,* die zur U-Bootbekämpfung ins Mittelmeer auslief. Dann platzte bei einer der Maschinen der Zylinderkopf, und wir mußten die Fahrt mit einer Maschine beenden. Die *Cyclops* fuhr am Hafen von Rio vorbei, und nur das Tageslicht bewahrte sie davor, auf die Felsen aufzulaufen. Dann war da noch der arme Matrose, der ertrank, nachdem er von der Schiffsschraube getroffen wurde. Nachdem wir den Kreuzer *Raleigh* mit Kohle versorgt hatten, streifte die *Cyclops* am Schiffsrumpf entlang und beschädigte ihn.« Nervig nahm gar keine Notiz mehr von Scheinwerfern und Kameras und erzählte, als fühlte er sich körperlich um ein halbes Jahrhundert zurückversetzt.
»All das schreibe ich Worley's miserabler Navigation und seinen mangelnden seemännischen Fähigkeiten zu. Ein typisches Beispiel dafür war die gefährliche Lage vor Rio. Leutnant Forbes hatte den Kurs zu diesem Hafen bereits berechnet. Der Kapitän nahm einige Änderungen vor, und die führten fast zu einer Katastrophe. Als Forbes ihn zur Rede stellte und ihn fragte, warum er den Kurs geändert und beinahe das Schiff ruiniert habe, explodierte Worley und ließ Forbes sofort unter Hausarrest stellen.« Aber diesmal erreichte die *Cyclops* ihren Bestimmungsort Rio de Janeiro.
Als sich Nervig am 21. November 1917, also einen Monat zuvor, an Bord der *Cyclops* meldete, ereignete sich an Bord der *USS Pittsburgh,* die im Hafen von Rio ankerte, ein Zwischenfall, der unter Umständen nicht ohne Einfluß auf das künftige Schicksal der *Cyclops* blieb.
Die *Pittsburgh* war das Flaggschiff der Südamerikaflotte und stand unter dem Befehl von Kapitän George B. Bradshaw. Vor ihrer Stationierung vor der Ostküste Südamerikas gehörte die *Pittsburgh* zur Pazifik-Flotte mit dem Heimathafen San Francisco. Dort hielt sie sich auf, als die Vereinigten Staaten in den Ersten Weltkrieg

eintraten. Ein paar harte Jungs aus San Francisco meldeten sich aus diesen oder jenen Gründen zur Marine und wurden Kapitän Bradshaws Schiff zugeteilt. Sie bildeten von Anfang an eine Clique und waren an Bord des Kreuzers ein unerwünschtes Element. Diese Situation tritt oft auf, wenn man unter extremen Bedingungen eine große Gruppe von Männern zusammenbringt. Die meisten arbeiteten unter Deck – im Maschinenraum und in der Feuerung – und tyrannisierten dort die meisten ihrer Kameraden und sogar einige Unteroffiziere.

An dem Tag, als sich Fähnrich Nervig in Norfolk auf der *Cyclops* meldete, versammelten sich gerade einige Angehörige der ›San-Francisco-Bande‹ in einem Kesselraum der *Pittsburgh.* Der größte Teil der Schiffsbesatzung war an Land gegangen, aber die Männer aus San Francisco blieben entweder freiwillig an Bord, oder sie hatten strafweise Ausgangsverbot. In der Feuerung hielt sich außerdem ein Unteroffizier auf, und ein Heizer hatte Dienst, um den Kessel Nummer sechs unter Dampf zu halten. Kurz nach 23.00 Uhr gesellten sich noch die Heizer James Coker und Barney De Voe hinzu. Die beiden brachten eine Flasche Schnaps mit. Es dauerte nicht lange, bis die Männer außer Rand und Band geraten waren.

Die Homosexualität stellte in der ›alten‹ Kriegsmarine kein sehr gravierendes Problem da. Aber sie war doch vorhanden. Zu der Gruppe gehörte auch der junge Texaner Oscar Stewart, der von der ›Bande‹ zwar nicht akzeptiert war, aber immerhin toleriert wurde, wahrscheinlich deshalb, weil er gegen Süßigkeiten manchmal homosexuelle Annäherungsversuche duldete. Bei altgedienten Seeleuten heißen die Schokoladenriegel heute noch manchmal ›Schwulen-Köder‹. Mehrere Wochen zuvor hatten sich offenbar Coker und De Voe diesem Stewart genähert, waren von ihm aber mit der Ausrede abgewiesen worden, er hätte sich bei einem Mädchen einen Tripper zugezogen. Er habe sich deshalb nicht im Schiffslazarett gemeldet, weil er Angst vor einer Bestrafung hätte, und sein Geld reiche nicht, um sich an Land behandeln zu lassen. Coker und De Voe legten zusammen und gaben ihm das Geld für die Behandlung bei einem privaten Arzt in Rio de Janeiro. Stewart sah die beiden Männer erst am Abend des Saufgelages im Kesselraum Nummer sechs wieder.

Der Maat Moss Whiteside war der Wachhabende und beteiligte sich auch an dem Gelage. Um Mitternacht wurde Whiteside von dem Bootsmaat John Morefield abgelöst, der zwar nicht an der Feier teilnahm, aber auch nicht einschritt, weil er vermutlich Angst hatte. Im Laufe der Nacht suchten die meisten Bandenmitglieder ihre

Kojen auf. Übrig blieben unter anderen De Voe, Coker und Stewart. Coker und De Voe schwankten betrunken auf den in einer Ecke sitzenden Stewart zu und machten ihm einen eindeutigen Antrag. Als der homosexuelle Akt vorbei war, begann Stewart zu lachen und erzählte, er habe das Geld für weitere Huren ausgegeben, und nun besäßen sie alle drei etwas gemeinsam. Daraufhin fielen die beiden Kalifornier über ihn her. Morefield, der als einziger noch nüchtern war, unterband die Rauferei und tat dann weiter Dienst. Alles war still bis auf das Fauchen des Feuers im Kessel und das Zischen des Dampfes. Als Morefield hinaufkletterte, um eine lecke Pumpe zu kontrollieren, zerrten Coker und De Voe den bewußtlosen Stewart hinter einen der Kessel. Aus Angst davor, ihr Opfer könnte etwas über die homosexuelle Verfehlung und die Geschlechtskrankheit weitererzählen, schlug Coker den Texaner mit einem Hammer auf den Kopf, während De Voe Schmiere stand. Als Morefield wieder zurückkehrte, hatten die beiden ihr Opfer versteckt und waren durch einen Notausgang davongeschlichen. Sie beabsichtigten, später wiederzukommen, den Texaner zu zerstückeln und die Leichenteile in der Feuerung unter dem Kessel zu verheizen.

Während der nächsten Wache kam ein Bote durch den Maschinenraum und hörte unter dem Steg, den er gerade überquerte, ein leises Stöhnen. Er entdeckte Stewart mit zerschlagenem Schädel hinter dem Kessel, merkte, daß der arme Kerl noch lebte und holte Hilfe. Stewart wurde ins Schiffslazarett der *Pittsburgh* gelegt, blieb aber bewußtlos. Als die beiden Übeltäter hörten, daß ihr Opfer lebend aufgefunden war, hielten sie es für richtiger, sich aus dem Staub zu machen. Coker und De Voe steckten das Geld ein, das andere Bandenmitglieder von verschiedenen Mannschaftsangehörigen erpreßt hatten und leisteten sich einen stilgerechten Abgang vom Flaggschiff: Sie stahlen das Kommandantenboot des Kapitäns. Doch ihre Freiheit war von kurzer Dauer. Gerüchte über zwei Fremde, die kein Wort Portugiesisch sprachen, machte die Behörden auf ihr Versteck in den Bergen aufmerksam.

Stewart lebte noch etwa einen Monat lang, ohne aber das Bewußtsein wieder zu erlangen. Nach seinem Tod wurden Coker und De Voe unter Mordanklage gestellt und im Schiffsgefängnis streng bewacht. Auch die Unteroffiziere Whiteside und Morefield wurden verhaftet. Whiteside wurde vorgeworfen, daß er an dem Gelage teilgenommen und es nicht unterbunden hatte. Die Anschuldigung gegen Morefield lautete auf Nichtmeldung eines Saufgelages.

Die Verhandlung vor dem Kriegsgericht begann am Tag vor Weihnachten. Coker wurde des Mordes für schuldig befunden und zum Tode durch den Strang verurteilt. De Voe erhielt wegen Beihilfe zum Mord eine Gefängnisstrafe von fünfzig bis neunundneunzig Jahren. Whiteside wurde zu fünfzehn Jahren verurteilt, weil er das Gelage weder gemeldet noch unterbunden hatte und weil er sich daran beteiligt und einen Meineid geleistet hatte. Morefield, der kein Mitglied der Bande war und bis dahin einen tadellosen Leumund besaß – man hatte ihn schon zur Beförderung empfohlen –, bekam fünf Jahre, weil er das Gelage nicht unterbunden hatte. Bis auf Coker sollten alle ›schnellstmöglich‹ ins Marinegefängnis von Portsmouth in New-Hampshire gebracht werden.

Einen Monat später am 28. Januar traf die *Cyclops* in Rio ein. Als Worley sich am darauffolgenden Tag auf dem Flaggschiff meldete, bekam er unter anderem Anweisung, fünf verurteilte Seeleute an Bord zu nehmen. Außer den drei Gefangenen im Fall Stewart waren es zwei Matrosen namens Stamey und Hill, die wegen Entfernung von der Truppe je zwei Jahre bekommen hatten. Wie Worley auf den Befehl reagierte, ist nicht bekannt. Als die Gefangenen auf die *Cyclops* kamen, wußten sie nur eines: ›Das Gefängnis in Portsmouth kann nicht so schlimm sein wie Worleys Schiff‹. Während des größten Teils des Monats Februar kreuzte die *Cyclops* in brasilianischen Gewässern.

Am Sonntag, dem 3. Februar, wurde die *Pittsburgh* seeklar gemacht. 42 Mann von der Besatzung des Kreuzers, die in die Vereinigten Staaten zurückkehren sollten, wurden als Fahrgäste auf die *Cyclops* verlegt. Einige von ihnen waren mit Coker und De Voe befreundet gewesen. Als sie den Kohlenfrachter betraten, fanden sie die Gefangenen in Handschellen und Fußeisen an Deck vor. Rings um das Schiff waren bewaffnete Wachen aufgestellt. Worley trug einen 45er Revolver. Gerüchte machten die Runde: Die Passagiere von der *Pittsburgh* wollten angeblich versuchen, ihre früheren Kameraden zu befreien; Leutnant Forbes stand immer noch unter Arrest, und nach dem Auslaufen würde die Mannschaft angeblich versuchen, ihren Ersten Offizier zu befreien; Worley sei im Begriff, verrückt zu werden; Coker solle zur Exekution auf die *Cyclops* verlegt werden. Jeder noch so kleine Zwischenfall bot den wilden Gerüchten, die auf der *Cyclops* umgingen, neue Nahrung.

Nachdem die *Pittsburgh* in See gestochen war, kamen die Passagiere der *Cyclops* dahinter, daß Kapitän Worley den Revolver nicht wegen seiner Gefangenen oder wegen des festgesetzten Offiziers trug. Es war vielmehr der Tag, an dem alle Beschuldigten für ihre

Verstöße gegen die Regeln auf dem Schiff (und gegen Worleys Verfügungen) büßen mußten. Vor den Augen der angetretenen Kameraden, die bequem stehen durften, mußten die Beschuldigten in einer Linie antreten und Haltung annehmen, während Worley ihre Verfehlungen vorlas. Daraufhin wurde der Ausgang gestrichen. Wer jedoch schon einmal aufgefallen war, mußte Schuhe und Strümpfe ausziehen. Dann trieb Worley mit vorgehaltenem Revolver die barfüßigen Männer über das sonnenheiße Stahldeck. Nach einer Runde um das Schiff kehrten sie an ihren Ausgangsort zurück, wo ein Matrose mit einem Feuerwehrschlauch bereitstand, ihre Füße mit Seewasser zu kühlen.
Am selben Tag lichtete die *Cyclops* die Anker und nahm ungefähr 11 000 Tonnen Manganerz an Bord.
Mangan ist ein grau-weißes Metall, das in Legierungen andere Metalle wesentlich härtet. Große und kleine Marinegeschütze werden aus Mangan-Bronze hergestellt. Auch Schiffsschrauben und Wellen bestehen aus Mangan-Bronze. Das Erz weist, verglichen mit der Kohle, die die *Cyclops* normalerweise transportierte, ein sehr hohes spezifisches Gewicht auf. Die Luken mußten daher nach Gewicht und nicht nach Volumen beladen werden. Mangan hat die Eigenschaft, sich häufig in Ecken festzusetzen und seine Unterlage aufzureiben. Aus diesem Grund muß die Ladung besonders gut festgemacht werden, damit sie nicht in Bewegung kommt, wenn das Schiff rollt und schlingert. Mit dieser Art Ladung hatte nur ein einziger Offizier an Bord Erfahrung: Leutnant Forbes. Vor seiner Dienstzeit in der Marine hatte er einige Jahre lang auf den Großen Seen Schiffe kommandiert, die schweres Erz beförderten. Aber Forbes stand immer noch unter Hausarrest. Zur Überwachung des Beladens kommandierte Worley einen jungen Fähnrich ab, der wenig Erfahrung beim Beladen mit Kohle hatte und gar nichts von einer ausgefallenen Ladung wie Manganerz verstand.
Der Rumpf der *Cyclops* senkte sich Zoll um Zoll tiefer ins Wasser, als sich das Erz tonnenweise in die sieben großen Luken ergoß. Noch während das Schiff beladen wurde, bekam Nervig den Befehl, auf die *USS Glacier*, ein Versorgungsschiff, überzuwechseln. Als Worley, der viel getrunken hatte, von Nervigs Versetzung erfuhr, wurde er wütend. Das bedeutete nämlich, daß er einen seiner wenigen erfahrenen Offiziere einbüßte und wahrscheinlich den einzigen Mann an Bord, mit dem er reden konnte. Worley setzte sich mit dem kommandierenden Admiral der Südatlantik-Flotte in Verbindung und versuchte, Nervig an Bord der *Cyclops* zu behalten. Aber zu Nervigs Erleichterung wurde die Versetzung nicht

rückgängig gemacht.
Nervig kannte den Kapitän wahrscheinlich besser als irgendein anderer auf dem Schiff. Ein halbes Jahrhundert später erinnert sich Nervig: »Er besuchte mich jeden Abend, wenn ich die Hundswache hatte. Diese Besuche dauerten etwa zwei Stunden. Wir lehnten an der vorderen Reling, und er unterhielt mich mit Geschichten von zu Hause und mit Seemannsgarn aus seinem langen Leben auf den Meeren. Er wußte sehr viele Geschichten, die meistens lustig waren. Diese nächtlichen Besuche wurden zur Gewohnheit, und ich freute mich darüber. Seine Uniform, wenn man sie so nennen kann, blieb immer dieselbe: die lange Unterhose, die er bei unserer ersten Begegnung getragen hatte. Ich fragte mich oft, welchem Umstand ich seine Besuche verdankte – seiner Vorliebe für mich oder seiner Schlaflosigkeit.« Nervig sollte die *Cyclops* noch einmal wiedersehen.
Die nächsten Tage verbrachte die Besatzung damit, den Frachter seeklar zu machen. Als sich das Wasser der Höchstlademarke näherte, wurden die Luken dichtgemacht. Trotzdem wurde weiter Ladung aufgenommen, bis der Schiffsrumpf soweit im Wasser lag, daß die ›Plimsoll-Marke‹ nicht mehr zu sehen war. Das Schiff war also überladen. Warum das gestattet wurde, wird ein Geheimnis bleiben. Um ein reines Versehen kann es sich nicht handeln, denn selbst ein wenig erfahrener Seemann weiß, wie gefährlich das ist. Als die Vorbereitungen dann abgeschlossen waren, legte die *Cyclops* ab und nahm entlang der Küste Kurs auf Bahia.
Wie überall südlich des Äquators, herrscht im Februar auch in Brasilien Hochsommer. Es ist Regenzeit. Am 21. Februar stand Leutnant Nervig im Bug der *Glacier*, die im Hafen von Bahia ankerte. Er trug das gelbe Ölzeug und war für die vier Männer neben ihm nicht erkennbar. Seit mehreren Tagen nieselte es dauernd. Sie waren nach vorn gekommen, um die Ankerkette des Schiffs routinemäßig zu kontrollieren. Nervig blickte nach vorn und sah im Dunst die grau-schwarzen Aufbauten der *Cyclops* auftauchen. Die 24 Ladebäume waren seemäßig gesichert, die Lukendeckel festgezurrt und alle Rettungsboote in den Davids befestigt. Die *Cyclops* war klar für die lange Heimreise. Was ging Nervig durch den Kopf, als er sein früheres Schiff durch die auflaufende Flut hinausstampfen sah? »Da Bahia nördlich von Rio de Janeiro liegt, hätte ich die *Cyclops* von Süden kommen sehen müssen, aber sie kam von Norden herein. Das ist wieder ein Beispiel dafür, welche Art von Navigation an Bord praktiziert wurde.« Der Frachter kam zum Stillstand, dann hörte man durch das leise Rauschen des Regens die

Ankerkette hinunterrasseln. Die *Cyclops* lag vor Anker.
Wer beim Militär gedient hat, erinnert sich an mindestens einen Freund oder Kameraden, dessen Bild niemals aus seinem Gedächtnis gelöscht wird, gleichgültig, wie viele Jahre vorübergehen. Mehr als ein halbes Jahrhundert ist vergangen, seit Conrad Nervig seinen ›besten Freund‹, Fähnrich Carrol G. Page, den Zahlmeister der *Cyclops*, zuletzt gesehen hat. Page war der Neffe von Senator Page, dem Vorsitzenden des Senatsausschusses für Marinefragen, und Abkömmling einer der prominentesten Politikerfamilien Amerikas. Er war schon mit dem Offizierspatent in der Tasche in die Marine eingetreten, während Nervig 1907 als ›Mustang‹ zur Marine stieß. (So nannte man einen Mann, der sich vom einfachen Rekruten zum Offizier emporgearbeitet hatte). Trotz ihrer unterschiedlichen Herkunft redeten sie doch viele Stunden miteinander, mal über Nervigs Erfahrungen in der ›alten Marine‹ vor dem Krieg, mal über Pages Studentenabenteuer.
Die *Cyclops* hatte Befehl, am darauffolgenden Tag, dem 22. Februar, nach Baltimore zu fahren. An diesem Tag ging Fähnrich Page an Bord der *Glacier*, um einige für die *Cyclops* bestimmte Ausrüstungsgegenstände zu quittieren. Bei dieser Gelegenheit sah Nervig seinen Freund zum letzten Mal. »Als Decksoffizier begleitete ich ihn zur Gangway. Zum Abschied nahm er meine Hand in seine beiden Hände und sagte sehr ernst: ›Leb wohl alter Junge und Gott schütze dich!‹ – Seine Feierlichkeit ging mir sehr zu Herzen, denn sie sollte sich als prophetisch erweisen. Ich habe Fähnrich Page dann nie wieder gesehen.«

Doch die ohnehin schon merkwürdige Gesellschaft an Bord der *Cyclops* sollte sich noch vergrößern. Nach einem Fest in einer Privatvilla in Bahia wurde Generalkonsul Alfred L. M. Gottschalk in einem Pierce-Arrow-Tourenwagen, Baujahr 1916, zum Marinehafen gefahren. Ein motorisiertes Beiboot der *Cyclops* erwartete ihn. Im Heck stand Fähnrich Page, der soeben von der *Glacier* abgeholt worden war. Außerdem war die übliche vierköpfige Besatzung an Bord. Sofort nach Ankunft des Wagens begannen die Männer, Gottschalks Koffer und Taschen zu übernehmen. Nachdem sich der Generalkonsul von seinen Freunden verabschiedet hatte, die mit ihm zum Hafen gekommen waren, bestieg er das Boot und ließ sich zur *Cyclops* hinüberfahren.
Gottschalk betrat die Gangway und stieg zum Hauptdeck hinauf. Dort wurde er von Worley in weißer Paradeuniform begrüßt. Es schien dem Kapitän überhaupt nichts auszumachen, daß der leichte

Regen seine Bügelfalten ruinierte, als er unter der schützenden Brücke hervortrat. Den meisten Matrosen, die in Erwartung des Generalkonsuls schon seit geraumer Zeit in Paradeuniform angetreten waren, machte das Wetter dagegen sehr viel aus. Der Würdenträger wurde zu seinem Quartier geführt, dann durfte die Mannschaft abtreten. Während das Beiboot aufgenommen wurde, öffnete ein Maat bereits das Ventil der Ankerwinde. Minutenlang wurde das Stampfen der Dieselmaschinen vom Klirren der einfahrenden Ankerkette übertönt. Das Schiff vibrierte bereits unter der Bewegung der Schrauben. Innerhalb weniger Minuten drehte die *Cyclops* bei und nahm Kurs auf die hohe See. 309 Menschen begaben sich auf eine Reise, die zum merkwürdigsten ungelösten Rätsel des Meeres werden sollte.
Leutnant Nervig stand auf der Brücke der *Glacier* und sah die *Cyclops* seewärts verschwinden. Während die Umrisse im Regen immer undeutlicher wurden, mußte er an die feierliche Miene seines Freundes beim Abschied denken. Kurz bevor die *Cyclops* vom Regen verschluckt wurde, murmelte Nervig: »Ich wette, der Kahn hat keinen einzigen Mann an Bord, der jetzt nicht gern mit mir tauschen würde.«
Im Morgengrauen des nächsten Tages hatte die nordwärts dampfende *Cyclops* keine Landsicht mehr. Ihre Anweisung lautete, Baltimore direkt anzulaufen. Sie hatte für diese Reise mehr als genügend Kohle und Proviant an Bord. Der Frühaufsteher Gottschalk war bei Tagesanbruch schon an Deck und bewunderte den Sonnenaufgang am wolkenbedeckten Horizont, ein Schauspiel, wie man es nur in tropischen und subtropischen Gewässern erlebt. Als die Sonnenhitze den letzten Rest der Nachtkühle vertrieb, begab sich der Generalkonsul hinunter zur Offiziersmesse, wo die Offiziere des Schiffes beim Frühstück saßen. Hier wurden ihm verschiedene ungewöhnliche Umstände bewußt, die seine 47 Mitpassagiere, die *Cyclops* und ihre Besatzung betrafen. Er hatte zwar von dem Mord auf der *Pittsburgh* gehört, aber erst jetzt erfuhr er, daß sich drei Beteiligte an Bord befanden. Ihm wurde Leutnant Forbes vorgestellt, der zwar immer noch unter Arrest stand, aber mit den Offizieren speisen durfte. Im Laufe des Tages entdeckte der Generalkonsul allmählich die unter der Besatzung herrschende allgemeine Unzufriedenheit. Eine Mannschaft auf Heimatkurs sollte eigentlich fröhlich sein und nicht so gespannt und niedergeschlagen. Obgleich es eine alte Seefahrertradition ist, auf der Heimfahrt einen besonderen Wimpel zu setzen, war das auf der *Cyclops* nicht der Fall.

Während die *Cyclops* nordwärts dampfte, blieb sie im Offiziersclub und in den Hafenbars in Brasilien noch immer das Hauptgesprächsthema. Zahlreiche Gerüchte rankten sich um das Schiff. Eines besagte, daß die Deserteure eine Meuterei versuchen würden. Waren es vielleicht nicht nur Gerüchte? Oder handelte es sich um ein reines Seemannsgarn, das die fünf Gefangenen zu einer ganzen Gruppe von Meuterern aufbauschte? Wenn es sich um ein Gerücht handelte – wodurch war es ausgelöst worden?
Die *Cyclops* fuhr weiter nach Norden, allerdings mit verminderter Fahrt, denn die Steuerbordmaschine, die vermutlich in Rio de Janeiro unzureichend repariert worden war, hatte erneut versagt. Nur mit der Backbordmaschine erreichte das Schiff eine Reisegeschwindigkeit von acht Knoten. Kapitän Worley trank beinahe bis zum Exzeß. Er war in der ganzen Fotte dafür bekannt, daß er jeden anderen unter den Tisch trinken und dann scheinbar nüchtern weggehen konnte. Was veranlaßte ihn, in einem Maße zu trinken, wie es seine Besatzung noch nie erlebt hatte? Lag es an der anfälligen Steuerbordmaschine, oder quälte ihn das Bewußtsein, daß sein Schiff überladen war? Zudem hatte er die Gefangenen von der *Pittsburgh* und ihre Freunde an Bord. Bradshaw, der Kapitän der *Pittsburgh*, hatte ihn gewarnt: Er solle kein Risiko eingehen. Spielte sich vielleicht unter den Gefangenen etwas ab, worin einige Passagiere und vielleicht sogar unzufriedene Besatzungsangehörige der *Cyclops* verwickelt waren? Obwohl das Schiff mit überreichlich Kohle und Proviant aus Brasilien ausgelaufen war und Worley Befehl hatte, auf direktem Kurs nach Baltimore zu fahren, verlief die Reise ganz anders.
Barbados ist die östlichste Insel Westindiens. Östlich davon reicht das offene Meer bis hinüber zu den Kanarischen Inseln vor der Küste Afrikas. Am westlichen Ende der Insel, über der Bucht von Carlisle, liegt die größte Stadt, Bridgetown. Am Sonntag, dem 3. März, lief die *Cyclops* in diese Bucht ein. Der Lärm der herunterrasselnden Ankerkette lockte die Stadtbewohner in den Hafen, denn nur selten besuchte ein Schiff dieser Größe ihre Insel. Da der kleine Hafen Fahrzeuge von der Art der *Cyclops* nicht beherbergen konnte, ging das Schiff eine Meile weiter draußen vor Anker. Aus Höflichkeit gegenüber den britischen Gastgebern wehte eine britische Flagge auf der Rahnock. Als die Behörden der Insel die Herkunft des Schiffes erfuhren, bestieg Brockholst Livingston, der US-Konsul von Barbados, zusammen mit den Zollbeamten und anderen Funktionären eine Barkasse und fuhr zu dem Frachter hinaus. Nach dem üblichen Begrüßungsritual begleitete Livingston

Worley in die Kapitänskabine unter der Brücke. Hier erfuhr der Konsul den Grund des unvorhergesehenen Zwischenaufenthaltes: Das Schiff brauche für die Heimreise Geld, Kohle und Proviant.
Das Verhältnis zwischen Worley und dem Konsul war zwar herzlich, aber dennoch muß es zu einem Wortwechsel gekommen sein, als Worley – trotz der Proteste Livingstons wegen Preis und Menge – darauf bestand, große Nahrungsmittelvorräte an Bord zu nehmen.
Nach seiner Begegnung mit Livingston und dem Abschluß der Zollformalitäten wurden einige Boote zu Wasser gelassen. Worley gestattete mehreren Besatzungsangehörigen einen achtstündigen Landurlaub. Die Männer, die während des zweitägigen Aufenthaltes des Schiffes an Land gingen, blieben offenbar friedlich und kehrten ausnahmslos auf das Schiff zurück. Aber sie redeten, denn jeder Barmixer und jeder, der auf der Insel etwas zu sagen hatte, wußte hinterher vom Hausarrest des Ersten Offiziers, von den Gefangenen, den Maschinenschäden, der Abneigung der Besatzung gegen ihren Kapitän und gewissen anderen Dingen an Bord der *Cyclops.*
Livingston lud am nächsten Nachmittag Worley, Gottschalk und den Schiffsarzt Burt J. Espen zum Tee ins Konsulat ein. Die Atmosphäre war sehr herzlich. Nichts deutete auf Gefahren während der weiteren Reise hin, und die Männer vom Schiff freuten sich offenbar auf die Heimkehr. Bevor sie sich verabschiedeten, trugen sie sich in das Poesiealbum der Tochter des Konsuls ein. Als der Sohn des Konsuls, Brockholst Livingston III, aus der Schule nach Hause kam, erzählte ihm Worley eine Menge über das Schiff und das Leben in der Marine. Jahre später erinnerte sich der junge Livingston: »Gegen fünf Uhr verabschiedeten sich unsere Gäste. Wir sahen ihnen vom Strand aus nach, bis sie an Bord gingen. Dann ertönten einige Signale der Dampfpfeife, und die *Cyclops* setzte zurück. Nachdem sie gewendet hatte, ging sie auf Südkurs. Erst einige Wochen später erschien uns dieser Kurs merkwürdig. Da erhielten wir ein Telegramm des Außenministeriums mit der Bitte, detailliert über den Besuch des Schiffes in Barbados zu berichten.«
Es war das letzte Mal, daß das große Schiff, daß Worley, seine Besatzung, Gottschalk und die anderen Passagiere und Gefangenen der *Cyclops* je gesehen wurden. Es ist nur bekannt, daß die *Cyclops* wiederum in das ›Teufelsdreieck‹ einlief.
Am nächsten Tag, dem 5. März, tauschte das britische Linienschiff *Vestris* der Lampert and Holt Lines Grüße mit der *Cyclops* aus. Der Kohlenfrachter berichtete von ›gutem Wetter‹ und meldete keiner-

lei Schwierigkeiten. Danach wurde nie wieder etwas von der *Cyclops* gehört. Der größte Kohlenfrachter der US-Marine wurde am 13. März als überfällig gemeldet. Man leitete sofort eine ausgedehnte Suchaktion ein. Tausende und aber Tausende von Quadratmeilen atlantischen Ozeans wurden durchkämmt, aber man fand nicht die geringste Spur des Schiffes.

Von Livingston erhielt das State Department eine erschreckende Antwort:

Secretary of State
Washington
17. April, 14.00 Uhr
Mitteilung Nummer 15. Vertraulich. Kapitän Cyclops erklärte, er benötige 600 Tonnen Kohlen, um Bermuda zu erreichen. Maschinen in sehr schlechtem Zustand. Ungenügende Geldmittel und Bitte um Auszahlung durch mich – ungewöhnlich. Habe festgestellt, daß er hier eine Tonne Frischfleisch, eine Tonne Mehl, 1000 Pfund Gemüse an Bord nahm und dafür 775,– Dollar bezahlte. Erfuhr aus unterschiedlichen Quellen folgendes: Hatte genügend Kohle, angeblich minderer Qualität; nahm Kohle an Bord, höchstwahrscheinlich über 1500 Tonnen. Kapitän als ›verdammten Holländer‹ bezeichnet und anscheinend bei übrigen Offizieren unbeliebt. Gerüchte über Unruhe auf der Herfahrt, über Festnahmen und eine Exekution. Verschwörung mit einigen Gefangenen der Flotte in brasilianischen Gewässern, darunter einem Lebenslänglichen. US-Generalkonsul Gottschalk an Bord. Außer Offizieren und Fahrgästen, 231 Mann Besatzung. Habe Namensliste, die aber nicht alle Offiziere und Passagiere enthält. Anscheinend viele deutsche Namen. Mehrere telegraphische Mitteilungen an Kapitän oder an das Schiff kamen hier im Hafen an. Sämtliche Telegramme nach Barbados im Hauptbüro St. Thomas archiviert. Ich bitte um genaue Durchsicht. Ich besitze zwar keine definitiven Hinweise, befürchte aber schlimmeres als Schiffsuntergang, wenn auch möglicherweise auf Grund einer instinktiven Abneigung gegen den Kapitän.
Livingston, Konsul

Möglicherweise enthält Livingstons Telegramm an das US-Außenministerium einen Hinweis auf die Umstände, unter denen die *Cyclops* verschwand. Bei genauem Studium des Telegramms fallen folgende Fakten auf.

1. Kapitän Worley forderte 600 Tonnen Kohle an, aber später, beim Bunkern, nahm die *Cyclops* in Wirklichkeit 1500 Tonnen auf.

2. Er erklärte, bis Bermuda 600 Tonnen zu brauchen. Aber warum Bermuda? Am sichersten und besten wäre folgende Route gewesen: Vorbei an den Windward Islands, den Virgin Islands, Puerto Rico, Dominica und dem östlichen Kuba, unterstützt durch die stetigen Ostwinde, und dann mit Hilfe des vier Knoten schnellen Golfstroms weiter nach Norden durch die Straße von Florida. Wozu in Kriegszeiten eine Fahrt hinaus in den offenen Atlantik riskieren, besonders im März, wo heftige Nordostwinde eher die Regel als die Ausnahme sind – und noch dazu mit nur einer funktionierenden Maschine?

3. Bei dem schlechten Zustand der Schiffsmaschine konnte die *Cyclops* auf hoher See leicht manövrierunfähig werden. Aber für einen solchen Notfall besaß sie mehrere Sätze Batterien für das Funkgerät.

4. Dem zusätzlichen Proviant braucht man nicht unbedingt große Bedeutung beizumessen, obgleich das Schiff bei der Abreise aus Brasilien voll verproviantiert wurde. Je eine Tonne Fleisch und Mehl reicht nicht lange bei 308 Mann (unter der Annahme, daß einer hingerichtet wurde).

5. Falls es an Bord der *Cyclops* tatsächlich eine Exekution gegeben hat, wäre es die erste an Bord eines Schiffes der Kriegsmarine seit 1849. Aber hätte es Worley gewagt, ohne Kriegsgerichtsverhandlung und Zustimmung des Präsidenten eine Exekution vorzunehmen? Beides war gesetzlich vorgeschrieben. Livingston gab nur ein Gerücht weiter. Aber es kommt selten vor, daß ein solches Gerücht nicht wenigstens ein Körnchen Wahrheit enthält.

6. Livingston berichtet außerdem von einem Gerücht, das Unruhen auf hoher See meldete. Betrachten wir die Umstände: Ein tyrannischer Schiffskapitän, ein guter und beliebter Erster Offizier, ungerechterweise unter Arrest, hartgesottene Gefangene, die bei einem Fluchtversuch nichts zu verlieren haben, einige Männer an Bord, deren Freunde und ehemalige Kameraden auf demselben Schiff gefangengehalten werden, Matrosen, die zusehen müssen, wie ein Kamerad illegal hingerichtet wird (falls eine Hinrichtung überhaupt stattfand) und eine allgemein gespannte Atmosphäre an Bord der *Cyclops*. Unter diesen Umständen kann so gut wie alles geschehen. Aber ist etwas passiert? Oder hat Worley die *Cyclops* absichtlich ins Verderben geführt? Er konnte nicht wissen, daß ihn bei seiner Rückkehr eine offizielle Untersuchung wegen Ungerechtigkeiten gegenüber Untergebenen erwartete. Aber er mußte wissen, welche Konsequenzen es für ihn haben würde, wenn eine Exekution stattgefunden hatte.

7. Obgleich dieser Umstand im Telegramm des Konsuls nicht erwähnt wird, hat man das Schiff zuletzt auf *Südkurs* gesehen, also auf einem Kurs, der vom Ziel weg führte. Handelte es sich hier um eine bewußte Entscheidung des Kapitäns oder »wiederum um ein Beispiel der an Bord üblichen Navigation«? Es kann sich sogar um eine routinemäßige Kompaßüberprüfung gehandelt haben, wie sie auf großen Schiffen immer wieder vorgenommen wird, um eventuelle Abweichungen des Kompasses zu korrigieren.
8. Worley wurde von einigen als ›verdammter Holländer‹ (*damned Dutchman*) bezeichnet. So nannten die Allierten im Ersten Weltkrieg die feindlichen Deutschen. Nach amtlichen Unterlagen war Worley zwar in San Francisco geboren, aber spätere Ermittlungen bewiesen, daß er gebürtiger Deutscher war und die Vereinigten Staaten 1878 illegal betreten hatte, er war als junger Mann in San Francisco von einem deutschen Handelsschiff desertiert. Die Ermittlungen der Marine nach dem Verschwinden der *Cyclops* ergaben außerdem, daß Worley in Wirklichkeit Johann Friedrich Georg Wichmann hieß. Es kam außerdem heraus, daß er sich in jedem Hafen, sogar nach Übernahme des Kommandos auf der *Cyclops*, in erster Linie mit deutschen Handelsschiffskapitänen abgab. Steht diese Tatsache und der Umstand, daß Gottschalk vor dem Eintritt der Vereinigten Staaten in den Ersten Weltkrieg fanatisch auf der Seite der Deutschen gestanden hatte und daß eine Anzahl der Matrosen deutscher Herkunft waren, in irgendeiner Verbindung zum Verschwinden des Schiffes? Als der Verlust des Schiffes bekannt wurde, vermuteten viele Leute – sowohl Zivilisten als auch Militärs –, das Schiff sei dem Feind übergeben worden. Diese Vermutung war so stark, daß der ranghöchste amerikanische Marineoffizier in Europa, Admiral William S. Sims, wenige Stunden nach Unterzeichnung des Waffenstillstandes am Ende des Ersten Weltkrieges die Unterlagen und Aufzeichnungen der deutschen Marine nach irgendwelchen Hinweisen auf das Schicksal der *Cyclops* zu durchsuchen begann. Es wurde festgestellt, daß die *Cyclops* niemals Deutschland erreicht hat und daß es in der Nähe des Kurses, den der große Kohlenfrachter nahm, weder U-Boote noch Kriegsschiffe noch Minen gab. Bei einer gründlicheren Nachprüfung der Archive tauchte aber doch der Name *Cyclops* auf. Hoch oben im Nordatlantik versenkte ein U-Boot unter dem Befehl eines gewissen Leutnant Doenitz, der später einmal Hitlers Großadmiral werden sollte, ein britisches Schiff mitsamt der Besatzung. Der Name des Schiffes war *Cyclops*!
Ein Betrug ist so gut wie ausgeschlossen, denn hätte das deutsche

Oberkommando die Unterlagen der Marine nachträglich geändert, wäre sicherlich im Laufe der Jahre irgend etwas darüber durchgesikkert. War es den Gefangenen und ihren Helfern gelungen, zu revoltieren und das Schiff zu übernehmen? Wohin hätten sie sich wenden können? Der Südatlantik weist eine größere Anzahl tiefer Stellen auf, an denen man ein versenktes Schiff nie wieder finden würde. Aber was sollte dann aus den Meuterern werden? In diesen Breiten gibt es keine Inseln oder zusammenhängenden Landmassen, die so abgelegen wären, daß sich die Aufrührer verbergen könnten. Sprachschwierigkeiten und Hautfarbe hätten sie verraten. Eine Handvoll von ihnen, vielleicht vier oder fünf, hätten sich vielleicht als Strandläufer oder Forscher ausgeben können, aber die Chancen, daß von über dreihundert Mann eine so kleine Gruppe übrig blieb, sind gering.

Die Zeitschriften *National Marine* und *Literary Digest* haben die Vermutung geäußert, eine riesige Krake habe die *Cyclops* mit ihren Fangarmen umschlungen und sie in die tiefsten Tiefen des Ozeans hinabgerissen. Zu dieser Theorie bedarf es nur der Anmerkung, daß damals gerade Jules Vernes Bücher große Mode waren.

Im Juni 1923 äußerten einige Offiziere von Marine- und Handelsschiffen in Baltimore, dem Bestimmungsort der *Cyclops*, die Theorie, das Schiff sei durch die eigene Ladung versenkt worden. Ein Handelsskipper, Kapitän Charles H. Zearfoss von den Munson Lines, soll gesagt haben: »Ich glaube, die *Cyclops* ist von ihrer eigenen Ladung versenkt worden. Mangan ist eine sehr schwierige Ladung, und die Mannschaft des Frachters war nur an den Umgang mit Kohle gewöhnt. Mangan hat die Neigung, sich zu setzen und alles aufzureiben, was sich darunter befindet. Die *Cyclops* besaß kein Zwischendeck, und die Ladung befand sich in der unteren Luke. Nach meiner Ansicht kam das Ende ganz plötzlich, als der Schiffsboden praktisch herausfiel.« Kapitän Zearfoss' Theorie ist tatsächlich eine Überlegung wert. Aber kann der Boden gleichzeitig aus allen Ladeluken herausgefallen sein? Die Wahrscheinlichkeit, daß so etwas geschehen ist, liegt praktisch bei Null.

Nervig mutmaßte, daß die Ladung auf Grund von Worleys Ungeschick und seiner Weigerung, sich von seinem inhaftierten Ersten Offizier beraten zu lassen, zu einer ungleichen Verteilung der Ladung führte und daß das Schiff auseinandergebrochen ist. Die beiden Teile wären dann im Meer versunken, bevor sich jemand retten konnte. Das hohe spezifische Gewicht der Ladung sowie die Tatsache, daß das Schiff bekanntermaßen überladen war, unterstützen diese Theorie. Doch abgesehen von U-Booten sind nur wenige Schiffe gebaut worden, bei deren Versinken nicht irgend etwas an der Wasseroberfläche schwimmen würde. Wäre die *Cyclops* tatsächlich auseinandergebrochen, so hätte zumindest ein Ende lang genug an der Oberfläche bleiben müssen, um einige Rettungsboote zu Wasser zu bringen oder um Wrackteile zu verstreuen. Alle Berichte von Schiffsunglücken zeigen, daß fast bei jedem Schiff, das auseinanderbrach und versank, eine Hälfte lange genug schwamm, um einigen Überlebenden die Rettung zu ermöglichen.

Eine andere Theorie wird oft geäußert: daß die Ladung bei der Aufnahme gegen Verrutschen gesichert wurde. Im Januar 1920 erklärte Korvettenkapitän Mahlon Tisdale, der auf mehreren Kohlenfrachtern der Marine gedient hatte und 1916 sogar einmal als Nachrichtenoffizier auf der *Cyclops* gewesen war: »Vielleicht war die Ladung gebraßt, um ein Verrutschen zu verhindern – aber das hätte sehr kräftige Brassen erfordert, die der Schiffszimmermann sicher nicht herstellen konnte. Falls diese Brassen nicht im Verladehafen angebracht wurden, sind sie wahrscheinlich überhaupt nicht installiert worden.« Tisdale, der auch auf einem Schwesterschiff der *Cyclops* gedient hatte, dem Kohlenfrachter *Neptune*, fuhr fort: »Ich habe erlebt, wie die *Neptune* ohne ersichtlichen Grund plötzlich 10 Grad Schlagseite bekam. Wenn sich dabei irgend etwas ereignete, was die Schlagseite verstärkte, könnte man durchaus annehmen, daß das Schiff dabei kentern konnte.« Manganerz verhält sich so, daß es dann, wenn es erst einmal zu rutschen begonnen hat, durch das eigene Gewicht weiterrutscht, bis die Ursache der Verlagerung beseitigt ist. So wäre es theoretisch möglich, daß die Ladung der *Cyclops* zu rutschen begann und die Bewegung fortsetzte, bis das Schiff verloren war. Fahren wir mit Tisdales Vermutungen fort: »Das alles würde sich in wenigen Sekunden abspielen. Das Schiff würde schon kieloben schwimmen, bevor es irgend jemand verlassen kann. Vielleicht wurden von der Brücke oder vom Heck ein paar Männer ins Meer geschleudert. Aber wenn alles festgezurrt war, dürfte es kaum Wrackteile gegeben haben. Vergessen Sie nicht, daß ja nichts im Meer treiben konnte als solche Trümmer, die sich in den wenigen Sekunden während des Kenterns vom Schiff lösten. Im Gegensatz zur Versenkung eines Schiffes – etwa durch eine Mine oder ein Torpedo – würde es in diesem Fall keine Trümmer geben. Für ein SOS wäre keine Zeit. Für nichts wäre Zeit. Die paar Männer im Wasser hätten sich aus eigener Kraft nicht lange halten können. Kleinere Stücke, die sich vielleicht doch vom Schiff lösten, wären in der Weite des Ozeans verlorengegangen, bevor die Rettungsfahrzeuge ihre Suchaktion starteten.«

Tisdales Annahme ist vermutlich die logischste von allen. Aber auch sie beseitigt nicht alle Zweifel. Sicherlich hatte Worley in den Ladeluken einige Schoren errichten lassen, auch wenn sie vielleicht unzulänglich waren. Und es ist möglich, daß die Brassen nachgegeben haben und die Ladung sich mit der Bewegung des Schiffes zu verschieben begann, bis der Frachter kenterte. Aber es können auch nicht alle Brassen gleichzeitig nachgegeben haben. Es kann vielleicht zu einer Kettenreaktion gekommen sein, aber nicht so schnell, daß jedermann an Bord überrascht wurde. Die Ladung lag tief unter der Wasserlinie – so tief, daß es länger als ein ›paar Sekunden‹ gedauert hätte, bis sie sich soweit verschob, daß das Schiff umschlug. Die Zeit hätte reichen müssen, um wenigstens ein bis zwei Rettungsboote zu Wasser zu lassen und einen Funkspruch abzusetzen.

Mehrere Monate nachdem die *Cyclops* offiziell als vermißt gemeldet worden war, wurde bei Atlantic City in New Jersey eine Flasche an den Strand gespült. In ihr befand sich eine Notiz, die angeblich in großer Hast hingekritzelt worden war, während die *Cyclops* sank. Aber bei dieser Flaschenpost handelte es sich höchstwahrscheinlich um einen bösen Scherz. Wenn auf dem sinkenden Schiff Zeit gewesen wäre, eine Flasche zu besorgen, eine Unglücksmeldung zu schreiben und sie in der Flasche zu versiegeln, dann hätte die Zeit auch gereicht, um ein Rettungsboot klar zu machen und SOS zu funken.

Es wurde auch davon gesprochen, daß die *Cyclops* nach einer Explosion im Munitionslager gesunken sei. Aber die Tatsache, daß dieses Schiff nur mit einigen dreizölligen Kanonen bestückt war, spricht gegen diese Annahme, denn die *Cyclops* hatte nicht genug explosives Material an Bord, um schweren Schaden anzurichten oder gar das Schiff zu versenken.

Auch über das Wetter wurde sehr viel diskutiert. Aber eine so schwere See, daß die *Cyclops* darin mit Mann und Maus unterging, hätte man sicher auch in anderen Gebieten wahrgenommen. Aus den Protokollen geht hervor, daß vor der Küste Neuenglands hoher Seegang herrschte, als der Frachter verlorenging. Aber so weit nördlich kann sich die *Cyclops* nicht befunden haben. Es liegen auch Berichte über eine Kaltfront vor, die sich über den nördlichen Teil Westindiens etwa um die Zeit schob, als die *Cyclops* dieses Gebiet passieren mußte, aber dabei erreichten die Wellen niemals eine Höhe, die ausgereicht hätte, um ein Schiff von der Größe der *Cyclops* augenblicklich zu versenken.

Wie schon in der Analyse von Livingstons Telegramm an das Außenministerium erwähnt, wurde Worley durch die Regierung von jedem Verdacht einer Verschwörung mit den Deutschen freigesprochen. Aber in der Septemberausgabe 1923 der *Naval Institute Proceedings* findet sich ein versteckter Absatz, eine so vage und absichtlich untertriebene Anmerkung, daß sich der Leser unwillkürlich fragt, ob nicht doch mehr dahintersteckt: »Ein in Brunswick in Georgia gebautes Schiff, das angeblich einige Spione an Bord hatte, wurde bekanntlich etwa um diese Zeit vor der *Chesapake* gekapert. Mindestens eine bekannte Persönlichkeit mit guten Beziehungen zu den Deutschen befand sich an Bord der *Cyclops.*« An Bord der *Cyclops* befanden sich nur zwei wichtige Persönlichkeiten: Gottschalk und Worley. Worleys Beziehungen zu den Deutschen sind bekannt. Aber wie steht es mit dem Generalkonsul? Von ihm wußte man, daß er von Deutschen abstammte und vor dem Krieg eindeutig deutschfreundlich eingestellt war.
Was das Verschwinden der *Cyclops* betrifft, gibt es zahllose Argumente für oder wider jede der genannten Möglichkeiten, und man kann sehr vernünftig über jede Mutmaßung diskutieren. Sicher ist nur, daß die *Cyclops* irgendwo im ›Teufelsdreieck‹ von der Erdoberfläche verschwand, ohne die geringste Spur zurückzulassen.
Noch einige interessante Anmerkungen, die indirekt mit der *Cyclops* zu tun haben. Im November 1928 ging das Linienschiff *Vestris*, das als letztes Verbindung mit Worleys Schiff hatte, mit vielen Menschen an Bord verloren. Die *Vestris* befand sich auf dem Weg durch das ›Teufelsdreieck‹ nach Barbados, dem letzten Hafen, den die *Cyclops* angelaufen hatte.
Von den Angeklagten im Mordfall Oscar Steward an Bord der *Pittsburgh* erreichte nur James Coker, der eigentliche Mörder, sicher sein Gefängnis. Als die *Cyclops* mit seinen drei Mitangeklagten aus Brasilien abfuhr, blieb er an Bord der *Pittsburgh* und sollte dort gehängt werden. Aber sein Urteil wurde in lebenslängliche Haft umgewandelt. Er landete schließlich im Gefängnis von New Hampshire, wo er sinnigerweise nach drei Jahren auf Befehl des Marineministers Daniels freigelassen wurde.
Zwei Schwesterschiffe der *Cyclops*, die Frachter *Nereus* und *Proteus*, wurden zu Beginn der 20er Jahre außer Dienst gestellt und im Marinestützpunkt Norfolk eingemottet. Im März 1941 verkaufte man sie als Massenguttransporter an die Saguenay Terminals, Ltd. in Ottawa. Der Eintritt der Vereinigten Staaten in den Zweiten Weltkrieg überschattete alle Meldungen, die das Schicksal dieser beiden Schiffe betrafen. Am 23. November 1941 legte die *Proteus*

von St. Thomas auf den Jungferninseln mit einer Ladung Oxid für Norfolk ab. Am 10. Dezember lief die *Nereus* ebenfalls mit einer Ladung Oxid für Norfolk aus St. Thomas aus. Beide Schwesterschiffe der *Cyclops* verschwanden spurlos im ›Teufelsdreieck‹.
Nach dem Ende des Zweiten Weltkrieges forschte man in deutschen Marinearchiven nach Hinweisen auf das Schicksal der *Nereus* oder der *Proteus.* Dabei stellte sich heraus, daß zum Zeitpunkt des Verschwindens der beiden Schiffe im ›Teufelsdreieck‹ keinerlei deutsche U-Boote, Kriegsschiffe oder Minen vorhanden waren. Aber auch hier wurde die *Cyclops* noch einmal erwähnt. Im Januar 1941 wurde vor Kap Sable im Nordatlantik ein britisches Schiff torpediert und versenkt. Es ging mit sämtlichen 94 Mann an Bord unter. Der Name des Schiffes war *Cyclops.*

6. Der größte Seemann aller Zeiten

Fast 70 Jahre bevor Francis Chichester von der englischen Königin für die Alleinumsegelung der Welt geadelt wurde, vollendete Joshua Slocum, ein passionierter amerikanischer Kapitän, die erste Einmann-Umsegelung der Welt in einer 12 Meter langen Jolle, der *Spray* aus Boston.

Sir Francis Chichester vollendete die Weltreise, die ihn berühmt machte, am 18. Mai 1967 in Plymouth. Neun Monate zuvor, am 28. August 1966, einen Monat vor seinem fünfundsechzigsten Geburtstag, war dieser alte Seefahrer vom selben Hafen aus in seinem Besan-Kutter *Gipsy Moth IV* zu seiner 28.500 Meilen langen Reise gestartet. Dieser Senior, der sieben Jahre zuvor an Lungenkrebs gelitten hatte, umrundete den Globus in einem Fahrzeug, das eigens für diese Reise gebaut worden war. Mehrere wohlhabende Mäzene finanzierten das Abenteuer. Sir Francis' Boot war 18 Meter lang, 3.50 Meter breit und hatte einen Tiefgang von 2.40 Metern.

Die *Gipsy Moth IV*, deren Kapitän zu Beginn einer jeden Fahrt seekrank wurde, war mit den modernsten Navigationshilfen ausgerüstet, unter anderem einem Markoni-Radio mit unbegrenzter Reichweite, Windgeschwindigkeits- und Richtungsanzeiger, Tiefenlot, Radiokompaß, Elektrogenerator, Auto-Pilot und sogar mit einem Bierautomaten. Dennoch war es angesichts des Alters und des Gesundheitszustandes Chichesters eine fast unglaubliche Tat. Es gibt heute auf der Welt nur eine Handvoll jüngerer Männer, denen dieselbe Leistung zuzutrauen wäre. Man betrachtet Sir Francis Chichester als den ›Seemann des Jahrhunderts‹.

Wenn Francis Chichester der Seemann dieses Jahrhunderts ist, war Joshua Slocum zweifellos der Seemann des vergangenen Jahrhunderts. Viele alte Hasen dulden keinen Einwand gegen die Behauptung, Slocum sei der größte Seemann aller Zeiten.

Am 24. April 1895, zwei Monate nach seinem einundfünfzigsten Geburtstag, brach Joshua Slocum von Boston aus als Einhand-Segler zu seiner Reise um die Welt auf. Er hatte 46.000 Meilen vor sich. Chichester versuchte, die von den Klippern aufgestellten Zeiten einzuhalten; daher wählte er die direktesten Routen und strebte hohe Geschwindigkeiten an. Slocums einziges Ziel während seiner dreijährigen Reise bestand darin, als erster Mensch allein die Welt umsegelt zu haben. Daraus ergeben sich die Unterschiede in Zeit und Entfernung.

Die *Spray* maß 12 Meter Länge und 4.25 Meter über die Spanten. Ihr Tiefgang war etwas über 1.20 Meter. Die *Spray* war nicht nur wesentlich kleiner als die *Gipsy Moth IV*, sie war auch bei weitem nicht so gut ausgerüstet. Wenn Slocum in See stach, mußte er es entweder unter Segeln tun oder er brauchte die Hilfe eines Schleppers. Chichester warf lediglich seinen Hilfsmotor an und tuckerte zu der Stelle, an der er die Segel setzen wollte.

Die *Spray* entstand aus einem Scherz, den sich ein passionierter Walfänger mit Slocum erlaubte. Als sich das 19. Jahrhundert seinem Ende zuneigte, wurde auf den Weltmeeren das Segel immer mehr vom Dampf als Antriebskraft abgelöst. Viele der großen Segelschiffe lagen auf Dock, reckten ihre kahlen Takelagen gegen den Himmel und warteten entweder auf das Abwracken oder auf Ladungen, die sie nie bekamen. Bei anderen wurden die Mastbäume entfernt und die Schiffe selbst als Kohlenbarken in Schlepp genommen. Hunderte von Segelschiffkapitänen strandeten oder zogen sich ins Seemannsheim zurück. Auch Joshua Slocum, der 25 Jahre lang Segelschiffe befehligt hatte, war arbeitslos. Die Reedereien brauchten jene Männer nicht mehr, die einmal dafür gesorgt hatten, daß die Vereinigten Staaten eine führende Seefahrernation wurden. Slocum verbrachte seine Tage mit Spaziergängen entlang des Hafens, er unterhielt sich mit den Wächtern an Bord der eingemotteten Segler und sprach mit anderen beschäftigungslosen Kapitänen. Einer dieser alten Gauner bot Slocum ein ›leicht reparaturbedürftiges‹ Schiff an. Das Schiff lag in Fairhaven, gleich gegenüber von New Bedford. Slocum könne es haben – einen Haken gäbe es bei der Sache nicht.

Am nächsten Tag sah sich Slocum sein ›neues‹ Schiff an. Er war auf einen Spaßvogel hereingefallen. Die *Spray* war nämlich ein uraltes Wrack, an dessen Stapellauf sich niemand in der Stadt mehr erinnern konnte. Seit mindestens sieben Jahren stand sie aufgebockt auf einer Wiese, mehrere Meilen vom Wasser entfernt. Als energischer Mann, der zu wenig Beschäftigung hatte, nahm Slocum die Herausforderung an. Der Schiffsrumpf erforderte so viele Ergänzungen, daß die pensionierten Kapitäne, die Slocum während der 18 Monate dauernden Reparaturarbeiten besuchten, nicht zu sagen wußten, ob die *Spray* ein neues Fahrzeug war oder ein

umgebautes altes. Abgesehen von seiner Arbeit gab Slocum 553.62 Dollar für Material zur Renovierung der *Spray* aus.
Die große Frage unter denen, die das Schiff und den Mann kannten, lautete: Wird es sich lohnen? Die Segeleigenschaften des Schiffes waren ausgezeichnet. Die *Spray* konnte den meisten anderen Fahrzeugen ihrer Größenklasse glatt davonfahren. Erst nach dem erfolglosen Versuch, das Boot an Sportfischer zu vermieten, beschloß Slocum, als Einhandsegler die Welt zu umsegeln. Der Plan des alten Kapitäns wurde heftig kritisiert, da man dieses Unternehmen für undurchführbar hielt.
Aber Slocum ließ sich nicht abschrecken. Er machte sich auf die Reise – eine Reise voller Abenteuer, Geheimnisse und Gefahren. In seinem Buch ›Sailing Alone Around The World‹ beschreibt Slocum einen Zwischenfall in der Nähe der Azoren, als er ernstlich krank geworden war. Er lag schmerzverkrümmt auf dem Boden der Kabine, als sich ein Sturm anmeldete. Aber ihm war zu übel, um Segel streichen zu können. Er wurde ohnmächtig. Irgendwann später wachte er auf. Der Sturm tobte immer noch. Als er zum Niedergang hinaussah, bemerkte er zu seinem Erstaunen einen Mann am Ruder der *Spray*. Der Mann hielt das Schiff trotz der hochgepeitschten See auf Kurs. Er trug die Kleidung eines vergangenen Jahrhunderts. Der Fremde stellte sich als Angehöriger von Columbus' Besatzung vor, als Steuermann der *Pinta*. Er sagte, in dieser Nacht sei er gekommen, um Slocums Schiff sicher zu lotsen.
Als sich Slocum am nächsten Morgen soweit erholt hatte, daß er auf Deck gehen konnte, ließ der Sturm nach und die Sonne schien. Der fremde Rudergänger war nirgendwo zu sehen. Was nicht niet- und nagelfest war, hatte der Sturm weggewaschen. Die Decks waren weiß von der sonnentrockenen Salzgischt. Der Sturm war schlimmer gewesen als Slocum gedacht hatte. Dennoch waren die Segel, die Slocum nicht mehr hatte einholen können, immer noch gesetzt und intakt. Eigentlich hätten sie in Fetzen herunterhängen müssen. Dann entdeckte Slocum, daß die *Spray* während der Nacht gute 90 Meilen auf dem richtigen Kurs geschafft hatte. Das war nur mit Hilfe eines Steuermannes möglich. Es dauerte noch Jahre, bis es jemandem auffiel, aber das fragliche Gebiet liegt am Rande des ›Teufelsdreiecks‹.
Slocum hatte seinen Kurs ursprünglich von West nach Ost abgesteckt: Über den Atlantik, durch das Mittelmeer, den Suezkanal, das Rote Meer in den Indischen Ozean. Dann wollte er den Pazifik überqueren, Kap Horn umsegeln und an der Atlantikküste entlang

nach Boston zurückkehren. Aber diese Pläne wurden durch einen Angriff von Mittelmeerpiraten vereitelt, als er sich Gibraltar näherte. Die *Spray* bewies ihre vorzüglichen Eigenschaften, indem sie der Dhow der Araber glatt davonsegelte. Nun nahm Slocum die Warnungen vor den Piraten im Mittelmeer und im Roten Meer ernst und beschloß, nach dieser Begegnung zurück über den Atlantik nach Kap Horn zu segeln. Während seiner Weltumsegelung von Ost nach West stieß er mit Wilden zusammen, begegnete Stürmen, hatte Auseinandersetzungen mit eingebildeten Zollbeamten und manches andere zu bestehen. Da ihm die 15 Dollar zur Reparatur seines Chronometers fehlten, kaufte Slocum für einen Dollar einen Blechwecker, an dem der Minutenzeiger fehlte. Dieses Gerät benutzte er zur Navigation. Ansonsten gab es an Bord der *Spray* nur einen Kompaß, einen Sextanten und Schiffskarten.
Als Slocum am 27. Juni 1898 die *Spray* in den Hafen von Boston lenkte, war die Begrüßung weitaus weniger enthusiastisch als das Willkommen, das man Chichester fast 70 Jahre später bereitete. Nur in lokalem Rahmen erhielt der 54jährige Seemann die verdienten Ehrungen, denn die Zeitungen wurden beherrscht von Schlagzeilen über den spanisch–amerikanischen Krieg und eine nicht abreißende Kette amerikanischer Seesiege. Erst nach Beendigung des Krieges wurde Slocum allmählich berühmt. So kamen der alte Mann und sein Boot doch noch zu Ehren. Das Buch wurde nicht nur ein Bestseller, sondern man verwendete es auch als Lesebuch in den Schulen. Und der Seemann, der nicht einmal schwimmen konnte, mußte in der ganzen Welt Vorträge halten.
Zwischen Schriftstellerei, öffentlichen Auftritten und anderen Verpflichtungen fand Slocum immer noch Zeit, die *Spray* zu segeln. Im Herbst der Jahre 1905, 1907 und 1908 stach er von West Tisbury auf Martha's Vineyard aus in See und verbrachte die Winter, indem er allein zwischen den Westindischen Inseln kreuzte. Im Herbst 1909 brach der inzwischen 65 Jahre alte Slocum wiederum allein zu einer weiteren Fahrt nach Westindien auf. Am 14. November stach er nach der Verproviantierung von Miami aus in See. Joshua Slocum, der größte Seemann aller Zeiten, und die *Spray* aus Boston segelten in das ›Teufelsdreieck‹ hinein und verschwanden für immer.

7. Die Schwefelschiffe

1963 ereigneten sich im ›Teufelsdreieck‹ mehr Zwischenfälle, als in irgendeinem anderen der letzten Jahre. Ihnen fielen Schiffe, Boote, Flugzeuge und Jachten zum Opfer. Das größte Aufsehen erregte ein Vorfall im Februar. Das Geheimnis um den Tanker *Marine Sulphur Queen* begann, als die Schlepper längsseits gingen und den Bug ein letztes Mal behutsam in den Golf von Mexiko hinausschoben. Das war am 2. Februar 1963. Für die Schlepper war es ein Routinemanöver. Ein paar hundert Meter achtern fuhr das Lotsenboot, das dem 160 Meter langen Tanker durch die Passage hinaus ins offene Meer folgen würde. Dann sollte das Boot längsseits gehen, und den Lotsen an Bord nehmen, der dafür verantwortlich war, den mit Schwefel beladenen Tanker sicher aus dem Hafen zu geleiten. Die Schlepper wurden nur benötigt, um das schwerbeladene Schiff aus dem Hafen zu bringen und es mit seiner Ladung im Werte von 430 000 Dollar durch den Schiffahrtskanal zu ziehen.

Als die Schlepper ihre Leinen losmachten, ahnte niemand von der 39köpfigen Besatzung des Tankers etwas davon, daß er seinen Bestimmungsort Norfolk in Virginia nie erreichen sollte. Die *Sulphur Queen* lag wie die meisten vollbeladenen Tanker so tief im Wasser, daß der Lotse beim Umsteigen auf sein Boot keine Jakobsleiter benutzen mußte, sondern einfach hinübersprang, noch einmal zurückwinkte und zum Ufer fuhr. Der 7 000-Tonnen-Tanker hatte den letzten Zwischenaufenthalt in Beaumont in Texas beendet und begab sich nun in eines der letzten unerforschten Gebiete der Welt: auf das offene Meer.

Während das Land zurückblieb, setzte auf dem Schiff die übliche Routine ein. Alles Lose wurde festgezurrt, Leinen und Taue eingerollt, eine Bugwache eingeteilt, der Kompaß kontrolliert, das Radio routinemäßig überprüft, die Dampfventile der Turbine wurden auf die günstigste Geschwindigkeit eingestellt. Wer Freiwache hatte, hockte irgendwo im Bug oder im Heck und spann sein Seemannsgarn. Laut Kompaß war der Kurs 135 Grad – ungefähr Südost.

Die Ladung aus flüssigem Schwefel wurde durch Dampf, der aus dem Kesselraum über isolierte Rohre zu Heizschlangen lief, ständig auf etwa 180 Grad Celsius gehalten. Die *Marine Sulphur Queen* war ein umgebauter Öltanker aus der Kriegszeit. Beim Umbau war eigentlich nichts weiter erforderlich als eine Vorrichtung, um die Ladung ständig im richtigen Temparaturbereich zu halten: Rohre für den Dampf, Heizschlangen und Isolierkammern.

Neun Jahre vorher, im Dezember 1954, war ein anderer mit Schwefel beladener Frachter, die *Southern Districts*, von Port Sulphur in Texas unterwegs nach Bucksport in Maine. Es war ein 100 Meter langes Landefahrzeug der Marine mit einer Wasserverdrängung von dreitausenddreihundert Tonnen. Das 1944 gebaute Schiff war eines von vielen Landefahrzeugen, die im Mittleren Westen konstruiert und über Binnenwasserstraßen zum Mississippi und von dort in den Golf von Mexico transportiert wurden. Das Schiff war in Leavenworth in Kansas gebaut, um auf feindliche Küsten aufzulaufen und dort seine Ladung von Panzern, Lastwagen, Jeeps, Nachschub, Soldaten und anderen Dingen, die zur Bildung eines Brückenkopfes erforderlich waren, abzuladen. Der Umbau zu einem kommerziellen Massenguttransporter erforderte eine Reihe von Abänderungen; so mußten beispielsweise die großen Bugtore zugeschweißt werden. Das Schiff hatte zwei Rettungsboote für je 30 Mann an Bord.
Die *Southern Districts* legte am 2. Dezember 1954 in Port Sulphur ab. Ihr Kurs war fast identisch mit dem der *Marine Sulphur Queen*: Südost. Ihre beiden Fairbanks-Morse-Diesel erzeugten eine Reisegeschwindigkeit von acht Knoten. Nach Umsegelung der Florida Keys ging das Schiff auf Nordkurs hinauf zur Straße von Florida. Der Golfstrom erhöhte seine Geschwindigkeit um weitere drei bis vier Knoten über dem Boden auf insgesamt 11 bis 12 Knoten. Die Mannschaft bestand aus etwa 33 Mann (die genaue Anzahl ist nicht bekannt; der Kapitän hinterließ bei der Abfahrt nicht die vorgeschriebene Mannschaftsliste). Nicht weniger als drei Besatzungsangehörige verließen kurz vor der Abfahrt das Schiff. Sie hatten das Gefühl, das Fahrzeug werde seinen Bestimmungsort nicht erreichen, denn es waren technische und Steuerungs-Probleme aufgetreten.
Dann dampfte das Schwefelschiff weiter und setzte über Funk eine Routinemeldung ab. Das war das letzte, was man von der *Southern Districts* je hörte. Sie verschwand ganz einfach. Das war am 5. Dezember 1954 – auf den Tag genau neun Jahre nachdem im selben Gebiet sechs Marineflugzeuge verschwunden waren. Marine und Küstenwacht suchten über 262 000 Quadratmeilen ab, doch von

dem Schiff wurde nichts gefunden. Wieder einmal hatte sich die Geschichte wiederholt: Am 20. Januar 1921 war ein anderes Schwefelschiff, die *Hewitt*, von Sabine Pass in Texas mit Kurs auf Boston ausgelaufen. Das Fahrzeug der Union Sulphur Company umrundete die Florida Keys, lief in die Straße von Florida ein, setzte sich mit einem anderen Schiff nördlich von Jupiter Island in Florida in Verbindung – und verschwand. Die *Hewitt* war eines von mindestens zehn Schiffen, die im Zeitraum von wenigen Monaten Anfang 1921 im westlichen Atlantik verschollen sind.

Als die 7000 Tonnen große *Marine Sulphur Queen* die Florida Keys umschiffte, kabelte ein Besatzungsmitglied seiner Frau die voraussichtliche Ankunftszeit in Norfolk. Ein anderer Besatzungsangehöriger sandte eine Nachricht an seinen Börsenmakler in Tampa. Danach hat man nie wieder etwas von der *Marine Sulphur Queen* gehört. Sie erreichte die Straße von Florida fast an derselben Stelle wie die *Southern Districts* vor neun Jahren und verschwand einfach. Auch sie hatte sich ins ›Teufelsdreieck‹ gewagt.
Am 6. Februar wurde das Schiff als überfällig gemeldet. Die Stützpunkte der Küstenwacht von Key West bis Norfolk stellten Flugzeuge und Schiffe zu einer systematischen Suche bereit, die sich vom östlichen Golf von Mexiko bis über das Kap von Virginia hinaus erstreckte und die im Osten bis Bermuda reichte. Jeder Gegenstand auf dem Wasser wurde untersucht, angefangen von ähnlich aussehenden Tankern bis zu Anhäufungen gelblichen Seetangs, die treibendem Schwefel ähnelten. Vor den Florida Keys wurden einige Schwimmwesten gefunden, aber es konnte nie einwandfrei geklärt werden, ob sie von dem vermißten Tanker stammten oder nicht.
Im Juni 1969 fand in New York eine gerichtliche Untersuchung statt, bei der festgestellt werden sollte, ob die Reederei des Schiffes, die Marine Transport Lines aus New York, fahrlässig gehandelt hatte und von den Angehörigen verschollener Besatzungsmitglieder verklagt werden konnte. Die Reeder stellten als Zeugen einen pensionierten Kapitän, den 72jährigen George H. Grant aus Surf City in New Jersey vor. Grant, der in 47 Jahren auf See über tausend Mal das Gebiet durchfahren hatte, in dem die *Marine Sulphur Queen* vermutlich verlorengegangen war, vertrat die Theorie, der Tanker hätte »extrem hohe Wellen angetroffen, bei den Seeleuten als ›Geisterwellen‹ bekannt, und . . .sei gekentert und gesunken.« Auf Befragen mußte Grant zugeben, daß er selbst in diesem Gebiet niemals ›Geisterwellen‹ gesehen hätte und auch von keinem Schiff

wüßte, das auf diese Weise gesunken sei. Und der Beauftragte der Geschädigten, Rechtsanwalt Donald E. Klein, brachte als Sachverständigen einen Meteorologen und Ozeanographen, der Kapitän Grants Theorie bestritt.

Professor William Donn, Direktor des Labors für atmosphärische Forschung an der Columbia Universität wurde von Klein gefragt: »Waren die Wetterverhältnisse in der Straße von Florida oder in der Umgebung so, daß rauhe See, gegeneinanderlaufende Wellen oder Geisterwellen entstehen konnten?«

»Nein Sir«, antwortete Donn.

»Wiesen die Wetter- und Seeverhältnisse im Golf von Mexico und in der Straße von Florida während des Monats Februar 1963 irgend etwas Ungewöhnliches auf?« fuhr Klein fort.

»Nein Sir«, antwortete Donn. »Ich würde sagen, daß das in den fraglichen Tagen vorherrschende Wetter aufgrund früherer Wetterbeobachtungen durchaus vorhersehbar war.«

Aus einem Bericht der Küstenwacht ging hervor, daß mindestens zehn Tanker von Typ T-2 entzweigebrochen und gesunken waren. Das Ergebnis war eine Anweisung, daß in alle noch vorhandenen T-2-Tanker entlang der Wasserlinie eine Verstärkung aus Stahl eingebaut werden mußte.

Aber ist die *Marine Sulphur Queen* überhaupt untergegangen? Nach einer anderen Theorie ist sie ›hochgegangen‹. Ein im April 1964 veröffentlichter Bericht der Küstenwacht kritisierte die Reederei in zwei Punkten: Sie habe es versäumt, dem Schiffsführer hinsichtlich gewisser Probleme beim Transport von geschmolzenem Schwefel Instruktionen zu erteilen und Beistand zu leisten; sie habe es ferner versäumt, sich hinsichtlich der Sicherheitsvorkehrungen an Bord des Schiffes auf dem laufenden zu halten. Untersuchungen der Küstenwacht ergaben, daß bei früheren Reisen in den mit Schwefeldämpfen gesättigten Leerräumen rings um die isolierten Tanks mehrfach Feuer ausgebrochen waren.

War an Bord der *Marine Sulphur Queen* wieder ein Feuer ausgebrochen? War bei dem Gedanken an die Brandbekämpfung und eine mögliche Explosion auf hoher See eine Panik ausgebrochen? Oder waren die Männer, die das Feuer bekämpften, von giftigen Schwefeldämpfen überwältigt worden? Die Schwefeldämpfe konnten über Luftschächte und Ventilatoren in das gesamte Schiff eindringen und die ganze Besatzung einschließlich des Funkers bewußtlos machen, bevor ein Notruf gefunkt werden konnte. Hatte sich die *Marine Sulphur Queen* vielleicht so sehr mit Schwefeldämpfen gefüllt, daß sie zu einer schwimmenden Bombe wurde? War vielleicht kaltes Seewasser irgendwie mit dem 180 Grad heißen geschmolzenen Schwefel in Berührung gekommen? Hat es deshalb eine so heftige Explosion gegeben, daß das Schiff praktisch in Stücke gerissen wurde?

Die sieben Schwimmwesten und andere Gegenstände, die vielleicht von dem verlorenen Schiff stammten, konnten zwar nie offiziell identifiziert werden, aber es gibt noch einen anderen Hinweis, der die Theorie unterstützt, daß die *Marine Sulphur Queen* in einem einzigen Augenblick von einer gewaltigen Detonation zerfetzt wurde. Kurz nachdem der Tanker als vermißt gemeldet worden war, gingen John Allmand, ein Bootsbauer, aus Miami, und sein kleiner Sohn am Strand von Key Biscayne in der Nähe von Präsident Nixons Winterresidenz nach Treibgut suchen. »Ungefähr 20 Meter von der Küste entfernt sahen wir etwas auf dem Wasser tanzen, das wie ein Stück von einem Wellenbrett aussah. Mein Sohn und ich wateten hinaus und zogen den Fund an Land. Beide Enden waren zersplittert. Wir drehten das Brett herum und sahen, daß es schwarz gestrichen war. Darauf stand in weißen Buchstaben ›ARINE SULPH‹. In dem Brett, das ungefähr 40 Zentimeter breit und zwei Meter lang war, steckten noch abgebrochene Bolzen, als sei es irgendwo befestigt gewesen.« Was John Allmand und sein Sohn gefunden hatten, waren die Überreste der Namenstafel des vermißten Schiffes die zu beiden Seiten der Brücke angebracht war. Das Aussehen des zersplitterten Brettes läßt nur den Schluß zu, daß die *Marine Sulphur Queen* von einer furchtbaren Explosion auseinandergerissen wurde, möglicherweise ausgelöst durch eine chemische Reaktion zwischen kaltem Meerwasser und kochend heißem Schwefel.

Fast ausnahmslos stellen alle Berichte über das ›Teufelsdreieck‹, das ›Bermuda-Dreieck‹, die ›Zwielichtzone des Atlantiks‹ oder wie immer man das Gebiet nennen mag, den Verlust der *Marine Sulphur Queen* als geheimnisvolles Rätsel dar. Und doch war daran nichts geheimnisvoll oder gar übernatürlich – es handelte sich schlicht um eine Explosion auf hoher See.

Zweifellos werden manche Leser mit dieser Deutung der Geschehnisse an Bord der *Marine Sulphur Queen* nicht einverstanden sein. Zu ihrer Information sei ein anderer tragischer Zwischenfall berichtet.

Am 2. Februar 1972 – auf den Tag genau neun Jahre nach dem Auslaufen der *Marine Sulphur Queen* zu ihrer letzten Fahrt – verschwand ein anderer T-2-Tanker, die *V. A. Fogg*, kurz nach der Abfahrt aus Freeport in Texas im Golf von Mexiko. Genau wie die

Marine Sulphur Queen hatte auch die *V. A. Fogg* 39 Mann an Bord. Sie wurde jedoch in Gewässern vermißt, die im Durchschnitt kaum 50 Meter tief sind.
Wenn die *V. A. Fogg* im ›Teufelsdreieck‹ und nicht im Golf von Mexiko verlorengegangen wäre, hätte man sie bestimmt unter der Rubrik ›rätselhafte Zwischenfälle‹ verzeichnet. Die Ufo-Forscher hätten ihre Theorien verkündet, Okkultisten würden den Vorfall einer ›Raumfalte‹ oder ›Atlantern aus einer anderen Dimension‹ zuschreiben. Andere wiederum würden Marsmenschen mit Strahlenpistolen dafür verantwortlich machen. Auf jeden Fall wäre die *V. A. Fogg* Gegenstand zahlreicher futuristischer Geschichten über das ›Dreieck‹ – derselbe Schiffstyp, genau dieselbe Anzahl von Besatzungsmitgliedern, auf den Tag genau neun Jahre später, usw.

Es stimmt: Beide Fälle weisen ungewöhnlich viele Ähnlichkeiten auf. Aber es gibt auch eine Reihe von Unterschieden. Die *V. A. Fogg* wurde in Gewässern vermißt, die knapp 50 Meter Wassertiefe haben, und nicht in dem Tausende von Metern tiefen ›Teufelsdreieck‹. Ihre Reise sollte nur dreizehn Stunden dauern, der Bestimmungsort war Houston. Eigentlich hätte sie vierzig Mann an Bord haben sollen, aber ein Mann der Besatzung, John Caldira aus Galveston, versäumte das Schiff, weil er auf dem Weg zum Hafen in einem Verkehrsstau steckenblieb. Kurz nachdem das Schiff den Hafen verlassen hatte, berichtete ein Pilot, der Space Agency, er habe über der Route des Schiffes eine 3 000 Meter hohe schwarze Rauchsäule gesichtet. Drei Kutter der Küstenwacht – die *Valiant*, die *Gentian* und die *Reliance* – suchten gemeinsam mit einem Dutzend Flugzeugen und Hubschraubern sowie einigen Privatfahrzeugen eine Fläche von 20 000 Quadratmeilen ab. Hohe See und Windgeschwindigkeiten von 50 Meilen in der Stunde beeinträchtigten die Aktion. Zeitweilig waren die Bedingungen so ungünstig, daß Maschinen und Hubschrauber aus 150 Metern Höhe keine Sicht hatten, weil die Gischt bis an die Scheiben spritzte. Nach elf Tagen wurde die Suche abgebrochen. Dann überprüfte Joseph Cheavens, ein Rechtsanwalt der Reederei der *V. A. Fogg*, die Bandaufzeichnung des Sprechkontaktes zwischen dem Piloten der Space Agency und dem Kontrollturm. Aufgrund eines Übermittlungsfehlers hatte die Küstenwacht meilenweit von der Stelle entfernt gesucht, an der die schwarze Rauchsäule gesichtet worden war.
Die Reederei charterte ein Suchschiff, das mit Weitwinkel-Radar und einem speziellen Sonar-Gerät ausgerüstet war. Cheavens gab

genau die Stelle an, an der gesucht werden sollte, und 11 Stunden später hatte man das Wrack gefunden. Am 14. Februar holten Taucher das Namensschild des Schiffes herauf. Später angefertigte Unterwasseraufnahmen zeigten verbogene, einzollige Stahlplatten, weggeblasene Lukendeckel, aufgeplatzte Nähte an Rumpf und Tanks, die mit Benzindämpfen gefüllt waren; sie mußten, wie ein Taucher erklärte, »in einer Kettenreaktion hochgegangen sein wie eine Reihe von Knallfröschen«. Es war ganz klar, daß die *V. A. Fogg* explodiert und innerhalb von wenigen Sekunden gesunken war. Eine Einzahl von Leichen, darunter die des Kapitäns John Christie, wurden geborgen.

Aber nehmen wir einmal an, der Tanker wäre unter denselben Umständen im Atlantischen Ozean und nicht im Golf von Mexiko gesunken. Er befand sich 50 Meilen vom Land entfernt, wie es das Gesetz für Transporter von hochgiftigen oder hochexplosiven Ladungen vorschreibt. Reste bleiben immer in den Tanks, und während der Beseitigung dieser Reste hätte das Schiff die 50 Meilen Entfernung zum Ufer einhalten müssen. Vor der Ostküste Floridas, Georgias oder Carolinas wäre die *V. A. Fogg* damit im ›Dreieck‹ gewesen. Sie würde in einer Wassertiefe von Tausenden von Metern ruhen und nicht bloße 30 Meter. Kein Taucher und kaum ein Sonar-Gerät könnten das Wrack erreichen. Und wenn gerade niemand das Gebiet überflog, solange die 3 000 Meter hohe Rauchsäule noch sichtbar war, hätte man erklärt, das Schiff sei spurlos im ›Teufelsdreieck‹ verschwunden.

Wieviele Opfer des ›Dreiecks‹ sind nun tatsächlich aus Gründen verschwunden, die nicht auf menschliches Versagen, mechanische Fehler, Baumängel oder Wetterphänomene zurückzuführen wären. Gibt es tatsächlich ein Geheimnis des Meeres, oder ist das Rätsel nur dadurch entstanden, daß sich erklärbare Tragödien zu einem Zeitpunkt ereigneten, zu dem keine Zeugen anwesend waren und die eventuell vorhandenen wenigen Hinweise in den Weiten des leeren Ozeans verlorengingen, bevor die Rettungsfahrzeuge an Ort und Stelle erschienen?

8. Der Weihnachts-Zauber

Weihnachten ist das Fest der Liebe und des Frohsinns – nur eben nicht im ›Teufelsdreieck‹. Gerade um die Weihnachtszeit ereignen sich im ›Dreieck‹ eine ungewöhnlich große Anzahl seltsamer Zwischenfälle. Wir kennen bereits das Rätsel der Flugzeuge vom Marinestützpunkt Fort Lauderdale, die wenige Wochen vor Weihnachten 1945 ›niemals wiederkehrten‹. Aber es gibt noch andere Geschehnisse, die nicht so spektakulär ausfielen, aber ebenso eigentümlich sind. Sie werden an verschiedenen Stellen in diesem Buch erwähnt, doch soll sich dieses Kapitel mit drei Vorfällen befassen, die in unmittelbarer Verbindung zur Weihnachtszeit stehen.

Am 27. Dezember 1948, als kurz nach Einbruch der Dunkelheit die Nebelschleier von den Regenfällen am Nachmittag von den Hügeln ringsum nach San Juan hinuntergriffen, stieg eine gecharterte DC 3 zum Himmel empor, nahm Kurs auf Westnordwest, und ließ den Lichterschein der Hauptstadt Puerto Ricos hinter sich. Ziel der Maschine war das etwa 1 700 Kilometer entfernte Miami. Die dreiköpfige Besatzung bestand aus dem Piloten Robert Linquist aus Fort Myers in Florida, dem Kopiloten Ernest Hill jr. aus Miami, der Stewardess Mary Burke aus Newark in New Jersey. Die 29 Passagiere, überwiegend junge Leute und auch zwei Kleinkinder, stammten zum größten Teil aus New York City.
Sie hatten die Weihnachtsfeiertage bei Freunden und Verwandten in ihrer Heimat verbracht. Nun mußten sie zwar der Wärme und dem Sonnenschein ihrer Insel den Rücken kehren, um in die kalten windgepeitschten Betonschluchten Manhattans zurückzukehren, aber trotzdem herrschte in der Maschine richtige Weihnachtsstimmung. Die Feiertage waren schön gewesen. Die Stewardess servierte Kekse und Kaffee, half den beiden Müttern mit ihren Kindern und dämpfte dann die Beleuchtung. Die meisten Passagiere schliefen ein. Manche feierten noch weiter, bis ihre Rumflaschen aus Puerto Rico leer waren. Die Mannschaft vorn im Cockpit schaltete die Sprechgeräte von San Juan auf den Kontrollturm von Miami um.

Die DC 3 ist zwar keine große Maschine, aber man betrachtet sie als das zuverlässigste Flugzeug, das je gebaut wurde. Es handelt sich dabei um die zivile Version der zweimotorigen C-47, die im zweiten Weltkrieg so verbreitete Verwendung fand. Auch jetzt, in den 70er Jahren, befinden sich noch viele der während der 40er Jahre gebauten DC 3 im Einsatz ; sie transportieren Menschen und Material in entlegene Minencamps im Dschungel, sie fliegen Kaufinteressenten zur Besichtigung über ihre künftigen Grundstücke hinweg. Und falls es dann noch Ersatzteile geben sollte, werden diese Maschinen wahrscheinlich auch in den 80er Jahren noch fliegen.

Die beiden Motoren von Kapitän Linquists Vogel dröhnten Stunde um Stunde gleichmäßig weiter. Kurz vor Mitternacht schwebte die Maschine über den Caicos-Inseln in den südöstlichen Bahamas und machte bald den Sprung von atlantischer Zeit zur ostamerikanischen Zeit.

Kurz nach vier Uhr morgens wurden die Fluggäste vom Piloten geweckt. Er teilte ihnen mit, daß sie gleich in Miami landen würden, um die Zollformalitäten zu erledigen, Treibstoff aufzunehmen und vor dem Weiterflug nach New York die Besatzung zu wechseln. Während die Beleuchtung in der Kabine wieder heller wurde, sammelten die Passagiere ihr Handgepäck ein, um es im Zollgebäude von Miami vorzuzeigen. Der Frohsinn beherrschte immer noch die Stimmung. Einige Leute sangen in spanischer Sprache Weihnachtslieder.

Um vier Uhr 13 erfuhr der Kontrollturm in Miami von Kapitän Linquist, daß alles in Ordnung sei. Im Hintergrund hörte der Fluglotse die Weihnachtslieder fast wie eine Schallplatte. »Wir befinden uns 50 Meilen südlich des Rollfeldes – ich kann den Lichtschein von Miami sehen. Ich erwarte Ihre Landeinstruktionen.« Aber auf seine Erwiderung hörte der Tower nichts mehr. Er bemühte sich immer wieder, die Verbindung zu der DC 3 erneut herzustellen – vergebens.

Zwei Stunden später, im ersten Morgengrauen, war bereits eine Suchaktion angelaufen, die später nicht weniger als 50 Flugzeuge, zehn Schiffe und ein Dutzend kleinerer Wasserfahrzeuge umfassen sollte. Die letzte mutmaßliche Position der vermißten Maschine lag in der Nähe von Kap Largo, wo man in einer Wassertiefe von nur fünf bis sechs Metern den weißen Sand schimmern sieht. In so flachen Gewässern hätte man ein Wrack aus der Luft auch dann leicht erkennen müssen, wenn die Maschine beim Aufschlag zerschellt wäre. Aber die Helfer entdeckten keine Spur der DC 3 oder ihrer Insassen. Am 10. Januar gab die Firma Airborne Trans-

port, die Besitzerin der Maschine, gemeinsam mit der Küstenwacht bekannt, man habe die Suche eingestellt.
Mehrere Tage später fand ein Strandläufer namens Voss an der Küste von Miami mehrere Flaschen ohne Etikett, die noch teilweise mit Rum aus Puerto Rico gefüllt waren. Als die Behörden endlich von diesem Fund erfuhren, hatte der Entdecker die Flaschen bereits leergetrunken. Auf diese Weise vernichtete er für immer die möglicherweise einzigen Hinweise auf das Schicksal der 32 fröhlichen Menschen, die in Festtagsstimmung mit der DC 3 nach Hause fliegen wollten.

In gehobener Stimmung befanden sich auch der 42jährige Dan Burrack, Hotelbesitzer aus Miami Beach, und der 35jährige Priester Patrick Horgan von der katholischen Sankt-Georgs-Kirche in Fort Lauderdale, als sie in Burracks sieben Meter langem Kabinenkreuzer, bestückt mit zwei Dieselmotoren, die Leinen loswarfen. Während sich das Boot durch ein Labyrinth von Kanälen schlängelte, die in der Nähe von Burracks Haus in einer der teuersten Wohngegenden von Miami Beach die Häuser miteinander verbanden, freuten sie sich über die strahlende Weihnachtsbeleuchtung, die sie überall auf ihrem Weg zum Ozean erblickten. Es war Freitag, der 22. Dezember 1967, 20 Uhr – der erste Wintertag. Eine Kaltfront näherte sich aus Nordwesten, der Gegend von Miami. Doch die Betonmauern der Hotels und die Ostküste von Miami Beach, boten ausreichend Schutz gegen die auffrischenden Winde.
Um 20 Uhr 30 passierten sie Goverment Cut, die Verbindung zwischen dem Hafen von Miami und dem Ozean. Nun drehten sie beide Maschinen bis fast zur vollen Leistung auf, weil sie aus einer Meile Entfernung die strahlenden Lichter von Miami Beach bewundern wollten. Diese Meile sollte sich bis in die Unendlichkeit erstrecken.
Um 21 Uhr empfing die Küstenwacht von Miami Beach über Sprechfunk eine Mitteilung von Burrack: Sein Boot sei manövrierunfähig, da die Wasserschrauben seiner Maschinen einen untergetauchten Gegenstand berührt hätten. Er berichtete jedoch, sein Schiff nehme kein Wasser auf.
Um 21 Uhr 03 liefen Küstenwächter in einem 12 Meter langen Kutter zur Hilfeleistung aus. Diese Männer kannten die umliegenden Gewässer wie ihre Hosentaschen. Es waren Profis, die jede Phase von Hilfsaktionen bis in die kleinste Einzelheit geprobt hatten.
Burrack und Pater Horgan wußten, daß ihr Boot auf Grund einge-

bauter Luftkammern unsinkbar war und daß sich die Küstenwacht bereits näherte. So hatten sie kaum etwas anderes zu tun, als aus einer Meile Entfernung von einem Punkt in der Nähe der Boje Nummer 7 die Lichter von Miami Beach zu betrachten.

Die Besatzung des Küstenwacht-Kutters ahnte noch nicht, daß sie die Weihnachtstage mit der Suche nach einem vermißten Schiff verbringen würden. Nur 18 Minuten nach dem Notruf erreichte sie die von Burrack angegebene Position. Aber sie fanden lediglich die Boje, die das Fahrwasser in den Hafen markierte und eine rauher werdende See. Von dem manövrierunfähigen Boot und seinen Insassen war nichts zu sehen.

Die Suchaktion erstreckte sich von den Florida Keys bis Jacksonville und 150 Meilen hinaus aufs Meer. Die letzte Position des vermißten Bootes befand sich zwar noch an einer Stelle, die von den Lichtern von Miami Beach erhellt wurde – aber immerhin im ›Teufelsdreieck‹.

Nachdem die Küstenwacht während der ersten fünf Tage der Suchaktion der Presse sehr aufgeschlossen gegenübertrat, verhängte sie plötzlich eine absolute Nachrichtensperre über die erste und einzige Mitteilung Burracks. Ein Sprecher der Küstenwacht erklärte lediglich, Burracks Mitteilung haben so geklungen, als befände er sich in einer ›ungewöhnlichen‹ Situation. Ein Jurist der Küstenwacht sagte, man sei nicht befugt, etwas bekanntzugeben.

Freunde von Burrack erklärten, er sei zwar kein ausgemachter See-Skipper, beherrsche aber sein Boot und hätte es mit allen für ein Schiff dieser Größe üblichen Sicherheitsvorkehrungen ausgestattet. Nach dem Abbruch der Suchaktion sagte ein Sprecher der Küstenwacht: »Wir betrachten sie als vermißt und nicht als auf See verloren.« Seitdem blieben sie vermißt: Pater Patrick Horgan, Dan Burrack und ein sieben Meter langer Kabinenkreuzer, der seinem Namen alle Ehre machte – *Witchcraft* (Zauberei).

Nach einer alten Tradition wünscht man einem neuen Schiff gute Reise, indem man kurz vor dem Stapellauf eine Flasche Sekt an seinem Bug zerschlägt. Es war eine sehr festliche Schiffstaufe, als der Verleger Harvey Conover seine schlanke Jolle *Revonoc* (Conover von rückwärts gelesen) 1956 in Mamaroneck im Staat New York vom Stapel ließ. Viele Sportsegler aus allen Teilen Neuenglands waren zu Gast, denn sie wußten, wie schwer es sein würde, die *Revonoc* in der bevorstehenden Rennsaison zu schlagen. Die Jolle war für Hochseerennen bei jedem Wetter gebaut. Im Gegensatz zu Dan Burrack galt Harvey Conover als einer der erfahrensten

Hochsee-Skipper an der ganzen Ostküste. Was seemännische Fähigkeiten anging, konnte ihm kaum einer etwas vormachen.
Nach einem erfolgreichen Rennsommer in heimatlichen Gewässern, wurde die *Revonoc* nach Florida gesegelt, um sich dort mit ihren Konkurrenten in verschiedenen Wettbewerben zu messen. Sie war wirklich kaum zu schlagen. In der Woche vor Weihnachten erholten sich die Conovers auf einer gemütlichen Kreuzfahrt hinunter zu den Florida Keys.
Nach einem vergnügten Weihnachtsfest in Key West nahmen Harvey Conover, seine Frau, seine Tochter und sein Schwiegersohn Kurs auf Miami, etwa 150 Meilen weiter nördlich. Dieser Kurs bedeutete ständige Landsicht. Aber immerhin ging es einhundertfünfzig Meilen weit durch das ›Teufelsdreieck‹. Bevor sich die Wetterstationen auf Kuba wie üblich am Abend abmeldeten, verkündeten sie in ihrem Seewetterbericht für die nächste Zeit gutes Wetter.
Die Conovers hatten auch bis kurz vor Miami keinerlei Schwierigkeiten. Dann sprang der Wind plötzlich von Südost auf Nord um. Sie waren in eine heftige Kaltfront geraten. Aber Conover war ein guter Segler, und die *Revonoc* ein ausgezeichnetes Schiff. Weder für das Boot noch für seinen Besitzer waren solche Wetterverhältnisse etwas Ungewohntes. Außerdem sollte am Abend im Jachtklub ein Galaabend zum Neuen Jahr stattfinden.
Das Jahr 1957 wurde von einem jaulenden Nordwind weggefegt, der durch die Straßen von Florida heulte. Die *Revonoc* kämpfte sich weiter voran, denn sie war ja nur noch wenige Meilen vom schützenden Hafen entfernt. Von der Biscayne Bay in Miami trugen die Sturmböen fröhliche Kläge übers Meer, denn Conovers Freunde, die im Club feierten, hatten ja keine Ahnung, daß ihr Sportskamerad nur ein paar Meilen entfernt um sein Leben kämpfte.
Als der erste stürmische Morgen des Jahres 1958 dämmerte, gab es die *Revonoc* nicht mehr. Sie war verschwunden. Küstenwacht und Marine leiteten sofort eine Suchaktion nach der vermißten Jacht ein. Als Conovers zahlreiche Freunde von dem Unglück hörten, schlossen auch sie sich der Suche an. Manche von ihnen riskierten dabei nicht nur ihr Schiff, sondern Kopf und Kragen. Doch man fand lediglich das unbeschädigte 2,40 Meter lange Boot der Jolle, das etwa 40 Meilen nördlich von Miami beim Leuchtturm Hillsboro auf den Strand gespült wurde.

Auch Richard Bertram ist ein weltbekannter Sportsegler. Als enger Freund der Familie Conover beteiligte er sich auch an der Suche nach der *Revonoc*. Bertram glaubt einfach nicht, daß Conover und die *Revonoc* der hohen See und dem Sturm zum Opfer gefallen sind. »Dafür war Harvey Conover ein viel zu guter Segler«, sagte Bertram. Nach seiner Ansicht wurde die vermißte Jolle höchstwahrscheinlich von einem Schiff gerammt und anschließend von der mächtigen Schiffsschraube zertrümmert. Diese Möglichkeit hat manches für sich. Entlang der Küste Floridas dampfen in ununterbrochener Folge Schiffe nach Süden, um den nordwärts fließenden Golfstrom zu vermeiden, der praktisch ein Fluß mitten im Meer ist. Seit der Einführung hochempfindlicher Radargeräte führen viele Schiffe keine Bugwache mehr, und ein hölzernes Boot wie die *Revonoc* würde bei hohem Seegang auf dem Radarschirm kaum erkennbar sein. Außerdem fehlt vielen Fahrzeugen, insbesondere den unter ausländischer Flagge fahrenden Schiffen, das Personal für eine ständige Besetzung des Radarschirms. Ein vollbeladenes Schiff, beispielsweise ein Tanker, könnte selbst eine große Jacht rammen, ohne daß die Schiffsbesatzung etwas davon spüren würde, besonders dann nicht, wenn der Tanker bei hohem Seegang auf und ab schwankt. Zahlreiche Zwischenfälle sind belegt, in denen Schiffe kleinere Boote rammten, und ihre Fahrt fortsetzten, ohne zu bemerken, daß etwas geschehen war. Kann dies auch der *Revonoc* widerfahren sein? Aber warum ist dann das kleine Beiboot erhalten geblieben?

Als von Ufos und von ›Raum-Zeit-Falten‹ gesprochen wurde, bemerkte Bertram, der an vielen Hochseerennen in aller Welt teilgenommen hat: »Viele Leute berufen sich gern auf das Übernatürliche, wenn sie vor einer Situation stehen, die sie nicht begreifen. Aber ich bin sicher, daß man eines Tages für all diese Vorgänge eine logische und wissenschaftlich einwandfreie Erklärung finden wird.«

Kann die *Revonoc* bei Nacht von einem größeren Schiff überrannt worden sein? Durchaus möglich. Aber was wurde dann aus Kapitän Linquists DC 3, die über Gewässern von nur sechs bis acht Metern Tiefe verschwand? Hatte der Kapitän seine Position vielleicht falsch berechnet? Befand er sich wenige Meilen weiter östlich, wo die Wassertiefe weit über tausend Meter beträgt? Das wäre die logischste Erklärung für den Verlust der DC 3, vorausgesetzt, man glaubt lieber an die Logik als an das Übernatürliche. Und wie steht es mit der *Witchcraft*? Wurde das Motorboot von den auffrischenden Winden aufs Meer hinausgetrieben, während der Küstenwacht-Kutter auf die ursprünglich angegebene Position zulief. Die *Witchcraft* hatte ein Radio an Bord, aber möglicherweise nahm sie Wasser über und die naß gewordenen Batterien versagten. Aber wenn Burrack so erfahren war, wie seine Freunde behaupteten, und wenn sein Boot so gut ausgerüstet war, warum hat er dann nicht Anker geworfen, denn er befand sich ja ursprünglich in Gewässern von nur zehn bis zwölf Metern Tiefe. Außerdem war das Boot aufgrund der eingebauten Lufttanks ›unsinkbar‹. Was soll man darüber denken, daß ein Sprecher der Küstenwacht fünf Tage nach Beginn der Suchaktion plötzlich keine Angaben mehr über Burracks Notruf machen wollte, und nur erklärte, die Mitteilung habe so geklungen, als hätte er sich in einer ›ungewöhnlichen‹ Situation befunden? Burracks letzte Worte – zumindest die letzten von der Küstenwacht mitgeteilten – lauteten: »Das ist schon komisch. So einen habe ich noch nicht gesehen!« Es scheint so, als hätten sich ziemlich genau 22 Jahre vorher fünf Flugzeuge der US-Marine ebenfalls in einer ›ungewöhnlichen‹ Situation befunden.

9. Am Strand

Fort Lauderdale wird in jedem Frühjahr zum Mekka der Studenten aus der ganzen östlichen Hälfte der Vereinigten Staaten. Sie finden hier einen der schönsten und sichersten Strände an Floridas goldener Küste. Auf einer Strecke von fünf Kilometern gibt es hier keine Betonmauern von Hotels und teuren Appartementhäusern, die der Öffentlichkeit in den meisten anderen Städten Floridas den Zugang zum Strand des Atlantik verwehren. Noch etwas unterscheidet Fort Lauderdale von anderen Städten Floridas: Es ist kein Altersheim, hier treffen sich die jungen Leute. Es gibt kaum Strudel und Unterströmungen, die einen Schwimmer gefährden. Nur bei Wetterumschwung treten hier höhere Wellen auf. Die Bahama-Inseln, etwa 80 Kilometer weiter östlich gelegen, bilden eine natürliche Barriere gegen die Wogen des Ozeans. Das gefährlichste an diesem Strand ist im Grunde genommen die Verschmutzung durch die Abwässer von Miami-Beach und Hollywood im Süden, die vom Golfstrom nach Norden getragen wird.

Über diesen friedlichen Strand hinweg flogen einige Maschinen, darunter auch jene des verhängnisvollen Flugs Nummer 19, auf Nimmerwiedersehen davon. An diesem Strand segelten Dutzende von Schiffen und Jachten vorbei, um irgendwo in unbekannter Ferne ihr nasses Grab zu finden. Und an diesem Strand kann man einen Fuß ins Wasser halten und behaupten: »Jetzt stehe ich mit einem Fuß im Teufelsdreieck.«

Am Nachmittag des 19. Juni 1972 um 14 Uhr 30 bog ein weißes Cabrio vom Typ Chevrolet Impala, Baujahr 1964, vom Sunrise Boulevard ab, einer der Hauptstraßen von Fort Lauderdale. Es wurde auf einem Parkplatz am Highway A1A abgestellt, der parallel zur Küste verläuft. Das Dach war zurückgeklappt, und vom Rücksitz ragte ein knapp drei Meter langes Dinghi empor. Der 17jährige Tom Robinson aus Fort Lauderdale wollte mit seiner gleichaltrigen Freundin Cathy Wheeler einen kleinen Turn segeln. Sie ließen ihre Brieftaschen, Schuhe, Cathys Brille und andere persönliche Dinge im verschlossenen Handschuhfach zurück. Die beiden jungen Leute trugen T-Shirts und abgeschnittene Bluejeans. Sie schleppten das rot-weiße Segelboot zum Strand hinunter. Als sie ablegten, wurden sie sicher von vielen beneidet, die sich damit zufrieden geben mußten, in der Sonne zu liegen oder in der sanften Dünung eines der belebtesten Strände bei Fort Lauderdale im Wasser zu planschen. Tom und Cathy waren Glückskinder. Sie hatten gerade ihre Abschlußprüfung an der Stanahan High School bestanden und für den Herbst Studienplätze bekommen. Sie waren jung, und die ganze Welt stand ihnen offen.

Um 15 Uhr richteten sie den Mast auf, setzten das kleine Segel und bahnten sich vorsichtig einen Weg zwischen den vielen Schwimmern im lauwarmen Wasser. Sie hatten vor, im Abstand von ein paar hundert Metern an der Küste entlang zu segeln. Es wehte ein leichter Westwind. Am Himmel waren nur vereinzelte Wolken zu sehen. Die Sonne stand noch hoch über dem Schrafft's Hotel auf der anderen Straßenseite. Die beiden lachten und vergnügten sich knapp hundert Meter vom Strand entfernt. Seitdem hat man nie wieder etwas von der Musterschülerin Catherine Ann Wheeler, dem Football-Star Thomas Robinson und ihrem kleinen rot-weißen Segelboot gesehen. Trotz der geringen Entfernung zum Land befanden sie sich nämlich bereits im ›Teufelsdreieck‹.

Als sie abends nicht nach Hause kamen, fuhren Toms Eltern zum Strand und fanden das weiße Cabrio auf dem Parkplatz. Die persönlichen Gegenstände lagen noch im Handschuhfach. Am nächsten Morgen setzte die Suchaktion in vollem Umfang ein. Inzwischen standen nämlich schon drei Boote auf der Verlustliste der Küstenwacht. Der 18jährige Steven Whithurst aus West Palm Beach wurde mit seinem sechs Meter langen Motorboot *Doc's Order* vermißt. Ebenso vermißt wurde ein Segelboot von 11 Metern mit sechs jungen Männern, einem Mädchen und einem Hund an Bord. Dieses Schiff war schlecht ausgestattet, trug weder einen Namen noch eine Nummer, und die Besatzung hatte nicht die geringste Ahnung von den Grundregeln des Segelns. Als man sie zuletzt sah, trieb das Boot seitlich im Golfstrom nach Norden, während sich die jungen Leute bemühten, das Segel zu setzen.

Zwei Tage später entdeckte das griechische Schiff *Delphic Eagle* den jungen Steven Whithurst hilflos im Wasser treibend, 140 Seemeilen östlich von Saint Augustine – über 300 Meilen von der Stelle entfernt, an der man ihn zuletzt gesehen hatte. Er war noch gesund und munter. Kurz darauf wurde das große Segelboot mit den Anfängern an Bord nicht weit vom Ausgangspunkt der Fahrt entfernt an einem verlassenen Landesteg vertäut gefunden. Aber Tom Robinson und Cathy Wheeler waren immer noch vermißt.

Die Küstenwache suchte ein Gebiet ab, das größer war als die Bundesstaaten Vermont, Rhode Island und New Hampshire zusammen. Lieutenant D. C. Hibbard und Lieutenant Commander H. C. McKean kehrten gerade von einer zehnstündigen Suchaktion zurück, die sich zwischen Palm Beach und der Großen Bahama Insel über 1 400 Quadratmeilen erstreckt hatte. Sie legten im Offizierskasino eine Ruhepause ein. Während Hibbard sich ein Bier eingoß, bemerkte er: »Da draußen schwimmen zwei junge Leute, und wir haben sie nicht gefunden. Wir haben in diesem Gebiet jeden Zollbreit Wasser abgesucht. Und wenn man diese Kinder nicht findet und weiß, daß sie in der Klemme sitzen, dann geht einem das an die Nieren.«
Im Morgengrauen des nächsten Tages waren die beiden Offiziere mit ihrer sechsköpfigen Besatzung in ihrem Albatross-Wasserflugzeug schon wieder gestartet, um einen anderen Sektor abzusuchen. Sie flogen in 250 Metern Höhe mit einer Reisegeschwindigkeit von etwa 200 Stundenkilometern. Zwei durch Gurte gesicherte Beobachter beugten sich aus den rückwärtigen Türen. Diese Männer wurden jeweils nach einer Stunde abgelöst. So beobachteten Pilot, Kopilot und die beiden Beobachter ununterbrochen die Wasserfläche unter der Maschine, und mit ihnen suchten die Mannschaften fünf anderer Flugzeuge, dreier Hubschrauber und mehrerer Schiffe. Catherines Vater nahm in der Privatmaschine eines Freundes an der Aktion teil. Das Wetter war klar, das Meer ruhig. Die Suche dauerte tagelang, aber von dem kleinen rot-weißen Boot und seinen beiden jungen Insassen wurde nie wieder die leiseste Spur entdeckt.

Die nächste Stadt nördlich von Fort Lauderdale heißt Pompano Beach. Sie ist bekannt durch ihre Rennbahn, den Leuchtturm an der Einfahrt von Hillsboro und eine öffentliche Fischermole, die mehrere hundert Meter in den Atlantischen Ozean hinausragt. Am Montag, dem 29. Dezember 1969, hielten sich ungezählte Schulkinder am Strand auf. Es waren Weihnachtsferien. Hier trafen sich auch zwei Schulkameraden aus der Grundschule Parkview, die neunjährige Peggy Rahn und die achtjährige Wendy Stevensen. Sie wollten auf die Mole hinausgehen, wurden aber abgewiesen, weil so kleine Kinder den schmalen Pfad nicht unbeaufsichtigt betreten dürfen. Die blonde Peggy und die dunkelhaarige Wendy gingen in ihren Badeanzügen von der Pier weg und den Strand entlang. Danach hat man nie wieder etwas von ihnen gehört oder gesehen. Die Polizei rechnete mit der Möglichkeit, daß sie sich ins Wasser wagten und ertranken, aber es wurden keine Leichen gefunden. Das Schicksal der beiden kleinen Mädchen bleibt ein Geheimnis. Immerhin befanden auch sie sich am Rande des ›Teufelsdreiecks‹.

Acklins Island auf den Bahamas blieb bisher vom Zugriff des Massentourismus verschont. Sie liegt mehrere hundert Meilen südöstlich von Nassau und ist wahrscheinlich durch den Castle Island-Leuchtturm in der Nähe der Südspitze der Insel am besten bekannt geworden. Dieser wichtigste Leuchtturm der Westindischen Inseln, der von einer Unzahl von Schiffen passiert wird, sieht aus wie ein 45 Meter hoher, rot-weiß geringelter Pfahl. Die verschiedenen Teile der Insel tragen interessante Namen: Bob's Nase, Kuschelecke, Friedhofsbucht und Hübsche Bucht. Auf dieser Insel sollte man leben, wenn man die Absicht hat, seine Kinder fern von den Gefahren der Zivilisation großzuziehen.
Am 14. August 1971 fanden vier kleine Jungen, die drei Brüder Rolles und Derrick Hanna, alle jünger als zehn Jahre, am Strand ein altes Holzboot. Es lag schon über zwei Jahre dort »und war deshalb nicht gerade wasserdicht«, wie ein offizieller Sprecher der Inselverwaltung erklärte. Die Jungen schoben und zogen das Boot in das ruhige Wasser der Hübschen Bucht und wollten dort Seemann spielen. Schließlich verdienten ihre Väter auf dem Meer ihren Lebensunterhalt. Für die Jungen war das an einem schönen Samstagnachmittag im Sommer ein Riesenspaß. Ob es irgendwelche Augenzeugen gibt, ist unbekannt, jedenfalls verschwand das alte Holzboot mitsamt den vier Jungen an Bord.

1851 fand im Hyde Park in London eine große Ausstellung statt. Es war die Vorläuferin der späteren Weltausstellungen. Hauptattraktion der Ausstellung war ein eiserner Turm, der sich über 50 Meter hoch in die Luft erhob. Besucher aus ganz England kamen, um diesen Turm zu erklettern. Er blieb noch einige Jahre lang stehen, nachdem die anderen Bauten der Ausstellung schon weggeräumt waren. Dann begannen eines Tages Arbeiter mit der sorgfältigen Demontage des luftigen Gebildes. Wagemutige Monteure zerlegten den Turm in seine Einzelteile. Jedes Stück wurde numeriert, um das Gebilde bei Bedarf wieder ohne Schwierigkeiten zusammensetzen zu können. Kurz nach dem Abbau wurden die Teile des gigantischen Puzzles auf Waggons verladen und in mehrere Werften entlang der Themse transportiert. Sie verschwanden in den Laderäumen dreier Schiffe, die den Fluß hinunter ins Meer geschleppt wurden. Bald befand sich der Turm auf der Reise quer

über den Atlantik.
Der Great Isaacs Rock liegt am westlichen Rand der Bahamas, etwa 20 Meilen nördlich von Bimini und 55 Meilen östlich von Fort Lauderdale. Der größte Durchmesser des Inselchens mißt knapp einen Kilometer. Die Gewässer ringsum weisen gefährliche Korallenriffe auf. Auf dieser Felseninsel wurden die Teile des einstigen Wahrzeichens des Hyde Park 1859 entladen. An der Montage waren überwiegend dieselben Arbeiter beteiligt, die den Turm zerlegt hatten. Während der Bauarbeiten ereignete sich ein Phänomen, das den meisten Arbeitern einen derartigen Schrecken einjagte, daß sie am liebsten von der Felseninsel geflohen wären. Sie hatten den Geist der »Dame in Grau« gesehen. Viele Jahre zuvor war bei einem Sturm eine britische Fregatte an den Riffen vor der Insel zerschellt. Es gab nur einen Überlebenden – ein Kleinkind. Es wurde auf Great Isaacs Rock an Land gespült und mehrere Tage später von einem Strandläufer gefunden. Das Baby hatte die Katastrophe gut überstanden, kam nach Bimini und wurde später zu seinen Verwandten nach England zurückgeschickt. Aber damit beginnt eigentlich erst die ganze Geschichte, wie Einheimische sie erzählen. Kurz vor jedem Vollmond wandelt die Mutter des Kindes, die bei der Katastrophe ums Leben kam, am Strand von Great Isaacs Rock entlang und weint um ihr Baby.
Die Schiffe waren fort, der Funk noch nicht erfunden. Es gelang dem Bauleiter, die Arbeiter zur Vollendung des Gebildes zu bewegen. Nach Fertigstellung des 50 Meter hohen Turms installierte man an seiner Spitze eine leuchtstarke Laterne. Der neue Leuchtturm wurde rot und weiß gestrichen und zu Ehren der Königin »Victoria Light« genannt. Heute heißt er »Great Isaacs Light«. Der Bautrupp wurde durch Leuchtturmwärter ersetzt.
Die »Dame in Grau von Great Isaacs«, wie der Geist genannt wurde, besuchte nach wie vor einige Abende vor dem Vollmond den Strand. Einige Leuchtturmwärter kündigten nach einem Monat auf der Insel ihre Stellung. Die Geisterbesuche dauerten bis zur Jahrhundertwende. Schließlich faßte sich ein eifriger Leuchtturmwärter, der gleichzeitig Laienprediger war, ein Herz und überzeugte die »Dame in Grau« durch eine religiöse Zeremonie an ihrem üblichen Weg davon, daß ihr Kind gerettet sei. Sie kehrte nie wieder – so geht die Sage. Aber manche Menschen schwören darauf, daß man auf Great Isaacs Rock nach wie vor kurz vor dem Vollmond in Sturmnächten eine klagende Frauenstimme hören könne.
Im Laufe der Jahre geriet der stolze Turm, einst Mittelpunkt der großen Ausstellung von 1851 in London, in Vergessenheit. Nur

vorüberfahrende Seeleute und die Leuchtturmwärter kannten ihn noch. So ging es weiter bis zum 4. August 1969. An diesem Tag verschwanden die beiden Leuchtturmwärter Ivan Major und B. Mollings und wurden nie wieder gesehen.
Bruce Mounier, ein Fischer aus Miami, behauptet, er sei kurz nach dem Zwischenfall mit seinem kleinen Boot in Sichtweite des Leuchtturms von Great Isaacs vorbeigefahren und habe etwas beobachtet, was er für zwei Untertassen-Ufos hielt – große, graue, eiförmige Objekte von etwa 20 Metern Länge –, die sich mit hoher Geschwindigkeit dicht unter der Wasseroberfläche fortbewegten.

Daytona Beach in Florida ist als »Hauptstadt der Weltrekorde« berühmt geworden. Hier und in Ormond Beach, einige Meilen weiter nördlich, dem »Geburtsort des Rennsports«, wurden mehr Automobilgeschwindigkeitsweltrekorde aufgestellt als an irgendeinem anderen Ort unseres Globus. Der eigentliche Strand besteht aus glattem, festgepacktem Sand, einer ausgezeichneten Unterlage für Rennwagen. Bevor Daytona Beach gegen Ende der 30er Jahre zu einem Erholungszentrum wurde, betrachtete man diesen Strand als die längste natürliche Rennpiste der Welt. Auch heute noch parken Badegäste und Sonnenanbeter ihre Autos dicht oberhalb der Hochwassermarke unmittelbar am Strand.
Im Februar 1935 erprobte Sir Malcolm Campbell seinen Rennwagen *Blue Bird Special* am Strand von Daytona. Man konnte das ohrenbetäubende Dröhnen des Fahrzeugs meilenweit hören, als es eine Geschwindigkeit von etwa 500 Stundenkilometern erreichte. Die Balkons der Strandhotels waren dicht besetzt mit Neugierigen, die den schnellsten Mann der Welt im schnellsten Automobil der Welt bewundern wollten.
Zu den Hunderten von Touristen, die damals Daytona Beach besuchten, gehörten auch Forrest Additon, ein Möbelfabrikant aus Atlanta, und seine Frau Bessie. Sie feierten während des Winterurlaubs gleichzeitig Bessies Geburtstag. Am Freitag, dem 27. Februar, verbrachten sie den Nachmittag auf dem Balkon vor ihrem Zimmer im Hotel Daytona Beach und sahen dem *Blue Bird Special* bei seinen Rekordversuchen am Strand zu.
Um sieben Uhr abends feierten die Additons im Speisesaal des Hotels Bessies Geburtstag. Am Nebentisch saß Sir Malcolm höchstpersönlich und gratulierte Mrs. Additon mit einem Autogramm auf ihrer Speisekarte. Nach dem Abendessen spazierten die Additons hinunter zum Strand, um den Ozean bei Nacht zu bewundern. Bessie hatte nämlich vor dieser Reise noch nie das Meer gesehen.

Abgesehen von einem kühlen Wind, der durch eine heranziehende Kaltfront verursacht wurde, war es ein klarer, wunderschöner Abend. Auf den Wellen spiegelten sich die Lichter des Strandes. Bis auf das Tosen der Brandung war alles ruhig, eine angenehme Abwechslung nach dem Dröhnen der starken Motoren während des ganzen Tages. Hunderte von Menschen gingen an diesem Abend am Strand spazieren.
Kurz vor 22 Uhr beschlossen die Additons, sich in ihr Hotelzimmer im dritten Stock an der Seeseite zurückzuziehen. Mrs. Additon erinnert sich: »Mein Mann trat ans Fenster, um die Rolladen herunterzulassen. Plötzlich näherte sich dieses Flugzeug, und mein Mann schrie: ›Es sieht aus, als käme es genau auf unser Fenster zu!‹ Kaum hatte er die Worte ausgesprochen, da stürzte die Maschine ins Meer. Es kann nur wenige Minuten gedauert haben, bis die Küstenwacht ausgelaufen war ... Es waren mehrere ... Alle Boote waren draußen. Suchscheinwerfer wurden eingeschaltet, und ich habe das Meer noch nie so wunderbar erlebt. Durch die hellen Lichter konnte man alles genau erkennen. Sie suchten die ganze Nacht und fanden trotzdem nicht die geringste Spur von diesem Flugzeug.«
Bei allen Flughäfen in Florida und Georgia wurde nach vermißten Maschinen oder Piloten gefragt. Es stellte sich heraus, daß keine einzige Maschine vermißt wurde oder überfällig war. Einige Tage später lautete die Schlagzeile der lokalen Tageszeitung: ›Gerüchte über Flugzeugabsturz offenbar unbegründet‹. Laut Pressemeldungen legte die Zentrale der Küstenwacht in Jacksonville die Gerüchte als Irrtum zu den Akten, weil keine Wrackteile gefunden wurden. Aber beruhten die Gerüchte wirklich auf einem Irrtum? Und waren es nur Gerüchte? Hunderte von Menschen beobachteten den Flugzeugabsturz. Die Maschine schlug knapp hundert Meter vom Strand entfernt ins Wasser. An dieser Stelle war das Meer so seicht, daß keine Strömung das Wrack wegtragen konnte. Die Beschreibung der Maschine durch mehrere Augenzeugen stimmte überein: Ein silbernes Flugzeug mit roten und grünen Positionslichtern an den Flügelspitzen. Bei den Zeugen handelte es sich zumeist um Leute, die sich untereinander nicht kannten, und viele sahen sich nach dem Absturz auch nie wieder. Können sich Hunderte von Menschen ein solches Ereignis nur eingebildet haben? Worum handelte es sich bei dem Phantom, von dem Bessie und Forrest Additon glaubten, es käme auf ihr Zimmerfenster zu? Sollte es irgendeine Erscheinung gewesen sein? Eine fliegende Version des legendären »Fliegenden Holländers«? Auf jeden Fall spielte sich auch dieses Phänomen innerhalb des ›Teufelsdreiecks‹ ab.

Nur ein überzeugter Okkultist würde bei der Behauptung bleiben, daß diese mysteriösen Zwischenfälle, die sich am Strand oder in seiner Nähe ereigneten, auf übernatürliche oder unbekannte Kräfte zurückzuführen seien. Es ist durchaus möglich, daß Tom Robinson und Cathy Wheeler mit ihrem kleinen Segelboot vom Westwind, der an diesem Tag vorherrschte, aufs Meer hinausgetrieben wurden. Solange sie sich in Küstennähe hielten und durch die hohen Gebäude am Strand vor den ablandigen Winden geschützt waren, ging alles gut. Aber als sie aus dem Lee dieses Schutzes hinausgerieten, war ihr Dreimeter-Dinghi dem Wind nicht mehr gewachsen. So wurden sie seewärts abgetrieben. Wenn in der Straße von Florida Westwind weht, wird der Golfstrom vor der Küste nach Osten abgedrängt und konzentriert sich an den Stränden der Bahamas. Mit dem Golfstrom fließt zwar dieselbe Wassermenge nordwärts, aber mit größerer Geschwindigkeit. Das bedeutet, daß sich die Durchschnittsgeschwindigkeit dieses Flusses im Meer von normalerweise höchstens vier Knoten tatsächlich auf über sechs Seemeilen in der Stunde erhöhen kann.
Nachdem Tom und Cathy sich erst einmal im Golfstrom befanden, konnten sie gut hundert Meilen nach Norden und weit nach Osten hinaus ins offene Meer getrieben sein, bevor die Suchaktion überhaupt einsetzte. Falls ihr Mast oder ihr Segel beschädigt wurden, trieben sie hilflos im Atlantik. In einer so viel befahrenen Schiffahrtsstraße besteht die Möglichkeit, daß ein treibendes Boot von einem vorbeifahrenden Schiff gesichtet wird, aber es besteht auch die Gefahr, daß ein so winziges Boot nachts von einem Schiff gerammt wird. Sollte der Schiffsrumpf vollgelaufen sein, war er mit seiner überwiegend weißen Färbung zwischen den hellen Wellenkämmen kaum noch zu sehen.
Was das tragische Schicksal der beiden kleinen Mädchen aus Pompano Beach betrifft – Peggy Rahn und Wendy Stevensen –, wurden mehrere Möglichkeiten in Betracht gezogen: Ertrinken, Haie, ein Sexualverbrechen, Kidnapping.
Die vier kleinen Jungen von der Acklins Insel, die das alte Holzboot in das stille, strömungslose Meer schoben, konnten auch Opfer eines Unglücks geworden sein, das zusammen mit den schlechten Nachrichtenverbindungen zwischen den Inseln ihr Schicksal besiegelte.
Was die beiden Leuchtturmwärter von Great Isaacs Rock betrifft, gibt es unterschiedliche Erklärungen, besonders für Leute, die an das Übernatürliche glauben. Möglicherweise fiel einer ins Wasser, und der andere wollte ihn retten. Die Flut schwemmte dann beide

ins Meer hinaus. Oder einer der beiden lief Amok und tötete den anderen und sich selbst. Allein mit solchen Möglichkeiten könnte man ein ganzes Kapitel füllen.

Das mysteriöse Phantomflugzeug vor Daytona Beach stellt eines der größten Geheimnisse dar, die das ›Teufelsdreieck‹ zu bieten hat. Es können doch nicht alle Augenzeugen einer Halluzination zum Opfer gefallen sein. Dazu kann man nur sagen: Wer kann schon das Unbekannte erklären?

10. Die Geisterschiffe

Die Taue ächzten in den Spanten, während der Schoner bewegungslos in der Dünung des Atlantischen Ozeans rollte und stampfte. Die Decks aus Teakholz waren erst kürzlich geschrubbt worden. Ober- und Vorsegel waren ordentlich an ihren Bäumen festgezurrt, was darauf hindeutete, daß man sie ohne besondere Hast eingeholt hatte. Das große Hauptsegel schlug schlaff im Wind, während die Bäume bei jedem Überholen des Schiffes hin und her schlugen. Es war gerefft worden, bevor der Wind nachließ. Jedes nicht benutzte Tau war sorgfältig eingerollt. Es lagen keine überflüssigen Gegenstände umher. Außer den beiden Schaluppen über der Hauptkajüte schien es keine weiteren kleinen Boote an Bord zu geben. Die offene Kombüsentür schlug im Takt der Bewegung des Schiffes.
Kapitän Baker vergewisserte sich mit einem Blick über die rechte Schulter, daß seine vier Männer noch hinter ihm waren. Instinktiv zertrat er mit dem Absatz eine daumengroße Kakerlake und gab seinen Männern mit dem Colt, den er in der Faust hielt, das Zeichen zum Vorrücken. Immer wieder rief er: »Hallo, hallo! Ist jemand an Bord?« Die einzige Antwort waren das Schlagen der Kombüsentür und das Dröhnen des Reffs vom Hauptbaum gegen die Steuerbordreling. Die fünf Männer erreichten den Bug. Kapitän Baker lehnte sich an die Ankerwinde und befahl seinen Matrosen, eine Ladeluke zu öffnen. Er blickte über eine halbe Meile offenes Wasser hinüber zu seinem eigenen Schiff, der *Ellen Austin,* die ebenfalls in der Flaute dümpelte. Der Union Jack hing schlaff von der Fahnenstange. Die ganze Mannschaft stand entlang der Reling und wartete gespannt auf die Rückkehr ihres Kapitäns, der in diesem Augenblick an ein anderes Schiff denken mußte.
Dieses Fahrzeug hatte man neun Jahre zuvor östlich der Azoren treibend gefunden, die Mannschaft wurde vermißt. Am 5. Dezember 1872 entdeckte man die Brigantine *Mary Celeste,* als sie als Geisterschiff unter gerefften Segeln mit wenig mehr als einem Knoten dahinzog. Sie verfolgte einen ungewöhnlichen Kurs. Als der britische Segler *Dei Gratia* sich dem fremden Schiff näherte, war an Deck der *Mary Celeste* niemand zu sehen. Auch die Ret-

tungsboote waren nicht an Bord. Obermaat Oliver Deveau von der *Dei Gratia* enterte mit den beiden Matrosen John Johnson und John Wright das Fahrzeug und stieß auf keine Menschenseele. Es waren geringe Sturmschäden vorhanden und einige Fuß Wasser in der Bilge, aber bei weitem nicht so viel, daß es eine Gefahr für das Schiff bedeutet hätte. Ein Prisenkommando von der *Dei Gratia* ging an Bord des verlassenen Schiffes, dann erreichten die beiden Segler ohne jeden Zwischenfall am 13. Dezember Gibraltar. Von der Mannschaft der *Mary Celeste* wurde niemals eine Spur gefunden.

Aber Kapitän Baker stand ja nicht an Bord eines sturmgepeitschten Wracks. Der Schoner war durchaus seetüchtig und in einem sehr gepflegten Zustand. Die beiden Segler lagen wegen der Flaute schon seit Tagen in Sichtweite, bevor sie am 20. August 1881 in Rufweite gelangten. Als der Kapitän keine Antwort bekam, ruderte er mit vier Mann in einem Beiboot hinüber, um das seltsame Schiff in Augenschein zu nehmen. Das gibt eine gute Prise, dachte er.

»Sie hat Holz geladen«, hallte eine Stimme aus der Luke. »Sieht nach Mahagoni aus.« Das Schiff kam offenbar aus Honduras oder einem anderen holzexportierenden Gebiet in Zentralamerika. Da es auf halbem Wege zwischen den Bahamas und Bermuda gefunden wurde, war die Ladung anscheinend für England oder einen Mittelmeerhafen bestimmt. Das Logbuch fehlte, ebenso die Namenstafeln. Es wurde nichts entdeckt, woran man das Schiff oder irgend jemanden an Bord hätte identifizieren können. Es deutete jedoch auch nichts auf Gewaltanwendungen hin. Im Gegensatz zur *Mary Celeste* war das Schiff unbeschädigt. Es war voll verproviantiert und ausgerüstet.

Nach seiner Rückkehr auf die *Ellen Austin* bestimmte Kapitän Baker ein Prisenkommando für sein »neues« Schiff. Die Anordnung lautete, daß beide Fahrzeuge nach Auffrischen des Windes Kurs auf Boston nehmen sollten, dem ursprünglichen Bestimmungsort der *Ellen Austin*, bevor Gegenwind sie zu einer südlicheren Route gezwungen hatte.

Noch zwei Tage lang trieben die beiden Segler in Sichtweite. Manchmal konnte man sich sogar durch Rufe verständigen. Am Ende des zweiten Tages ging die lange, behäbige Dünung zu Ende und verwandelte das Meer in einen glatten Spiegel. Der Kapitän befahl, auf beiden Schiffen alles festzuzurren und sich zum Beidrehen vorzubereiten. Sein Seemannsinstinkt sagte ihm, daß die abnorme Windstille der Vorbote eines drastischen Wetterumschlages sei, der schon bald über die beiden Schiffe hereinbrechen konnte,

obgleich die Barometer noch keinerlei Veränderung anzeigten.
Als das Wetter kurz vor Mitternacht umschlug, brach aus Nordosten ein Orkan herein. Der Übergang von absoluter Windstille zum Chaos kam so plötzlich, daß die beiden Schiffe kaum Zeit fanden, die Sturmsegel zu setzen und beizudrehen. Die erfahrenen Seeleute an Bord der Schiffe wußten, daß irgendwo im Südwesten ein furchtbarer Sturm toben mußte. Das stimmte, denn mehrere hundert Meilen weiter südwestlich bahnte sich ein Hurrikan seinen Weg entlang der östlichen Bahamas und erreichte schließlich mit verheerender Gewalt Georgia, Alabama und Mississippi. Im Toben der Naturgewalten gingen über 700 Menschenleben verloren.
Der Ausguck auf der *Ellen Austin* konnte die Navigationslichter des Prisenschiffs während der ganzen Nacht wahrnehmen. Als im Osten mit einem ersten grauen Streifen der Morgen kam, setzten Regenschauer ein. Der Orkan peitschte den Regen waagerecht über das Meer. Es war unmöglich, die Augen zu öffnen, wenn man nicht mit dem Rücken zum Wind stand – geschweige denn, das Prisenschiff zu beobachten.
Nach zwei Tagen wanderte der Sturm nach Südosten ab und brachte ideales Segelwetter. Die Sonne stach durch die Wolkenschicht, als an Bord der *Ellen Austin* alles Leinen gesetzt wurde. Aber sie befand sich allein auf weiter See. Ein Mann kletterte in den Mastkorb und suchte den Horizont nach dem vermißten Prisenschiff ab. Kapitän Baker nahm sein Teleskop nicht vom Auge. Alle Mann der Freiwache suchten nach dem anderen Schiff. Zwei Tage lang sah die Besatzung der *Ellen Austin* nichts als die leere Weite des Ozeans.
Im Morgengrauen des dritten Tages meldete der Ausguck, daß am Horizont zwei Strich backbord vorab ein Segel zu erkennen sei. Der Kapitän, der gerade beim Frühstück saß, stürzte mit dem Teleskop in der Hand an Deck. Er konnte durch das Fernrohr die Segel ausmachen, aber der Schiffsrumpf lag noch unterhalb des Horizontes. Es ließ sich jedoch feststellen, daß die Besegelung zu einem Schoner gehörte. Das Schiff nahm Kurs auf den Schoner und Kapitän Baker kletterte mit seinem Fernrohr in die Takelage. Er stand auf einem Querbaum, hielt sich mit einem Arm am Hauptmast fest und führte das Teleskop ans Auge. Es war wirklich der vermißte Schoner.
Als sich die *Ellen Austin* ihrer Prise näherte, merkte jeder an Bord, vom Kapitän bis zum Küchenjungen, daß dort etwas nicht stimmte. Das Schiff segelte einen so unberechenbaren Kurs, daß Kapitän Bakers Beiboot es fast eine Stunde lang verfolgen mußte, bevor die Männer schließlich an Bord gehen konnten.

Nachdem das Beiboot am Heck festgemacht war, durchsuchten die Männer sofort das Schiff vom Bug bis zum Heck. Sie fanden keine Spur von ihren Kameraden. Es fehlte nicht nur das Prisenkommando – nichts deutete darauf hin, daß es jemals an Bord gewesen war: Nahrungsmittel und Proviant waren unberührt, niemand hatte in den Kojen geschlafen, und das neue Logbuch war unauffindbar. Die Navigationslichter waren ausgebrannt. Die Laternen waren sofort nach der Übernahme des Schiffes durch das Prisenkommando mit Tran gefüllt worden und hätten drei Tage lang ununterbrochen brennen können. Es war genau so, als hätte überhaupt niemand das Schiff je betreten.
Kapitän Baker war nicht nur ein skeptischer, sondern auch ein sehr energischer Mann. Und er war fest entschlossen, beide Schiffe sicher in den Hafen zu bringen. Wahrscheinlich kostete es ihn dennoch viel an Überredungskunst, ein neues Prisenkommando für das mysteriöse Schiff zusammenzustellen. Es hatte Befehl, ständig in Sichtweite der *Ellen Austin* zu bleiben. Ein Rettungsboot mit genügend Proviant wurde in Schlepp genommen. Die »Freiwilligen« hatten Anweisung, beim ersten Anzeichen ungewöhnlicher Vorgänge sofort das Schiff zu verlassen. Alle waren bewaffnet. Als Notsignal wurden drei Schüsse vereinbart. Wann immer es die Arbeit erlaubte, sollten sich die Männer in Sichtweite zueinander aufhalten. Die Schiffsglocke sollte nicht nur, wie üblich, jede halbe Stunde, sondern jede Viertelstunde geschlagen werden.
Alles ging gut bis zum Nachmittag des zweiten Tages. Da bedeckte sich der Himmel, und ein leichter Nieselregen setzte ein. Die Sichtweite betrug nur noch eine halbe Meile, die Windgeschwindigkeit sank auf weniger als fünf Knoten. Die beiden Schoner pflügten mit knapp zwei Knoten durchs Meer. Dann schien das Prisenschiff zurückzubleiben. Bevor die Männer auf der *Ellen Austin* merkten, was geschah, und ihren Segler wenden konnten, verschwand das andere Schiff langsam hinter den Regenschleiern. Die Entfernung zueinander hatte kaum 10 Schiffslängen betragen.
15 Minuten später war die *Ellen Austin* wieder an der Stelle, wo sie das Schiff zuletzt gesichtet hatte, aber die Mannschaft fand nur noch Regen und Meer. Der Kapitän befahl absolute Stille. Alle Mann lauschten nach Geräuschen von dem anderen Schiff, aber sie hörten nur das Klatschen der Wellen am Schiffsrumpf und das Trommeln der Regentropfen auf Deck. Keinerlei Signal wurde gegeben. Man feuerte Gewehre ab, blies das Nebelhorn, schrie und betätigte in regelmäßigen Abständen die Schiffsglocke, aber es kam keine

Antwort. Das »Geisterschiff« war verschwunden, und mit ihm ein Drittel der Besatzung der *Ellen Austin*. Keiner von ihnen wurde je wieder gesehen.

Ein anderes berühmtes Geisterschiff war der Fünf-Mast-Schoner *Carroll A. Deering* der Reederei C.G. Deering Co. aus Portland in Maine unter dem Kommando von Kapitän Willis B. Wormwell. Das Rätsel dieses Schiffes war so erstaunlich, daß sich in Washington fünf verschiedene Ministerien mit dem Fall befaßten: das Außenministerium, das Finanzministerium, das Marineministerium, das Handelsministerium und das Justizministerium. Sie gelangten gemeinsam zu dem Urteil, daß die *Carroll A. Deering* Opfer moderner Piraten des 20. Jahrhunderts wurde, die möglicherweise von einem russischen Schiff aus operierten.

Der Schoner war im September 1920 aus Norfolk ausgelaufen und hatte mit einer Ladung verschiedener Waren und Kohle Kurs auf Rio de Janeiro genommen. Nach der Ankunft in Brasilien wurde die Ladung der *Deering* sofort gelöscht. Sie nahm eine neue Ladung für Norfolk auf. Am 2. Dezember verließ der Schoner Rio de Janeiro mit Kurs auf Barbados.

Als die *Deering* in der ersten Januarwoche 1921 vor Bridgetown Anker warf, kamen Gerüchte auf, nach denen der Kapitän Wormwell auf dem Weg zu der Insel angeblich Schwierigkeiten mit einigen Besatzungsmitgliedern hatte. Das war nicht weiter ungewöhnlich, denn schon drei Jahre zuvor hatte ein anderes Schiff aus Rio de Janeiro, auf dem es angeblich ebenfalls Unruhen gegeben hatte, diese Insel angelaufen. Dieses andere Schiff kam aus Norfolk. Es war nach Brasilien gesegelt, dann weiter nach Barbados und von da nach Norfolk. Aber es erreichte Norfolk niemals. Natürlich handelte es sich um die *Cyclops*.

Bevor die *Deering* in Barbados ablegte, mußte Kapitän Wormwell seinen Maat Charles McLellan wegen Trunkenheit und Ruhestörung aus dem Gefängnis auslösen. Mit einer Mannschaft, die zur Hälfte betrunken war, reiste der Schoner am 9. Januar nach Norfolk ab und befand sich dabei genau auf dem Kurs der *Cyclops*.

Am Nachmittag des 23. Januar 1921 segelte die *Deering* an dem Feuerschiff *Cape Fear* vor der Küste von North Carolina vorbei. Der Besatzung des Feuerschiffs fiel nichts Ungewöhnliches auf, als der große Schoner passierte. Vier Tage später brachen orkanartige Stürme über die Küste North Carolinas herein. Am 29. Januar flaute der Wind etwas ab, aber die Wetterbedingungen waren immer noch bedenklich. An diesem Samstagnachmittag näherte sich die *Deering* dem Feuerschiff *Cape Lookout* vor den Diamont Shoals, etwa 90 Meilen von Cape Fear entfernt. Sie machte zu diesem Zeitpunkt etwa fünf Knoten Fahrt. Als sich die beiden Schiffe in Rufweite befanden, schrie ein Mann von Bord des Schoners, der wegen seines roten Haares mit Sicherheit nicht Kapitän Wormwell war, Thomas Jacobson zu: »Wir haben während des Sturms beide Anker verloren. Können Sie das bitte an die Küste weitermelden?«

Kapitän Jacobson sagte später aus, daß es sich bei diesem Mann offenbar nicht um einen Schiffsoffizier handelte und daß er mit einem fremdländischen Akzent sprach. Der Kapitän des Feuerschiffs konnte die Meldung nicht weitergeben, da sein Funkgerät außer Betrieb war. Abgesehen von den beiden fehlenden Ankern schien die *Deering* in gutem Zustand zu sein.

Kurz nach dem Schoner passierte ein nicht identifizierbarer Dampfer das Feuerschiff. Dieses bat durch optische Zeichnung um Weitergabe der Meldung, aber die Signale wurden ignoriert. Der Chef des Feuerschiffs unternahm mehrere Versuche, mit dem Dampfer Verbindung aufzunehmen, bekam aber keine Antwort. Das fremde Schiff steuerte den selben Kurs wie die *Deering*. In seiner Verzweiflung gab Kapitän Jacobson vier Zeichen mit der Dampfsirene – das internationale Notsignal. Auch das wurde ignoriert.

Als der 31. Januar dämmerte, entdeckten die Besatzungsmitglieder der Rettungsstation von Diamont Shoals den Fünfmaster vor den Untiefen vor der Küste. Bis auf die beiden äußeren Focks waren alle Segel gesetzt.

Der Schoner wurde in seiner ganzen Länge von Wellen überflutet. Die Männer der Rettungsstation versuchten, das gestrandete Schiff mit ihrem Boot zu erreichen, konnten es aber wegen des hohen Seegangs nicht betreten. Sie sahen nur, daß das Schiff verlassen war und daß die Rettungsboote fehlten. Vier Tage lang überrollten Wogen das Schiff, Winde peitschten es und zerfetzten die Segel.

Als der Seegang soweit nachgelassen hatte, daß man die *Deering* betreten konnte, wurde sie von Angestellten der Rettungsstation und der Küstenwache untersucht. Abgesehen von zwei Katzen, die das Unwetter irgendwie überlebt hatten, war das Schiff völlig verlassen. Offenbar war die Besatzung in höchster Eile geflüchtet. Vieles deutete darauf hin, daß zum Zeitpunkt der Havarie gerade ein Essen zubereitet wurde. Der größte Teil des Proviants, der Kleidungsstücke und der persönlichen Gegenstände fehlten. Beim Stranden waren Ruder und Steuer der *Deering* beschädigt worden. Fernrohr und Kompaß waren zerstört, Schubladen und Schränke geöffnet, überall auf dem Schoner herrschte ein Durcheinander. Das motorisierte Rettungsboot fehlte, die meisten Seekarten, das Logbuch und die Navigationsinstrumente waren fort. Die Mannschaft wurde nie wieder gesichtet, und man fand auch nichts von den beiden Booten oder ihren Wracks.

Es vergingen mehrere Tage, bevor die Presse diese Nachricht aufgriff. Auf ihrer Titelseite erklärte die *New York Times* am 20. Juni aus Washington: »Die Mannschaft eines amerikanischen Schiffes wird vermißt, und eindeutige Beweise besagen, daß die Männer von einem anderen Schiff gefangengenommen wurden und an einen unbekannten Ort verschleppt wenn nicht gar ermordet worden sind.«

Kapitän O.W. Parker vom Marineamt erklärte: »Zweifellos gibt es immer noch, wie seit den Tagen der Phönizier, die Piraterie!« Die Meinung der Reeder war geteilt. Einige von ihnen hielten es für unwahrscheinlich, daß Piraten und Seeräuber im 20. Jahrhundert Schiffe erobern konnten, die fast durchweg über Funkgeräte verfügten, während die Schiffahrtslinien stärker befahren wurden als je zuvor und internationale Patrouillen alles kontrollierten. Andere Reeder führten unerklärliche Schiffskatastrophen auf Seeminen des Ersten Weltkriegs zurück, die sich aus ihrer Verankerung gelöst hatten und im Meer trieben. Schiffseigner, die einiges von Dampfern und Seglern verstanden, waren davon überzeugt, daß die Piraterie neu auferstanden war.

Am 22. Juni brachte die *New York Times* folgende Schlagzeile: »Weitere Schiffe auf der geheimnisvollen Verlustliste.« Zwischen Oktober 1920 und Februar 1921 verschwanden mindestens 10 Schiffe im westlichen Atlantik. Sie wurden von der Presse wenig beachtet, bis die *Carroll A. Deering* Schlagzeilen machte. Diese Seefahrzeuge sind im Kapitel »Reise ins Nichts« in diesem Buch aufgeführt.

Die Theorie der Seeräuberei und Entführung auf hoher See bekam neue Nahrung durch eine Mitteilung, die Christopher Columbus Gray am 11. April in Buxton in North Carolina in einer verschlossenen Flasche am Strand fand. Die Nachricht lautete: »*Deering* von zerstörerartigem Dampfer erobert. Alles gestohlen. Mannschaft in Handschellen. Leute auf dem ganzen Schiff versteckt. Keine Fluchtchance. Der Finder möge die Firma Deering verständigen.« Viele hielten diese Nachricht für eine Finte. Aber war sie das?

Angesichts der allgemeinen Skepsis und der Lächerlichkeit preisgegeben, verfolgte Mrs. W.B. Wormwell, die Frau des Kapitäns dieses Schoners, jeden Hinweis mit der Gründlichkeit eines Sherlock

Holmes. Sie wandte sich an alle Angehörigen der Besatzungsmitglieder und besorgte sich Schriftproben aller Männer, die an Bord der *Deering* Dienst taten. Die Reederei stellte Unterschriftproben aus den Anheuerungsverträgen zur Verfügung. Sie brachte auch die Flaschenpost, die vom Zoll in Norfolk aufbewahrt wurde, in ihren Besitz. Diese Mitteilung und die Handschriftenproben ließ sie von drei voneinander unabhängigen Handschriftenexperten untersuchen. Sie bestätigten ihren ursprünglichen Verdacht, daß die Nachricht von Henry Bates aus Islesboro in Maine stammte, dem Schiffsingenieur des Schoners (als Ingenieur eines Seglers war seine Aufgabe die Instandhaltung des Motors im Rettungsboot und der Maschinen auf Deck). Mrs. Wormwell erfuhr außerdem von Fachleuten in Washington, die sowohl das Papier in der verkorkten Flasche als auch diese selbst untersucht hatten, daß dieses Papier aus Norwegen stammte und in großen Mengen nach Brasilien importiert worden war. Sie erfuhr, daß die Flasche aus einer Fabrik in Buenos Aires stammte. Diese Tatsachen und der Bericht des Feuerschiffs über den fremden Dampfer, der die *Deering* verfolgte, deuten auf Piraterie hin. Hätte man damals schon an Ufos geglaubt, wären über das Verschwinden der ganzen Besatzung zweifellos noch andere Erklärungen gegeben worden.

Obgleich nachgewiesen wurde, daß die Flasche und ihre Mitteilung echt waren, haben weder die Presse noch die Regierung irgend etwas über das Schicksal der vermißten Besatzung veröffentlicht. Es ist möglich, daß die Mannschaft der *Carroll A. Deering* entführt und höchstwahrscheinlich von den Entführern getötet wurde. Während der Prohibitionszeit haben manche Leute hohe Gewinne eingestrichen. Barbados war, wie die meisten westindischen Inseln, ein Umschlagplatz für Alkoholladungen in die Vereinigten Staaten. Ein Schiff von der Größe der *Deering* konnte leicht Schnaps in einer solchen Menge befördern, daß sich an der US-Küste dafür über eine Million Dollar erlösen ließ.

Knapp außerhalb der 12-Meilen-Zone vor der Ostküste Amerikas lag die sogenannte »Rum Row«. Hier wurde die Konterbande auf kleinere Fahrzeuge verladen, die dann den Sprung zur Küste wagten. In dieser Branche waren viele Ausländer tätig, darunter auch eine Anzahl von Finnen, »rücksichtslose Burschen mit harten Fäusten«. Es waren Draufgängertypen, und man wußte, daß die Schmuggler vor nichts zurückschreckten, auch nicht vor Mord, um ihre illegale Ladung an Land zu bringen. Es sind Fälle bekannt, in denen diese Gangster die Mannschaften der größeren Schiffe ermordeten, die den Schnaps zur »Rum Row« gebracht hatten, wenn

die Ladung das Risiko lohnte. Unerfahrene Schmuggler wurden gelegentlich überfallen und die Mannschaften beim geringsten Widerstand getötet. Es besteht durchaus die Möglichkeit, daß die Mannschaft der *Carrol A. Deering* sich von den großen Gewinnen locken ließ und in Barbados oder gar schon in Südamerika eine Ladung Alkohol an Bord nahm, dann aber an der »Rum Row« einen Zustammenstoß mit den draufgängerischen Küstenschmugglern erlebte. Manche Profis hatten sich aus Beständen der Marine U-Boote besorgt, wie sie in der Flaschenpost erwähnt wurden.
Eine spätere Überprüfung ergab, daß sich unter der Besatzung der *Deering* niemand befand, der mit ausländischem Akzent sprach und rotes Haar hatte wie der Mann, der mit dem Feuerschiff in Verbindung trat. Waren die Männer an Deck des Schoners, die von der Feuerschiffbesatzung gesehen wurden, vielleicht Gangster, die nur darauf warteten, von ihrem eigenen Schiff abgeholt zu werden – dem merkwürdigen Dampfer, der kurz darauf auftauchte?

Man sagt den Bahama-Inseln nach, daß sie die schönsten und sichersten Gewässer aller Ozeane besitzen. Tausende und Abertausende von Jachten und anderen kleinen Schiffen kreuzen Jahr für Jahr in diesen Gewässern. Man ist selten weiter als eine Tagereise vom nächsten Land entfernt, und meistens sind es nur wenige Stunden. Außer bei schlechtem Wetter ist das Wasser glasklar. Viele Unterwasseraufnahmen für Filme, die angeblich in anderen Teilen der Welt entstanden sein sollen, werden in Wirklichkeit hier aufgenommen. Die Inseln sind nicht nur ein Mekka für Sportsegler, es kommen auch jährlich eine Million Touristen auf Kreuzfahrten und mit Flugzeugen auf die Inseln. Die Gruppe besteht aus 690 größeren Inseln und 2 387 unbewohnten Felsbrocken. Sie erstreckt sich von Bimini, 70 km östlich von Miami, über 600 Meilen weit nach Osten und hat von Norden nach Süden, von Walker Cay bis Great Inagua denselben Durchmesser. Die Inseln sind friedlich und beinahe tropisch. Und sie sind zivilisiert.
Trotzdem kommt auf den Bahamas so manches vor. Boote zerschellen an den Riffen. Andere verlieren die Orientierung und müssen durch die Küstenwacht oder den Rettungsdienst der Bahamas geborgen werden. Flugzeuge versuchen, Gewitterfronten zu durchfliegen und werden zum Notwassern gezwungen. Gelegentliche Wirbelstürme verwüsten ganze Häfen mitsamt den Booten, Stegen und allem. Von Zeit zu Zeit verschwindet ein Flugzeug, eine Jacht oder ein Schiff ganz einfach. Überall auf den Bahamas gibt es verstreut die Ruinen kleiner rosafarbener oder weißer Häuser,

deren Eigentümer nie zurückgekehrt sind, denn alle Bahama-Inseln liegen innerhalb des ›Teufelsdreiecks‹.

Wirtschaftlicher und politischer Mittelpunkt der Inseln ist Nassau, genau südlich und etwa 240 Kilometer östlich von Miami. 800 Kilometer südöstlich von Nassau liegen die Turks Islands. Sie gehören verwaltungsmäßig zwar nicht zu den Bahamas, sind aber geographisch der östliche Ausläufer dieser Gruppe. Die Bewohner sind Bürger von Jamaika. Die Turks-Inseln, Grand Turk und Little Turk, sind trostlos und öde. Bis in die sechziger Jahre dieses Jahrhunderts hinein verdienten die 800 Bewohner der Inseln ihren kargen Lebensunterhalt durch die Salzgewinnung in den zahlreichen Salinen auf der Insel, durch Fischerei, Rinderzucht, Schafe und Schweine. Für die Inselbewohner bedeutete es eine Sensation, wenn sie genug Geld zusammensparen konnten, um alle fünf Jahre einmal eine Pilgerfahrt nach Nassau zu machen. Einen eigentlichen Hafen gibt es nicht. Größere Fahrzeuge ankern vor der Siedlung Cockburn Town. Kleine Boote stellen die Verbindung zwischen den Schiffen und der Insel her.

Am 2. Dezember 1946 stattete der Zweimastschoner *City Belle* mit einer Holzladung auf dem Wege von der Dominikanischen Republik nach Nassau Cockburn Town einen Besuch ab. Kaum war der Anker geworfen, da war das Schiff schon von einer Flotte kleiner Fahrzeuge umgeben, die eine Ladung von mehreren tausend Festmetern Bauholz löschen wollten. Es wurde hastig gearbeitet, denn die Nachmittagssonne hatte einen Hof, und das konnte für die Eingeweihten nur eines bedeuten: einen Wetterumschlag. Die Gewässer rings um die Turks Islands waren für einen 40 Meter langen Tiefseeschoner nicht gerade ideal, wenn die See hoch ging. Nachdem die für die Insel bestimmte Ladung gelöscht war, legte das letzte voll beladene Boot ab. Der Wind hatte inzwischen von Südost auf Süd gedreht. Er würde im Laufe der Nacht oder am frühen Morgen erst nach Westen und dann nach Norden weiterdrehen und eine Kaltfront mitbringen.

Vier Mann der zehnköpfigen Besatzung des Schoners standen bereits an der Ankerwinsch, um den Anker zu lichten. Mehrere Mann verstauten Postsäcke, die eines der Boote mitgebracht hatte, in der vorderen Ladeluke.

Von der einzigen Mole in Cockburn Town kämpfte sich ein einheimisches Fischerboot, das von Bug bis Heck höchstens sieben Meter maß und einen Baum von knapp einem Drittel dieser Länge hatte, zur *City Belle* hinaus. Seine Segel glichen einer Fleckendecke, denn fast die gesamte ursprüngliche Leinwand war durch Flicken ersetzt

worden. Außer der zweiköpfigen Besatzung befanden sich an Bord des kleinen Schiffchens 22 Personen – Männer, Frauen und Kinder. Sie saßen auf den Bordkanten, im Bug, auf dem Boden und übereinander. Ab und zu schlug eine Welle ins Boot. Wenn sich zu viel Wasser angesammelt hatte, ließen einige der Passagiere ihre Beine nach draußen hängen, damit andere mit rostigen Konservendosen das Wasser ausschöpfen konnten. Dann schwenkten sie ihre Beine wieder nach innen. Dieser Vorgang mußte während der halbstündigen Fahrt zu dem Schoner mindestens alle fünf Minuten wiederholt werden. Das Gepäck, bestehend aus einigen uralten Koffern, wie Vertreter sie benutzen, und einigen Dutzend Strohkörben, randvoll mit Kleidungsstücken, Nahrungsmitteln, lebenden Hühnern und diversen anderen Gegenständen, lag im Wasser der Bilge. Alle freuten sich darauf, die Weihnachtswoche in Nassau zu verbringen.
Als das kleine Boot mit seiner Menschenfracht gegen die großen Autoreifen stieß, die an der Bordwand herabgelassen waren, holte es das vielfach geflickte Segel ein. 22 Schwarze kletterten an Deck und halfen sich dabei gegenseitig. Schreiende Babys und nasse, gackernde Hühner wurden von Hand zu Hand weitergereicht. Koffer und Strohkörbe, die rasch leichter wurden, weil das Wasser aus ihnen herauslief, wurden zuletzt an Bord genommen. Als das »Fährboot« wieder abgelegt hatte, begann das Lichten des Ankers. Vor- und Topsegel wurden gesetzt, das Hauptsegel, das den Bug in den Wind gehalten hatte, wurde losgemacht. Der große Schoner nahm Fahrt auf.
Am nächsten Tag würde der Wind aus Norden wehen und die *City Belle* mußte durch die Crooked Island Passage in nordwestlicher Richtung auf die Exuma Islands kreuzen. Und da geschah es.
Am 5. Dezember 1946, auf den Tag genau 74 Jahre nach der Entdeckung der menschenleeren *Mary Celeste* und genau ein Jahr nach dem spurlosen Verschwinden aller Maschinen des Fluges 19, wurde der Schoner *City Belle* steuerlos treibend und vollkommen verlassen etwa 300 Meilen südöstlich von Miami gefunden. Ein Schnellboot des Marinestützpunktes auf Great Exuma hatte das hilflose Schiff während einer Routinefahrt entdeckt – drei Tage, nachdem der Schoner die Turks Islands verlassen hatte. Berichte über den Zustand des Schiffes deuteten darauf hin, daß es an Bord keine Gewaltanwendung gegeben hatte. Es war ähnlich wie bei dem Prisenfahrzeug, das die *Ellen Austin* aufgebracht hatte: Die Holzladung war intakt, das Schiff in seetüchtigem Zustand. Alle Aufzeichnungen und die Post wurden dem britischen Kommissar auf Great Exuma ausgehändigt. Das Logbuch des Schiffes gab keine Auskunft

darüber, warum das Fahrzeug verlassen wurde. An Bord war alles in Ordnung. Sogar das persönliche Eigentum der Passagiere war noch vorhanden. Nur die Rettungsboote fehlten.
Sofort wurde zur See und in der Luft eine Suchaktion nach den Vermißten eingeleitet. Jede Insel wurde kontrolliert, selbst solche, die weit ab von der Route der *City Belle* lagen. Eingeborene gaben die Nachricht von Insel zu Insel weiter, aber es wurde nie eine Spur der Überlebenden oder der Rettungsboote gefunden. In Schifffahrtskreisen in Nassau vermutete man, daß Mannschaft und Passagiere das Schiff verlassen hatten, als drei Tage lang durch eine heranrückende Kaltwetterfront hoher Seegang herrschte. Aber der *Mary Celeste* drohte keineswegs der Untergang, als sie gefunden wurde. Hätte sie ein privates Schiff entdeckt und nicht ein Fahrzeug der US-Marine, dann wäre das Geheimnis der *City Belle* zweifellos zu ebenso großer Berühmheit gelangt wie das Schicksal der *Mary Celeste.* Dennoch mußten der Gedenktafel des ›Teufelsdreiecks‹ zweiunddreißig weitere Namen hinzugefügt werden.

Im Jahre 1968 schrieb die *Times* in London einen Wettbewerb für eine Nonstop-Weltumseglung für Einhand-Segler aus. Zehn Mann starteten zu unterschiedlichen Zeiten von England aus, in der Hoffnung, den Preis in Höhe von 13.500 Pfund Sterling zu gewinnen. Am Donnerstag, dem 31. Oktober 1968, legte Donald Crowhurst, der letzte der zehn Bewerber, mit seinem 12 Meter langen Trimaran *Teignmouth Electron* in Teignmouth in England ab. Die zehn Teilnehmer waren zu unterschiedlichen Zeiten gestartet. Den Preis sollte nicht derjenige gewinnen, der zuerst ankam, sondern das Boot, das die Weltumsegelung in der kürzesten Frist bewältigte.
Am 22. April 1969 erreichte der Engländer Robin Knox-Johnston mit seinem 11 Meter langen Boot *Suhaili* als erster und bislang einziger Weltumsegler nach 312 Tagen auf hoher See den Hafen von Falmouth. Vielleicht hätte der französische Teilnehmer Bernhard Motessier das Rennen gewonnen, doch er beschloß, sich auf Tahiti niederzulassen und nicht mehr in die Hektik der Zivilisation zurückzukehren. Andere wurden durch Krankheit oder Beschädigung ihrer Boote zum Aufgeben gezwungen. Nur Crowhurst war noch mit im Rennen.
Am 23. Juni sandte Crowhurst, ein Elektronik-Ingenieur, einen Funkspruch an seine Frau: Er sei knapp 2.000 Meilen vor dem Ziel in eine Flaute geraten. Seine Position gab er mit rund 700 Meilen südwestlich der Azoren an. Er war seit 248 Tagen auf See und wollte

das Rennen innerhalb von zwei Wochen beenden. Es sah aus, als würde Donald Crowhurst der Sieger werden. Auf die ruhmreiche Heimkehr des 36jährigen Sportseglers warteten Siegesfeiern, Begrüßungen, Pressekonferenzen, Werbe- und Fernsehverträge sowie seine Frau und die vier Kinder.

Am 10. Juni 1969 sichtete das Postschiff *Picardy* unter Kapitän Richard Box unter 33 Grad 11 Minuten nördlicher Breite und 40 Grad 28 Minuten westlicher Länge, also etwa 700 Meilen westlich der Azoren, einen verlassenen Trimaran, der nur unter dem Mittelsegel dahintrieb. An Deck wurde niemand gesichtet. Um sich zu vergewissern, daß auf einem Sportboot so weit draußen auf hoher See auch wirklich alles in Ordnung war, gab die *Picardy* ein Signal mit der Dampfpfeife. Es erschien immer noch niemand an Deck. Der Kapitän schickte ein Rettungsboot mit vier Mann zur Kontrolle hinüber. Das Schiff entpuppte sich als die *Teignmouth Electron*, aber Donald Crowhurst war nirgends zu finden. Beiboot und Schlauchboot waren ordnungsgemäß festgemacht, und abgesehen von der allgemeinen Unordnung, die auf kleinen Einhandbooten während langer Turns unvermeidbar ist, war an Bord alles in Ordnung. Man hatte hier am äußersten Rand des ›Teufelsdreiecks‹ ein Boot, auf dessen Rückkehr ganz England wartete, in einem sehr merkwürdigen Zustand entdeckt. Konnte der Weltumsegler Donald Crowhurst auf dem letzten Stück seines Weges über Bord gefallen sein? Das war eine Möglichkeit, aber nicht sehr wahrscheinlich bei einem Seemann, der über 252 Tage ununterbrochen auf See gewesen war. Was sonst? Ufos? Eine Raum- oder Zeitfalte, die eine Änderung der Dimensionen verursacht hatte? Ein Meeresungeheuer? Atlanter? Dutzende von Theorien wurden vorgetragen. Hugo Vihlen, der am 21. Juni 1968 den Atlantik allein in 85 Tagen in der *April Fool* überquert hatte, einem badewannegroßen Segelboot von knapp zwei Metern Länge, vermutete, daß Crowhurst Opfer eines Unfalls geworden war, der ihm selbst bei der Durchquerung des ›Teufelsdreiecks‹ fast zugestoßen wäre.

Vihlens Rekord besteht immer noch: Er saß in dem kleinsten Boot, das jemals den Ozean überquert hatte. Er erklärte: »Am 19. Mai nahm ich mir den Vormittag frei, denn ich hatte es wirklich nötig. Es wär fast ein Urlaub für immer geworden. Ich ließ mich ins Wasser gleiten und wollte schwimmen, aber im letzten Augenblick stellte ich fest, daß ich die Sicherheitsleine nicht umgelegt hatte. Das Ruder des Bootes war festgelegt. Es wären hübsche tausend Meilen zu schwimmen gewesen. Eilig kletterte ich zurück an Bord.« War Crowhurst vielleicht schwimmen gegangen, ohne eine Sicherheitsleine zu benutzen? Wenn dann eine Brise aufkam, wäre er nicht mehr in der Lage gewesen, die *Teignmouth Electron* schwimmend einzuholen. Sir Francis Chichester bezeichnete dieses Rätsel als das »Meeresdrama des Jahrhunderts«.

Innerhalb von 12 Tagen nach der seltsamen Entdeckung der *Teignmouth Electron* wurden nicht weniger als vier weitere verlassene Jachten treibend im gleichen Bereich des Atlantischen Ozeans aufgefunden. Eine von ihnen war die sieben Meter lange *Vagabond*, die Peter Wallin allein von Stockholm aus nach Australien segelte. Das schwedische Motorschiff *Golar Frost*, das sich auf der Fahrt von Puerto Cortés in Honduras nach Genua in Italien befand, entdeckte die *Vagabond* unter vollen Segeln mit der schwedischen Flagge an der Mastspitze, aber ohne Wallin. An Bord des Schiffes war alles in bester Ordnung. Am 4. Juli meldete der britische Dampfer *Cotopaxi* die Auffindung einer Jacht, die mit festgestelltem Ruder ostwärts segelte, aber es war keine Menschenseele an Bord. Ein anderes britisches Schiff, der Tanker *Helisoma*, fand ein 23 Meter langes Segelboot kieloben treibend. Vor der Küste Westafrikas sichtete das britische Motorschiff *The Mapel Bank* ein 20 Meter langes Fahrzeug, ebenfalls kieloben treibend. »Es kommt selten vor, daß sich solche Meldungen aus einem verhältnismäßig kleinen Bereich des weiten Ozeans so häufen«, erklärte ein Sprecher der Schiffahrtsagentur Lloyd. Er fügte hinzu: »Das ist sehr merkwürdig.«
Donald Crowhurst war etwas zugestoßen, und die Zeitungen schlachteten den Fall wochenlang aus. Dann wurde das »Meeresdrama des Jahrhunderts« enträtselt. Die *Picardy* hatte Crowhurst's Boot an Bord genommen und nach gründlicher Suche nach dem vermißten Segler des Trimarans wieder Kurs auf den Bestimmungsort Santo Domingo genommen. An Bord des Rennbootes fanden sich unter anderem ein Logbuch mit mehreren seltsamen Eintragungen, ein Tonbandgerät und eine Filmkamera. Nachdem Kapitän Box diese Gegenstände untersucht hatte, kamen er und Beamte zu dem Schluß, daß sich Crowhurst gar nicht auf der Abschlußstrecke seiner Reise um die Welt befunden hatte. Er hatte vielmehr die vorangegangenen sechs Monate im südlichen Atlantik gekreuzt und in seinem Logbuch falsche Eintragungen gemacht. Es wurde weiterhin entdeckt (seine Tonband- und Logbuchaufzeichnungen bestätigen es), daß Donald Crowhurst so sehr auf einen erschwindelten Sieg fixiert war, daß er am 1. Juli von Bord ging und die *Teignmouth Electron* ohne ihn davonsegeln ließ. Diese Erklärung ist unglaublich, aber wahr.

Wenn nun Donald Crowhurst sein Tonbandgerät und das Logbuch an sich genommen hätte, als er sich entschloß, ein Ende zu machen, dann wäre sein Verschwinden als ein weiteres ungelöstes Rätsel der Meere abgestempelt worden. Wenn man nun hinsichtlich der anderen »Geisterschiffe« zusätzliche Fakten fände - könnten sie nicht ebenfalls auf sehr profane Ursachen hinweisen? Zahlreiche Fälle sind bekannt, in denen geistesgestörte Seeleute Amok liefen und alle Kameraden töteten, bevor sie Selbstmord begingen. Wenn nun jemand alle seine Opfer über Bord warf, bevor er selbst ins Meer sprang – das kann durchaus vorgekommen sein –, würde das die Geburt einer weiteren »Geister-Legende« bedeuten.

Jedes Buch und jeder Artikel über das ›Teufelsdreieck‹ berichtet auch über den kubanischen Frachter *Rubicon*, der am 21. Oktober 1944 von einem Marineaufklärer vor der Ostküste Floridas treibend gesichtet wurde. Ein Kutter der Küstenwacht wurde von Miami aus losgeschickt. Trotz des hohen Seegangs enterten die Männer des Kutters die *Rubicon*. Ein Hund war das einzige Lebewesen an Bord. Das Schiff befand sich in seetüchtigem Zustand. Alles war absolut intakt. Aber ein Rettungsboot fehlte, und eine gebrochene Kette hing über den Bug. Mehr wird über das ›Geisterschiff‹ *Rubicon* nicht erwähnt.
Aber war die *Rubicon* tatsächlich ein ›Geisterschiff‹, das den Ruhm verdient, den es in all den Jahren errang? Es stimmt, daß dieses Schiff ohne seine Mannschaft und nur mit einem Hund an Bord aufgefunden wurde, aber das ist nur die eine Seite der Geschichte, die sich eben besonders gut liest. Nach Angaben des US-Wetteramtes tobte vom 12. bis zum 20. Oktober 1944 ein Hurrikan mit Spitzenböen bis zu 270 Stundenkilometern über den westlichen Teil Kubas hinweg, richtete auf der Halbinsel Florida Verwüstungen an und zog die gesamte Ostküste der Vereinigten Staaten in Mitleidenschaft. Auf seinem Weg von 2000 Meilen forderte er mindestens 54 Menschenleben. Allein in den Vereinigten Staaten entstand ein Sachschaden von über 60 Millionen Dollar.
Die Kette, die über den Bug der *Rubicon* hing, war vermutlich mit einem Treibanker verbunden, der sich im Verlauf des Sturmes loslöste. Nun geriet die Mannschaft des manövrierunfähigen Schiffes in Panik und bestieg das fehlende Rettungsboot. Der Hund hatte sich wahrscheinlich in seiner Angst vor den Schaukelbewegungen des Schiffes irgendwo verkrochen, und die Mannschaft nahm sich nicht die Zeit, nach ihm zu suchen. Bei Windgeschwindigkeiten von über 250 Stundenkilometern hat ein Rettungsboot kaum eine

Überlebenschance. Es dürfte mit allen Insassen untergegangen sein.
Man kann als sicher annehmen, daß ausbrechende Panik im ›Teufelsdreieck‹ mehr Menschenleben gefordert hat als irgendwelche Ereignisse, die ans Übernatürliche grenzen. Einen weiteren Beitrag zu den Todesfällen im ›Teufelsdreieck‹ leistete falsche Einschätzung der Lage, und es besteht kein Zweifel daran, daß eine dieser Ursachen oder auch beide den Tod der Besatzung der *Rubicon* herbeiführten. Andererseits deutete an Bord der *City Belle* und des Prisenschiffs der *Ellen Austin* nichts auf Panik hin. Ob jemandem ein Irrtum unterlief, werden wir nie erfahren.
Ein anderes ›Geisterschiff‹, über das vielleicht noch mehr geschrieben wurde als über die *Rubicon,* war die Jacht *Connemara IV,* die von New York auslief. Sie wurde im September 1955 ohne Mannschaft etwa 400 Meilen südwestlich von Bermuda treibend aufgefunden. Die große Jacht war leicht angeschlagen, aber durchaus schwimmfähig. Auch hier haben die Autoren die Frage nach natürlichen Ursachen außer acht gelassen. Dabei war das Schicksal der *Connemara IV* ebenso aufregend wie irgendeine erfundene Seefahrergeschichte. Den Kurs der *Connemara IV* von New York bis zu der Stelle, an der sie gefunden wurde, kreuzte nämlich der Hurrikan »Connie« in der zweiten Augustwoche mit Windgeschwindigkeiten von mehr als 180 Stundenkilometern. Knapp eine Woche später raste der Hurrikan »Diane« mit 200 Stundenkilometern über dasselbe Gebiet hinweg und forderte über 22 Menschenleben. Aber die Jacht *Connemara IV* hatte noch mehr auszustehen. Zwei Wochen danach brach der Hurrikan »Ione« genau über demselben Bereich des ›Teufelsdreiecks‹ mit ebenfalls 200 Stundenkilometern herein.
Die meisten Schönwettersegler werden übereinstimmend erklären, daß ein voller Monat auf hoher See mit drei schweren Stürmen in dieser Zeit mehr ist als menschliche Kräfte ertragen können.
Das einzige Geheimnis im Zusammenhang mit der Jacht *Connemara IV* bleibt die Frage: Wie hat sie es fertiggebracht, drei aufeinanderfolgende Hurrikane zu überstehen? Das Wüten eines schweren Sturms auf hoher See kann man sich nur vorstellen, wenn man es selbst erlebt hat. Aber einen Sturm zu überstehen und in einen zweiten zu geraten, bevor sich die Wogen des ersten noch geglättet haben und dann noch ein drittes Mal dem Toben der Elemente ausgesetzt zu sein – das ist so gut wie unvorstellbar.

11. Neueste Entwicklungen

Als ich im Sommer 1973 mit den Arbeiten an diesem Buch begann, waren die 11 Personen, die in die jüngsten zwei Zwischenfälle im ›Teufelsdreieck‹ verwickelt wurden, noch gesund und munter. Die meisten sahen den Fernsehfilm ›Das Teufelsdreieck‹ und hörten Vincent Price zu, der von Schiffen erzählte, die ins Unbekannte reisten, von Flugzeugen, die aufstiegen, um nie wiederzukehren, von Jachten, die einfach verschwanden (Angehörige haben das bestätigt). Sie hatten dabei noch keine Ahnung, daß der Fluch dieser todbringenden Gewässer eines Tages auch sie treffen würde.

Im ersten Morgengrauen des 20. Dezember 1973 legte im Bell Channel, der aus dem Jachthafen von Freeport auf den Bahamas hinausführt, ein 17 Meter langes Schiff vom Typ Chris Craft Constellation ab: die *Sea Boy II*. Ziel des Kabinenkreuzers mit dem weiß gestrichenen Rumpf war Nassau, 200 Kilometer südöstlich. Am Steuer der Jacht saß der 28jährige Michael Baldwin, beobachtete achtern die auseinanderlaufenden Bugwellen und drosselte die Fahrt. Die Lichter der Nacht erloschen nach und nach in dem großen Kurort, aber die rotgolden aufsteigende Sonne wurde von den ungezählten Fensterscheiben der Hotels am Strand so grell zurückgeworfen, daß man den Eindruck hatte, als seien alle Zimmer von innen mit Flutlichtern ausgeleuchtet. Baldwin stellte seinen Kurs auf 125 Grad ein. Vor ihm erstreckte sich das Meer wie ein riesiges Blatt sonnenhelles Stanniolpapier. Eine sanfte Brise wehte aus Südost, genau dem Bug der *Sea Boy II* entgegen.

Unten in der Hauptkabine saßen Baldwins Vetter Billy Mazzulo, 26, und sein Onkel Dick Mazzulo, 35, beim Kaffee und sahen Billys 22jähriger Frau Kathy zu, die das Frühstück herrichtete. Dicks 30 Jahre alte Frau Nancy beaufsichtigte im Vorschiff ihre drei Kinder Robin (10) Antony (6) und Matthew (2). Alle freuten sich auf das Weihnachtsfest in Nassau.

Mit der aufsteigenden Sonne wurde auch der Seegang vor der *Sea Boy II* stärker. Die Windgeschwindigkeit betrug inzwischen 10 Knoten, und es frischte noch auf. Beim Geschirrspülen hatten die beiden Frauen alle Mühe, sich auf den Beinen zu halten. Die drei

Männer standen am Ruder. Einer steuerte, die beiden anderen überprüften den Kurs, den Mazzulo errechnet hatte. Vielleicht sprachen sie auch darüber, daß sie sich mit Bills Tante, Eleanor Baldwin, treffen wollten, der Besitzerin des Bootes, die zu Weihnachten ebenfalls aus Washington nach Nassau fliegen wollte. Die drei Kinder lagen auf Deck und freuten sich über die gelegentlichen Wasserspritzer. Baldwin behielt eine Geschwindigkeit von 12 Knoten bei, um Treibstoff zu sparen, denn er hatte in Freeport erfahren, daß Dieselkraftstoff in Nassau wegen der Energiekrise rar und teuer sei. Der Wind erreichte in Böen 15 Knoten und drehte auf Süden. Die Wellen schlugen einen Meter, gelegentlich zwei Meter hoch. Die beiden Frauen kamen nach oben und klagten darüber, daß es unten zu ungemütlich sei. Baldwin nahm ein wenig Gas weg und schlug Dick und Bill vor, nach unten zu gehen, die Luken dicht zu machen und nachzusehen, ob die in der Extrakabine verstauten Weihnachtsgeschenke noch in Ordnung seien.

Bald wehte der Wind gleichmäßig mit 15 Knoten genau aus Süden. Die Wellen schlugen im Durchschnitt zwei Meter hoch, und Baldwin drosselte die Maschinen. Die *Sea Boy II* pflügte mit weniger als 10 Knoten durch das Wasser. Baldwin schwitzte, denn er hatte das Fenster geschlossen, damit die salzige Gischt nicht hereinsprühte. Die Kinder taten so, als wären sie nicht seekrank. Gelegentlich schien der Wind auf Westen zu drehen, und das Boot stampfte und rollte gleichzeitig, da die Wogen aus zwei unterschiedlichen Richtungen kamen.

Als der Wind dann genau auf West drehte, rollte das Boot noch stärker. Dick Mazzulo fungierte als Navigator. Die Männer studierten die von ihm errechnete Position und stellten fest, daß es zu den Berry Islands genau so weit war wie nach Freeport. Sobald sie die Berrys erreicht hatten, konnten sie an der Westseite der Inseln entlang fahren und waren gegen die hohen Wogen geschützt, die jetzt genau aus Westen heranrollten. Die nördlichste Insel der Gruppe mußten sie in weiteren zwei Stunden erreichen.

In gleichmäßigem Rhythmus trieben die beiden GM 671-Dieselmotoren die 15 Jahre alte *Sea Boy II* durch die rauhe See. Dick Mazzulo übernahm das Ruder. Baldwin und Billy Mazzulo gingen nach unten, um das Mittagessen herzurichten. Die beiden Frauen versuchten, es sich in Liegestühlen bequem zu machen, während die drei Kinder vom Achterdeck aus den tauchenden Möven zusahen, die das Schiff verfolgten. Von der Düsenmaschine aus, die hoch über ihren Köpfen dahinzog, glich der weiße Kabinenkreuzer einer der vielen Schaumkronen im Meer.

Nach einiger Zeit rollte die *Sea Boy II* vor dem Westwind um fast 20 Grad. Das Stampfen hatte jedoch nachgelassen. Der Mann am Ruder erhöhte die Geschwindigkeit wieder auf etwa 10 Knoten. In knapp einer Stunde mußten die Berry Islands am Horizont auftauchen. Die Windgeschwindigkeit näherte sich 20 Knoten. Überall in Florida und auf den Bahamas wurde Sturmwarnung für kleinere Wasserfahrzeuge gegeben.
Die Stunde ging vorüber, und alle an Bord der *Sea Boy II* strengten ihre Augen an. Dann tauchte langsam, ganz langsam, der Leuchtturm auf Great Stirrup Cay, der nördlichsten Insel der Berrys auf. Die Frauen waren sicher sehr erleichtert. Nun würde es nicht mehr lange dauern, und die Inselkette, die fast genau von Nordwesten nach Südosten verläuft, würde sie während der nächsten 25 Meilen ihrer Fahrt beschützen.
Wenn man in einem Schiff stundenlang von einem Sturm hin und her geschleudert wurde, und plötzlich hinter einem Korallenriff oder einer Insel in ruhiges Wasser gerät, hat man ein Gefühl wie nach einer wilden Fahrt auf der Achterbahn im Magen. So muß es den Insassen der *Sea Boy II* vorgekommen sein, als das Schiff die Lee-Seite von Great Stirrup Cay erreichte. In dem ruhigeren Wasser konnten sie mindestens zwei Stunden lang normale Fahrt machen, bis sie erneut den aus Westen heranrollenden Wogen ausgesetzt waren. Aber von da an waren es nur noch eineinhalb Stunden nach Nassau. Die Berry Islands liegen an der nordöstlichen Spitze der Großen Bahama-Bank, einem gewaltigen Sockel, der aus den Tiefen des Ozeans emporragt, und auf dem über die Hälfte der Bahamainseln liegen. Die Berrys selbst sind flache Inselchen, die sich an keiner Stelle mehr als 20 Meter über den Meeresspiegel erheben. An der Westseite der Inseln gibt es ausgedehnte Untiefen sowie einige Ankerplätze und kleinere Häfen. Die Ostseite besteht hauptsächlich aus Riffen, die weit in die Tiefsee hineinreichen und die den vorherrschenden Ostwinden ungeschützt ausgesetzt sind. Die meisten der Inseln sind bewohnt. Einige befinden sich in Privatbesitz. Die Ostküste bietet kaum Schutz vor Stürmen, die aus östlichen Richtungen kommen. Mehrere Kanäle verbinden die Ostseite mit der Westseite, aber um sie bei rauhem Wetter zu passieren, muß man sie schon genau kennen. Diese Inseln bilden eine natürliche Barriere gegen Stürme, die aus Westen kommen. Das stellten auch die Insassen der *Sea Boy II* fest.
Sobald die *Sea Boy II* die Gefahrenzone verlassen hatte, wurde die Reisegeschwindigkeit auf 18 Knoten erhöht, um den Zeitverlust in der rauhen See während des Vormittages wettzumachen. Man

hoffte, bis zum Einbruch des Abends Nassau zu erreichen. Die Ostküste der Berrys fällt steil ab. Die Jacht hielt sich knapp hundert Meter vom Ufer entfernt, doch betrug hier die Wassertiefe über 14 Meter. Der Wind schien weiter aufzufrischen, aber das Wasser um den Rumpf des Bootes war fast spiegelglatt.

Als sich die *Sea Boy II* dem südlichen Ende der Inselkette näherte, mußte sie das Tempo drosseln. Der Westwind jagte eine reißende Strömung um Whale Cay herum. Je weiter die Jacht nach Süden gelangte, um so rauher wurde die See. Der Wind wehte aus Richtungen zwischen West und Nordwest mit über 25 Knoten. Die durchschnittliche Wellenhöhe lag jetzt bei drei Metern. Den Männern wurde anscheinend klar, daß eine Weiterfahrt nicht nur das Schiff, sondern auch Menschenleben gefährden würde. Sie drehten ab, und fuhren zurück zur Lee-Seite der Inseln, um dort zu ankern und ruhigeres Wetter abzuwarten.

Als sich der Anker der *Sea Boy II* in den Meeresboden bohrte, schwang der Bug in dem zunehmenden ablandigen Wind herum. Sie ankerte in 12 Meter tiefem Wasser, knapp 70 Meter von Market Fish Cay entfernt. Die Insel bildete einen guten Wetterschutz. Der Wind jaulte und toste, aber so dicht an der Küste war das Wasser ruhig wie in einem Teich. Die Maschinen wurden abgestellt, der Hilfsgenerator eingeschaltet, das Dreimeter-Dinghi zu Wasser gelassen und achtern festgemacht. Als erfahrene und gut ausgerüstete Taucher taten die drei Segler vermutlich genau das, was alle in den fischreichen Gewässern um die Berrys tun: sie gingen fischen. Nichts geht über den Genuß frisch gefangener Fische oder Krebse in der gemütlichen Kabine eines sicher verankerten Schiffes, wenn draußen der Sturm tobt.

Unterdessen verließ Eleanor Baldwin, die Besitzerin der *Sea Boy II*, in Washington schon frühzeitig die Transportgesellschaft, in deren Geschäftsleitung sie arbeitete. Sie mußte zu Hause noch ihre Sachen packen, weil sie am nächsten Tag nach Nassau reisen und sich für die Weihnachtsfeiertage mit den anderen von der *Sea Boy II* treffen wollte. Immer wenn das Telefon läutete, erhoffte sie eine Nachricht, daß die Jacht Nassau erreicht hätte.

Aber die *Sea Boy II* saß fest. Was noch vor kurzem ein hübscher gemütlicher Ankerplatz im Schutz einer Insel war, verwandelte sich in eine sturmumtobte Lee-Küste. Der Wind wehte nun aus Norden. Der Kabinenkreuzer mit seinen acht Insassen war eingekeilt zwischen dem tobenden Meer auf der einen Seite und einem scharfkantigen Korallenriff, das wie das zahnbewehrte Maul eines Hais 70 Meter landeinwärts wartete. Sie waren vom Regen in die Traufe

geraten. Immer wenn sich der Bug in eine herankommende Woge senkte, hingen Leine und Ankerkette durch, wie eine tote Schlange. Aber wenn die nächste Welle das Boot emporhob, verwandelte sich die »tote Schlange« in eine straff gespannte Violinsaite, die im nächsten Augenblick zu zerspringen drohte.
Als Eleanor Baldwin in Washington nach dem Abendessen immer noch keine Nachricht von der *Sea Boy II* hatte, machte sie sich Sorgen. Sie beruhigte sich mit dem Gedanken, daß ihr Bruder und die Neffen davon gesprochen hatten, sie würden unterwegs vielleicht einen Stopp einlegen und tauchen; es könnte spät werden, bis sie Nassau erreichten.
Bevor sie am folgenden Tag ihre Maschine bestieg, erkundigte sie sich telefonisch in Nassau bei Freunden nach der *Sea Boy II.* Das Schiff war nicht eingelaufen. Dann rief sie das Büro der Rettungsgesellschaft Bahama Air-Sea Rescue Association in Freeport an. Die BASRA fragte nach und teilte ihr mit, ihr Boot sei am vergangenen Morgen ausgelaufen. Die Rettungsgesellschaft in Nassau wurde alarmiert. Ein Versuch, die Nebenstelle der BASRA auf Chub Cay auf den Berrys zu verständigen, schlug fehl, weil diese Funkstation seit fast 20 Stunden außer Betrieb war. Rettungsmannschaften, die gerade die Suche nach einem vermißten Flugzeug vorbereiteten, wurden davon unterrichtet, daß sie auch nach einer weißen 17-Meter-Jacht Ausschau zu halten hätten.
Was war mit der vermißten Maschine? An demselben Morgen als die *Sea Boy II* den Hafen von Freeport verließ, bahnte sich das zweite Kapitel in der Doppeltragödie an.
In Nassau saßen der 46jährige Benjamin Teetor aus Fort Lauderdale und die 29 Jahre alte Robbie Gossman, eine frühere Angehörige des Friedenscorps aus Louisville, im Café des Olympia-Hotel und warteten darauf, ihr Frühstück zu bestellen. Jeff Cooper gesellte sich zu ihnen. Seinetwegen waren sie nach Nassau gekommen, um in einem Prozeß auszusagen. Zwei Tage zuvor waren sie mit Teetors Privatmaschine gelandet. Im letzten Augenblick verschob das Gericht die Zeugenvernehmung um mehrere Wochen. Das bedeutete, daß Teetor und Miss Gossman vergebens hergeflogen waren. Die drei hatten am Abend zuvor an Bord des Motorseglers *Traveller III* im Jachthafen »Marina« eine Party gefeiert und wollten anschließend einkaufen gehen. Danach beabsichtigte Cooper, Teetor und Miss Gossman zum Flugplatz zu fahren.
Nach dem Frühstück schlenderten sie zu dritt die Bay Street entlang, Nassaus Hauptverkehrsstraße. Normalerweise herrscht in Nassau um die Weihnachtszeit Hochbetrieb. Aber in diesem Jahr

waren – vermutlich wegen der Ölkrise – nur wenige Touristen erschienen. Sie ließen sich die warme Sonne ins Gesicht scheinen. Teetor und Miss Gossman standen in der Nähe der Bronzekanonen vor Nassaus ›Strohmarkt‹ und besprachen mit Cooper die Abflugzeit sowie einige kleinere Reparaturen an der Maschine. Da hörte Teetor, wie eine Frauenstimme seinen Namen rief. Es war die 31jährige Joy Loomis, ebenfalls aus Fort Lauderdale, eine Bekannte von Freunden. Miss Loomis erwähnte, daß sie am Nachmittag nach Florida zurückfliegen wolle. Teetor bot ihr an, sie mitzunehmen, da seine Maschine vier Sitzplätze hatte. Miss Loomis nahm das Angebot an und bemerkte, sie werde sich dann ihr Ticket auszahlen lassen. Cooper erklärte sich bereit, die anderen zum Flugplatz zu fahren, sobald es ihnen recht sei.

Die Hauptstraße zum Flugplatz von Nassau führt durch die Slums der Stadt. Sie ist fast auf der ganzen Länge nur zweispurig und seit Menschengedenken nicht mehr repariert worden. Die Vier zwängten sich mit ihrem Gepäck und den in Nassau eingekauften Sachen in Coopers kleinen Triumph. Es ging auf zwölf Uhr zu. Der Gegenverkehr bestand hauptsächlich aus Taxis mit Touristen, die am Vormittag per Flugzeug in Nassau eingetroffen waren. Als der englische Kleinwagen am Stadtrand von Nassau eine Hügelkuppe überquerte, wurde er von einer Windböe geschüttelt.

Cooper setzte Teetor an dem Windsor Field an einem Hangar ab, wo er die Ersatzteile und den Kundendienst für sein einmotoriges Amphibienflugzeug vom Typ Lake besorgen konnte. Die Frauen wurden mit ihren Koffern und Paketen zu dem Flugzeug hinausgefahren. Cooper wartete dort, bis Teetor mit einem Mechaniker erschien, um eine defekte Bremse zu reparieren. Die Arbeit sollte zwei Stunden dauern. Cooper mußte sich verabschieden, da er in Nassau geschäftlich verabredet war. Er wünschte den drei Amerikanern alles Gute, setzte sich in seinen Triumph und fuhr weg. Beim Verlassen des Platzes warf er einen letzten Blick auf die weiß-blaue Maschine. Teetor hockte mit dem Mechaniker neben dem Rad mit der schadhaften Bremse, und die beiden Frauen gingen auf den Hangar zu. Der rote Windsack über dem Kontrollturm glich einem riesigen Finger, der starr nach Osten deutete.

Als die Reparatur zwei Stunden später beendet war, ließ der Westwind immer noch den Windsack waagrecht vom Pfahl abstehen. Der Windmesser daneben drehte sich so schnell, als fehlte der Rotor ganz. Teetor ging zum Hangar hinüber, um seinen Flugplan einzureichen. Er wollte lieber in Bimini landen als den Golfstrom zu überqueren, falls das Wetter noch schlechter werden sollte. Dann

überprüfte er die Maschine. Selbst bei einem Gegenwind von 25 Knoten hatte er reichlich Treibstoff an Bord. Notfalls konnte er in Bimini nachtanken. Der Himmel war wolkenlos und klar.
Die Maschine bekam vom Kontrollturm Nassau die Starterlaubnis. Kurz vor 14 Uhr raste Teetor die Rollbahn entlang. Nach 200 Metern hob er ab und gewann an Höhe. Schon bald hatte die Maschine die Insel New Providence hinter sich. Unter ihr erstreckte sich der gelb-braune Streifen der Korallenriffe weit nach Westen.
Die Trennlinie zwischen der mitternachtsblauen Tiefsee und den gelb-braunen Untiefen vor der Westspitze von New Providence ist normalerweise aus der Luft sehr deutlich erkennbar. Als Teetor sie überflog, war diese Linie von dem aufgewühlten Wasser fast vollkommen verwischt. Die Maschine flog genau in den Wind, der auf wenige Grad West-Nordwest gedreht hatte.
Teetor drehte sich um und sah New Providence in der salzigen Gischt verschwinden. Im Südwesten erkannte er die Nordspitze von Andros, der größten Insel der Bahama-Gruppe. Vor ihm lagen ein Stück nordwärts die Berry-Inseln. Er überflog die aufgewühlten Gewässer des Northwest Providence Channel, eines der Binnenmeere der Bahamas. Die Breiten hatte Teetor nicht nur häufig überflogen, sondern auch mit der *Barracuda* durchsegelt, einem 18 Meter langen Boot, das er in Abaco im Maßstab 1:2 nach dem Vorbild eines alten Seglers hatte bauen lassen. Seine Mannschaft an Bord der kleinen Barke bestand üblicherweise aus seinen drei halbwüchsigen Söhnen und einer Pfadfindergruppe.
Seit einigen Monaten war die *Barracuda* hinter Teetors Haus in Las Olas Isles, einem teuren Wohnviertel von Fort Lauderdale, aufgedockt. Teetors Söhne, Steve, 20, Geoffrey, 16, und Stuart, 17, schrubbten das Miniaturschiff und machten es für die Turns während der Weihnachtsferien klar. Ihre 14jährige Schwester Heidi saß auf dem Steg und sah ihnen zu.
Teetors Maschine machte mit ihrer 200-PS-Lycoming-Maschine 150 Knoten, doch die Geschwindigkeit über dem Boden lag unter 100 Knoten. Die Bodenwinde bewegten sich zwischen 25 und 35 Knoten, aber sie betrugen in der Flughöhe der Maschine über 50 Knoten. Aus Nordwest zog Bewölkung auf. Teetors Flugzeug befand sich über der Großen Bahama-Bank, wo die durchschnittliche Wassertiefe weniger als vier Meter beträgt. Voraus war Bimini im Dunst gerade noch erkennbar. Das Flugzeug wurde zwar etwas durchgeschüttelt, aber Teetor teilte über Funk mit, er verzichte auf seine gemeldete Zwischenlandung in Bimini und wolle direkt zum

Flugplatz von Pompano Beach auf dem Festland weiterfliegen. Er hatte noch ausreichend Treibstoff an Bord, und die technischen Funktionen der Maschine waren tadellos.
30 Minuten nachdem Teetor Bimini von seinem Flugplan gestrichen hatte, fegten Sturmböen über einige Gebiete der westlichen Bahamas hinweg. Um diese Zeit mußte sich das Flugzeug mit seinen drei Insassen bereits weit über der Straße von Florida befinden.
Teetors Söhne waren etwa um 16 Uhr mit ihren Arbeiten auf der *Barracuda* fertig. Steve und seine Schwester hatten noch Weihnachtseinkäufe zu erledigen. Geoffrey und Stuart blieben zu Hause, bauten den Weihnachtsbaum auf, packten Geschenke ein und schrieben Glückwunschkarten.
Um 20 Uhr wurde Jeff Cooper in Nassau von Steve Teetor angerufen und gefragt, wo sich sein Vater befinde. Cooper antwortete, die Maschine sei am Nachmittag abgeflogen. Aber er wolle die Bahamas Air Sea Rescue Association anrufen und Bimini sowie andere Orte überprüfen lassen, wo die Maschine vielleicht zwischengelandet sein konnte. Er wies Steve an, sofort Vermißtenmeldung zu erstatten. Steve tat es.
Etwa um diese Zeit passierte eine Kaltfront die Bahamas. Aus Norden wehten Winde mit 25 bis 40 Knoten.
Am Freitagmorgen, dem 21. Dezember, erfuhr Jeff Cooper von der BASRA, daß man von Ben Teetor nichts gehört habe, seit er seine beabsichtigte Zwischenlandung in Bimini abgesagt hatte. Auch die Luftfahrtbehörde wurde verständigt und benachrichtigte die Küstenwacht.
Im Morgengrauen hatten sich die Gewässer um die Bahamas beruhigt. Aus Nordost wehte ein Wind mit 10 Knoten. Suchfahrzeuge der BASRA patrouillierten bereits entlang der Inselkette der Berrys ; Flugzeuge und Suchschiffe standen wegen der *Sea Boy II* und des weiß-blauen Amphibienflugzeugs in ständiger Verbindung. Dann berichteten zwei Frachter, ein Jugoslawe und ein Liberianer, von Notrufen, die sie am Abend zuvor während der Durchquerung des North-West-Providence-Channel aufgefangen hatten. Beiden war es nicht gelungen, einen Namen oder eine Standortangabe zu erhalten, bevor die Funkzeichen verklangen.
Die Suche wurde intensiver fortgesetzt. Dann plötzlich bekamen alle beteiligten Flugzeuge und Schiffe die Nachricht, daß die vermißte Maschine gefunden worden sei.
Für Steve, Stuart, Geoffrey und Heidi Teetor war das eine große Erleichterung. Ihr Vater würde nun doch zu Weihnachten zu Hause sein. Die BASRA hatte die Luftfahrtbehörde in Miami unterrichtet,

Ben Teetors Amphibienflugzeug befinde sich in Bimini und warte auf die Reparatur einer beschädigten Landevorrichtung. Alle Insassen seien wohlauf. Obwohl keine Nachricht von Ben Teetor gekommen war, glaubten seine Kinder, er werde noch am selben Tag zurückkehren, da es nur eine Stunde dauert, um Ersatzteile aus Miami nach Bimini zu schaffen. Sollte es ihm nicht gelingen, die Teile an diesem Tag zu bekommen, nahmen sie an, er werde mit einer Linienmaschine nach Hause kommen, um sein Flugzeug dann nach den Feiertagen abzuholen.

Aber für Eleanor Baldwin gab es während des Fluges nach Nassau keine solche Erleichterung. Mit jeder Meile wuchs ihre Besorgnis, die auch Jack Mazzulo teilte – ein anderer Bruder, der sie begleitete.

Im Nassauer Büro der BASRA wurde die Funkfrequenz 2670 der Küstenwacht abgehört. Da berichtete ein Rettungshubschrauber, er habe vor Market Fish Cay ein Objekt gesichtet, bei dem es sich um ein gesunkenes Schiff handeln könne. Aus Nassau wurde ein Boot mit einem Taucher entsandt.

Dann berichtete ein Suchschiff der BASRA, es überprüfe gerade einen Bericht, nach dem auf Holmes Cay, etwa 10 Meilen nördlich von der Stelle, wo der Hubschrauber das gesunkene Wrack beobachtet hatte, Trümmer angespült worden seien.

Unmittelbar nach der Zollkontrolle in Nassau begaben sich Eleanor Baldwin und Jack Mazzulo ins Büro der BASRA. Dort warteten sie auf Nachricht von dem Boot mit dem Taucher, das auf dem Wege zur Insel Market Fish Cay war. Die Rettungsmannschaft meldete sich aus Holmes Cay und berichtete, die dort aufgefundenen Wrackteile könnten von der vermißten *Chris Craft* stammen. Mrs. Baldwin und ihr Bruder charterten sofort eine Maschine und flogen nach Chub Cay. Dort mieteten sie das Fischerboot des allseits bekannten Kapitän George, um nach Holmes Cay zu fahren.

Als sich Kapitän Georges Boot Holmes Cay näherte, fingen sie eine Meldung des Suchbootes an Nassau auf: Man habe das gesunkene Schiff 70 Meter östlich von Market Fish Cay in 12 Meter Tiefe gesichtet. Es war an seiner Ankerkette gesunken und zweifellos die *Sea Boy II.* Nichts deutete auf Opfer oder Überlebende hin.

Mrs. Baldwin und Mazzulo besichtigten die auf Holmes Cay angeschwemmten Gegenstände: einen Liegestuhl, ein Spülbecken, eine Schwimmweste und eine Kabinenwand. Sie stammten eindeutig von der *Sea Boy II.* Mrs. Baldwin beschloß, nach Nassau zurückzukehren und dort im Büro der BASRA das Ergebnis der Suche nach Überlebenden abzuwarten. Ihr Bruder schloß sich der Suchmannschaft an, die die Strände der vielen Inseln kontrollierte.

Der 22. Dezember ist der kürzeste Tag des Jahres. Für Eleanor Baldwin, die im BASRA-Büro in Nassau wartete, wurde es der längste Tag ihres Lebens. Von keiner der Suchmannschaft kam ein Hoffnungsschimmer.
Auch für Teetors Kinder, die in Fort Lauderdale auf ihren Vater warteten, wurde es ein langer Tag. Schließlich rief Steve die Luftfahrtbehörde in Miami an. Von dort aus wurde in Bimini nachgefragt, warum Ben Teetor, Robbie Gossman und Joy Loomis noch nicht abgeflogen seien. Die Antwort lautete: Das reparierte Amphibienflugzeug vom Typ Lake sei am Tag zuvor gestartet, nur war es weiß-rot gestrichen – nicht weiß-blau. So wurde eine tragische Verwechslung aufgedeckt: Die in Bimini notgelandete Lake-Maschine gehörte einem Missionar, der unterwegs nach Südamerika war. Niemand in Bimini wußte etwas von einer weißblauen Maschine. Ihr Pilot und seine beiden weiblichen Passagiere hatten einen Flug ohne Wiederkehr angetreten.
Eleanor Baldwin bekam einen Anruf von ihrem Bruder Jack, der sich auf Bonds Cay aufhielt, etwa auf halbem Wege zwischen den Inseln Holmes und Market Fish: Man hatte das drei Meter lange Beiboot der *Sea Boy II* gefunden. Aber es lag 30 Meter von der Wasserlinie entfernt. Niemand konnte sich erklären, wie das Dinghi so weit landeinwärts geraten war. Von den fünf Erwachsenen und den drei kleinen Kindern, die sich an Bord der Jacht befunden hatten, wurde nie wieder die geringste Spur entdeckt.
Jack Mazzulo kehrte zu Eleanor nach Nassau zurück und überreichte ihr ein Päckchen, das immer noch in Geschenkpapier eingewickelt war. Er hatte es am Strand von Holmes Cay gefunden. Sie öffnete es und fand darin eine Kinderpuppe. An einem Bein der Puppe war ein Kärtchen befestigt: »Herzliche Weihnachtsgrüße von Cathy.«

12. Natürlich oder übernatürlich?

»An Bord der *Gulf King V* befindet sich nur ein Mann, und der verliert seinen Verstand. Er ist seit fünf Tagen allein auf dem Schiff. Bitte entsenden Sie ein Suchflugzeug, um die Position der *Gulf King V* zu ermitteln.« Diese Sätze standen in einer Mitteilung, die bei der Zentrale des 7. Bezirks der Küstenwacht in Miami einging. Man schrieb den 19. Dezember 1966. Die Nachricht stammte von der *Gulf King III*, einem Schwesterschiff. Beide gehörten zu einer Flotte von Krabbenfängern im Besitz der Gulf King Ice Company aus Corpus Christi in Texas.

Sechs Tage zuvor hatte der Kapitän durchgedreht und die fünfköpfige Besatzung der *Gulf King V* rund ums Deck gejagt. Schließlich retteten sich die Männer über Bord ins Wasser, um den Drohungen ihres Kapitäns zu entgehen. Zwei andere Fahrzeuge der Gulf King-Flotte nahmen sie auf. Der geistesgestörte Kapitän steuerte den 22 Meter langen Krabbenfänger bereits auf den offenen Atlantik hinaus. Zwei Schwesterschiffe nahmen die Verfolgung auf.

Nach sechs Tagen war die Jagd zu Ende. Seeleute der beiden anderen Schiffe enterten die *Gulf King V*, überwältigten den Kapitän und nahmen Kurs auf Barbados. Für alle bis auf den verrückten Kapitän war die Sache damit zu Ende. Aber sie hätte auch ganz anders ausgehen können. Die Besatzung hätte nachts bei schlechtem Wetter von Bord fliehen können, oder zu einem Zeitpunkt, zu dem sich die übrige Flotte außer Sichtweite befand. In einer solchen Situation wären die Männer vielleicht ertrunken. Der Kapitän hätte die *Gulf King V* weiter aufs Meer hinaus steuern können. Irgendwann wären ihm Treibstoff und Proviant ausgegangen. Dann wäre es nur eine Frage der Zeit gewesen, bis ihn Durst, Hunger und Einsamkeit um jede Spur klaren Nachdenkens gebracht hätten. Die stickige Luft in der Kabine hätte ihn hinauf aufs Deck gezwungen, und sengende Sonne hätte ihn in die Kabine zurückgejagt. Das Eis in der Luke wäre geschmolzen, und die stinkenden Krabben hätten ihm noch mehr zugesetzt. Sowohl in der schützenden Kabine als auch auf Deck wäre die Lage für ihn unerträglich geworden. Der Irrsinn hätte ihn rasend gemacht. Jede Vernunft wäre gewichen.

Für den Verrückten hätte es nur noch einen Fluchtweg gegeben: ins Meer. Irgendwann wäre das treibende Schiff gesichtet worden. Man hätte es untersucht. – Und keine Spur eines menschlichen Wesens gefunden. Die *Gulf King V* wäre zu einem weiteren ›Geisterschiff‹ geworden, man hätte der Legende des ›Teufelsdreiecks‹ ein neues Kapitel hinzugefügt.

Über die *Gulf King V* soll nur berichtet werden, um zu zeigen, wie leicht aus diesem Schiff ein weiteres Rätsel der Meere hätte werden können. Jeder Schreiber, der sich mit dem Übernatürlichen befaßt, hätte das Unerklärbare ›erklärt‹.

Manchmal gibt es gar kein Rätsel, aber ein Autor verfälscht die Tatsachen gerade so weit, daß ein Geheimnis daraus wird. Manche Autoren erfinden sogar ihre eigenen ›Fakten‹. Mitte 1973 behauptete ein Gast in einer Rundfunkdiskussion in Miami, Ufos seien die Hauptschuldigen im ›Dreieck‹. Er hatte ein Buch unter dem Titel *Limbo of the Lost* verfaßt und das Gebiet darin »Limbo« genannt. Im Verlauf der Sendung sprach er über die *V. A. Fogg*, einen Tanker, der im Februar 1972 mit der gesamten Besatzung sank (siehe das Kapitel »Die Schwefelschiffe«). Er erklärte, Taucher hätten in der *Fogg* niemanden von der Besatzung entdeckt, bis auf den Kapitän, dessen Leiche in der Kabine saß und noch eine Kaffeetasse umklammert hielt. Er sprach es zwar nicht direkt aus, deutete jedoch an, Ufos seien für das Verschwinden der anderen Männer verantwortlich. Solche Märchen über ein Schiff, das heute in 30 Metern Tiefe im Golf von Mexiko ruht, sind natürlich barer Unsinn. Zunächst kann kein Mensch, der ertrinkt oder durch eine Explosion getötet wird, seine Kaffeetasse festhalten. Zweitens wurden weitere Leichen gefunden, wie Fotos der Küstenwacht beweisen. Ein Brief an die Küstenwacht in Washington, der sich nach der Kaffeetasse des Kapitäns und dem Fehlen der übrigen Besatzungsmitglieder erkundigte, wurde von Captain D. L. Meaux, dem Pressechef, wie folgt beantwortet: »Davon haben wir keine Kenntnis.« Manche Journalisten entstellen die Tatsachen ein wenig, damit der Lesestoff interessanter wird. Aber eine völlige Entstellung der Fakten ist nichts weiter als pure Sensationsmache.

Ein weiteres Beispiel von Sensationsgier betrifft zwei Artikel über das ›Dreieck‹, die ich im August und September 1972 für die Zeitschrift *Saga* schrieb. Die Titel lauteten: »Das Teufelsdreieck: Teil 1« und »Das Teufelsdreieck: Teil 2«. Sie enthielten nur einen *sehr knappen* Hinweis auf Ufos, und fliegende Untertassen wurden darin überhaupt nicht erwähnt. Als die Beiträge jedoch im Druck erschienen, trugen sie die Titel: »Bermudadreieck – Ufo-Gebiet im

Zwielicht« und »Das tödliche Bermudadreieck, die Domäne der ›Raumfalte‹ fliegender Untertassen.« Der Begriff ›Teufelsdreieck‹ war immer in ›Bermudadreieck‹ verändert worden. Ist ›Bermudadreieck‹ die richtige oder auch nur angemessene Bezeichnung? Wenn man dem Gebiet schon eine geografische Bezeichnung geben muß, dann sollte sie sich auf den Bereich beziehen, in den die meisten ungeklärten Ereignisse fielen – auf das ›Florida-Bahama-Dreieck‹. Sensationsmache zieht für gewöhnlich viele Mitläufer und andere an, die Profit aus der Sache schlagen wollen. Der 29jährige Norman Slater aus Kenosha in Wisconsin behauptete, einen ungewöhnlich stark entwickelten sechsten Sinn zu besitzen. Er ist an dem ›Teufelsdreieck‹ interessiert oder er war es zumindest. Dieses ›Genie‹ erklärte öffentlich, er habe in Visionen drei »heiße Punkte« vor der Ostküste Floridas in einem Umkreis von 20 Meilen zueinander gesehen, wo Schiffen und Flugzeugen Gefahren drohten. Die meisten Zeitungen im südlichen Florida veröffentlichten Slaters Presseerklärungen hierzu.
»Es besteht eine hohe Wahrscheinlichkeit, daß jedes Schiff, das diese Punkte berührt oder streift, verschwindet«, erklärte Slater. Nach seiner Meinung waren die Opfer in den Einflußbereich einer Art Zeitmaschine geraten, einem Tunnel, der Gegenstände für eine gewisse Zeit in einer unsichtbaren Dimension festhält, bevor er sie plötzlich wieder freigibt.
»Zeit ist nicht einfach eine konstant fließende Quantität, wie wir es annehmen, sie kann irgendwann diese Schiffe und Flugzeuge aus jener anderen Dimension entlassen, dann werden sie in den Raum zurückkehren, aus dem sie verschwunden waren. Ich möchte nicht dabei sein, wenn das geschieht«, sagte Slater. »Es wird grauenhaft sein, denn die Mannschaften werden nur noch aus Skeletten bestehen.«
Slater suchte nach einem Geldgeber für ein Experiment: Er wollte ein Schiff chartern, es mit Puppen bemannen und dann über einem der drei »heißen Punkten« die er in der Vision gesehen hatte, verankern. Solche Testschiffe sollten mit automatischen Kameras und einem Fernsehsender ausgestattet sein. Er prophezeite, dieses Projekt werde das Geheimnis des ›Teufelsdreiecks‹ lüften.
Slater sagte noch mehr voraus: Nixon werde McGovern besiegen, aber nur sehr knapp. Er prophezeite ferner, daß Marihuana 1974 erlaubt sein werde. Ein Ehepaar aus Fort Lauderdale, dessen junge Tochter seit mehreren Monaten vermißt wurde, engagierte ihn als Medium. Er bekam ein Honorar von 225 Dollar und erklärte dafür den Eltern der 14jährigen Mary Briscolina, er werde ihnen inner-

halb weniger Tage den Aufenthaltsort des Mädchens brieflich mitteilen. Kurz danach, am 3. Februar 1973, erhielt Briscolina den angekündigten Brief von Slater. Darin stand, ihre Tochter sei am Leben und gesund; sie werde in wenigen Tagen zu Hause vorbeikommen, um nachzusehen, ob alles in Ordnung sei.

Mehrere Wochen später erklärte Briscolina vor der Presse: »Als unsere Tochter bereits tot und vermodert war, sagte er (Slater) uns, sie lebe noch.« Marys Überreste waren auf einer Wiese in einem Vorort von Fort Lauderdale entdeckt worden. Sie war schon über vier Monate zuvor, nämlich im vorangegangenen Oktober, ermordet worden. Seitdem bringen die Zeitungen im südlichen Florida keine Artikel mehr über den Seher aus Kenosha. Das Telefon seines Presseagenten wurde abgemeldet. Anscheinend hat Norman Slater alle Pläne aufgegeben, die Rätsel des ›Teufelsdreiecks‹ zu lösen.

Bis das Meer selbst die Geheimnisse des ›Teufelsdreiecks‹ freigibt, wird es immer selbsternannte Seher und Sensationsmacher geben, die sich auf dieses größte Geheimnis der Meere konzentrieren. Manche werden das Rätsel den Ufos in die Schuhe schieben oder den Marsmenschen, und manche werden in die Fußstapfen von Edgar Cayce treten und die Atlanter beschuldigen, die in regelmäßigen Abständen in ihren hochtechnisierten Wasser-Raumfahrzeugen aus den tiefsten Tiefseegräben auftauchen, um weniger intelligente, unterlegene Irdische zu entführen.

Hugo Vihlen, der den Atlantischen Ozean in einer Nußschale von weniger als zwei Metern Länge überquert hat, sah im ›Teufelsdreieck‹ nichts Auffälliges oder Okkultes.

Bill Verity ist in Seglerkreisen als ein Mann bekannt, der alles Mögliche tut, um Behauptungen zu beweisen. 1967 segelte er allein in einem vier Meter langen Sperrholzboot von Fort Lauderdale nach Irland. 1969 segelte Verity in einem knapp sieben Meter langen Sperrholzkahn, der *St. Brenden*, von Irland nach Fort Lauderdale, um zu beweisen, daß der irische Mönch, Brenden der Kühne, fast tausend Jahre vor Columbus' Ankunft in der neuen Welt eine ähnliche Ozeanüberquerung gemacht hat. Nach 115 Tagen und 5 720 Meilen seit dem Start in Fenit in der Grafschaft Kerry in Irland traf Verity auf der Bahama-Insel San Salvador ein.

Während Verity neben dem Denkmal stand, das zur Erinnerung an Columbus' Landung auf der Insel errichtet worden war, fragte man ihn, was denn das schwerste an seiner Seereise gewesen war. Der untersetzte Ire antwortete. »Das Schlimmste während der ganzen Reise war ein Gewitter mit schweren Entladungen nach 104 Tagen.« Es ereignete sich im ›Dreieck‹. Der rotbärtige Seemann fuhr

fort: »Ich habe noch nie solche Blitze gesehen. Schlag auf Schlag trafen sie das Wasser. Die Hölle war ausgebrochen. Die ganze Nacht und den nächsten Tag war ich von gewaltigen Blitzen umgeben. So etwas habe ich noch nie gesehen. Man konnte den Ozon riechen, wenn sie die Wasserfläche trafen. Ich fürchte mich nicht so schnell, aber in jener Nacht hatte ich schreckliche Angst.«
Dieser Autor hat fast jeden Sektor des ›Dreiecks‹ durchquert. Er schreibt: »Auf einer Tour vom Jupiter Inlet in Florida zum Westende der Bahamas sah ich einmal sieben Windhosen gleichzeitig. Glücklicherweise konnten wir ihnen ausweichen. Bei einer anderen Gelegenheit, als wir für ein ozeanographisches Projekt von General Electric 14 Meilen südlich von Bermuda bei über 1 300 Metern Wassertiefe Unterwasseraufnahmen machten, erblickte ich etwas, das mir jahrelang zu denken gab. Ich hatte gerade die Bewegung einer Instrumentenboje bei rauher See gefilmt. Mein letzter Film war abgelaufen, da packte mich mein Begleiter Pat Boatwright bei der Schulter und deutete nach unten. Es war später Nachmittag, und die rauhe See verzerrte die Lichtstrahlen, die in die Tiefe drangen. Es war phänomenal, was ich da erblickte. Tiefe und Größe des Gegenstandes konnte ich nicht ausmachen. Er befand sich 30 oder auch 50 Meter unter uns. Die Größe konnte ich nur schätzen – vielleicht betrug der Durchmesser 30 Meter, vielleicht 20, mindestens jedoch 16. Der Gegenstand war vollkommen rund, seine Farbe ein tiefes Purpur. Er bewegte sich langsam auf uns zu. An seinem äußeren Rand gab es eine Art Pulsieren, aber keinerlei Bewegung des Wassers. Als wir auftauchten, blieb der Gegenstand zurück. Dann versank er allmählich wieder in den schwarzen Tiefen. Entsetzt sahen wir ihm nach, bis er weg war.
Jahrelang konnte ich mir nicht erklären, was Pat und ich da gesehen hatten. Nach seiner Theorie war es ein riesiger Tintenfisch, aber ich konnte dieser Meinung nicht zustimmen. Die meisten Leute, mit denen wir darüber sprachen, glaubten, wir seien an diesem Tag zu lang unter Wasser gewesen. Beinahe ließ ich mich davon überzeugen. Als ich dann eines Tages mit einigen Eingeborenen auf der Mole von Majuro auf den Marshall Inseln auf der anderen Seite des Globus stand, fand ich eine Erklärung für das, was Pat und ich gesehen hatten. Rings um die Mole, von der Wasseroberfläche bis hinunter in eine Tiefe von einem halben Meter, wimmelte das Wasser von medusenförmigen Geschöpfen (Quallen), die durchschnittlich 70 Zentimeter Durchmesser hatten. Während ich mir noch überlegte, daß es ein qualvoller Tod sein müßte, zwischen diese giftigen Tiere zu geraten, ging mir plötzlich auf, daß sie sich

genauso bewegten wie das gewaltige Ding, das ich vor Bermuda aus der Tiefe aufsteigen und wieder versinken gesehen hatte. Sollten wir eine riesige Qualle entdeckt haben? Wer kann schon wirklich sagen, welche Geschöpfe das Meer beherbergt, denn die durchschnittliche Tiefe des Ozeans beträgt immerhin über 5 000 Meter, und an manchen Stellen trennen mehr als 11 000 Meter Wasseroberfläche und Meeresboden.«

Die Begegnung mit dem fremden Ungeheuer, das aus den Tiefen auftauchte, und Veritys Erlebnis mit den gewaltigen Blitzen sind zwar Zwischenfälle, die sich wissenschaftlich erklären lassen, aber dennoch muß man zugeben, daß man ihnen nicht jeden Tag begegnet. Man muß sie sogar als höchst ungewöhnlich bezeichnen. Aber wie steht es mit Vorfällen, die sich jeder wissenschaftlichen Erklärung entziehen?

Der 32jährige John Fairfax war der erste Mann, der allein über den Atlantik ruderte. 1969 brauchte der Engländer sechs Monate, um sein etwa sieben Meter langes Boot, die *Britannia,* von den Kanarischen Inseln nach Fort Lauderdale zu pullen. Er ruderte mitten durch das ›Teufelsdreieck‹.

Während einer Pressekonferenz nach seiner Ankunft wurde er gefragt, was das aufregendste an seinem Abenteuer gewesen sei. Er dachte eine Weile nach. Dann begann er von zwei ›Fliegenden Untertassen‹ zu erzählen, die seine Fahrt frühzeitig zu beenden drohten. »Eines Nachts erblickte ich 20 Grad über dem Horizont zwei helle Lichter. Sie strahlten zehnmal so hell wie die Venus, aber es waren keine Sterne. Die beiden Objekte stiegen am Himmel auf und trennten sich dann. Das eine flog tief, das andere hoch. Das obere Objekt bewegte sich in Richtung auf den Großen Bären. Danach verschwanden beide. Während die beiden Flugkörper sichtbar waren«, sagte Fairfax, »überkam mich ein merkwürdiges Gefühl, ähnlich einer hypnotischen Trance. Mir war, als forderte mich jemand auf zu verschwinden. Ich antwortete immer wieder mit ›Nein‹«. Nachdem sich die beiden Objekte entfernt hatten, ging die Trance vorbei, und Fairfax stellte fest, daß er anstatt einer Zigarette nur noch ein langes Stück grauer Asche zwischen den Fingern hielt und daß er am ganzen Körper heftig schwitzte.

Wenn man sich in einem der größeren Jachthäfen von Fort Lauderdale umsieht, kann man vielleicht einer Type begegnen, die aussieht wie einer Piratengeschichte entsprungen. Der Mann ist über 1,90 Meter groß und besteht nur aus Muskeln. Noch auffallender als seine Länge sind sein flammendrotes Haar und der dazu passende Bart. Die Tätowierungen auf seinen Armen erzählen von vielen

Jahren in der Marine. Wer ihn und seine Ruppigkeit kennt, der geht ihm geflissentlich aus dem Weg. Seine khakibraune Uniform und die Mütze weisen John Carpenter als Kapitän eines Charterboots aus. Als der Ruderer John Fairfax seine Fahrt quer über den Atlantik beendete, begrüßte ihn John Carpenter bei der Ankunft in Florida. Als Fairfax jedoch von seiner Begegnung mit den beiden Ufos berichtete, tat Carpenter diese Geschichte als Publicity-Gag ab. Über ein Jahr lang bezeichnete John Carpenter diesen Bericht als übles Seemannsgarn. Aber jetzt spottet der ruppige Kapitän nicht mehr. Er nimmt Ufo-Geschichten ernst.
In einer Sommernacht kehrte der rothaarige Seefahrer mit seinem Charterboot von Bimini zurück. Die Passagiere und der Maat schliefen unten. Es war Vollmond, die See spiegelglatt. Carpenter spähte nach einem Widerschein der Lichter von Fort Lauderdale aus. Es war kurz nach Mitternacht. Irgend etwas war anders als sonst, aber zuerst achtete er kaum darauf. Dann merkte er, daß das Vordeck nicht das weiße Mondlicht reflektierte, sondern einen grünlichen Glanz. »Ich beugte mich aus dem Kabinenfenster und sah nach oben. Ich traute meinen Augen nicht. Genau über dem Boot schwebten zwei grünlich leuchtende diskusförmige Objekte. Ich war starr vor Schrecken. Ich weiß nicht mehr, wie lange ich die beiden Objekte beobachtet habe. Ich wollte gerade die anderen an Deck rufen, als die beiden Objekte fast ohne Spritzer ins Meer stürzten. Ich beobachtete, wie der Schimmer in den Tiefen verglomm.« John Carpenter, der jetzt an Ufos glaubt, fuhr fort: »Ich habe den Zwischenfall nach der Ankunft in Fort Lauderdale nicht gemeldet, weil man leicht ausgelacht wird, wenn man von einem Erlebnis erzählt, das etwas Übernatürliches an sich haben könnte.«
M. B. Dykshoorn aus Miami ist ein Parapsychologe, der Vorträge an Universitäten hält, bei der Klärung mehrerer Mordfälle in Europa eine entscheidende Rolle spielte und dessen Voraussagen zu über 65 Prozent richtig waren. Mit anderen Worten: Dykshoorn ist ein erfolgreicher Hellseher. Er hat seine eigene Meinung über das Geheimnis des ›Teufelsdreiecks‹. »Etwa die Hälfte aller Fälle von Schiffen oder Flugzeugen, die im ›Teufelsdreieck‹ verschwinden, haben überhaupt nichts Geheimnisvolles an sich. Diese Verluste sind auf natürliche Ursachen zurückzuführen. Von den übrigen Fällen mag man einige insofern als übernatürlich betrachten, als wir nicht wissen, welche Art von Ursache das Verschwinden gehabt haben mag, aber ich stelle mir einen wissenschaftlich belegbaren Grund vor. Wenn ich diese Vision habe, entweicht die Luft aus

meinen Lungen. Das Atmen fällt mir schwer.« Keuchend fuhr er fort: »Ich sehe Flieger ersticken, weil ihnen die ganze Luft aus den Lungen gesaugt wird. Sie können nicht mehr atmen. Trotz Sauerstoffgeräten und Überdruckkabinen ersticken sie. Es ist ein riesiger Abgrund oder Mahlstrom, der durch ein Loch im Meeresboden entsteht . . . Vielleicht verursacht durch die Abkühlung des Erdinneren. Wenn er an die Oberfläche gelangt, zieht er aus der Umgebung alle Luft an sich. Er kann Flugzeuge aufsaugen, die über 3 000 Meter hoch fliegen. Er zieht große Schiffe nach unten, und alles Schwimmbare hinterläßt keine Spur.« Er holte tief Luft und fuhr fort: »In naher Zukunft wird eine Linienmaschine mit 80 bis 90 Menschen an Bord dort untergehen und keinerlei Spuren hinterlassen.«

Kurz nach Dykshoorns Erklärung mußte ich nach Puerto Rico reisen. Was das ›Dreieck‹ betrifft, neige ich persönlich zur Skepsis, und dennoch zählte ich beim Betreten der Maschine zuerst die Fluggäste, um sicher zu sein, daß nicht »80 bis 90 Menschen« an Bord waren. Die Mannschaft und mich selbst eingeschlossen waren es 79. Ich blieb in der Maschine. Seitdem ertappe ich mich jedesmal, wenn ich mit einem Flugzeug einen Teil des ›Dreiecks‹ überqueren muß, dabei, wie ich die Menschen an Bord der Maschine zähle.

8 000 Menschenleben in Gefahr, das ist eine stolze Zahl. Aber so viele Einsätze fährt der 7. Bezirk der Küstenwacht mit Sitz in Miami jedes Jahr. Dieser 7. Bezirk, zuständig für den größten Teil des ›Teufelsdreiecks‹ empfängt mehr Notrufe und beteiligt sich an mehr Such- und Rettungsaktionen als irgendeine andere vergleichbare Organisation auf der ganzen Welt. Während Sie diese Zeilen lesen, ist zweifellos ein Schiff, ein Boot oder ein Flugzeug des 7. Bezirks an irgendeiner Suchaktion beteiligt. In den meisten Fällen finden die Männer der Küstenwacht die Gesuchten auch, denn ihre Erfolgsquote ist hervorragend. Was ist aber andererseits, wenn die gesuchte Person bereits dem ›Teufelsdreieck‹ zum Opfer gefallen ist? Was hält die Küstenwacht der USA von diesem Gebiet? Pressereferent Ron Wright legte das folgende Kommuniqué als die offizielle Meinung des Kommandanten des 7. Bezirks vor.

> Mysteriös, mystisch, übernatürlich . . . sehr unwahrscheinlich! Dieses Gebiet, als dessen Grenzen man üblicherweise Bermuda, Florida und Puerto Rico betrachtet, mag auf den ersten Blick eine sehr hohe Verlustquote aufweisen, aber andererseits muß man auch den dichten Flug- und Schiffsverkehr in diesem Bereich in

Betracht ziehen. Tausende von Schiffen, kleinen Booten, kommerziellen und privaten Flugzeugen überqueren die Gewässer vor Floridas Ostküste. Die Mehrzahl aller Vermißtenmeldungen in diesem Bereich kann man auf seine einmaligen Naturgegebenheiten zurückführen: erstens kann der Golfstrom, turbulent und reißend, rasch alle Anzeichen eines Unglücks verwischen; zweitens schlägt das Wetter in der Karibischen See oft so schnell um, daß ohne Vorwarnung Gewitter und Wasserhosen entstehen und Piloten oder Navigatoren plötzlich mit einer Katastrophe konfrontiert werden.
Die Topografie des Meeresbodens im Bereich zwischen San Juan und Bermuda schwankt von ausgedehnten Untiefen bei den Inseln bis zu einigen der tiefsten Gräben der Welt. Durch das Zusammenwirken starker Strömungen über vielen Riffen verändert sich die Topografie ständig und kann dem Seefahrer schnell zum Verhängnis werden.
Es mag einiges für die häufigen Unfälle und sogenannten Fälle von geheimnisvollem Verschwinden in diesem Bereich sprechen, aber die Küstenwacht gibt sich nicht mit übernatürlichen Erklärungen ab. Die unberechenbaren Kräfte des Menschen und der Natur zusammengenommen reichen aus, um unerklärliche Zwischenfälle herbeizuführen.
Für uns im südlichen Florida stellt die große Anzahl von Booten, die die Gewässer zwischen Floridas goldener Küste und den Bahama-Inseln kreuzen, ein erhebliches Problem dar. Nur allzu oft versuchen Leute, die Überquerung mit einem zu kleinen Boot ohne Kenntnis des Gebietes und ohne seemännische Eignung – aber sie versuchen es trotzdem. Daher kommt es auch, daß die Luftrettungsstation Miami der Küstenwacht der meistbeschäftigte Rettungsdienst der Welt ist. Wenn es jemand an gesundem Menschenverstand fehlen läßt, wenn er keinen Respekt vor dem Meer besitzt und sich auf ein Abenteuer einläßt, stehen die Chancen gegen ihn.
Nach Ansicht der Küstenwacht ist nichts daran geheimnisvoll, wenn Schiffe oder Flugzeuge gerade in diesem bestimmten Teil des Ozeans verschwinden. Die Wetterbedingungen, technisches Versagen und menschliche Irrtümer sind die Ursachen dieser Tragödien und nicht Eingriffe aus übernatürlichen Regionen.

1969 führte die Grumman Aircraft Company in Zusammenarbeit mit der US-Marine und der NASA ein ozeanografisches Projekt unter der Bezeichnung »Golfstrom-Drift-Test« durch. Mittel-

punkt der Expedition war das Forschungs-U-Boot *Ben Franklin* unter dem Kommando von Jacques Piccard. Das Unterwasserfahrzeug trieb von der Küste vor Palm Beach bis fast nach Neuengland, indem es den Schub des Golfstroms und anderer Meeresströmungen ausnutzte. Nach dem Versuch berichtete die sechsköpfige Besatzung, sie hätte viele ungewöhnliche Dinge gesehen, aber nichts Unerklärbares. Das größte Geheimnis war vermutlich das Fehlen jeglicher Meeresfauna in dem Bereich zwischen 100 und 700 Metern Tiefe.
Nachdem ich die *Ben Franklin* unter Wasser von außen gefilmt hatte, bekam ich Gelegenheit zu einer Fahrt in dem Boot. Wir stiegen vor Freeport auf den Bahamas bis zu einer Tiefe von 400 Metern hinab. Es war erstaunlich, wie schnell das Licht unterhalb von 100 Metern nachließ. Bei 200 Metern sah man nicht einmal mehr einen Schimmer, wenn man zur Oberfläche hinaufblickte, es herrschte völlige Finsternis. Als wir in 400 Metern Tiefe den Meeresboden berührten, wurden die Scheinwerfer des U-Bootes eingeschaltet. Der Meeresboden sah wie eine Wüste aus. Eine Garnele, die in eine leere Bierdose und wieder heraus schwamm, sowie ein kleiner, nicht genau erkennbarer Hai waren noch die interessantesten Dinge, die ich während meiner Reise zum Grund des ›Teufelsdreiecks‹ beobachtete.
Aber auch das bedeutet noch nicht unbedingt, daß da unten nichts Geheimnisvolles vorginge. Wer weiß? Ich stehe immer noch zu der Theorie: »Zeig es mir, dann werde ich es dir glauben.« Während ich 1962 als Fotograf auf Cap Canaveral arbeitete, wurde eine Polaris-Rakete der Marine gestartet und in die Karibische See geschickt. Eine Anzahl von Augenzeugen berichteten, sie hätten neben der Rakete ein Ufo gesichtet. Angeblich registrierten es sogar die Radarschirme. Die Luftwaffe erklärte diese Beobachtung mit einem Wetterballon, der kurz vor dem Start aufgelassen wurde.
Doch eine Woche später wurde am schwarzen Brett der Fotografenunterkunft auf dem Cap eine Mitteilung angeschlagen, die alle Fotografen aufforderte, im Falle der Beobachtung seltsamer oder ungewöhnlicher Objekte im Filmen startender Raketen sich mit den Kameras auf die Ufos zu konzentrieren. Kein einziges wurde gefilmt, keine weiteren wurden gesichtet.
Eine der häufigsten Fragen im Zusammenhang mit dem ›Teufelsdreieck‹ lautet: Warum verschwinden hier vergleichsweise sehr viel mehr Schiffe und Flugzeuge als in anderen Bereichen? Die US-Küstenwacht führt das unter anderem auf den dichten Verkehr zu Wasser und in der Luft in diesem Teil des Ozeans zurück.

Wissenschaftler weisen auf die große Anzahl meteorologischer und ozeanografischer Anomalien in diesem Gebiet hin.
Was das Übernatürliche anbetrifft, so bleiben die Schüler des verstorbenen Edgar Cayce bei der Philosophie, daß die versunkene Stadt Atlantis im Bereich des ›Teufelsdreiecks‹ liege. Cayce selbst hat sogar die versunkene Metropole in der Nähe der heutigen Insel Bimini, rund 50 Meilen östlich von Miami, lokalisiert. Die Cayce-Jünger führen als Ursache für den mysteriösen Verlust von Schiffen und Flugzeugen eine starke Energiequelle an, die in den Tiefen des Ozeans liegen und in unregelmäßigen Abständen verheerende Kräfte aussenden soll. Die Ufo-Anhänger beharren nicht auf ihrer Theorie, daß Ufos für die Verluste verantwortlich seien, obgleich gewisse Magazine und Autoren die Hypothese vertreten haben. Doch ernsthafte Ufo-Forscher berichten, daß es dutzende und aberdutzende anderer Gebiete auf dem Erdball gibt, wo Ufo-Beobachtungen weitaus häufiger sind als im ›Teufelsdreieck‹, und in diesen anderen Gebieten kommen keine seltsamen Entführungen oder Fälle spurlosen Verschwindens vor.
Die Südkaps der Kontinente, das Kap Horn und das Kap der guten Hoffnung, haben mehr Schiffe auf dem Gewissen als das ›Dreieck‹. Aber in diesen Breiten der südlichen Ozeane sind heftige Stürme eine Hauptursache, wie jeder Seefahrer weiß, der diese Gewässer befahren hat.
Und doch gibt es einen anderen Bereich, in dem noch mehr Schiffe, Flugzeuge und Jachten auf geheimnisvolle Weise verschwinden als im ›Teufelsdreieck‹. Würde man von einem Punkt in der Nähe der Mitte des ›Teufelsdreiecks‹ ein Loch genau durch den Erdmittelpunkt bohren, so käme man vor der Ostküste Japans heraus – in einem Gebiet, das ›Teufelsmeer‹ genannt wird.
Das ›Teufelsmeer‹ ist nach seiner Form ein Dreieck, das von der Südostküste Japans, der Nordspitze der Philippinen und von Guam begrenzt wird. Es erstreckt sich über eine weitaus größere Fläche als das ›Teufelsdreieck‹, und dieser Umstand erklärt wahrscheinlich die häufigeren Verluste in diesem Gebiet. In den Jahren nach dem Zweiten Weltkrieg war die japanische Regierung wegen der großen Zahl nicht aufgeklärter Verluste von Schiffen und Flugzeugen so beunruhigt, daß sie ein großes Forschungsschiff zu einer Erkundungsfahrt in diese Gewässer entsandte. Dieses Forschungsschiff fand offenbar wirklich heraus, was dort vorging – denn es wurde nie wieder etwas von ihm gehört.
Außer dem Verschwinden von Schiffen und Flugzeugen gibt es noch eine andere Parallele zwischen dem ›Teufelsdreieck‹ und dem

›Teufelsmeer‹. Die Ähnlichkeit mag Zufall sein, aber sie ist von Bedeutung. Wer einige Grundkenntnisse in Navigation besitzt oder sich noch an den Physikunterricht erinnert, weiß, daß der Kompaß nicht genau zum Nordpol, sondern zum magnetischen Nordpol zeigt. Das ist die sogenannte Kompaßabweichung. Die Abweichung variiert an verschiedenen Punkten rund um die Erde. An manchen Stellen kann sie mehr als 20 Grad betragen, das heißt der Navigator muß die Differenz ausgleichen und bei der Bestimmung der Himmelsrichtung 20 Grad zuzählen oder abziehen. Es gibt jedoch zwei Längengrade, die keine Kompaßabweichungen kennen. Mit anderen Worten: An diesen beiden Stellen zeigt der Kompaß auf den wahren Nordpol und nicht auf den magnetischen Pol. Einer dieser Punkte liegt vor der Ostküste Floridas, der andere vor der Ostküste Japans. Das westliche Ende des ›Teufelsdreiecks‹ und das westliche Ende des ›Teufelsmeers‹ sind also die beiden einzigen Meridiane, auf denen der Kompaß tatsächlich genau nach Norden zeigt. Je weiter man sich von diesen Längengraden nach Osten entfernt, um so höher wird entsprechend die Kompaßabweichung.
Könnte Magnetismus oder irgendein magnetisches Phänomen mit dem unerklärlichen Verschwinden von Schiffen und Flugzeugen in den beiden fraglichen Gebieten etwas zu tun haben? Bald nachdem 1945 die fünf TBM-Avengers verschwanden, führte die US-Marine eine fünfjährige Studie unter der Bezeichnung »Projekt Magnet« durch. Nach Abschluß der Untersuchung wurden die Ergebnisse viele Jahre lang geheimgehalten. Als sie schließlich veröffentlicht wurden, enthielten sie keinerlei Hinweis auf irgendwelche seltsamen oder ungewöhnlichen Vorgänge im untersuchten Gebiet, bei dem es sich um das sogenannte ›Teufelsdreieck‹ handelte. Von manchen Seiten wurde der Regierung vorgeworfen, sie halte gewisse Untersuchungsergebnisse zurück. Das läßt sich weder beweisen noch widerlegen. Aber einen merkwürdigen Vorfall gab es, der in das Gebiet magnetischer Phänomene verwiesen werden könnte. In dem Kapitel »Jenseits der blauen Ferne« lasen Sie von dem gewaltigen P5M-Patrouillenflugzeug der Marine, das am 9. November 1956 von Hamilton auf Bermuda startete und nie wieder gesehen wurde. Bei der Maschine handelte es sich um ein umgebautes Mariner-Flugboot mit einer zehnköpfigen Besatzung. Sein Auftrag war geheim. Die Maschine war mit einem Meßgerät für magnetische Anomalien ausgerüstet. Ein solches Gerät darf man nicht mit einem Magnetometer verwechseln, wie es zur Anpeilung der stählernen Rümpfe getauchter U-Boote verwendet wird. Es ist ein Instrument, das die Dichte magnetischer Ströme oder abnorme

magnetische Phänomene mißt.
Es ist oft vorgekommen, daß Kompaßnadeln von Schiffen oder Flugzeugen beim Passieren des ›Dreiecks‹ plötzlich wie wild zu kreisen begannen. Manchen Wassersportlern sind ganze elektrische Systeme durchgebrannt und die Kompasse unbrauchbar geworden. Sie haben den Hafen nur erreicht, weil ihre Schiffe mit Dieselmotoren ausgerüstet waren, die mit Kompression arbeiten und keiner elektrischen Zündung bedürfen. Aber denken wir doch einmal an all jene, die sich zum ersten Mal ins ›Dreieck‹ wagten und es nie wieder verließen.
Ob es mit natürlichen oder übernatürlichen Dingen zugeht, wird in den Hafenbars von Kowloon bis zu den Kasinos der Karibischen See noch viele Jahre lang heiß diskutiert werden. Das ist genau wie mit den zahlreichen Ufo-Beobachtungen, die im September 1973 aus dem Nordosten der Vereinigten Staaten gemeldet wurden. Solche Meldungen stammen nicht nur von Privatpersonen, sondern auch von zahlreichen Polizeibeamten und Militärangehörigen. Zwei Militärpolizisten, die auf dem Luftwaffenstützpunkt Hunter in Georgia Dienst taten, berichteten sogar, ihr Streifenfahrzeug sei von einem Ufo von der Straße gedrängt worden. In einer einzigen Nacht meldeten Polizeibeamte in fünf verschiedenen Städten des Bundesstaates Alabama solche Beobachtungen. Nach übereinstimmenden Meldungen verfügten diese Objekte über grüne und weiße Lichter. Die Staatspolizei von Georgia identifizierte einen leuchtenden grünen Zylinder, der auf einer Wiese in der Nähe von Manchester gefunden wurde, als eine schlichte Signalfackel. Die Beobachtung auf dem Flughafen von Hunter, südlich der Stadt Savannah, liegt von all diesen Meldungen dem ›Dreieck‹ am nächsten. Trotz der zahlreichen Beobachtungen gab es keine geheimnisvollen Zwischenfälle. Die Luftwaffe führte sie auf ›Raummüll‹ zurück, der wieder in den Anziehungsbereich der Erde zurückgekehrt war. Ob es sich nun um ›Raummüll‹ oder fremde Besucher handelte, es gab jedenfalls absolut nichts, was diese Erscheinungen mit dem ›Teufelsdreieck‹ verbinden könnte.
Menschliches oder technisches Versagen, Konstruktionsfehler, Wetterphänomene, das Übernatürliche oder was immer Schiffe, Flugzeuge und Jachten im ›Teufelsdreieck‹ zum Verschwinden bringen mag – die Vorfälle werden nicht aufhören. Es ist durchaus möglich, daß eben jetzt in dieser Minute irgendein unglücklicher Flieger oder Seemann dort draußen eines der Geheimnisse des ›Teufelsdreiecks‹ entdeckt und um sein Leben kämpft.

DAS 20
GROSSE
FISCHER
LEXIKON
IN FARBE
20 Bände A–Z

Für meine Enkel
Jonathon Dor Kemelman
und
Jared Daniel Rooks

1

«Was meinst du damit, du bist nicht interessiert?» George Chernow, kurz, gedrungen und jetzt cholerisch, beäugte seine Tochter entrüstet. «Ich habe seit Jahren Versicherungsgeschäfte mit dem Restaurant Lubovnik abgeschlossen. Das Mindeste ist, dass du sie ein Angebot machen lässt.» Mit einer Stimme, die laut genug war, bis zu seiner Frau zu dringen, die sich in die Küche zurückgezogen hatte und dort zu bleiben gedachte, fuhr er fort: «Eine Hand wäscht die andere, ja? Ich verkaufe Versicherungen, und sie verkaufen Mahlzeiten. Ja, gut, man lässt sich nicht jedes Jahr ein Festessen kommen, aber wenn ich eine Tochter verheirate und dann nächstes Mal Morris Lubovnik wegen einer Prämienerhöhung besuche und er mich nach der Hochzeit fragt, soll ich dann etwa sagen, wir haben bei Ihnen kein Angebot eingeholt, weil meine Tochter nicht interessiert war? Und jetzt komm mir nicht damit, dass ich ihm davon nichts zu sagen brauche», fügte er hinzu und gab selbst die Antwort: «Eine Hochzeit ist etwas, das du geheim halten kannst?»

«Ich kenne das Zeug, das er liefert, und ich kann es nicht ausstehen.» Seine Tochter Edie wandte den Kopf zur Seite und schauderte übertrieben. «Jech! Die fettige Hühnersuppe, die öligen Knisches, die gehackte Leber –»

«Dann nimm was anderes. Besprich es mit ihm. Lass dir ein paar Menuvorschläge zeigen. Wenigstens weiß er dann, dass wir ihn nicht übergehen.»

«Ja doch! Ja doch! Also werd ich mit ihm sprechen», sagte Edie. «Aber ich warne dich hier und jetzt, wenn er nicht die Gerichte liefern kann, die ich will, dann nehme ich ihn nicht, ganz egal, wie viele Versicherungen er dir abkauft. Ich hab die Art von Hochzeit von vornherein nicht gewollt, und ich kann immer noch wegfahren und Roger irgendwo in aller Stille heiraten, ohne das ganze Tamtam.»

Letzteres war die Taktik, die sie von Anfang an eingesetzt hatte, um ihre Eltern zur Räson zu bringen. Sie hatte gleich zu Anfang, als sie ihnen beigebracht hatte, dass sie Roger Fine heiraten würde, erklärt, nur ein schlichtes Fest zu wollen, «unsere Familie und seine Familie und ein paar Freunde von uns, mehr nicht. Kein großes Aufheben mit einer Hochzeitstorte und einem Ringträger und lauter Lakaien und Brautjungfern.»

Aber das kleine Fest war gewachsen, je länger sie darüber sprachen. «Wie kann ich meine Tochter verheiraten und nicht meinen Onkel Joshua einladen, der wie ein Vater für mich war, nachdem mein eigener Vater gestorben ist?»

«Das heißt dann aber, dass ich Tante Rose einladen muss, die mir so nahe steht wie dir Joshua», gab Mrs. Chernow zu bedenken. «Und das bedeutet, dass ich die Mädchen auch einladen muss, weil sie im selben Haus wohnen.»

«Aber die Mädchen sind nur Cousinen zweiten Grades.»

«Ich hab ihnen mein ganzes Leben lang nahe gestanden. Und abgesehen davon wird Rose mit dem Wagen kommen; sie haben genug Platz, und die Mädchen können sie beim Fahren ablösen. New York ist zu weit, als dass Rose allein fahren könnte.»

Ehe sie es sich versahen, war die Gästeliste von Edies ursprünglichem Dutzend auf über hundert angeschwollen. Und bei so vielen Leuten konnte man nicht einfach ein schlichtes Dinner in einem Restaurant essen. Es musste in einem Saal stattfinden und geliefert werden. Das hinwiederum bedeutete natürlich ein Orchester und Tanz, weil man ja nicht hundert Leute, die sich fast alle nicht untereinander kannten, einfach herumwandern lassen konnte, bis es Zeit zum Essen war. Und hinterher konnte man sie auch nicht gleich nach Hause schicken. Und im Übrigen, was für eine Hochzeit ist das, auf der nicht getanzt wird? Das aber bedeutete ein richtiges Hochzeitskleid für die Braut. «Alle kommen groß aufgemacht, und du willst ein Tweedkostüm tragen?»

Also fuhr Edie nach New York, denn, so erklärte sie Selma Rosencranz, ihrer besten Freundin: «In Boston ist einfach nichts aufzutreiben, nicht ein einziges, simples Kleid, das halbwegs anständig aussieht.»

Ihr Vater zumindest fand dies schwer zu glauben, besonders nachdem er die Rechnung bekommen hatte. «In ganz Boston hat sie kein Kleid finden können?»

«Du willst doch, dass sie hübsch aussieht, oder nicht?», fauchte Mrs. Chernow ihn an. «Du hast nur ein Kind, und das heiratet. Das kommt nur einmal im Leben vor, und da willst du knausern? Sie wird mit dem Bräutigam tanzen, allein auf der Tanzfläche, alle sehen zu, und du willst, dass sie irgendein altgekauftes Fähnchen trägt?»

«So, sie werden tanzen? Er kann tanzen?», fragte Mr. Chernow in gespieltem Erstaunen und nahm damit den Streit wieder auf, den er mit seiner Frau führte – niemals natürlich in Gegenwart ihrer Tochter –, seit er erfahren hatte, dass er im Begriff war, Robert Fine als Schwiegersohn zu erwerben: der junge Mann hinkte nämlich etwas und ging mit einem Stock. «Ich habe eine Tochter, ein hübsches Mädchen, und das Beste, was sie bekommen kann, ist angestoßene Ware?»

«Er ist leicht behindert. Na und? Außerdem hat er das aus dem Krieg.»

«Nicht aus dem Krieg. Er hat es *während* des Krieges bekommen. Es ist so was wie Arthritis. Er hat es mir selbst gesagt. Er hat in seiner ganzen Dienstzeit in Saigon hinter einem Schreibtisch gesessen.»

«Und? Stört ihn das in seinem Beruf?»

Und das traf wiederum einen empfindlichen Punkt bei Chernow: Roger Fine war Lehrer, und was verdiente ein Lehrer schon groß?

«Er ist nicht irgendein Lehrer», wehrte Mrs. Chernow ab. «Er ist ein Professor. Er unterrichtet Englisch. In einem College.»

«Er ist *assistant professor.*»

«Auch gut, *assistant professor.* Was erwartest du denn? Er ist ein junger Mann. Es ist seine erste Stellung.»

Es war nicht nur der Beruf des jungen Mannes, der Chernow irritierte, es war seine ganze Art und sein Wesen. Er war so selbstsicher, so überzeugt von seinen Meinungen – und seine Meinungen deckten sich nicht mit Chernows Meinungen. Wenn Chernow zum Beispiel über Politik sprach, hörte er zu, wie er dem Friseur beim Haareschneiden oder dem Taxifahrer zuhörte, der ihn zum Flugplatz fuhr, höflich, aber ohne Interesse. Chernow hatte den Verdacht, dass er ein Radikaler war. Wer konnte es wissen, vielleicht sogar ein Kommunist.

Weil sein Küchenbetrieb streng koscher war, behielt Morris Lubovnik von «Lubovnik – Stadtküche – Wir haben das Hochzeitsessen Ihrer Mutter geliefert» den Hut auf, als er auf der Sofakante hockte, während seine Menuvorschläge und Preislisten auf dem großen, quadratischen Tisch vor ihm ausgebreitet waren. Edie Chernow, deren rundliche Hüften unter einer engen schwarzen Satinhose verborgen waren, saß auf der anderen Seite des Sofas, ein Bein untergeschlagen, das andere über den Sofarand baumelnd. Sie gab vor zuzuhören. Ihren Entschluss hatte sie schon beim Hereinkommen gefasst, in dem Augenblick, in dem sie den verbeulten Filzhut mit dem fettigen Hutband, die Schweißperlen auf der Stirn, die blauen Schatten auf den Wangen und die heisere, krächzende Stimme in sich aufgenommen hatte. Lubovnik hielt beim Sprechen den Blick gesenkt, oder er sah auf die Papiere auf dem Tisch; er vermied es, sie direkt anzusehen, um ja nicht den Anschein zu erwecken, er starre auf die hautenge Hose oder auf ihre Brüste, die sich klar unter der weit ausgeschnittenen weißen Nylonbluse abzeichneten. Er räusperte sich. «Es ist bei mir nicht einfach eine Frage des Geschäfts, Miss Chernow. Ich möchte ausschließlich meine Kunden zufrieden stellen. Ich möchte, dass sie noch nach Wochen die Augen zumachen können, um noch einmal den Wohlgeschmack der Knisches und der Fleischbällchen auf der Zunge zu spüren.» Er schloss die Augen und schmatzte mit den Lippen.

«Sie können entweder das Roastbeef oder die gebackenen Hähnchen nehmen – der Preis ist der gleiche. Unsere Kunden teilen sich in zwei Gruppen: in die, die schwören, dass Lubovniks Roastbeef das Beste ist, was sie jemals gegessen haben, und in die, die dasselbe von unseren gebackenen Hähnchen behaupten.» Er lächelte breit, um anzuzeigen, dass dies ein kleiner Scherz sei. «Und dies hier», er tauchte in die Aktentasche, die auf dem Fußboden stand, und holte eine kleine Karte heraus, «ist bei unseren Auftraggebern in den vergangenen Jahren sehr beliebt geworden. Sie legen dies den Einladungen bei, und dann kann der Gast sich vorher aussuchen, ob er das Menu mit den Hähnchen oder das mit dem Roastbeef möchte. Auf die Art ist jeder zufrieden gestellt. Dies ist ein Foto einer Auswahl von Desserts, die wir vor etwa zwei Monaten geliefert haben.»

Edie gelang es schließlich, ihn loszuwerden, indem sie versprach, die ihr überlassenen Menuvorschläge zu prüfen. Aber sogar noch, als sie ihn zur Tür drängelte, blieb er mehrmals stehen, um in der Aktentasche nach Fotos oder Dankbriefen zufriedener Kunden zu suchen. «Da fällt mir gerade ein: erst in der vorigen Woche …»

Völlig anders war der Mann von «Stillman's in Boston. Gegründet 1890». Erst einmal war er jung, nicht älter als dreißig, dann trug er eine graue, leicht ausgestellte Flanellhose und ein Sportsakko mit einem Tattersall-Karo. Er war auch nicht zudringlich, ganz im Gegenteil: Er wirkte reserviert und etwas zweifelnd. «Wir schätzen diese Nationalgerichte nicht so sehr, Miss Chernow. Diese Knisches und gefüllten Kischke sind recht wohlschmeckend, wenn auch für meinen Geschmack ein bisschen schwer, aber leider machen wir das nicht. Wir bevorzugen schlichte Horsd'œuvres: kleine Toasthappen mit Gurke, Lachs oder Krabbensalat oder vielleicht geröstete Shrimps zu den Cocktails. Nach unserer Meinung soll die Vorspeise den Appetit wecken und ihn nicht erschlagen. Sie möchten doch nicht, dass die Hauptmahlzeit davon in den Schatten gestellt wird, nicht wahr?»

Edie stimmte ihm zu.

«Was nun das Hauptgericht anbelangt, da bieten wir meiner Meinung nach eine größere Auswahl als alle anderen Firmen. Zusätzlich zu den üblichen gebratenen Hähnchen und dem Roastbeef haben wir viele Fischgerichte und auch Hummer, aber da der Markt heutzutage so unzuverlässig ist, mussten wir den Hummer leider streichen. Dann haben wir Beef Stroganoff …»

Edie aß Beef Stroganoff leidenschaftlich gern.

«Wir haben das bei einer großen Hochzeit im Reform-Tempel B'nai Jacob in Boston geliefert. Es ist sehr gelobt worden.»

Edie dürstete es geradezu nach Lob.

Rabbi David Small öffnete die Tür und trat zur Seite, um Edie und Mrs. Chernow einzulassen. Obwohl die Chernows schon seit mehreren Jahren in Barnard's Crossing lebten, war es Edies erste Begegnung mit dem Rabbi. Bei den seltenen Gelegenheiten, in denen sie an den hohen Feiertagen für etwa eine halbe Stunde in den Tempel gegangen war, hatte er in einem der thronartigen Stühle neben der Bundeslade gelehnt oder vom Pult aus kurze Ankündigungen gegeben; sie war nie zur Predigt geblieben – und war wenig von ihm beeindruckt. Sie sah auch gar keinen Grund, ihre Meinung nun zu ändern. Er war mittelgroß und dünn und blass. Er hielt mit krummem Gelehrtenrücken den Kopf nach vorn gestreckt und blickte kurzsichtig durch dicke Brillengläser. Beim Hereinkommen war ihr auch aufgefallen – sie hatte einen Blick für solche Dinge –, dass seine Schuhe staubig waren und die schlecht gebundene Krawatte schief hing.

«Kommt der Bräutigam nicht?», fragte der Rabbi.

«Oh, Roger war nicht abkömmlich.»

«Er ist Professor in einem College in Boston», erklärte Edies Mutter. «Er hat Vorlesungen.»

«Ach, so wichtig ist es auch nicht», erklärte der Rabbi. «Wenn die Hauptpersonen erst unter der *chupe* versammelt sind, das ist der Baldachin, gebe ich Ihnen schon die nötigen Belehrungen.»

«Gibt es eine besondere Regel, wer zuerst nach vorn kommt?», fragte Mrs. Chernow.

«Nein, Mrs. Chernow, das können Sie ganz so halten, wie es Ihnen gefällt, solange die Braut als Letzte kommt, meistens am Arm des Vaters. Manchmal kommt der Bräutigam von der Seite her, entweder allein oder mit seinen Eltern; aber er kann auch durch den Mittelgang gehen, wenn Sie das lieber haben. Sie können eine Prozession bilden, der Bräutigam, seine Eltern, der Trauzeuge, vielleicht mit der Brautjungfer, dann die

Mutter der Braut und am Ende die Braut am Arm des Vaters. Generell besteht die Neigung, die Gruppe der Braut von der des Bräutigams getrennt zu halten, bis sie sich unter dem Baldachin treffen, und sogar dort stelle ich sie normalerweise getrennt auf. Die Familie der Braut auf ihrer Seite und die des Bräutigams auf seiner.» Er lächelte. «Wie Sie dort hinkommen, ist nicht so wichtig wie das, was nach Ihrer Ankunft geschieht. Ich lese den *ketubah,* das ist der Heiratsvertrag, den der Bräutigam schon vorher unterschrieben hat, und natürlich auch die Heiratsurkunde. Dann spreche ich die Segnungen, oder Sie können sie auch vom Kantor singen lassen. Danach trinken die Braut und der Bräutigam aus demselben Glas den Wein. Wenn Sie einen langen Schleier tragen sollten, Miss Chernow, hält ihn üblicherweise Ihre Brautjungfer hoch, damit Sie trinken können. Dann spricht mir der Bräutigam Wort für Wort einen kurzen hebräischen Text nach, der besagt, dass Sie ihn mit dem Ring segnen, den er, entsprechend den Gesetzen von Moses und Israel, an Ihren Finger steckt. Dann wird noch einmal Wein getrunken, und danach zerbricht der Bräutigam das Glas, das ihm unter den Fuß gelegt wird.»

«Muss das sein, das Zerbrechen des Glases?», fragte Edie.

Der Rabbi sah überrascht aus. «Haben Sie etwas dagegen?»

«Ach, es kommt mir so albern vor, so – primitiv.»

Er nickte. «Es ist eine Tradition, die möglicherweise wirklich in primitive Zeiten zurückreicht. Ganz bestimmt ist es eine alte Überlieferung, so alt sogar, dass ihr Grund verloren gegangen ist. Natürlich gibt es Mutmaßungen, die verbreitetste davon ist, dass sie uns an die Zerstörung des Tempels erinnert. Oder, dass sie bedeutet, dass selbst in Glück und Freude Trauer enthalten ist. Um ehrlich zu sein, ich finde keine der beiden Erklärungen sehr überzeugend. Ich sehe es lieber als ein Symbol. So wie das Glas, aus dem Braut und Bräutigam gemeinsam getrunken haben, nun zerbrochen ist, so kann keiner mehr in die eben geschlossene Einheit eindringen. Lassen wir es dabei, dass es eine Tradition ist, nicht sinnvoller als das Tragen des Eherings an der linken Hand. Aber es ist eine Tradition, die seit Jahrhunderten für jüdische Hochzeiten charakteristisch war, und darum behalten wir sie bei.» Er wandte sich an Mrs. Chernow. «Ich kann Ihnen einen Zweck sagen, dem es dient, und dem dient es sehr gut: Es ist ein dramatischer Höhepunkt der Feierlichkeit. Der Bräutigam zerbricht das Glas, und alle sagen *Massel Tow,* viel Glück, und der Bräutigam küsst die Braut, und dann ist es zu Ende. Sie sind verheiratet.»

«Es ist nur so, dass der junge Mann hinkt», sagte Mrs. Chernow.

«Ach?», fragte der Rabbi. «Und Sie glauben, er könnte das Glas nicht mit dem Fuß zertreten?»

«Mutter! Natürlich kann er das!», fauchte Edie wütend.

«Na, dann ist das ja kein Problem», sagte der Rabbi hastig und fuhr eilig fort: «Danach gehen alle nach unten in das Vorzimmer vom Gemeindesaal. Jetzt gehen Braut und Bräutigam natürlich voran, und die ganze *chupe*-Gesellschaft folgt ihnen. Ich nehme an, dass Sie einen kleinen Imbiss und Getränke vor dem Dinner anbieten werden. Das Gratulationszeremoniell könnten Sie dann dort abhalten. Bis jeder gratuliert hat, werden die Leute von Lubovnik fertig sein und die Türen vom Vorraum zum Saal öffnen, was das Zeichen ist, dass das Essen serviert werden soll. Sie können sich darauf verlassen, dass sie sich genau an die abgesprochenen Zeiten halten. Sie machen das sehr gut und haben auch viel Erfahrung damit.»

«Ja, aber wir sind nicht bei Lubovnik», sagte Edie.

«Nein?»

«Wir nehmen Stillman's aus Boston.»

«Von denen hab ich, glaube ich, noch nie gehört. Sind sie neu?»

Edie lachte fröhlich. «Wohl kaum, Rabbi. Sie machen das schon sehr lange. Sie kennen doch sicher das Restaurant Stillman in Boston?»

«Ah, ja, *davon* hab ich gehört. Aber ich hatte immer die Vorstellung, dass das kein jüdisches Restaurant wäre und ganz bestimmt nicht koscher.»

«Ja, natürlich nicht, Rabbi –»

«Dann können sie in unserer Synagoge nicht servieren, Miss Chernow. Unsere Küche ist koscher.»

«Aber das ist doch lächerlich», rief Edie. «Ich hab schon alles arrangiert.»

«Dann müssen Sie es wieder rückgängig machen», sagte der Rabbi leise.

«Und das Geld, das wir im Voraus gezahlt haben, zum Fenster hinauswerfen?», fragte Mrs. Chernow entrüstet.

Die Finger des Rabbi trommelten leise auf dem Schreibtisch. «Das ist auch nicht schlimmer als das Geld, das Sie in den verflossenen Jahren für die Tempelgebühren gezahlt haben.»

«Tempelgebühren? Was meinen Sie damit?»

«Wenn Sie in den Jahren, in denen Sie hier wohnen, nicht das Prinzip begriffen haben, nach dem unsere Synagoge arbeitet, dann waren alle Ihre Jahresbeiträge doch eigentlich auch zum Fenster hinausgeworfen.»

Roger Fine, schlank und braun gebrannt, hatte die langen Beine im Wohnzimmer der Chernows ausgestreckt und klopfte mürrisch mit seinem Stock auf die Seite seines Schuhs, während er Edies Bericht über die Begegnung mit dem Rabbi folgte. Mit vor Entrüstung gepresster Stimme sagte sie: «… und der Mann hatte den Nerv, ja die Unverfrorenheit, uns glatt ins Gesicht zu sagen, dass das Geld, das mein

Vater jedes Jahr für die Synagoge gezahlt hat, praktisch verschwendet worden wäre. Ich hab den ganzen Nachmittag am Telefon gehangen und im Umkreis von zwanzig Meilen überall herumtelefoniert, um für den Abend noch einen Saal zu mieten, aber es war schon alles vergeben. Und wenn sie nicht vergeben waren, dann kochen sie da selber. Dazu kommt noch das Problem, dass wir allen schreiben müssten, um den neuen Ort anzugeben, und wir müssten einen anderen Rabbi auftreiben. Ich hab sogar schon daran gedacht, dass wir uns irgendeinen Friedensrichter suchen sollten. Ach, Roger, ich bin ganz verzweifelt!»

Roger Fine wusste, dass er sie nun in die Arme nehmen und beruhigen sollte, aber er blieb stumm und starrte weiter seinen Schuh an. Endlich sagte er: «Meine Leute würden uns sicher nicht für richtig verheiratet halten, wenn wir zum Friedensrichter gingen.» Er ließ den Stock auf dem Teppich kreisen. «Sie kommen zur Hochzeit extra von Akron angereist. Ich hoffe, dass sie dir gefallen, wenn du sie kennen lernst, und dass sie dich mögen. Und ich hoffe, dass sie mit deiner Familie gut zurechtkommen. Natürlich sind sie ein bisschen älter als deine Leute und auch ein bisschen altmodisch. Sie gehen in eine orthodoxe Synagoge, und meine Mutter kocht zu Hause koscher. Ich glaube nicht, dass sie das Beef Stroganoff essen würden, das du bestellt hast. Aber es ist auch möglich, dass sie sich überwinden und es essen, weil sie am Haupttisch sitzen und die Hochzeit ihres Sohnes nicht verderben wollen. Wahrscheinlicher ist allerdings, dass sie nur Brötchen mit Butter und den Salat und das Kompott essen. Sie machen bestimmt kein Theater. Das liegt ihnen nicht. Aber was glaubst du, wie ich mir vorkommen würde?»

Natürlich machte die Geschichte die Runde. Am Sonntag, als die Mitglieder des Direktoriums im Flur des Tempels auf den

Beginn ihrer Sitzung warteten, sprachen sie darüber. Norman Phillips' Kommentar war sehr typisch: «Das sieht unserem Rabbi ähnlich.» Er tippte sich mit dem Zeigefinger an den Kopf. «So einfallslos. Er soll ja wohl ein gebildeter Mann sein, und vermutlich ist er das auch, weil er Rabbi ist, aber sehr geschickt ist er sicher nicht.»

«Ja, um Gottes willen, Norm, was soll er denn machen? Du weißt auch, dass unsere Regeln eine streng koschere Küche im Tempel verlangen. Und wenn du Gerichte nimmst, die nicht koscher sind, dann sind, wenn ich das richtig begriffen habe, automatisch alles Geschirr und alle Töpfe und Pfannen nicht mehr koscher. Willst du dann bei der nächsten Hochzeit oder beim nächsten Bar-Mizwa, das stattfinden soll, das ganze Geschirr neu kaufen? Es geht also nicht, dass du eine einmalige Ausnahme machen kannst. Wenn du nicht koschere Gerichte in der Küche zubereitest, dann ist's passiert. Von da an ist die Küche nicht mehr koscher. Aber selbst wenn du eine Ausnahme machen könntest, warum gerade für Chernow?»

«Wer sagt denn, dass wir eine Ausnahme machen sollten? Ich rede doch nur von der Art, wie der Rabbi das gemacht hat. Wir haben doch ein Hauskomitee, oder nicht? Nate Marcus ist der Vorsitzende, ja?»

«Ja. Und?»

«Wenn der Rabbi etwas geschickter gewesen wäre, hätte er gesagt –» und nun ahmte er die Stimme des Rabbi nach – «‹Sie müssen verstehen, Miss Chernow, dass alles, was mit der Benutzung der Einrichtungen zu tun hat, vom Hauskomitee gebilligt werden muss, und der Vorsitzende ist meines Wissens Nathaniel Marcus. Das betrifft auch jeden Restaurationsbetrieb, der bisher noch nicht an uns geliefert hat. Unsere Hausordnung verlangt, dass das Hauskomitee ihn vorher gutheißt. Wenn es Ihnen recht ist, werde ich Mr. Marcus anrufen und einen Termin ausmachen, wann Sie mit ihm sprechen können.›»

«Dann hätte Nate ihr das abschlagen müssen, nicht wahr?»

«Aber darum geht es doch. Nate ist kein Angestellter, der für ein Gehalt arbeitet und eines Tages die Stimme eines Gemeindemitglieds brauchen könnte. Auf die Art hat sich der Rabbi die Chernows zu Feinden gemacht, und das Letzte, was der Rabbi in dieser Gemeinde brauchen könnte, ist ein weiterer Feind.»

Weil das Wetter so mild war, hatte der hinfällige alte Jacob Wasserman, der erste Präsident der Synagoge, den Mut gefasst, an der Sitzung teilzunehmen. Er war von seinem Freund Al Becker abgeholt worden, und obwohl sie nun abseits von den anderen standen, hatten sie das Gespräch mitgehört.

«Ich gebe nicht viel auf einen Angeber wie Norm Phillips», stellte Becker leise grollend fest, «aber so Unrecht hat er nicht. Warum muss der Rabbi sich immer so weit vorwagen?»

Wasserman lächelte. «Was ist ein Rabbi, Becker? Ein Rabbi ist ein Lehrer. Als ich damals in der alten Heimat in die Schule gegangen bin, war der Lehrer der Boss – nicht so wie hier. Manchmal, wenn man vielleicht frech war oder etwas Dummes sagte, bekam man eine Ohrfeige vom Lehrer. Du kannst mir glauben, ich hab als Junge oft Ohrfeigen bekommen.» In der Erinnerung vertiefte sich das Lächeln. «Aber Fehler, für die man Schläge bekam, Becker, die hat man nicht noch einmal gemacht.»

«Mag sein. Aber weißt du, was ich glaube? Ich glaube, dem Rabbi ist das inzwischen ganz schnurz.»

Wasserman nickte traurig. «Ja, das kann auch sein.»

2

Der Anruf kam Mitte September, gleich nach den hohen Feiertagen; er kam völlig unerwartet. Als die Stimme am Telefon sich als Bertram Lamden vorstellte, verband Rabbi Small ihn nicht sofort mit Rabbi Lamden, dem schnurrbärtigen, dunkelhäutigen jungen Mann, dem Hillel-Direktor an der Universität von Massachusetts, den er zum ersten Mal beim Treffen des Rabbinischen Rates für Groß-Boston vor ein paar Wochen getroffen hatte.

«Ich habe in den letzten Jahren eine Vorlesung über ‹Jüdisches Denken und Jüdische Philosophie› am Windemere College hier in der Stadt gehalten», sagte Lamden, «aber in diesem Semester kann ich nicht. Ich habe mir die Freiheit genommen, Sie an meiner Stelle vorzuschlagen.»

«Wie sind Sie denn auf mich gekommen?», fragte Rabbi Small.

Er lachte kurz auf. «Um die Wahrheit zu sagen, Rabbi, weil der Dean des College zufällig in Ihrer Stadt wohnt. Kennen Sie sie vielleicht? Millicent Hanbury?»

«Ich glaube, das ist hier ein bekannter Name. In der Stadt gibt es eine Hanbury Street.»

«Ja. Also, es handelt sich um drei Wochenstunden, es ist in Boston, Sie brauchen also nicht ganz eine Stunde dorthin und bekommen dafür 3500 Dollar. Wollen Sie nicht mal anrufen?»

Rabbi Small fragte, wie es käme, dass sie eine Vorlesung über jüdische Philosophie hätten.

Lamden lachte. «Ach, die haben viele jüdische Studenten aus unserer Gegend und aus dem Gebiet New York / New Jersey. Windemere hat keinen großen Ruf, aber das akademische Niveau ist ordentlich.»

«Sie ist *der* Dean? Der Dekan der Fakultät?»

«Ja, richtig. Es war früher ein reines Mädchen-College, das sich aus einem Pensionat für höhere Töchter entwickelt hat, wie sie um die Jahrhundertwende in den Neu-England-Staaten große Mode waren. Seit etwa zehn Jahren haben sie Koedukation, aber die weiblichen Studierenden sind immer noch in der Überzahl. Aber vielleicht sprechen Sie erst mal mit ihr. Sie können sich ganz frei entscheiden.»

«Pensionat für höhere Töchter», «Neu-England», «Dean» und «Jahrhundertwende» hatten in seinen Gedanken ein Bild von Millicent Hanbury heraufbeschworen. Er sah sie als hagere, lange alte Jungfer vor sich, mit sorgfältig frisierten grauen Haaren und einem Kneifer an einer Goldkette. Nachdem er sie angerufen und ihre leise Altstimme am Telefon gehört hatte, reduzierte er ihr geschätztes Alter und stellte sie sich als adrette, geschäftstüchtige, moderne Frau vor, die klassische Schneiderkostüme bevorzugte.

Es war ein schöner Tag, und obwohl die Adresse, die sie ihm angegeben hatte, ziemlich weit entfernt war, beschloss er, zu Fuß zu gehen. Beim Anblick des alten, weiträumigen Hauses mit seinen Türmchen, Giebeln und unsinnigen Veranden mit den hundert Jahre alten Holzverzierungen, der wild wuchernden Büsche und des rissigen Betonpfades, der zu einer eichenen Haustür führte, die längst hätte gebeizt werden müssen, revidierte er die Schätzung ihres Alters abermals und machte sie wieder älter. So war es beinahe ein Schock, als eine sehr anziehende Frau von höchstens Anfang dreißig ihm die Tür öffnete und ihm fest die Hand schüttelte.

Sie war groß und schlank, und das kurze, dunkle Haar war so sorgsam verwuschelt, wie es nur ein sehr guter Friseur fertig bringt. Mit freimütigem Blick aus den schönen grauen Augen gestand sie: «Um ehrlich zu sein: Wir sind etwas in der Bredouille, Rabbi. In den vergangenen drei Jahren hat Rabbi Lamden auf der Basis eines Jahresvertrags die Vorlesung gehalten. Wir haben einfach damit gerechnet, er würde dieses Jahr wieder zur Verfügung stehen. Aber dann hat er uns mitgeteilt, dass er eine Reisegruppe nach Israel führen würde. Oh, ich mache ihm keine Vorwürfe», fügte sie hastig hinzu. «Wir hätten uns früher bei ihm melden müssen. Im Grunde ist es mein Fehler gewesen.»

Sie bot ihm einen Stuhl an. Auf einem anderen lag das Strickzeug, das sie aus der Hand gelegt hatte, als sie ihm die Tür öffnete. Sie wollte es forträumen, aber er sagte: «Meinetwegen brauchen Sie nicht damit aufzuhören.»

«Ja? Macht es Ihnen wirklich nichts aus?»

«Ich sehe gern zu, wenn eine Frau strickt. Meine Mutter strickt mit Begeisterung.»

«Heute ist das nicht mehr so üblich wie früher.» Sie setzte sich, nahm das Strickzeug auf den Schoß und erklärte ihm zur freundlichen Begleitmusik klickender Nadeln: «Es sind Weihnachtsgeschenke für Neffen und Nichten. Obwohl ich immer sehr früh damit anfange, werde ich am Ende nur knapp damit fertig. Ich hab immer drei oder vier Sachen gleichzeitig in Arbeit. Jedes ist in einem Extrabeutel an einem Platz, wo ich öfter sitze, damit ich es in der Nähe habe, wenn mir Zeit dafür bleibt. Ein Geschenk wird meistens viel mehr gewertet, wenn es selbst gemacht ist, finden Sie nicht auch?»

Während sie strickte, erzählte sie ihm über das College. Es gab etwas unter zweitausend Studenten, und das Verhältnis Schüler zu Lehrer war zwölf zu eins. «Das heißt nun natürlich nicht, dass unsere Kurse im Durchschnitt von zwölf Teilnehmern belegt werden, weil natürlich immer mehrere unserer Lehrer in Urlaub sind und viele nur eine einzige Vorlesung halten. Die Vorlesung über Jüdische Philosophie wird etwa von fünfundzwanzig bis dreißig Studenten belegt. Halten Sie das für sehr viel? Einige der jüngeren Lehrer fühlen sich überfordert, wenn es mehr als zwanzig sind. Andererseits überschneidet sich natürlich viel, und Sie haben in einer Vorlesung nie alle beisammen, die belegt haben.»

«Es sind doch drei Stunden in der Woche?»

«Ja, Rabbi Small. Montags und mittwochs um neun, freitags um eins. Tut mir Leid wegen der Zeit am Freitag. Am Freitagnachmittag stehen nur zwei Vorlesungen auf dem Stundenplan, und leider trifft es gerade Ihre Vorlesung, aber wegen der Raumnot ließ es sich nicht anders einrichten.»

«Was ist am Freitagnachmittag so schlecht?»

Sie sah von ihrem Strickzeug auf. «Ach, wissen Sie, die jungen Leute wollen gern früh zum Wochenende aufbrechen und schwänzen am Freitag besonders oft.»

«Solange ich um zwei Uhr fertig bin, hab ich nichts gegen den Freitag», sagte er. «Alles, was später ist, wäre schwierig, weil der Sabbat im Winter so früh einsetzt.»

«Natürlich.» Sie nickte verständnisvoll. «Dann dürfen wir also dieses Jahr mit Ihnen rechnen, Rabbi?»

«Ja, ich muss nur noch das Direktorium der Synagoge unterrichten.» Er sah, dass sie ein enttäuschtes Gesicht machte, und lächelte. «Es ist eine Formalität, aber ich muss es ihnen mitteilen. Natürlich, falls sie ernsten Widerspruch ...»

«Wie bald können Sie mir eine definitive Antwort geben?»

«Sie treffen sich am Sonntagvormittag. Ich könnte Ihnen abends Bescheid geben.»

«Gut. Wenn dann alles in Ordnung ist, könnten Sie am Montag zum Fakultätstreffen kommen und Präsident Macomber kennen lernen; und ich werde Sie mit sämtlichen Formularen ausrüsten, die Sie ausfüllen müssen.»

Erst als er nach etwa einer Stunde wieder fortging, wurde ihm klar, dass sie ihn nicht nach seiner Qualifizierung gefragt hatte. Aber wahrscheinlich hatte Rabbi Lamden sie darüber aufgeklärt, welche akademischen Grade ein Rabbinat erforderte. Ebenfalls hatte sie nicht mit ihm über das Thema der

Vorlesung diskutiert oder darüber, wie er den Unterricht gestalten wollte. Möglicherweise fühlte sie sich nicht kompetent. Andererseits hatte auch er ihr nicht viele Fragen gestellt. Er grinste vor sich hin. Vielleicht lag ihm ebenso viel am College wie dem College an ihm.

Ein Streifenwagen der Polizei hupte und hielt neben ihm an. Das kantige rote Gesicht von Hugh Lanigan, dem Polizeichef von Barnard's Crossing, tauchte im Fenster auf. «Sollen wir Sie nach Hause fahren, Rabbi?» Als der Rabbi einstieg, fuhr er fort: «Ich hab Sie aus dem Hanbury-Haus kommen sehen. Wollen Sie etwa Millie bekehren?»

«Ach, kennen Sie sie?»

«Wie oft muss ich Ihnen noch erklären, dass ich jeden in dieser Stadt kenne oder zumindest über ihn informiert bin», entgegnete Lanigan grinsend. «Das gehört zu meinem Beruf. Die Hanburys sind eine alte Familie aus Barnard's Crossing, und Millie kenne ich seit ihrer Geburt.»

«Sie scheint eine sehr nette junge Frau zu sein. Ich habe gerade überlegt, warum sie ganz allein in einem so riesigen alten Kasten lebt.»

«Und Sie waren bei ihr, um sie das zu fragen?»

Der Rabbi lächelte. «Nein, nein. Das war nur ein ganz privater Nebengedanke.»

«Na, vielleicht kann ich Ihnen darauf die Antwort geben. Sie lebt dort, weil sie dort geboren ist. Es ist das Hanbury-Haus, und sie ist eine Hanbury. Es ist – ja – es ist eine Frage des Stolzes.»

«Was spielt der Stolz dabei für eine Rolle?»

«Es ist eine Frage des Herkommens», sagte Lanigan und fuhr langsamer, um einem radelnden Botenjungen auszuweichen. «Die Hanburys sind seit der Kolonialzeit bedeutende Leute in dieser Gegend gewesen. Josiah Hanbury war Captain der Bürgerwehr. Sein Name steht auf einer Bronzetafel im Rathaus. Er hatte ein eigenes Boot und hat als Kaperkommandant am Revolutionskrieg teilgenommen.» Lanigan lachte. «Setzen Sie statt Kaperkommandant roter Korsar, und dann stimmt es vermutlich auch. Auf jeden Fall hat es Geld eingebracht. Später waren die Hanburys im Walfang und noch später im Molasse-Rum-Sklaven-Handel. Die Hanbury-Schifffahrtsgesellschaft hat im Ersten Weltkrieg nicht schlecht verdient. Heute gibt es immer noch eine Firma Hanbury Shipping, aber sie haben keine Schiffe mehr. Es ist jetzt eine Versicherungsgesellschaft und ein Kommissionsgeschäft; die Aktien werden an der New Yorker Börse gehandelt. Sitz der Firma ist natürlich Boston; sie ist für Barnard's Crossing zu groß geworden. Alle Hanburys hatten und haben Geld. Alle, nur nicht Arnold Hanbury, Millies Vater. Sein Zweig der Familie war nie so wohlhabend und hat wohl auch nie Glück gehabt. Aber er war ein Hanbury, das durfte keiner außer Acht lassen.

Das Haus, Rabbi, hat ihn fast an den Rand des Bankrotts gebracht, aber natürlich musste er ein großes Haus haben, weil er ein Hanbury war. Millie aber konnte nicht mit ihren reichen Cousinen und deren Freundinnen spielen – sie hatten als Kinder Ponys und, als sie größer wurden, Segelboote, und dann eigene Autos und danach Reisen nach Europa – für Millie war das alles nicht möglich. Dennoch durfte sie nicht mit den anderen Kindern aus der Stadt spielen. Sie war eben eine Hanbury.»

«Aber in der Schule hat sie doch sicher …»

Lanigan schüttelte entschieden den Kopf. «Sie begreifen das mit den Hanburys immer noch nicht. Ihre Cousinen waren alle in privaten Internaten, nur sie musste in eine öffentliche Schule gehen, weil Arnold Hanbury sich nichts anderes erlauben konnte. Aber sie durfte sich mit dem gemeinen Volk nicht abgeben. Sie hatten eine alte Frau, die bei ihnen arbeitete, vermutlich für kaum mehr als Wohnung und Verpflegung – Nancy – Nancy Sowieso – es wird mir schon wieder kommen. Auf jeden Fall gehörte es zu ihren Aufgaben, am Schultor auf Millie zu warten und sie sofort nach Schulschluss nach Hause zu schleifen.»

«Und was war mit dem College?»

«Da war auch nichts. Sie war auf einem College in Boston und fuhr jeden Tag hin und her. Es war eine reine Mädchenschule, in der hauptsächlich Sport unterrichtet wurde. Wenn aber ein Mädchen einen Mann kennen lernen will, muss es dahin gehen, wo es Männer gibt, stimmt's? Viele Männer. Und ich kann mir nicht denken, dass es viel hilft, wenn man Absolventin einer Turnlehrerinnenschule ist. Eher könnte das die Männer in die Flucht treiben. Stellen Sie sich vor, ein Mann macht sich an ein Mädchen ran. Das Schlimmste, womit er rechnet, ist eine Ohrfeige. Aber wenn sie eine ausgebildete Sportlerin ist, könnte es leicht mit einem Kieferbruch enden.» Lanigan lachte heiser. «Ich hätte selber eine Mordsangst. Die beiden Sportlehrerinnen an der High School sind übrigens auch nicht verheiratet.»

«Es ist immerhin erstaunlich, dass sie es mit einem Sportlehrer-Diplom bis zum Dean gebracht hat», stellte der Rabbi fest.

«Warum? Was macht denn so ein Dean?»

«Na, er ist Dekan einer Fakultät», sagte der Rabbi, «und meistens wird das nur ein anerkannter Wissenschaftler.»

«Könnte da Ihre Meinung nicht ein wenig veraltet sein, Rabbi? Ich kenne den Dean des College von Lynn. Der war vor etwa sechs Jahren Lehrer für Werkunterricht und Trainer der Footballmannschaft an der hiesigen High School. Meines Wissens wollen sie heutzutage Leute, die sich durchsetzen können und mit den Studenten fertig werden.»

Während sie weiterfuhren, erzählte ihm der Rabbi von Dean Hanburys Angebot.

«Und Sie wollen es annehmen?»

«Ich glaube schon. Es ist eine interessante Abwechslung.»

«Was sagt denn Miriam dazu?»

«Ich hab noch nicht mal mit ihr darüber gesprochen.»

Als der Rabbi über den Lehrauftrag berichtete, gab es wenig Schwierigkeiten. Natürlich wäre es keine Vorstandssitzung des Synagogendirektoriums gewesen, wenn es keine Fragen gegeben hätte.

«Was ist, wenn es an dem Tag, wo Sie unterrichten, eine Beerdigung gibt, Rabbi?»

«Dann benachrichtige ich meine Studenten, dass ich nicht kommen kann.»

«Was ist mit dem *minjan,* Rabbi? Bedeutet das, dass Sie an den Tagen, an denen Sie in Boston sind, nicht teilnehmen können?»

«Nicht unbedingt. Übrigens verlangt meine Rolle als Rabbi nicht, dass ich immer als zehnter Mann beim täglichen *minjan* fungieren muss. Es scheint ja auch ohne mich sehr gut zu gehen, wenn ich jetzt mal verhindert bin.»

Nachdem er sie verlassen hatte, und sie zum Parkplatz zu ihren Autos gingen, sagten sie, was sie wirklich dachten.

«Mir ist aufgefallen, dass der Rabbi immer nur vom Windemere College gesprochen hat. In Wirklichkeit heißt es Christliches College Windemere. Vielleicht bin ich altmodisch, aber mir kommt es komisch vor, dass ein Rabbi an einem christlichen College unterrichten soll.»

«Heutzutage hat das gar nichts zu sagen. Heute gehen Jungen auf Mädchenschulen und Mädchen auf Jungenschulen. Und jüdische Kinder gehen sogar auf katholische Schulen.»

«Ja, aber muss dieses *Christlich* gleich noch im Namen stehen! Wenn es, sagen wir mal, *Notre Dame* hieße, würde ich ja nichts sagen.»

«Notre Dame! Weißt du, was das bedeutet? Es heißt ‹Unsere Dame›. Und du wirst ja wohl wissen, welche Dame damit gemeint ist?»

«Na und? Ich meine, da merkt man es nicht gleich am Namen. Außerdem war Maria ja wohl ein jüdisches Mädchen, wie?»

Sie lachten. Dann brachte ein anderer einen neuen Einwand auf. «Mich stört nur die Art, in der er es uns erzählt hat. Er verkündet einfach, dass er unterrichten wird. Er fragt uns nicht. Er teilt es uns einfach mit.»

«Glaubst du, dass er dafür bezahlt wird?»

«Soll das ein Witz sein? Hast du schon mal von einem Rabbi gehört, der was umsonst macht?»

«Ich kann nur sagen, dass er hier ganztägig beschäftigt ist. Wenn er also Geld bezahlt bekommt, soll er es, bei Gott, unserem Schatzmeister geben. Wenn ein Ingenieur beim E-Werk von General Electrics eine Erfindung macht, gehört sie General Electrics.»

«Ja, ja, und das glaubst du?»

«Nein, aber ich meine, jemand sollte ihn fragen.»

«Gut. Ich setze dich an die Spitze eines Ein-Personen-Ausschusses.»

«Ich rede nicht von mir. Der Präsident oder der Schatzmeister müssten das übernehmen.»

«Mann, das machen die doch andauernd. Wenn die irgendwohin fahren, um einen Vortrag zu halten, geben sie dann das Geld ab? Und einige von diesen progressiven Rabbis reden mehr außerhalb des Tempels als darin.»

«Mir wäre es gar nicht so unlieb, wenn ein paar von den Predigten des Rabbi draußen gehalten würden, um ehrlich zu sein.»

Sie lachten vor sich hin.

«Wenn es noch Harvard oder das Massachusetts Institute of Technology wäre», bemerkte Norman Phillips, der mit Werbung zu tun hatte. «Das würde der Synagoge Ansehen verschaffen. Aber Windemere?» Er machte eine abfällige Geste. Obwohl Norm schon Mitte vierzig war, kleidete er sich sehr modern: zweifarbige Schuhe, eine weit ausgestellte Hose, die auf der Hüfte saß und von einem breiten Ledergürtel mit einer schweren Messingschnalle gehalten wurde. Das lange Haar war nicht von einem Friseur, sondern von einem Haar-Stylisten geschnitten. Seine Meinungen hatten bei den anderen Mitgliedern des Vorstands ein gewisses Gewicht, da sie vermuteten, er wisse, was die jungen Leute aus der Gemeinde dachten.

«Was stimmt denn nicht an Windemere?», fragte Malcolm Selzer kriegerisch. «Mein Abner studiert da, und er sagt, es ist ein verdammt gutes College. Und er sollte es wissen, weil er im ersten Jahr in Harvard war, und ihm gefällt Windemere besser.» Malcolm Selzer war seiner Kleidung nach bestimmt nicht auf der Höhe der Zeit. Im Kühlschrank-Geschäft, wo man andauernd im Laden schwere Modelle herumschieben oder sogar beim Verladen Hand anlegen musste, war es schon schwierig genug, die Anzüge sauber und unzerknautscht zu halten.

«Hat dein Abner nicht in der Zeitung gestanden, als damals die Bombe hochgegangen ist? Mir ist so, als hätte er eine Stellungnahme der Studentenorganisation verkündet.»

Malcolm Selzer nickte stolz. «Ja, das hat er. Er hatte natürlich nichts damit zu tun, aber in der Studentenorganisation ist er ein großes Tier. Er hat dauernd Verhandlungen mit den Fakultätsausschüssen und der Verwaltung. Die heutige Jugend beteiligt sich an allem; es ist anders als früher bei uns.»

Miriam, die Frau des Rabbi, hatte ebenfalls Fragen. Sie war winzig, und die Last der blonden Haare schien sie fast aus dem Gleichgewicht zu bringen. Sie hatte große blaue Augen, die ihrem Gesicht etwas Treuherziges gaben, aber der festgeformte Mund und das kleine, runde Kinn sprachen von Energie. «Bekommst du deswegen vielleicht Ärger mit dem Vorstand, David?»

«Das glaube ich nicht. Auf jeden Fall werde ich damit fertig.»

«Aber es bedeutet zusätzliche Arbeit für dich?»

«Gar nicht so schlimm. Hin und wieder werde ich Arbeiten korrigieren müssen. Aber die Vorbereitung der Vorlesungen braucht nicht viel Zeit.»

Sie fragte dann, ob er sich wirklich darauf freue, oder ob es ihm nur um das Geld gehe.

«Ach, das Geld ist schon sehr nützlich. Es ermöglicht uns leicht die nächste Reise nach Israel.»

«Und einen neuen Teppich fürs Wohnzimmer?»

Er lachte. «Und einen neuen Teppich fürs Wohnzimmer.»

«Auf jeden Fall ist es für dich mal was anderes. Es ist nur so ...» Sie zögerte.

«Was ist?»

«Na, ich kenn dich doch. Ich weiß, dass es dir nicht um das Geld geht. Du möchtest gern unterrichten, nicht wahr?»

«Und?»

«Ach, ich hoffe nur, dass du nicht enttäuscht wirst. Die Colleges und die Studenten haben sich seit deiner Zeit sehr verändert.»

«Ach, das glaube ich nicht», sagte er zuversichtlich. «Im Grunde sicher nicht.»

3

Dean Hanbury lenkte den Wagen scharf um die Kurve, dann in eine enge Durchfahrt hinter zwei Reihen von Mietshäusern, bog nochmals ab und bremste schließlich vor dem Schutzgitter einer Reihe von Kellerfenstern ab.

«Ist das der Parkplatz der Schule?», fragte der Rabbi überrascht. Dean Hanbury hatte ihn mitgenommen, um ihm den Weg zu zeigen.

«Das ist *mein* Parkplatz», sagte sie und deutete auf ein kleines Holzschild, auf dem ihr Name stand. «Zumindest ist es meiner, seit wir vor ein paar Jahren dieses Wohnhaus auch übernommen haben. Ich finde ihn sehr praktisch, weil ich bei schlechtem Wetter durch die Hintertür gehen kann und dann genau gegenüber auf der anderen Seite der Straße der Eingang zum Verwaltungsgebäude liegt.»

Sie stiegen die Stufen des Verwaltungsgebäudes hinauf, das durch die Sandsteinplatten und roten Ziegelmauern sehr offiziell wirkte, während alle anderen Schulgebäude wie Wohnhäuser aussahen. «Dies ist das einzige echte Collegegebäude», erklärte sie. «Nachdem wir so angewachsen sind, haben wir hier draußen neu gebaut und nach und nach die angrenzenden Wohnhäuser aufgekauft.»

«Sind das denn alles Wohnheime für die Studenten?»

«O nein. Wir haben sie umgebaut. Das Haus da drüben kommt auch bald an die Reihe. Im obersten Stock sind die Mieter zwar schon ausgezogen, aber sie haben noch Möbel in den Wohnungen. Und dann wohnt Professor Hendryx dort. Im ersten Stock. Das hat sich ergeben, als er aus dem Süden zu uns kam und hier noch keine Wohnung gefunden hatte.»

Sie führte ihn eine breite Treppe mit einem schweren Mahagonigeländer hinauf. «Übrigens werden Sie sich mit ihm ein Büro teilen müssen. Der arme Mann ahnt noch nichts davon, aber ich weiß einfach nicht, wo ich Sie sonst unterbringen könnte. Professor Hendryx ist kommissarischer Leiter der englischen Abteilung. Ich glaube, dass er Ihnen gefallen wird. Übrigens stammt er ursprünglich auch aus Barnard's Crossing. Da haben Sie schon etwas Gemeinsames.»

Sie schloss ihr Büro auf. «Meine Sekretärin hat die Woche zwischen den Trimestern frei», sagte sie. «Im Augenblick ist es hier wie in einer Leichenhalle, aber sobald der Unterricht beginnt, wimmelt es hier im Haus und in der Umgegend nur so von jungen Leuten. Sie haben Glück, wenn Sie einen Parkplatz finden. Es ist wichtig, dass Sie das einkalkulieren, denn Ihre Studenten warten nur acht Minuten nach dem offiziellen Beginn. Verlassen Sie sich drauf: Wenn Sie erst nach neun Minuten kommen, sind alle fort.»

Sie schüttelte den Kopf. «Ich verstehe es nicht. Wenn sie noch ein bestimmtes Ziel hätten; aber meistens sitzen sie nur vor dem Haus auf der Treppe. Aber sie bleiben nicht im Zimmer, selbst wenn sie Sie auf der Straße kommen sehen. Sie sind heute alle so ungeduldig. Allerdings hat sich bei uns die Lage im letzten Jahr wesentlich beruhigt. Die Änderung der Gesetze über die Wehrpflicht spielt dabei sicher eine große Rolle. Natürlich haben wir von Zeit zu Zeit noch Studentenunruhen, aber mit den Jahren 1968 und 1969 lässt sich das nicht mehr vergleichen. Trotzdem hatten wir voriges Jahr noch einen Bombenanschlag. Das haben Sie sicher in den Zeitungen gelesen.»

«Ja, ich erinnere mich.»

«Unsere Studenten hatten nichts damit zu tun, da bin ich ganz sicher», beeilte sie sich zu versichern. «Die Polizei nimmt an, dass die Tat von Außenstehenden begangen wurde, wahrscheinlich von der Weathervane-Gruppe. Natürlich könnten einige unserer Studenten Mitglieder sein. – Und wenn Sie mich nun entschuldigen würden. Ich muss mich um die Post kümmern. Nein, erst will ich sehen, ob Präsident Macomber frei ist.»

Sie telefonierte. «Ella? Dean Hanbury. Ist Präsident Macomber schon im Hause? So? Ja. Gut, ich bin mit Rabbi Small in meinem Büro. Sagen Sie mir Bescheid, ja?»

Sie legte auf. «Er ist im Augenblick beschäftigt.»

Jemand klopfte an die halb offene Tür, und dann streckte ein Monteur mit einem Werkzeugkasten den Kopf herein. «Is das das Büro von Professor Hendryx?»

«Nein», sagte Dean Hanbury. «Nebenan. Aber er ist sicher noch nicht da.»

«Macht nichts, *ma'am*. Ich kann hier anfangen. Ich muss Ihre Leitung anzapfen.» Der Mann folgte mit fachmännischem Blick dem Telefondraht, der hinter ihr an der Wand nach oben ging, am Schrankrand entlanglief und der Bilderleiste folgte. «Sein Büro liegt also direkt hinter der Wand?»

«Ja.» Von der anderen Seite der Wand war ein lauter Bums zu hören. «Aha, dann ist er gerade gekommen», sagte sie. «Kommen Sie mit, Rabbi, ich mache Sie gleich mit ihm bekannt.»

Sie gingen über den Flur und bogen in einen Seitenteil ab. Sie blieb vor einer Tür stehen, deren Milchglasscheibe von einem Riss durchzogen war. «Die muss ausgewechselt werden», sagte sie mechanisch, als hätte sie es schon sehr oft gesagt.

Sie klopfte, und Professor Hendryx öffnete ihnen. Er war mittelgroß und trug einen Van-Dyke-Bart, der die volle, sinnliche Unterlippe betonte. Aus dem einen Mundwinkel hing eine Pfeife. Die dunklen Augen wirkten durch die getönten Gläser der dicken Schildpattbrille noch dunkler. Er trug eine sportliche Hose und ein Tweedjackett mit Lederflecken auf den Ellbogen. Der Hemdkragen war offen, darunter trug er einen absichtlich leger geknoteten Seidenschal. Der Rabbi schätzte ihn etwas älter als sich ein, vielleicht achtunddreißig oder sogar vierzig.

Dean Hanbury machte die beiden Männer bekannt und sagte dann: «Tut mir Leid, John, aber Sie und der Rabbi müssen sich das Büro teilen. Wir haben keinen Raum mehr frei. Mr. Raferty muss noch einen Schreibtisch hereinstellen.»

«Wohin?», fragte Hendryx überrascht und ärgerlich. «In diesem Loch kann man sich so schon nicht mehr umdrehen. Wenn Sie noch einen Schreibtisch reinstellen, bleibt nicht mal ein Durchgang frei. Sollen wir über die Tische klettern, wenn wir uns setzen wollen?»

«Ich dachte an einen kleineren Tisch, John.»

«Ich brauche eigentlich gar keinen Schreibtisch», sagte der Rabbi schnell. «Einen Haken für meinen Hut und Mantel und einen Platz für ein, zwei Bücher.»

«Na, dann ist ja alles gut», sagte sie fröhlich. «Ich lasse Sie allein, damit Sie sich besser kennen lernen können.»

Hendryx ging um den Schreibtisch herum und riss den Drehstuhl mit so viel Schwung heraus, dass er gegen die Wand prallte, und dem Rabbi damit erklärte, wieso Dean Hanbury gewusst haben konnte, dass er in seinem Büro war. David Small, dem es Leid tat, der unschuldige Anlass zu Hendryx' Verärgerung geworden zu sein, betrachtete die staubigen Bücherregale an der hinteren Wand. Die unteren Fächer waren mit Stapeln vergilbter Arbeitshefte gefüllt. «Es ist wirklich ziemlich eng», stellte er fest.

«Kaum mehr als ein Besenschrank, Rabbi, aber immer noch besser als der unerträgliche Lärm im Büro der englischen Abteilung im ersten Stock, wo ich zwei Jahre gehaust habe. Dies hier war früher ein Abstellraum für Anfängerarbeiten und Prüfungsaufsätze und alte Bibliotheksbücher. Es ist mehr als trist, aber ich habe vor, ein paar persönliche Dinge herüberzuholen und es etwas besser einzurichten, sobald ich mal die Zeit finde. Der Druck –» er deutete auf eine große, gerahmte Zeichnung des mittelalterlichen London – «gehört mir und die Büste von Homer auch.» Er machte eine Kopfbewegung zu dem großen Gipskopf auf dem obersten Fach direkt über ihm. Er schob den Stuhl weit zurück und streckte die Beine lang aus, sodass er fast im Stuhl lag – seine typische Stellung, wie der Rabbi bald erfahren sollte.

Er suchte in der Tasche herum und holte eine winzige Messingfigur heraus, mit der er den Tabak in der Pfeife feststopfte. Während dieses Manövers paffte er vorsichtig, und als die Pfeife zufrieden stellend zog, steckte er den Stopfer wieder ein.

«So, Sie sind also der neue Lehrer für Jüdisches Denken und Jüdische Philosophie», sagte er. «Ich kannte Ihren Vorgänger, Rabbi Lamden. Laut einem meiner Studenten, der seine Vorlesung belegt hatte, hat er sich hauptsächlich über das Thema Moral ausgelassen – was für alle höchst befriedigend war. Soweit es die Studenten betraf, kassierten sie mühelos drei Punkte. Soweit es Lamden betraf, waren es ein paar angenehme Stunden in der Woche, für die er noch bezahlt wurde. Und sein Gewissen konnte er vermutlich mit dem Gedanken beruhigen, dass er seine Studenten zur Religion ihrer Väter zurückführte.»

«Aha.»

«Natürlich hatte die Verwaltung auch von der Vorlesung profitiert», fuhr Hendryx fort. «Sie wissen ja wohl, dass der offizielle Name Windemere Christian College lautet. Der Prospekt und die Begleitschriften, die wir an interessierte Studenten verschicken, betonen eigens, dass die Schule konfessionell nicht gebunden ist, und das entspricht auch den Tatsachen. Ich bin überzeugt, dass die Kuratoren – einer ist übrigens der große Versicherungsboss Marcus Levine; wenn man nach dem Namen geht, müsste er vermutlich zu Ihren

Leuten gehören – das Wort *christlich* nur allzu gern streichen würden. Aber das brächte zu viele rechtliche Komplikationen mit sich. Und wir haben auch eine ganze Reihe jüdischer Studenten, nicht nur aus der Umgebung, sondern auch aus der Gegend von New York oder New Jersey. Es ist ein College, auf das sie zurückgreifen, wenn sie anderswo keinen Platz finden, und die Eltern könnten davor zurückscheuen, sie in eine Schule zu schicken, die sich betont als *christlich* bezeichnet. Daher ist es natürlich nützlich, wenn es eine Vorlesung über Jüdisches Denken und Jüdische Philosophie gibt, die von einem waschechten Rabbiner gehalten wird.» Er grinste breit. «Von deren Standpunkt aus sind Sie eine Art Gottesgeschenk.»

«Sie mögen offenbar keine Juden?», fragte David Small neugierig.

«Wie kommen Sie denn darauf, Rabbi? Einige meiner besten Freunde sind Juden.» Er lächelte ironisch. «Ich weiß, Sie und Ihresgleichen halten das für die typische Redensart aller Antisemiten, aber ich habe den Verdacht, dass es in gewisser Weise richtig sein könnte. Die Juden sind in der Hinsicht das genaue Gegenteil der Iren. Die einzelnen Juden, die man kennt, sind offen, idealistisch und selbstlos; dennoch ist man überzeugt, dass alle anderen, die man nicht kennt, schlau, habgierig und krass materialistisch sind. Die Iren hinwiederum sollen fröhlich, phantastisch, ritterlich und weltfremd sein, obwohl die Iren, die man kennt, ständig betrunkene, streitsüchtige Schurken sein können, auf deren Wort kein vernünftiger Mensch was gibt.» Er lächelte und zeigte weiße, ebenmäßige Zähne. «Nein, ich halte mich wirklich nicht für antisemitisch, aber ich rede nun mal frei von der Leber weg, und wenn mir ein Gedanke kommt, spreche ich ihn auch gleich aus. Betrachten Sie mich als eine Art *advocatus diaboli.*»

«Dann zählen einige meiner besten Freunde zu Ihren Kollegen», sagte der Rabbi.

Jemand klopfte an der Tür. Hendryx richtete sich mit einem Ruck auf und ging um den Schreibtisch herum, um einen Mann mit einer kurzen Aluminiumleiter hereinzulassen. Es war der Mann von der Telefonfirma.

«Ich soll hier einen Apparat anschließen», sagte er. «Wo wollen Sie 'n hinhaben? Auf dem Schreibtisch?»

«Ja.»

Der Mann lehnte die Leiter gegen das Regal und maß die Wand mit einem Zollstock aus. Dann schob er die Leiter hinter den Drehstuhl und kletterte zum obersten Bord hinauf. Er umfasste die Gipsbüste mit beiden Händen, um sie herunterzuheben, fand sie dann aber zu schwer und schob sie nur ein Stück zur Seite.

«He! Was machen Sie denn mit meiner Büste, Mann?», rief Hendryx. «Lassen Sie sie da, wo sie ist.»

«Ich stell sie schon wieder hin, keine Angst», sagte der Mann. «Der Draht muss direkt dahinter durch die Wand, damit er gerade zum Schreibtisch kommt.»

«Na, dann vergessen Sie's aber nicht.»

Der Mann bohrte das Loch und ging dann wieder ins Büro von Miss Hanbury. Hendryx hielt es offenbar für angebracht, sein ärgerliches Aufbrausen zu erklären. «Ich habe das Ding von der ersten Klasse geschenkt bekommen, die ich jemals unterrichtet habe. Gerade kein leichtes Gepäck. Es muss fünfzig, sechzig Pfund wiegen. Trotzdem hab ich es in den letzten zwölf Jahren von einem College zum nächsten mitgeschleppt.»

Der Rabbi nickte verständnisvoll, obwohl er vermutete, dass der Ärger mit dem Mann von der Telefonfirma immer noch von Hendryx' Enttäuschung herrührte, sein Büro mit ihm teilen zu müssen.

Es klopfte abermals; diesmal war es Dean Hanbury. «Wir können jetzt zu Präsident Macomber gehen», sagte sie.

Präsident Macomber war ein großer, grauhaariger Mann. Er trug eine Flanellhose, ein Sporthemd und eine Windjacke. Eine Tasche mit Golfschlägern lag in einer Ecke des Büros auf dem Fußboden. «Ich habe gerade neun Löcher gespielt», sagte er zur Erklärung seiner Aufmachung. «Spielen Sie Golf, Rabbi?»

«Nein, leider nicht.»

«Schade. Sie haben eine Pfarre oder ...»

«Eine Gemeinde in Barnard's Crossing.»

«Ach, natürlich», er nickte lebhaft. «Sie sind aus der Heimatstadt von Dean Hanbury. Na, ich denke, es wird nicht viel anders sein als Pastor in einer Kirche oder Pfarrer einer Gemeinde. Ich meine, Sie haben sicher einen Kirchenvorstand, mit dem Sie sich arrangieren müssen.»

«Wir haben einen Synagogenvorstand.»

«Genau das meine ich. Ich meine auch, dass es Ihnen viel leichter fallen würde, mit diesem Vorstand zurechtzukommen, wenn Sie Golf spielten. Auf einem Golfplatz kann man sich so viel leichter verständigen als an einem Konferenztisch im grauen Anzug und mit Schlips und Kragen. Ein Collegepräsident ist heutzutage eine Kombination aus Verkäufer und Public-Relations-Mann; und Sie können es mir glauben: zum Geschäftemachen eignet sich nichts so gut wie ein Golfplatz. Denken Sie mal drüber nach. Auf jeden Fall, Rabbi, freue ich mich außerordentlich, dass Sie bei uns sind.»

Er streckte die Hand aus, um anzukünden, dass das Treffen beendet sei. «Was hören Sie von Betty?», fragte Dean Hanbury.

Präsident Macomber lächelte. «Sie hat die erforderliche Aufenthaltszeit beinahe abgeschlossen.» Er schüttelte erheitert den Kopf. «Verzeihen Sie, Rabbi, aber es ist schwer, seinen typischen Berufsjargon abzulegen. Meine Tochter ist in Reno, sie will sich scheiden lassen.»

«Oh, das tut mir aber Leid», sagte der Rabbi.

«Das braucht es nicht. So was kommt eben vor. Bei Ihnen gibt es doch Scheidungen, nicht wahr?»

«Doch. Als Lösung für unglückliche Ehen.»

«Na, das war es in diesem Fall.» Dann wandte er sich an Dean Hanbury. «Wenn alles so geht, wie es Hoyle vorausgesagt hat, kommt sie nächste Woche wieder als Betty Macomber zu mir zurück.»

«Ach, das ist schön», sagte Millicent Hanbury.

«Um es nochmal zu sagen, Rabbi, wir freuen uns, Sie bei uns zu haben. Und wenn es irgendwelche Probleme gibt, dann genieren Sie sich nicht, gleich zu mir zu kommen.»

Rabbi Small ging in sein Büro zurück, um seinen Hut und Mantel zu holen. Da er Professor Hendryx in Zensurenlisten vertieft und wenig mitteilsam fand, wanderte er zum ersten Stock hinunter und wartete auf den Beginn der Professorenkonferenz. Sie sollte um elf Uhr stattfinden. Ab halb elf begannen die Lehrer zu kommen. Der Rabbi vertrieb sich die Zeit mit der Besichtigung von Ehrentafeln, düsteren Ölbildern und vergilbten Porträtfotos früherer Präsidenten und Deans – Frauen in hohen Spitzenkragen, mit ovalen Kneifern, genau so, wie er sich Dean Hanbury vorgestellt hatte. Die Bilder hingen an den Wänden des in einem Rundbau befindlichen Foyers mit Marmorfußboden. Die Lehrer begrüßten sich; gelegentlich trafen ihn neugierige Blicke, aber niemand kam auf ihn zu.

Dann wurde sein Name gerufen. Er drehte sich um und sah die große Gestalt Roger Fines näher kommen. «Ich dachte doch, das müssten Sie sein», sagte Fine, «aber ich konnte mir nicht vorstellen, warum Sie hier sein sollten.»

«Ich soll eine Vorlesung halten», sagte der Rabbi, erfreut

über das bekannte Gesicht. «Ich unterrichte Jüdisches Denken und Jüdische Philosophie.»

«Ich bin selber erst seit dem Februar hier», erklärte Fine. «Aber hat im Vorlesungsverzeichnis nicht ein anderer Rabbi gestanden?»

«Ja, Rabbi Lamden.»

«Ach, wechseln Sie sich während der Kurse ab?»

Rabbi Small lachte. «Nein. Er hatte in diesem Jahr keine Zeit, und da haben sie mich gebeten einzuspringen.»

«Ach, das ist ja prima», sagte der junge Mann. «Wenn es mit dem Stundenplan passt, könnten wir vielleicht zusammen fahren. Haben Sie denn schon ein Büro?»

«Der Dean hat veranlasst, dass ich bei einem Professor Hendryx untergekommen bin.»

«Im Ernst?» Er begann zu lachen.

«Habe ich etwas Komisches gesagt?»

Statt zu antworten, rief Fine einen jungen, dicklichen Mann, der gerade vorüberging. «He, Slim, komm mal einen Moment. Ich möchte dich mit Rabbi Small bekannt machen. Er hat mich verheiratet.»

Der junge Mann streckte die Hand aus. «Und jetzt kontrollieren Sie ihn, Rabbi?»

«Slim Marantz ist auch an der englischen Abteilung», erklärte Fine. «Der Rabbi hat den Kurs über Jüdische Philosophie übernommen, Slim, und Millie hat ihn gerade mit Hendryx in ein Büro gesteckt.»

«Das kann doch nicht dein Ernst sein?» Marantz lachte.

«Und du hast gedacht, Millie hätte keinen Sinn für Humor», sagte Fine.

Der Rabbi sah fragend von einem grinsenden jungen Mann zum anderen. Fine übernahm endlich die Erklärung. «John Hendryx hat seit zwei Jahren, seit er nach Windemere gekommen ist, um ein eigenes Büro gekämpft.»

Marantz ergänzte das noch: «Er hatte strikte Einwände gegen das laute, freundliche Chaos im englischen Büro.»

«Es erlaubt keine Konzentration», ahmte ihn Fine nach.

«Und schafft ein total feindseliges Klima für alle seine klugen, hochfliegenden Manifeste über philosophische, psychologische und soziologische Themen.»

«... und rassische, im Besonderen jüdisch rassistische», ergänzte Fine.

«Stimmt. Als er kommissarischer Leiter der Abteilung wurde, das war zu Anfang des Sommersemesters, forderte er ein Privatbüro, und Millie Hanbury fand denn auch einen etwas groß geratenen Schrank für ihn im zweiten Stock. Sehr klein, aber sein.»

«Das hat er wörtlich gesagt», erklärte Fine voller Entzücken. «Ich brauche wohl nicht zu betonen, dass die Trauer über seinen Auszug aus dem englischen Büro nicht sehr lautstark war. Niemand hat ihm eine Petition geschickt, wieder zurückzukommen. Es gab auch keine schwarz umrandeten Resolutionen tiefsten Bedauerns.»

«Um bei der Wahrheit zu bleiben», sagte Marantz, «es ist weder zwischen noch auf den Schreibtischen getanzt worden, aber es herrschte, im Rahmen akademischer Gemessenheit, überall stille Freude.»

«Und nun erzählen Sie, Rabbi, dass Millie Sie mit ihm zusammengesperrt hat», sagte Fine. «Wundert es Sie, dass wir das lustig finden?»

«Und ausgerechnet ein Rabbi!» Marantz schüttelte fassungslos den Kopf.

«Was für eine Rolle spielt die Tatsache, dass ich ein Rabbi bin?»

«Er ist ein antisemitischer Hund. Oh, ich meine nicht von der Sorte, die es mit den Weisen von Zion hat», sagte Fine. «Eher der Typ, der sagt: Einige meiner besten Freunde sind Juden.»

«Das hat er mir heute Morgen erzählt», gab der Rabbi zu.

«Na bitte!»

«Ich fand das gar nicht beleidigend. Und im Übrigen werde ich das Büro nicht viel brauchen. Ich glaube kaum, dass wir uns oft begegnen werden.»

«Verstehen Sie mich nicht falsch, Rabbi», sagte Marantz, «höflich ist er bestimmt. Im englischen Büro habe ich zwei Jahre lang Schreibtisch an Schreibtisch mit ihm gelebt, und es hat nie Krach gegeben. Andererseits hat unser lieber Fine ein aufbrausendes Temperament. Ich möchte wetten, Roger, dass es größtenteils auf dein Konto geht, wenn er unbedingt aus dem englischen Büro rauswollte. Es sei denn, er hätte eine private Bleibe gesucht, um junge Damen empfangen zu können.»

«Um sie über das Versmaß bei Chaucer zu unterrichten?», fragte Fine lachend.

«Bei der dunklen Brille, die er immer trägt, ist das schwer zu sagen, aber mir scheint, ich habe ein interessiertes Aufflackern entdeckt, wenn eine wohlgestaltete Kommilitonin vorüberschritt.» Er grinste von einem Ohr zum anderen. «Au! Könnte es etwa sein, dass er ein Auge auf Millie geworfen hat und darum in den zweiten Stock gezogen ist?»

«Na, das wäre aber eine Sensation», sagte Fine kichernd und verstummte dann mit einem Schlag. «Vorsicht», sagte er, «da kommt sie.»

Dean Hanbury kam geradewegs auf sie zu. «Da sind Sie ja, Rabbi. Ich wollte nur sichergehen, dass Sie wissen, wo die Konferenz stattfindet. Herzlich willkommen, Dr. Marantz und Professor Fine.»

4

Präsident Macombers sonst so heitere Züge verfinsterten sich beim Zuhören.

«Es steht einwandfrei fest», sagte Dean Hanbury. «Es sind zwei Arbeiten im Kurs dieser Miss Dunlop geschrieben worden: Fragen, die beantwortet werden mussten, und sie hat beide verhauen – gründlich verhauen. Die Abschlussarbeit war für alle sieben Kurse ihrer Abteilung dieselbe; sie bestand aus hundert Fragen.»

«Hundert?»

«Ja. Es sollte ein objektiver Test sein – es ging um kurze, zwei, drei Worte umfassende Antworten. Die jeweiligen Kursleiter reichten zehn Fragen ein, und Professor Hendryx fügte selber dreißig hinzu. Kein anderer hat die dreißig Fragen vorher gesehen, nur Professor Fine. Er hatte die Aufgabe, die Prüfungsblätter zu vervielfältigen.»

«Was ist mit Professor Hendryx' Sekretärin?», fragte der Präsident.

«Er hat keine. Außerdem hat mir Professor Hendryx bestätigt, die Matrize selbst geschrieben zu haben.»

«Gut.»

«Kathy Dunlop hat bei der Prüfung ein A geschrieben, womit sie in der Gesamtnote mit C minus abschnitt.»

«Sie könnte ja auch sehr fleißig gearbeitet und sich verbessert haben», stellte der Präsident fest.

«Professor Hendryx hat mit Mr. Bailen, ihrem Tutor, Rücksprache gehalten. Das Mädchen hat jede einzelne Frage richtig beantwortet. Mr. Bailen sagt, das hätte er selber nicht gekonnt. Fünfundachtzig richtige Antworten sind ein A; hundert ist noch nie da gewesen. Nach der ganzen Anlage dieser Art von Arbeiten kann praktisch niemand alle richtig beantworten.»

«Schon gut. Aber warum nehmen Sie an, dass Professor Fine der Schuldige ist?», fragte Macomber. «Das Mädchen hätte ein schlecht abgezogenes Blatt aus dem Papierkorb nehmen oder von einem der Hausmeister bekommen können.»

Dean Hanbury schüttelte den Kopf. «Professor Fine wurde eigens angewiesen, das automatische Zählwerk abzulesen, ehe er mit der Vervielfältigung begann, und dann noch einmal am Ende. Die Differenz der Zahlen betrug einhundertdreiundfünfzig, und das ist die genaue Zahl der Kopien, die er Professor Hendryx gegeben hat.»

«Hm. Haben Sie mit Professor Fine gesprochen?»

«Nein. Ich hielt das nicht für ratsam, ehe ich mit Ihnen gesprochen hatte. Vielleicht sollte ich noch erwähnen, dass sich, laut Professor Hendryx, Professor Fine bei mehreren Gelegenheiten über die Unsinnigkeit von Examen ausgelassen hat.»

«Oh, bei der Einstellung müsste Professor Fine bei seinen Studenten sehr beliebt sein», sagte Macomber sarkastisch.

«Ich glaube, das ist er», bestätigte sie, «übrigens auch bei den jüngeren Mitgliedern des Lehrkörpers. Er nimmt kein Blatt vor den Mund und gilt als engagiert. Das ist heutzutage das neue Wort – engagiert. Er war Führer der Bewegung zur Anwerbung schwarzer Studenten und hat sogar einen Fortbildungskurs für sie organisiert, den die jüngeren Professoren abgehalten haben. Von ihm stammt der Artikel in *The Windrift,* den ich Ihnen gezeigt habe. Erinnern Sie sich?»

«O ja. Ist das der Rothaarige, der am Stock geht?»

«Ja. Der. Er ist mitten im Jahr gekommen und hat einen Einjahresvertrag. Wenn Sie ihn also entlassen wollen, dürfte es mit dem Verband der Hochschullehrer keinen Ärger geben.»

«Na, na», sagte Macomber, «nicht ganz so hastig. Dass er

nicht auf Dauer angestellt ist und kein Recht hat, eine Anhörung zu verlangen, bedeutet noch lange nicht, dass es keinen Ärger gibt, wenn wir sie ihm verweigern. Sie sagen doch selbst, dass er bei den Studenten und jüngeren Lehrern sehr beliebt ist. Gerade so etwas kann aufgebauscht werden und zu Studentenprotesten führen. Ich brauche Ihnen ja nicht zu sagen, Millicent, dass das das Letzte ist, was wir jetzt, drei Tage vor Semesterbeginn, brauchen können.»

«Aber ein Lehrer des College hat einem Studenten bei einem Betrug geholfen! Haben Sie eine Vorstellung, was passiert, wenn das herauskommt?»

«Oh, ich glaube nicht, dass damit zu rechnen ist. Nicht wenn man in der richtigen Weise mit Professor Fine verhandelt. Ich meine, wir sollten es so machen ...»

Roger Fine, der im Besucherstuhl saß, wirkte völlig gelassen. Nur die Fingerknöchel der Hand, die den Stock umfassten, waren weiß. «Es ist Ihnen sicher klar, Miss Hanbury», sagte er, «dass Sie keinen stichhaltigen Beweis haben.»

«Streiten Sie es ab?»

«Ich streite nichts ab und bestätige nichts», sagte er gleichmütig. «Ich glaube nicht, dass ich überhaupt zu antworten brauche.»

Dean Hanbury trommelte mit den Fingerspitzen auf den Schreibtisch, während sie ihre Gedanken sammelte. Endlich fuhr sie fort: «Ich habe nicht mit Miss Dunlop gesprochen – noch nicht. Ich bin aber überzeugt, dass sie, wenn man ihr sagt, sie müsse wegen ihres phänomenalen Abschlussexamens eine Zusatzprüfung ablegen, alles gestehen wird.» Sie wandte den Blick ab. «Soviel ich weiß, hat sie ein kleines Stipendium einer religiösen Sekte in Kansas, bei der ihr Vater Pfarrer ist.»

«Was wollen Sie, Dean Hanbury?»

«Na ja, wir möchten keinen Skandal», sagte sie, den veränderten Tonfall verzeichnend, «und wir möchten keine neuen Auseinandersetzungen mit den Studenten.»

«Mit anderen Worten: Sie möchten, dass ich stillschweigend verschwinde.»

«Nein.»

«Nein?»

«Da das Semester bereits begonnen hat, werden einige Ihrer Freunde unter den Studenten möglicherweise vermuten, dass man Ihnen den Rücktritt nahe gelegt hat, und darum die Untersuchung des Falls verlangen – also das, was wir gerade vermeiden möchten.»

«Und was schlagen Sie vor, Dean Hanbury?»

Millicent Hanbury, die sich nun der Situation wieder gewachsen fühlte, nahm das Wollknäuel auf und begann zu stricken. «Sie haben einen Einjahresvertrag, der Ende dieses Semesters abläuft. Wir würden uns freuen, wenn Sie Ihren Vertrag erfüllten – allerdings mit dem gegenseitigen Einverständnis, dass er nicht erneuert werden wird.»

«Und wo ist der Haken?»

«Es gibt keinen Haken, Professor Fine. Aber als Rückversicherung, dass Sie Ende des Semesters ohne Widerstand gehen, bitte ich Sie, dieses Schriftstück zu unterzeichnen. Es ist Ihre Bestätigung, Miss Dunlop vorzeitig die Examensfragen gezeigt zu haben. Ich werde sie in einem versiegelten Umschlag in mein Safe legen, und damit ist das abgeschlossen.»

Im Zimmer war nur das Klicken der Stricknadeln zu hören. «Was verstehen Sie unter ‹abgeschlossen›?»

«Genau das», sagte sie. «Wir sind bereit, nicht mehr daran zu rühren, wenn Sie es auch sind. Wenn Ihr Vertrag abgelaufen ist, werden Sie Windemere verlassen, und dieser Umschlag wird vernichtet oder Ihnen zurückgegeben.»

«Und wie bekomme ich eine neue Anstellung?»

«Wir werden uns in keiner Weise einmischen», versicherte sie ihm.

«Ich möchte das gern klarstellen, Miss Hanbury. Wenn ich dieses Schriftstück unterschreibe, legen Sie es fort und sagen nichts. Sie erwähnen nichts davon, wenn ich mich anderswo um eine Stellung bemühe und man Sie um Referenzen bittet?»

«Wir werden den Inhalt dieses Briefes nicht erwähnen. Wir werden streng nach der Form verfahren und Ihre Beurteilungsschreiben kommentarlos weitergeben. Ich glaube, Professor Bowdoin hat Ihnen vor seiner Pensionierung ein solches gegeben?»

«Sogar ein vorzügliches.»

«Und wie ist die Beurteilung der Studenten?»

«Ebenfalls vorzüglich. Aber was ist mit Hendryx?»

«Er ist nur kommissarischer Leiter Ihrer Abteilung und wird daher nicht um eine Beurteilung gebeten werden.»

«Also gut. Geben Sie mir das Blatt. Ich werde es unterschreiben.» Er nahm den Stock in die linke Hand und holte aus der Brusttasche einen Füller. Er warf einen Blick auf den kurzen, getippten Absatz und setzte zur Unterschrift an, als ihm noch etwas einfiel. «Was ist mit Miss Dunlop?»

Dean Hanbury lachte leise auf. «Oh, über sie machen wir uns keine großen Gedanken. Sie hat trotz des A nur mit Ach und Krach bestanden. Und nach ihren übrigen Noten zu urteilen, glaube ich kaum, dass sie das Rennen bis zum Ende durchsteht.»

5

Seit seine Frau vor drei Jahren gestorben war, lebte Präsident Macomber ein einsames Leben in seiner großen Dienstvilla, die von seiner tüchtigen, aber langweiligen Haushälterin, Mrs. Childs, in Ordnung gehalten wurde. Nach außen hin führte er ein aktives, geselliges Leben, ging zwei-, dreimal in der Woche abends zu Treffen, Konferenzen oder offiziellen Dinners. Einmal im Jahr lud er alle Lehrer des College zu sich ein; es gab Sherry, Gebäck und Käse, Kaffee und Kuchen, überwacht von Mrs. Childs, die von einer Mannschaft aus der Collegekantine unterstützt wurde. Ebenfalls einmal im Jahr lud er die Mitglieder des Kuratoriums zum Abendessen ein. Das Dinner wurde von einem Restaurant geliefert – sehr zum Leidwesen der wackeren Mrs. Childs, die das als eine persönliche Zurücksetzung betrachtete.

An den Abenden, die er zu Hause verbrachte, las er nach dem Essen die Zeitung, ein Buch oder sah fern. Um zehn Uhr pflegte Mrs. Childs mit dem Tee aufzutauchen, den sie auf dem Tisch neben seinem Sessel servierte, ihm eine gute Nacht wünschte und sich in ihre Räume hinter der Küche zurückzog. Meistens blieb er dann bis zu den Elf-Uhr-Nachrichten auf und ging danach zu Bett.

Kurz vor Beginn des Herbstsemesters rief Macombers Tochter Betty aus Reno an, um die frohe Botschaft ihrer vollzogenen Scheidung zu verkünden, und dass sie mit dem nächsten Flugzeug eintreffen würde. Er gab sich freundlichen Träumen hin, dass sich nun alles ändern werde. Jetzt würde jemand da sein, mit dem er beim Frühstück und Abendessen sprechen konnte. Vielleicht konnte er sogar einmal nachmittags schwänzen und eine Partie Golf einplanen. Sie waren beide leidenschaftliche Golfspieler.

Sie würde die Rolle der Dame des Hauses übernehmen, und

dann konnte er endlich wieder private Einladungen geben, die nichts mit dem Beruf zu tun hatten, und die er seit dem Tod seiner Frau so vermisst hatte. Natürlich, Betty war noch jung – fünfunddreißig – und nach einiger Zeit würde sie ihren eigenen Kreis finden, jüngere Leute, deren Interessen sich nicht mit seinen deckten. Aber noch nicht gleich. Nach der unglücklichen Ehe würde sie sicher erst einmal Ruhe und Frieden haben wollen.

Aber es kam leider nicht so. Sie traf am frühen Abend ein. Ihre Maschine war mit Verspätung abgeflogen und hatte dann fast eine Stunde auf die Landeerlaubnis warten müssen. Der fröhliche Tonfall vom Anruf aus Reno war fort; sie war müde und schlecht gelaunt.

«Diese widerliche Fliegerei!», rief sie zur Begrüßung. «Ich hatte gehofft, ich könnte mich noch ein bisschen hinlegen, und jetzt bleibt mir kaum Zeit zum Duschen und Umziehen.»

«Meinetwegen brauchst du dich nicht umzuziehen», sagte ihr Vater. «Mrs. Childs hat uns was zu essen gemacht. Ich kann dir gar nicht sagen, wie ich mich darauf freue, mal wieder in Ruhe mit dir zu reden und alles Neue zu hören.»

Sie war zerknirscht. «O Dad, das tut mir Leid, aber die Sorensons erwarten mich zum Essen. Sie haben noch andere Gäste. Es soll eine Art Freiheitsparty für mich sein – weißt du, zur Feier meiner Scheidung. Und Gretchen hat gesagt, es käme ein fabelhafter Mann, den ich unbedingt kennen lernen müsste.»

Auch im Laufe der Zeit wurde das nicht viel anders. Er sah kaum mehr von ihr, als in der Zeit ihrer Ehe, als sie in einem entfernten Vorort wohnte. Sie ging fast jeden Abend aus, und selbst wenn sie mit ihm zu Abend aß, schien sie immer in Eile zu sein.

«Hör mal, Betty», sagte er leicht vorwurfsvoll, «musst du schon wieder ausgehen?»

«Das kann ich nicht ändern, Dad. Ich hab es versprochen.»

«Aber du bist in dieser Woche an jedem Abend ausgegangen.»

«Dad, ich bin fünfunddreißig –»

«Das weiß ich. Ich will ja auch nicht den strengen Familienvater spielen, aber …»

«Du bist ganz rührend, Dad, aber du musst verstehen, dass ich den Rest meines Lebens nicht allein verbringen will. Ich möchte wieder heiraten, und gerade weil ich fünfunddreißig bin, kann ich keine Zeit verschwenden.»

Er war altmodisch und die Krassheit, mit der sie ihm ihre Lage erklärte, machte ihn etwas befangen. «Ja, natürlich, ich möchte auch, dass du wieder heiratest, Betty. Wahrscheinlich bin ich auch ziemlich egoistisch, aber ich hatte gehofft, wir könnten manchmal abends zusammensitzen, nur wir beide. Weißt du, der Präsident eines College ist wie wahrscheinlich jeder andere Präsident auch ein ziemlich einsamer Mann. Er muss so viele Entscheidungen treffen, und fast jeder, an den er sich um Rat wendet oder mit dem er etwas besprechen möchte, bringt seine privaten Interessen ins Spiel.»

Sie lachte. «Armer Dad. Gut, morgen bleibe ich zu Hause und – au, morgen kann ich nicht, und Donnerstag auch nicht. Am Freitag vielleicht?»

Das Wochenende kam natürlich nicht in Frage, weil sie da nach New Hampshire fahren musste, um ihren Sohn Billy im Internat zu besuchen.

6

Am Montag mussten die Studenten sich einschreiben; die Kurse begannen am Dienstag, und daher war am Mittwochmorgen die erste Vorlesung von Philosophie, Nr. 268, Jüdisches Denken und Jüdische Philosophie: Mo. u. Mi. 9 Uhr, Fr. 13 Uhr, Verwaltungsgebäude, Zimmer 22 (3 Punkte werden auf das Pensum angerechnet).

Um Viertel vor neun trafen die ersten ein. Die Studenten aus dem ersten Semester prüften die Nummer auf ihrem Stundenplan nach; die älteren Semester sammelten sich in einer Ecke.

«He! Hallo, Harvey!» Ein großer, überschlanker Junge in gelb karierter Hose, dunkelrotem Hemd und gelbem Seidenhalstuch tauchte unter der Tür auf und wurde sofort von der Gruppe in der Ecke begrüßt. «Wie steht's denn so?»

«Hast du den Kurs auch belegt?»

Harvey sah sich nach allen Seiten um, um festzustellen, ob hübsche neue Mädchen aufgetaucht seien, und schlenderte dann herüber. «Na sicher hab ich belegt.» Harvey Shacter parkte sein elegant gekleidetes Hinterteil auf der Armlehne von Lillian Dushkins Stuhl. «Könnt ihr euch vorstellen, dass Onkel Harvey auf drei geschenkte Punkte verzichtet? Kennt ihr Cy Berenson? Der hat die Vorlesung letztes Jahr gehört und nicht mal die Abschlussprüfung gemacht. Der Rabbi hat ihn eine Fünfhundert-Wort-Arbeit schreiben lassen und ihm ein B gegeben.»

«Ja, aber Berenson hat jedes Mal die Jarmulke auf dem Kopf gehabt», sagte Henry Luftig, ein kleiner, dünner, eifriger junger Mann mit einer hohen, knochigen Stirn unter einer pechschwarzen Mähne. «Wahrscheinlich hat der Rabbi gedacht, er wüsste sowieso alles.»

«Jarmulke? Ach, du meinst diesen kleinen schwarzen Glatzendeckel? Okay, wenn das die Garantie für ein B ist, setze ich auch die Jarmulke auf.»

«Mann, ich kann's kaum abwarten.»

Lillian Dushkin kicherte: «Wer weiß, vielleicht siehst du richtig süß damit aus.»

«Du, Lil», sagte Aaron Mazonson, «ich hab gehört, dieser Rabbi Lamden wär ziemlich scharf. Ein Mädchen braucht sich nur in die vordere Reihe zu setzen und ihm schöne Augen zu machen, und schon hat sie ihr A.»

Ein jüngerer Student mischte sich ein. «Dieses Jahr ist es gar nicht Rabbi Lamden; es kommt ein anderer.»

«Woher weißt du das?»

«Vom Einschreiben. Mein Tutor hat es gesagt, als ich ihm mein Studienprogramm gezeigt hab.»

«Im Verzeichnis steht aber Rabbi Lamden.»

«Ja, weil es erst im letzten Moment geändert worden ist.»

«Na großartig!», rief Shacter entrüstet. «Das fehlt mir gerade noch. Meine einzige gemütliche Vorlesung! Und jetzt kriegen wir einen Neuen, der uns erst mal beweisen wird, was für ein harter Bursche er ist.»

«Also lassen wir ihm die Luft ab», sagte Luftig grinsend.

Shacter dachte darüber nach, grinste ebenfalls und sagte: «Recht hast du. Wir lassen ihm die Luft ab.»

Die Straße stand voll von Autos, und auf den breiten Steinstufen des Verwaltungsgebäudes wimmelte es von Studenten, sodass Rabbi Small sich im Zickzack bis zur Tür vorarbeiten musste. Im Haus, in der Marmorrotunde, standen Scharen von Studenten um Tische herum, auf denen große Schilder standen: HELFT EUREM COLLEGE – Kauft Sportkarten – Gültig für alle sportlichen Ereignisse. ABONNIERT THE WINDRIFT – Eure Zeitschrift! WERDET MITGLIEDER – Drama-Club. BETEILIGT? Kommt in die Democratic Party.

ENGAGIERTE STUDENTEN kommen zum SDS. HÖRT DIE WAHRHEIT – kommt in die *Socialist Study Group.*

«He! Bist du ein Freshman? Dann musst du zu den Sportveranstaltungen. Unterschreib das!»

«Sandra! Kommst du dieses Jahr wieder in den Drama-Club?»

«Hier hast du ein Freiexemplar von *The Windrift.*»

Der Rabbi schaffte die Treppe, die zu seinem Büro führte, ohne etwas zu kaufen, etwas zuzusagen oder zu unterschreiben. Froh und erregt über den ungewohnten Trubel, blieb er vor dem Vorlesungsraum stehen, um Luft zu schnappen.

Achtundzwanzig Studenten waren anwesend; die ihm vor ein paar Tagen zugesandte Hörerliste enthielt dreißig Namen. Er stieg auf das Podest und schrieb an die Tafel: Rabbi David Small, Jüdisches Denken und Jüdische Philosophie. Dann sagte er: «Ich bin Rabbi Small. Ich halte diese Vorlesung an Stelle von Rabbi Lamden, der im Vorlesungsverzeichnis genannt ist.»

Harvey Shacter blinzelte Lillian Dushkin zu und hob müde die Hand. Der Rabbi nickte.

«Wie reden wir Sie an? Professor oder Doktor?»

«Oder Rabbi?» Das kam von Henry Luftig.

«Oder David?», fragte Lillian süß.

«Ich bin weder Doktor noch Professor. Rabbi ist ganz richtig.» Er warf Miss Dushkin einen strengen Blick zu und fuhr fort: «Dies ist eine einsemestrige Vorlesung, und unser Gebiet ist sehr umfangreich. Wir können nur hoffen, ein gewisses Verständnis für die Grundprinzipien unserer Religion und ihre Weiterentwicklung zu erlangen. Wenn Sie Gewinn aus dieser Vorlesung ziehen wollen, müssen Sie sehr viel lesen. Ich werde Ihnen von Zeit zu Zeit Bücher nennen, und ich hoffe, Ihnen innerhalb der nächsten zwei Wochen eine vervielfältigte Liste mit Literaturangaben geben zu können.»

«Ist das Pflichtlektüre?», fragte ein erschütterter Harvey Shacter.

«Einiges werden Sie lesen müssen, anderes ist mehr ein Begleittext. Wir beginnen mit der Lektüre der Fünf Bücher Mose und der Thora, den Grundlagen unserer Religion. Ich erwarte, dass Sie das in den nächsten zwei bis drei Wochen gelesen haben, und werde dann eine einstündige Prüfung abhalten.»

«Das ist aber furchtbar viel», protestierte Shacter.

«So viel ist das gar nicht. Ich erwarte auch kein intensives Studium. Lesen Sie es wie einen Roman.» Er hielt ein mitgebrachtes Exemplar des Alten Testaments hoch. «Sehen wir mal nach. In dieser Ausgabe umfasst es etwa zweihundertfünfzig Seiten. Es ist ein großer, klarer Druck. Nicht mehr als der Umfang eines kurzen Romans. Ich kann mir nicht vorstellen, dass das für College-Studenten zu viel sein sollte.»

«Welche Ausgabe sollen wir benutzen?»

«Ist es im Buchhandel zu kaufen?»

«Legen Sie auf eine bestimmte Übersetzung wert?»

«Können wir das Original lesen?» Das war Mazonsons Frage.

«Aber selbstverständlich, wenn Sie das können», sagte der Rabbi lächelnd. «Für alle übrigen genügt jede englische Ausgabe. Wenn es nicht in der Hausbuchhandlung ist, werden Sie es überall sonst kaufen können. Aber es wäre mir lieb, wenn Sie es nicht bis zu den letzten Tagen vor dem Examen aufschöben. Wenn Sie sofort mit der Lektüre beginnen, werden Sie einen besseren Überblick über den Gegenstand meiner Vorlesung haben –»

«Was, soll das eine Vorlesung und Übung zugleich sein?» Henry Luftig war entgeistert.

«Was hatten Sie denn gedacht?», fragte der Rabbi nüchtern.

«Ja, ich dachte, es wäre eine – wissen Sie, nur eine Art Diskussion.»

«Und wie wollen Sie über etwas diskutieren, von dem Sie nichts wissen?»

«Ach, mehr als generelles Prinzip. Schließlich weiß doch jeder was über Religion.»

«Sind Sie da so sicher, Mr. …?», begann der Rabbi sanft.

«Luftig. Hank Luftig.»

«Sind Sie sicher, Mr. Luftig? Ich gebe zu, die meisten Menschen haben generelle Ideen, aber leider sind die meisten viel zu generell. Man kann sagen, die Religion ist eine Art Planzeichnung für unser Denken und unsere Einstellung zum Leben. Aber nun unterscheidet sich die jüdische Religion weitgehendst von der heute gültigen christlichen Religion. In manchen Punkten aber sind die Unterschiede sehr fein und differenziert.»

«Ja, und darüber müssten wir doch diskutieren, Rabbi», sagte Shacter.

Der Rabbi dachte nach und schüttelte den Kopf. «Sie meinen, dass Sie durch die Addition Ihrer Unkenntnis zu Kenntnis gelangen könnten?»

«Ja, also …»

«Nein, nein. Lassen Sie uns bei der traditionellen Methode bleiben. Wenn Sie einmal etwas wissen, dann können wir vielleicht über die Auslegung diskutieren.» Nachdem die Verfahrensfragen geklärt waren, begann der Rabbi mit seiner Einführung. «Ein sehr augenfälliger Unterschied zwischen dem Judentum und vielen anderen Religionen ist der, dass wir nicht durch ein offizielles Glaubensbekenntnis gebunden sind. Bei uns ist es mehr ein Zufall der Geburt. Wenn Sie als Jude geboren werden, sind Sie Jude; zumindest bis Sie offiziell zu einer anderen Religion konvertieren. Ein als Jude geborener Atheist ist darum immer noch Jude. Und andersherum:

Jemand, der nicht als Jude geboren ist, aber unseren traditionellen Gebräuchen folgt und unseren traditionellen Glauben teilt, würde trotzdem nicht als Jude betrachtet, solange er nicht offiziell zum Judentum übergetreten wäre.»

Er lächelte. «Vielleicht kann ich noch zugunsten etwaiger heißblütiger Verfechterinnen der Emanzipation der Frau hinzufügen, dass nach dem rabbinischen Gesetz nur das Kind einer jüdischen Mutter – bemerken Sie bitte: Mutter, nicht Vater – Jude ist.»

«Wollen Sie uns auf den Arm nehmen, Rabbi?»

Er war durch die Unterbrechung durch ein hübsches Mädchen aus der ersten Reihe erschrocken.

«Ich verstehe nicht ganz, Miss …?»

«Goldstein. Und ich schreibe es *Ms.* Goldstein.»

«Verzeihen Sie mir, Ms. Goldstein», sagte der Rabbi ernst. «Ich hätte das wissen müssen.»

«Ich meine, ist das nicht ein Dreh, den jüdische, männliche Chauvinisten Frauen gegenüber anwenden, um zu vertuschen, dass sie sie doch nur für zweitklassig halten? Die Frauen machen eine Gehirnwäsche durch, bis sie glauben, an Wichtigkeit gewonnen zu haben, weil sie entscheiden dürfen, ob das Kind der jüdischen Rasse, Nation oder was es sonst sein mag, angehört. Na, wunderbar! Dabei war es in Wirklichkeit doch wohl so, dass es bei den Juden als überall verfolgter Minderheit sicherer war, wenn man die Abstammung von der Mutter herleitete?»

«Ach, jetzt verstehe ich, was Sie meinen. Ja, ich nehme an, dass das der Grund gewesen sein mag», gab er zu.

Ein frostiges Lächeln huschte über ihr Gesicht. «Und stimmt es nicht auch, dass die Frauen bis zum heutigen Tag keinen Platz in der jüdischen Religion haben? In manchen Synagogen versteckt man sie sogar hinter einem Vorhang auf der Galerie.»

«Das gibt es nur in streng orthodoxen Gemeinden.»

«In unserer Synagoge sitzen sie an einer Seite», sagte Lillian Dushkin.

«Und sie dürfen nicht am Gottesdienst teilnehmen», fügte *Ms.* Goldstein hinzu.

«Das ist nicht wahr», sagte der Rabbi. «Der Gottesdienst ist die Rezitation einer Folge von Gebeten. Frauen, die am Gottesdienst teilnehmen, sprechen die Gebete genau wie die Männer.»

«Und was nützt das?», schnaubte Lillian Dushkin. «Sie werden nie aufgerufen, etwas vorzulesen oder vorzutragen.»

«Doch, das gibt es auch, in Reform-Synagogen», korrigierte der Rabbi.

«Ich weiß ganz genau, dass ein Mann sich von seiner Frau scheiden kann, indem er ihr einfach einen Brief schickt», sagte Mark Leventhal, nicht aus übergroßem Mitgefühl für die Frauen, sondern weil sie anscheinend ihren Lehrer in die Enge getrieben hatten. «Und sie kann sich von ihm nicht scheiden lassen.»

«Und wenn ihr Mann stirbt, muss sie ihren Schwager heiraten», sagte Mazonson aus demselben Grund.

Der Rabbi hielt beide Hände hoch, um sie zur Ruhe zu bringen. «Dies ist ein sehr gutes Beispiel», sagte er, «für die Gefährlichkeit von Diskussionen, die auf Unwissenheit und sehr begrenzten Kenntnissen basieren.»

Sie wurden nun wieder ruhiger.

«Erstens ist unsere Religion», fuhr er nun fort, «nicht so zeremoniell wie beispielsweise die katholische Religion, die einen geweihten, heiligen Ort, nämlich die Kirche, für ihre Ausübung braucht. Das Zentrum unserer religiösen Verrichtungen ist viel mehr das Heim als die Synagoge. Und im Heim nimmt die Frau nun ganz gewiss an jedweder Zeremonie teil. Sie bereitet das Haus für den Sabbat vor, und sie ist es, die die Sabbatkerzen segnet.»

Ms. Goldstein flüsterte ihrer Nachbarin etwas zu. Sie lachte.

«Wir sind nicht immun gegen die Einflüsse unserer Umwelt», der Rabbi hob die Stimme etwas an. «Solange es Geschichtsschreibung gibt, war die Gesellschaft patriarchalisch, aber die Zehn Gebote fordern, dass man Vater und Mutter ehrt, und normalerweise sprechen wir auch von Vater und Mutter, viel öfter als von dem schwächlichen Kollektivwort Eltern. Sogar in biblischer Zeit konnte eine jüdische Frau nicht gezwungen werden, gegen ihren Willen zu heiraten. Die Strafe für Ehebruch war der Tod, aber beide Ehebrecher traf dieselbe Strafe. Wenn eine Frau heiratete, blieb sie im Besitz ihres Vermögens, und wenn sie geschieden wurde, nahm sie es nicht nur mit, sondern sie erhielt auch eine hohe Summe, die vorher im Heiratsvertrag für den Fall einer Scheidung festgelegt worden war.»

«Aber ein Mann konnte sich jederzeit von seiner Frau scheiden lassen; sie konnte das nie.» Es war wieder Leventhal.

«Nein. Die Regeln dieses Vorgangs verlangten, dass der Mann die Scheidung gab und die Frau sie entgegennahm. Aber er muss vor ein rabbinisches Gericht gehen und die Richter überzeugen, ehe sie ihm ein *get* geben, einen Scheidebrief. Die Frau kann dasselbe tun. Der Unterschied ist, dass das rabbinische Gericht dann dem Mann befiehlt, ihr die Scheidung zu geben.»

«Und wenn er das nicht will?»

«Dann können die Rabbiner alle Zwangsmaßnahmen ergreifen, über die sie verfügen. Im modernen Israel stecken sie ihn ins Gefängnis, bis er einwilligt. Ich sollte noch hinzufügen, dass schon in früheren Zeiten, sogar nach heutigem Standpunkt, die Gründe für eine Scheidung sehr liberal waren, liberaler als in den meisten westlichen Staaten heute. Es gab zum Beispiel die Scheidung aus gegenseitigem Übereinkommen. Die Frau konnte die Scheidung verlangen, wenn ihr

Mann ihr physisch unangenehm war, oder wenn er der in der Grundlage für das eheliche Leben festgelegten Pflicht nicht nachkam. ‹Lass einen Mann seine Frau mehr ehren als sich selbst und sie so lieben, wie er sich liebt.› Nein, Ms. Goldstein, ich sehe in den Scheidungsgesetzen nichts, was eine Frau als zweitklassig erscheinen lässt.»

«Wie ist das mit der Witwe, die ihren Schwager heiraten muss?», fragte Mazonson.

«Oder andersherum?», fragte der Rabbi lächelnd. «Es kommt immer auf den Blickpunkt an.»

«Jetzt verstehe ich Sie nicht.»

«Offenbar kennen Sie das Gesetz oder vielmehr seine Absicht nicht. Das Gesetz verlangte nur dann die Heirat zwischen Witwe und Schwager, wenn sie kinderlos war. Aber der Zwang galt für beide, und nach der Bibel war die Absicht die, dass, falls sie ein Kind bekam, es nach ihrem toten Ehemann benannt würde, ‹dass sein Name nicht vertilget werde aus Israel›.»

«Ja, aber ich hab gehört –»

«Warum sollte –»

«Mir kommt es so vor –»

«Und was ist mit Golda Meir?»

Der Rabbi klopfte mit den Knöcheln auf das Pult, um Ruhe zu erlangen.

«Und warum müssen wir dann in der Synagoge getrennt sitzen?», fragte Miss Dushkin.

«Bestimmt nicht, weil Frauen als minderwertig betrachtet werden», sagte er lächelnd. «Das geht noch auf primitive Zeiten zurück, als bei vielen Religionen ein Gottesdienst, an dem beide Geschlechter teilnahmen, in einer Orgie endete – was völlig im Sinne der Planung war, da es um Fruchtbarkeitsriten ging. In jüngerer Zeit war man der Meinung, dass die natürliche Anziehung der Geschlechter der Konzentration auf das Gebet hinderlich wäre.» Er spreizte die Hände und sagte trocken: «Wie lange ist es her, dass die Koedukation durch die Behauptung verunglimpft wurde, Jungen und Mädchen, die in einem Klassenzimmer säßen, könnten sich nicht auf den Unterricht konzentrieren? Aber sehen Sie», fuhr er fort, «Sie machen alle den Fehler, sich Ihre Meinungen nach einzelnen kleinen Brocken von Informationen oder Fehlinformationen, statt nach Ihren Erfahrungen zu formen. Denken Sie an Ihre eigenen Familien, und dann fragen Sie sich, ob die Frauen, ihre Mütter, Großmütter oder Tanten von ihren Ehemännern oder ihren Familien als untergeordnet angesehen werden.»

Als sie am Ende der Stunde hinausgingen, drehte sich Harvey Shacter zu Henry Luftig um. «Ich dachte, du wolltest ihm die Luft ablassen?»

Luftig schüttelte den Kopf. «Ich weiß nicht. Ich dachte schon, wir hätten ihn in den ersten Runden in die Ecke gedrängt, aber dann hat er kolossal aufgeholt. Passt bloß auf – der Bursche kann sich als ganz harter Brocken herausstellen.»

7

«Wie war's?», fragte Miriam, als er am Mittwochvormittag nach Hause kam.

«Nett», sagte er und lächelte dann. «Es hat mir Freude gemacht. Sehr große Freude sogar. Ich hab auf dem ganzen Heimweg darüber nachgedacht, Miriam, und bin zu dem Schluss gekommen, dass es wenig in diesem Leben gibt, das schöner wäre, als einem aufmerksamen Zuhörer Wissen zu übermitteln. Das ist mir schon mal aufgefallen. Damals, als wir den Ärger mit der Heizung hatten. Als der Monteur mir erklärte, wie die Heizung funktioniert und was nicht richtig war, habe ich gesehen, wie viel Freude ihm das machte.»

«Warum denn nicht? Er hat dafür neun Dollar in der Stunde bekommen», stellte sie fest.

Aber der Rabbi ließ sich nicht dämpfen. «Das war es sicher nicht. Es ist ein Gefühl der Überlegenheit. Ist doch klar, dass es einem gut tut, wenn man über ein Thema sprechen kann, über das man mehr weiß als andere. Und wenn dieses Wissen das Leben oder den Lebensstil eines anderen beeinflusst, ist es noch viel befriedigender. Es ist schon was dran, an diesem Ego-Trip, wie es die Studenten nennen.»

«Ich bin nicht so sicher, David, dass sie das als etwas Gutes betrachten. Ich glaube, sie verwenden den Ausdruck eher abfällig.»

«Wirklich? Ach, das zeigt nur, wie wenig sie wissen. Ich vermute, es gehört mit zur angelsächsischen Ethik. Beim Sport, zum Beispiel, bringt man dem Champion bei, seinen Erfolg dem Trainer, den Mannschaftsgefährten oder einfach dem Glück zuzusprechen, nur um keinen Preis der eigenen Überlegenheit. Und das ist so offensichtlich falsch. Niemand glaubt es, aber die Tradition wird beibehalten. Ich kann nur sagen, dass ich meine erste Vorlesung ganz ehrlich genossen habe.»

«Das sehe ich», sagte sie. «Und für deine Bescheidenheit hat sie Wunder getan.»

«Ich habe nur versucht, deine Frage zu beantworten», sagte er steif. Dann sahen sie sich an und lächelten.

Aber Miriam war mit dem Thema noch nicht fertig. «Dabei ist das doch gar nichts Neues für dich. Du hältst jeden Freitag eine Predigt, die ja auch eine Art Vorlesung ist, und dazu noch an allen Feiertagen.»

«Nein», sagte er, «Predigten sind was anderes. Da stellt man moralische Betrachtungen an. Übrigens soll Rabbi Lamden, nach dem, was ich gehört habe, solche moralischen Betrachtungen in seine Vorlesungen eingebaut haben. Außerdem sind die Leute, die meine Predigten anhören, auch die, die mein Gehalt bezahlen; und ich habe immer das Gefühl, sie prüfen mich, um zu sehen, ob sie auch was für ihr Geld bekommen.»

Sie fand das lustig. «Oh, David, wie kommst du denn darauf?»

«Im Übrigen sind sie nicht mehr flexibel. Ihr Denkschema ist eingefroren. Nichts, was ich sage, kann sie beeinflussen. Aber die jungen Leute im College, die sind noch beweglich; sie fürchten sich nicht, ihre Gedanken zu äußern. Meistens sind sie natürlich falsch, aber sie beharren auf ihnen und wollen sie auch verteidigen. Da war heute ein Mädchen, anscheinend eine Vertreterin von Women's Lib, die versucht hat, mich in die Enge zu treiben –»

«Das hätte ich gern miterlebt!» Miriam lachte.

Auch der Rabbi lachte. «Sie war gar nicht so schlecht.»

Er freute sich schon auf seine nächste Vorlesung am Freitag. Die Straße war fast leer, als er vor dem Verwaltungsgebäude anhielt. Einen Augenblick fragte er sich, ob seine Uhr vielleicht nachgehen könne, aber als er dann durch den Flur ging, hörte er Stimmen aus seinem Hörsaal. Als er die Tür öffnete, glaubte er an irgendeinen Irrtum. Nur ein kleines Grüppchen Studenten war da. Dann befiel ihn das beklemmende Gefühl, ihre Reaktion auf seine erste Vorlesung missdeutet zu haben. Er zwang sich zu einem Lächeln. «Unsere Zahl scheint sehr geschrumpft zu sein.»

Einige erwiderten sein Lächeln, und einer lieferte eine Erklärung. «Die meisten schwänzen am Freitag, um einen besseren Start zu haben.»

«Einen besseren Start? Wozu?»

«Fürs Wochenende natürlich.»

«Ja, ich verstehe.» Jetzt wusste er, warum Dean Hanbury sich wegen der Einteilung seiner Vorlesung für den Freitagnachmittag entschuldigt hatte. Aber er war aus dem Takt und wusste nicht weiter. Sollte er mit dem Stoff weitermachen oder nur rekapitulieren, damit die Abwesenden nichts versäumten? Er entschloss sich, die Vorlesung zu halten, aber es ging nicht, wie es sollte. Er kam nicht dagegen an, er war beleidigt – und er war sicher, dass die Studenten das merkten und schadenfroh seinen Ärger registrierten.

Endlich war die Stunde zu Ende, aber sein Zorn hielt während der Heimfahrt an. Glücklicherweise steckte Miriam in den Vorbereitungen für den Sabbat, und so kam es zu keiner Erörterung.

Am nächsten Montag waren alle Hörer wieder da: achtundzwanzig. Am Mittwoch auch, aber am Freitag waren es womöglich noch weniger als eine Woche zuvor: lediglich zehn. Und so setzte es sich fort: viele Hörer montags und mittwochs, freitags nur eine Hand voll.

Als sie nach einem Monat das Pentateuch abgeschlossen hatten, kündigte er eine Arbeit an – für den Freitag. Von seiner Seite aus war das eine Kriegserklärung.

«Müssen wir sämtliche Namen kennen? Soundso zeugte Soundso, meine ich?»

«Nein, aber ich erwarte doch, dass Sie bestimmte genealogische Zusammenhänge kennen. Sicherlich sollten Sie die Namen der Kinder Adams oder Abrahams wissen.»

«Könnten wir die Prüfung nicht am Montag machen?»

«Glauben Sie, dass Sie montags mehr Glück haben?»

«Nein, aber wir hätten dann das Wochenende zur Vorbereitung.»

«Sehen Sie es anders: So haben Sie das Wochenende zur Erholung.»

Am Freitag ging er noch kurz in sein Büro; Professor Hendryx sah beim Anblick der Arbeitshefte überrascht auf. «Lassen Sie gern Arbeiten schreiben, Rabbi?»

«Nein, nicht besonders. Warum?»

«Wer am Freitag eine Arbeit schreiben lässt, muss sie zweimal schreiben lassen.»

«Das verstehe ich nicht.»

«Ganz einfach. Sie müssen nicht nur die erste Arbeit zusammenstellen, hinterher lesen und mit roter Tinte kommentieren und benoten, sondern die Wiederholungsarbeit auch noch. Am Freitag können Sie höchstens mit der Hälfte Ihrer Kursusteilnehmer rechnen.»

«Oh, die werden heute schon da sein», sagte der Rabbi zuversichtlich «Ich habe es ihnen lange genug angekündigt und besonders betont, dass die Arbeit über die ganze Stunde geht und wichtig für die Note ist.»

Aber er kam in die Klasse und fand nur fünfzehn Studenten vor. Er verbrachte die Stunde wandernd, während die Studenten schrieben. Sobald einer fertig war, gab er das Heft ab und verließ eilig den Raum. Lange vor dem Klingelzeichen war der Rabbi allein im Zimmer.

Er sah die Arbeiten während des Wochenendes durch und gab sie am Montag zurück. Die Reaktion kam prompt.

«Sie haben gesagt, wir brauchten nicht zu wissen, wer wen zeugte.»

«Benjamin fällt da wohl kaum drunter. Benjamin spielt eine wichtige Rolle in der Geschichte von Joseph.»

«Wie viel zählt das bei der Endnote?»

«Das hängt von der Zahl der Arbeiten ab, die ich schreiben lasse.»

«Und sind die immer am Freitag?»

«Das kann ich nicht sagen. Wahrscheinlich.»

«Heh! Das ist unfair!»

«Wieso?»

«Weil wir – viele von uns – also, ich kann freitags nicht.»

Da war es. Er sagte kühl: «Das verstehe ich leider nicht. Die Vorlesung am Freitag gehört in den regulären Stundenplan. Wenn sie sich mit einer anderen Vorlesung überschneidet, hätten Sie diese nicht belegen dürfen.»

«Es geht nicht ums Überschneiden –»

«Nein?»

«Also, ich fahre an den Wochenenden nach New Jersey nach Hause. Und ich muss früh starten.»

Der Rabbi zuckte mit den Achseln. «Dazu kann ich nichts sagen.»

Er schlug das Buch auf, um anzudeuten, dass er die Diskussion für beendet hielt, aber die Stimmung hatte sich verwandelt. Sogar die Studenten, die die Arbeit mitgeschrieben hatten, waren mürrisch. Seine Vorlesung litt darunter, und zum ersten Mal entließ er sie alle vorzeitig.

Als er in sein Büro zurückkam, lag Hendryx wie üblich lang ausgestreckt in seinem Stuhl und paffte vor sich hin.

«Wie klappt es denn, Rabbi?»

«Ach, ich weiß nicht so recht.» In den paar Wochen, die er am College unterrichtete, hatte er Hendryx höchstens fünf- oder sechsmal gesehen, und dann nur ein paar Minuten lang vor oder nach der Vorlesung. «Ich habe etwa sechsundzwanzig Teilnehmer an meinem Kurs, auf der Belegliste sind es dreißig, aber mehr als achtundzwanzig sind noch nie gekommen.»

«Nicht schlecht», sagte Hendryx, «im Gegenteil, verdammt gut, wenn man bedenkt, dass niemand die Studenten zwingt, daran teilzunehmen.»

«Ach, montags und mittwochs sind auch genug da, aber am Freitag habe ich Glück, wenn ein Dutzend da sind.»

«Um ein Uhr, am Freitag? Ich finde es erstaunlich, dass Sie noch so viele haben.»

«Aber warum?», beharrte der Rabbi. «Ich kann verstehen, dass einer oder zwei einen Ausflug fürs Wochenende planen und gern früh losfahren wollen –»

«Die haben alle Pläne fürs Wochenende, Rabbi. Handelt es sich um ein Mädchen, ist sie zu einem anderen College zum Footballspiel am Samstag eingeladen. Wenn sie Ihre Vorlesung besucht, ist sie erst um zwei fertig und kann kaum vor drei Uhr starten. Sie kommt also, wo sie auch hinfährt, für die Lustbarkeiten am Freitagnachmittag zu spät. Und die jungen Leute von heutzutage können es sich nicht leisten, sich irgendwelchen Spaß entgehen zu lassen. Das ist wie ein Zwang, fast wie eine Religion, könnte man sagen.»

«Sie meinen, dass alle, die fehlen, zum Wochenende verabredet sind?»

«Nein, nicht alle», sagte Hendryx. «Ein paar bleiben auch weg, damit ihre Freunde denken, sie hätten eine Verabredung. Andere wollen ein langes Wochenende haben. Manche – da bin ich allerdings sehr skeptisch – brauchen die Zeit, um für andere Fächer zu lernen. Das soll ja auch die rationale Erklärung für das nicht verbotene Schwänzen sein: Man hält sie für reif genug, sich ihre Zeit selber einzuteilen.»

«Und was soll ich am Freitag tun, wenn weniger als die Hälfte meiner Studenten erscheint?»

«Ja», Hendryx sog tief an der Pfeife, «das ist eine gute Frage. Es gibt nicht sehr viele Vorlesungen am Freitagnachmittag. Joe Browder liest um ein Uhr im Blythe-Haus Geologie. Sonst wüsste ich niemand. Um zwölf Uhr mittags ist das College verlassen; sogar das Café ist zu. Ist Ihnen das noch nie aufgefallen?»

«Aber was soll ich denn machen?», fragte der Rabbi zäh. «Die Vorlesung nicht halten?»

«Genau das habe ich schon erlebt. Sie sagen die Stunde nicht offiziell ab, aber ein ums andere Mal sagen Sie, Sie wären leider verhindert.» Er sah den Rabbi an, ein schwaches Lächeln lag auf seinem Gesicht. «Aber ich glaube, das würde Ihnen nicht liegen, nicht wahr?»

«Nein, ich glaube nicht, dass ich das könnte.»

«Und was haben Sie nun gemacht?»

«Bisher habe ich so getan, als wäre es eine ganz normale Vorlesung. In der vorigen Woche habe ich eine Arbeit schreiben lassen, aber das wissen Sie ja.»

«Ach, danach wollte ich Sie schon fragen. Wie viele sind denn aufgekreuzt?»

«Nur fünfzehn.»

Hendryx lachte vor sich hin. «Soso, nur fünfzehn, ja? Für eine einstündige Arbeit? Haben Sie heute die Hefte zurückgegeben? Sagen Sie, wie haben sie reagiert?»

«Das macht mir ja so zu schaffen», gestand der Rabbi.

«Viele wirkten eingeschnappt, und ein paar waren geradezu entrüstet, als hätte ich mich unfair verhalten.»

Hendryx nickte. «Wissen Sie, warum sie entrüstet wirkten, Rabbi? Weil sie entrüstet *waren*. Sie waren es, weil *Sie* unfair waren, zumindest nach ihrem Maßstab. Sehen Sie, Ihre Vorlesung ist traditionsgemäß etwas zum Faulenzen. Darum haben sich so viele bei Ihnen eingetragen. Warum setzen Sie Ihren Ehrgeiz darein, das zu ändern, Rabbi? Warum machen Sie's nicht wie wir anderen auch und finden sich mit den Dingen ab, wie sie sind?»

«Weil ich ein Rabbi bin», sagte er und fügte dann mit deutlicher Herablassung hinzu: «Und kein Lehrer.»

Hendryx lachte schallend über diese Herausforderung. «Aber Rabbi, ich dachte, gerade das wäre ein Rabbi. Ist das denn nicht die Bedeutung des Wortes – Lehrer?»

«So ist es nicht gemeint. Ein Rabbi ist ein Kundiger des Rechts, das unser Leben bestimmen soll. Seine größte, überlieferte Aufgabe ist zu richten, aber gelegentlich erläutert er auch das Recht zum Nutzen seiner Gemeinde. Die Art Lehrer, an die Sie denken, die die Jungen und Unreifen zum Lernen antreibt, die Lehrer der Kinder – das ist etwas ganz anderes. So einen nennen wir einen *melamed*, und das Wort hat eine abfällige Bedeutung.»

«Abfällig?»

«Ja, das stimmt. Sehen Sie, da die Juden praktisch seit Jahrhunderten zu hundert Prozent des Lesens und Schreibens kundig waren», der Rabbi sagte es mit Wohlgefallen, «könnte jeder unterrichten. Aber bei etwas, das jeder andere auch kann, ist das gesellschaftliche Ansehen oder der finanzielle Nutzen nicht sehr groß. Daher war der *melamed* üblicherweise jemand, der bei allem versagt hatte und endlich auf das Unterrichten der kleinen Kinder zurückgreifen musste, um existieren zu können.»

«Und Sie meinen, wenn Sie es Ihren Studenten leicht machen, werden Sie zu einem *melamed*?», fragte Hendryx nun plötzlich viel interessierter. «Ist es das?»

«Oh, ich denke viel weniger an meine Stellung als an ihre Haltung. Wir Juden erwarten, dass ein Kind spielerisch ans Lernen herangebracht wird. Darum geben wir einem, das in die Schule kommt, Kuchen und Honig, damit es das Lernen mit etwas Süßem, Wünschenswertem in Verbindung bringt. Aber ich finde nicht, dass ich dieses Verfahren bei Erwachsenen fortsetzen sollte. Natürlich wollen nicht alle Erwachsenen Gelehrte werden, aber die, die das wollen und aufs College gehen, sollten sich wie Erwachsene auf den Unterricht einstellen. Ich muss sie doch nicht locken und verführen, damit sie lernen.»

«Das müssen Sie nicht», sagte Hendryx. «Und wir anderen tun das auch nicht. Wir unterrichten. Die, die kommen wollen, kommen, und die, die nicht wollen, bleiben fort.»

«Und die, die fortbleiben, schaffen ihre Examen?»

«Ja, natürlich –»

«Aber das ist dann Betrug!»

«Jetzt kann ich Ihnen leider nicht folgen, Rabbi.»

«Lassen Sie es mich so erklären», sagte David Small, der nach einem Vergleich suchte. «Nach der Tradition wird man ein Rabbi, indem man sich bei einem Rabbi zur Prüfung meldet. Wenn man bei ihm das Examen besteht, gibt er einem ein *smicha*, ein Siegel der Ordination, der Einsetzung. Natürlich sind einige Rabbiner strenger und genauer bei ihren Prüfungen als andere, weil sie selber tiefschürfender denken und mehr wissen. Aber ich glaube doch, dass sie alle ehrlich in ihrer Entscheidung sind, denn dadurch, dass sie den Kandidaten zum Rabbi machen, erklären sie ihn für fähig, überall in der jüdischen Welt Recht zu sprechen.

Nun hat aber auch der am College erworbene Grad überall auf der Welt Geltung und Bedeutung; und die Macht, ihn zu erteilen, ist dem College vom Staat übertragen worden. Das System des College verlangt, dass der Kandidat Punkte für sein Abschlussexamen sammelt, indem er an den Kursen mehrerer Lehrer teilnimmt und sie zu ihrer Zufriedenheit abschließt. Ich werde dafür bezahlt, dass ich einen kleinen Teil des Gesamtwissens weitergebe. Wenn ich also meine Arbeit nicht gründlich verrichte, handle ich unehrlich. Ich betrüge.»

«Wen betrügen Sie?»

«Jeden, der annimmt, der Grad sei eine Garantie dafür, dass eine gewisse Menge an Wissen erfolgreich erworben worden ist.»

«Heißt das, dass Sie Studenten durchfallen lassen wollen, die die Vorlesung am Freitag schwänzen?»

«Die, die keine Arbeiten mitschreiben oder sie verhauen.»

«Sehr interessant. *Sehr* interessant», sagte Hendryx. «In Kürze sollen wir dem Büro des Dean die Namen aller Studenten angeben, die bis zur Mitte des Semesters den Ansprüchen nicht genügen. Haben Sie vor, eine derartige Liste einzureichen?»

«Wenn das der Brauch ist, werde ich es selbstverständlich tun. Sie etwa nicht?»

«Na ja, in den letzten Jahren hab ich es langsam angehen lassen. Um genau zu sein: Im letzten Jahr habe ich keinen einzigen meiner Studenten durchfallen lassen. Aber ich nehme an, dass Sie das vorhaben.»

«Wenn sie die Prüfungen nicht bestehen, muss ich doch ‹nicht bestanden› als Urteil angeben.»

«Na, da kann ich nur prophezeien, dass Sie ein sehr interessantes Jahr vor sich haben werden, Rabbi.»

8

Das College-Bulletin erschien Ende Oktober, anschließend an das halbjährliche Treffen der Kuratoriumsmitglieder des Windemere Christian College. Es wurde nicht nur auf seinen Inhalt gelesen, sondern auch auf das, was verschwiegen war. Während es so verkündete, dass Associate Professor Clyde zum Professor ernannt worden war, fand das niemand bedeutsam; alle wussten, dass Präsident Macomber ihn zur Beförderung empfohlen hatte und das Kuratorium immer den Vorschlägen des Präsidenten folgte.

Andererseits fiel es allgemein auf, dass nichts von der Bestallung eines festen Leiters für die englische Abteilung erwähnt war. Das deutete klar an, dass Professor Hendryx, der jetzige kommissarische Leiter, nur auf Zeit eingesetzt war, bis die Verwaltung einen geeigneteren Mann gefunden hatte.

Dies wurde von einer beträchtlichen Zahl älterer Mitglieder der Abteilung und fast allen Jungen mit einer gewissen Schadenfreude notiert – dies aber in krassem Gegensatz zu ihrer Reaktion auf eine weitere Auslassung im Bulletin – nämlich die Vertragsverlängerung von Assistant Professor Roger Fine. Fine war bei fast allen Lehrern und Professoren sehr beliebt, und sogar die, die ihn nicht besonders schätzten, nahmen Anstoß, da es sich, nach Ansicht aller, nur um eine politische Entscheidung handeln konnte.

Albert Herzog, ein junger Instructor der Anthropologie, der in der Lehrergewerkschaft tätig war, ging zu Fine. «Du, Rog, was höre ich da? Man will dich nach Ende des Semesters absetzen?»

«Ich werde nicht abgesetzt. Mein Vertrag läuft einfach ab.»

«Na und? Der Posten ist doch frei. Sie müssen jemand an deiner Stelle einstellen. Dann können sie dich doch auch dabehalten?»

«Das müssen sie aber nicht», sagte Fine. «Ich bin im vorigen Februar mit einem Einjahresvertrag oder für zwei Semester eingestellt worden. Ich hab während des Sommerkurses auch unterrichtet, das macht also drei Semester. Es ist also völlig legal und in Ordnung.»

«Ja, aber ein normaler Vertrag wird im Allgemeinen von Jahr zu Jahr verlängert. Macomber hat doch nichts gegen dich, oder?»

«Aber nein», sagte Fine rasch.

«Dann kann es nur eine Bedeutung haben – sie schmeißen dich raus, weil du dich politisch betätigt hast. Und wenn das so ist, dann hat die Gewerkschaft da auch noch ein Wort mitzureden. Wir werden eine Anhörung fordern.»

«Al, komm von den Barrikaden runter», sagte Fine. «Der Gewerkschaftsvertrag mit dem College gibt dem Präsidenten eigens das Recht, einen Mann ohne Anhörung zu entlassen, wenn er nicht einen langjährigen Vertrag hat.»

«Aber nur, wenn es *nicht* um politische Gründe geht!», sagte Herzog und fuchtelte zur Unterstützung seines Arguments mit einem knochigen Finger. «Er kann dich rauswerfen, wenn ihm deine Nase nicht passt, aber er kann dich nicht wegen deines Artikels in *The Windrift* raussetzen oder weil du die Schwarzen unterstützt hast. Das ist ein politischer Grund, und der ist durch den Vertrag ausgeschlossen. Nein, der Fall liegt klar, und darum werden wir uns um die Sache kümmern.»

«Bitte, Al, tu mir einen Gefallen, und kümmer dich um deine Angelegenheiten. Ich will keinen Krieg mit der Verwaltung anfangen.» Fine legte ihm die Hand auf die Schulter.

Herzog schüttelte sie ab. «Ich versteh dich nicht. Wenn ich einem Vertreter des Lehrkörpers zugetraut hätte, er würde für sein Recht kämpfen, dann wärst du das gewesen. Das ist doch der ewige Ärger mit den Lehrern: Sie glauben, sie erreichen mehr, wenn sie Kotau machen und die Verwaltung auf sich herumtrampeln lassen. Aber du solltest dir klar sein, dass die Gewerkschaft, wenn immer sie einen Kampf anfängt, ihn auch gewinnt. Ich werde veranlassen, dass eine Sitzung –»

«Nein!»

«Hör doch, Fine, es geht nicht nur um dich. Wenn die Verwaltung einen voll qualifizierten Mann wie dich rauswerfen und einen anderen anheuern kann, was wird denn dann aus der Beförderung nach dem Dienstalter?»

«Ich pfeife auf die Beförderung nach dem Dienstalter. Ich bitte dich um einen persönlichen Gefallen, Al. Ich will jetzt einfach nicht in einen Krieg verwickelt werden.» Er senkte die Stimme. «Weißt du, Edie bekommt ein Kind. Ich will nicht, dass sie sich aufregt.»

«Na, das ist ja fabelhaft. Herzliche Glückwünsche!», rief Herzog. «In Ordnung, Rog, der Groschen ist gefallen. Ich werd's mit den anderen besprechen und ihnen mitteilen, was du gesagt hast. Wir machen dann schon das Richtige.»

Am nächsten Tag aber stand ein neuer Tisch in der Rotunde. Er trug ein großes Plakat mit dem Bild eines übergroßen Baseballschlägers. UNTERSCHREIBT FÜR FINE! ER HAT FÜR EUCH GESCHLAGEN – JETZT SCHLAGT FÜR IHN!

Hinter dem Tisch saß Nicholas Ekkedaminopoulos und forderte alle auf, die Eingabe zu unterschreiben. Alle, die ihn näher kannten, sogar seine Lehrer, nannten ihn Ekko. Er war älter als die meisten seiner Kommilitonen und hatte in der Army gedient. Von den anderen Studenten hob er sich ab, weil er glatt rasiert war – er war nicht nur bartlos, sondern hatte den ganzen Kopf kahl geschoren. Er erklärte es so: «Mein Alter ist kahl, mein Onkel ist kahl. Und jetzt werde ich kahl. Bei uns ist das erblich. Mein Alter kämmt sich die paar Haare, die er noch an den Seiten hat, quer über den Kopf und pappt sie fest. Mein Onkel ist ein fescher Mann mit einer hübschen Frau; er gibt ein Vermögen für Kuren und Öle und Cremes aus – und ist trotzdem kahl. Also sage ich mir: warum dagegen ankämpfen? Ergo hab ich alles abrasiert.»

Roger Fine kannte ihn gut; sie waren gleich alt und hatten beide in Vietnam gekämpft. Sie waren Freunde geworden. Sie befassten sich gemeinsam mit der Anwerbung schwarzer Studenten, und Fine hatte ihn im Sommer nach Barnard's Crossing eingeladen.

Als er jetzt in die Rotunde kam, sah er das Schild und rannte wütend zu dem Tisch. «Verdammt, was ist denn hier los, Ekko? Wer hat das veranlasst?»

«Mann, Rog, das ist offiziell von den Studenten-Aktivisten beschlossen worden.»

«Komm mir nicht mit diesem offiziellen Mist, Ekko. Du weißt verdammt gut, dass die Studenten-Aktivisten nur aus dem halben Dutzend Leuten bestehen, das im Studenten-Ausschuss ist. Ich möchte wissen, wer dich dazu angestiftet hat. Al Herzog?»

«Der Klugscheißer? Nie!» Ekko senkte die Stimme. «Es herrschen schlechte Zeiten, Rog. Vor drei Jahren, als ich noch Freshman war, konntest du für alles, was dir nur in den Kopf kam, eine Liste auslegen, und du hättest noch vor Ende der Lunchpause fünfhundert Unterschriften gehabt. Die haben nicht mal gelesen, was sie unterschrieben haben. Und heute sitzen wir hier seit dem Morgen und wollen Unterstützung für unser Programm und können von Glück sagen, wenn wir fünfzig Unterschriften kriegen. Sie haben alle Gründe, sich zu drücken. Gemischte Wohnheime? Die Mädchen sagen, sie könnten das nicht unterschreiben, weil das wie ein Eingeständnis aussehe, dass sie mit jedem ins Bett gingen. Sogar, wenn es um freiwillige Prüfungen geht. Da glaubst du, jeder müsse dafür sein; aber nein, sie sagen, wenn sie Examen machen müssen, warum nicht die anderen auch? Dann kommt die Verwaltung und setzt dich vor die Tür. Da haben wir uns gedacht: Jetzt haben wir unsere große Chance. Du hast viele Freunde in der Schule, und wir bekommen viele Unterschriften, dachten wir – ja, warum denn nicht – sollen sie doch gleich die Aktivisten-Resolution unterschreiben. Und es hat funktioniert!» Er sagte es triumphierend. «Ich sitze hier erst zwei Stunden und habe schon dreißig Unterschriften für deine Eingabe. Und sechs haben auch gleich für die Resolution unterschrieben.»

Fine schüttelte verzweifelt den Kopf. «Auf den Gedanken, mich zu fragen, ehe du diese Eingabe gestartet hast, bist du nicht gekommen? Und dass es mir nicht in den Kram passt, kannst du dir auch nicht denken?»

«Oje, Roger, wir dachten, du würdest dich freuen. Und wenn wir's nicht gemacht hätten, hätte es der SDS gemacht. Vielleicht sogar die Spinner von Weathervane. Es muss dir doch lieber sein, wenn wir das machen, was?»

«Ich will es aber nicht, Ekko. Ich will, dass damit Schluss ist.»

«Okay, wenn du's unbedingt willst. Aber einen Moment noch –» Er hielt einen Studenten fest, der mit einem Mädchen vorüberging. «He, Bongo! Komm und unterschreib die Eingabe für Professor Fine.»

Roger Fine stürzte davon.

9

«Was hast du gegen John Hendryx, Dad?», fragte Betty Macomber. Es war der freie Abend von Mrs. Childs, und Betty räumte den Tisch ab, während er die Abendzeitung überflog.

«Hendryx? Ach, der Neue aus der englischen Abteilung?»

«Neu! Er ist seit zweieinhalb Jahren hier.»

«Wirklich. Da sieht man wieder, wie die Zeit vergeht. Aber warum? Ich hab nichts gegen ihn.»

«Warum ist er dann nicht Leiter der Abteilung geworden? Warum ist er nur kommissarischer Leiter?»

Präsident Macomber legte die Zeitung aus der Hand und sah zu seiner Tochter auf. Sie war groß und blond. «Meine Wikingerprinzessin», hatte er sie manchmal als kleines Mädchen genannt. Obwohl ihr Gesicht Spuren der Reife zeigte, war es faltenlos und immer noch schön. «Das ist Vorschrift», begann er, «der Leiter einer Abteilung muss ein gewisses Dienstalter haben, mindestens aber drei Jahre an der Abteilung gewesen sein. Hendryx ist noch nicht so lange bei uns. Er kann daher nur kommissarischer Leiter sein.»

«Aber früher sind die Leute auch Leiter der Abteilung geworden, ohne sich den Posten ersessen zu haben», beharrte sie. «Du hast mir selbst erzählt, dass Professor Malkowitz mit dem Tag seines Dienstantritts Leiter der mathematischen Abteilung geworden ist.»

«Malkowitz war ein Sonderfall. Er wäre sonst nie nach Windemere gekommen, und wir wollten ihn unbedingt haben. Die Kuratoren haben abgestimmt und ihm eine Garantie gegeben.»

Sie stellte die Brotschale und die Salatschüssel ab und setzte sich vor ihn auf das Fußkissen. «Und warum kannst du das bei Professor Hendryx nicht auch so machen?»

Er lehnte sich im Sessel zurück und lächelte. «Professor Malkowitz ist weithin bekannt. Er ist ein bedeutender Wissenschaftler.»

«Und an den Fähigkeiten von Professor Hendryx zweifelst du?»

An dem kriegerischen Tonfall ihrer Stimme war nicht zu zweifeln. Er wollte durch eine oberflächliche Antwort ausweichen. «Etwas spricht auf jeden Fall für ihn: Er weiß, wie man weibliche Hilfskräfte anwirbt. Monatelang hat mich Millicent Hanbury seinetwegen unter Druck gesetzt, und jetzt kommst du. Bei ihr kann ich es verstehen. Sie sind alte Freunde oder kommen wenigstens aus derselben Stadt. Aber du! Ich wusste nicht mal, dass du ihn kennst.»

«Ich hab ihn am Tag meiner Rückkehr kennen gelernt. Er war bei den Sorensons eingeladen.»

«Ach?»

«Und seither habe ich ihn ziemlich oft gesehen», fügte sie beiläufig hinzu.

Aber er fiel nicht darauf herein. «Hat er sich über die Behandlung hier beklagt?»

«Nein, das nicht», sagte sie. «Aber als ich von ihm als dem Leiter der englischen Abteilung gesprochen habe, hat er mich sofort korrigiert und erklärt, er wäre nur kommissarischer Leiter.» Sie hielt inne. «Wenn du etwas weißt, was gegen ihn spricht, Vater, würde ich es gern hören.»

Als ihm klar wurde, dass ihr Interesse nichts mit unpersönlicher Teilnahme an Collegedingen zu tun hatte, wurde er vorsichtig. «Er hat gute Examen. Ich glaube, er war in Harvard. Meines Wissens hat er auch einiges veröffentlicht. Aber wenn man mal ein so alter Hase ist wie ich, dann entwickelt man bei der Anstellung von Lehrkräften Instinkte. In den letzten zehn Jahren, ehe er zu uns gekommen ist, war er an drei verschiedenen Colleges. Und warum sollte er überhaupt zu uns kommen? Wir sind ein kleines und nicht sehr bekanntes College. Mit seinen Fähigkeiten müsste er leicht eine Stellung an einem berühmten College gefunden haben.»

«Dein großartiger Malkowitz ist auch gekommen.»

«Ja, hinter dem sind wir hergerannt und haben verlockende Angebote gemacht. Professor Hendryx hat sich mitten im Jahr bei uns beworben.»

«Vielleicht zieht er kleine Colleges vor. Das tun viele Männer.»

Er nickte. «Aber seine letzte Stellung war an einem kleinen College – Jeremiah Logan College in Tennessee, soweit ich weiß. Warum ist er nicht dort geblieben?»

«Vermutlich, weil es in Tennessee war. Jeder Neu-Engländer muss sich in einer kleinen Südstaaten-Stadt wie ein Fisch auf dem Trockenen vorkommen.»

«Das ist richtig», gab er zu, «und das hatte ich auch geglaubt, bis ich zufällig den Direktor von Jeremiah Logan beim Kongress der College-Präsidenten im vorigen Jahr kennen gelernt habe. Ich habe Hendryx erwähnt. Du weißt ja, heutzutage muss ein Verwaltungsmann, wie praktisch jeder Arbeitgeber, sehr vorsichtig sein mit dem, was er über einen früheren Angestellten sagt. Man setzt sich einer Klage aus, wenn man etwas erzählt, was man zwar haargenau weiß, aber nicht beweisen kann. Nun, dieser Mann von Jeremiah Logan war noch vorsichtiger als die meisten, aber immerhin habe ich seinen Worten entnommen, dass Hendryx an seinem College Ärger gehabt hat – es ging um eine seiner Studentinnen.»

«Das weiß ich alles», sagte sie gelassen. «Es war ein billiges kleines Flittchen; sie wurde bei Sigma Chi, aber auch bei allen anderen Studentenverbindungen, von einem zum anderen weitergereicht.»

«Das hat er dir alles erzählt? Warum?»

«Weil wir uns füreinander interessieren.» Sie stand auf.

«Betty, der Mann sagte, er wäre sexbesessen –»

«Das wäre nach Malcolm eine angenehme Abwechslung.»

«Betty!»

«Dad, am besten sage ich es dir gleich. John und ich wollen heiraten.» Er starrte sie an.

«Mach kein so entsetztes Gesicht. Und du wirst es mir nicht ausreden, nur weil ein Mann von vierzig nicht wie ein Einsiedler gelebt hat. Wie wär's, wenn du mir jetzt mal Glück wünschtest?»

«Aber mit einer Schülerin!»

«Groß genug, alt genug. Du nimmst doch wohl nicht an, dass deine Studentinnen hier in Windemere alles Jungfrauen sind?»

«Nein, natürlich nicht», sagte er. «Aber ich kann trotzdem nicht gutheißen, dass Professoren – äh – Beziehungen haben, vielmehr ihre Stellung ausnutzen, um – äh – um Studentinnen zu verführen.» Er nahm einen neuen Anlauf. «Betty, ich bin in diesen Dingen so modern eingestellt, wie es einem Mann meiner Generation möglich ist. Aber für ein Mitglied des Lehrkörpers geht das nicht. Ich meine jetzt auch vom Standpunkt der Fairness aus, weil er eben seine Stellung ausnutzen kann. Denk doch wenigstens daran, was für ein Licht das auf seinen Charakter wirft.»

«Fairness, Charakter!» Sie lachte schroff. «Dad, darf ich dich über die Geheimnisse des Lebens in den siebziger Jahren aufklären. Sex geht die Frauen an; das ist ihre Spezialität und das Gebiet, auf das sie sich konzentrieren. Wenn es in Windemere Beziehungen zwischen Lehrern und Schülerinnen gibt – ich bin sicher, dass es sie gibt –, dann glaub mir, dass das Mädchen die Sache in Gang gebracht hat und in der Hand hat. Und normalerweise wird sie es auch sein, die sie beendet, wenn sie einen anderen gefunden hat oder meint, es sei nun genug. Um auf Johns Affäre in Logan zurückzukommen oder auf andere, die er an den anderen Colleges gehabt haben mag, an denen er auch unterrichtet hat: Er wird schon glauben, er sei der Initiator gewesen, aber du kannst wetten, dass es in jedem Fall von dem Mädchen ausgegangen ist.»

«Betty, hast du eine Affäre mit ihm?»

«Ach, Dad, du bist süß. Nein, das habe ich nicht, aber nur, weil es sich nicht dahin entwickelt hat – noch nicht, auf jeden Fall. Habe ich dich jetzt schockiert?» Sie sah ihn erheitert an.

«Liebst du diesen Mann, Betty?»

«Ich bin kein bis über beide Ohren verliebtes kleines Mädchen, wenn du das meinst. Ich finde ihn anziehend. Er sieht gut aus und ist gescheit.»

«Aber du kennst ihn doch kaum. Du weißt nichts von ihm.»

«Ja, aber ich bin mit Malcolm aufgewachsen, und was ist daraus geworden? Ich kenne John jetzt seit fast zwei Monaten. Das ist lang genug.»

«Aber nur, weil du einmal einen Fehler gemacht hast –»

«Ich bin fünfunddreißig, und John ist vierzig. Wir stammen aus ähnlichen Verhältnissen. Er kommt aus einer alten Neu-England-Familie und hat keinen Anhang. Er ist der beste Mann, der hier zu haben ist. Wenn ich länger warte, werde ich am Ende einen Witwer mit Kindern nehmen müssen, der eine Haushälterin sucht, die umsonst für ihn arbeitet. Falls ich Glück habe. Und was die Verhältnisse mit seinen dummen kleinen Studentinnen anbelangt: ich meine, ich würde viel mehr Anlass zur Besorgnis haben, wenn er sie nicht gehabt hätte. Was soll ein Junggeselle und Professor in einer kleinen College-Stadt denn sonst tun? Wäre es dir lieber, wenn er seine Zeit mit den Frauen seiner Kollegen verbrächte?»

«Die meisten Männer heiraten.»

«Dann wäre er für mich nicht erreichbar. Ach, Dad, ich werde ihn heiraten. Im Augenblick halten wir es noch geheim, weil er die fixe Idee hat, die Leute könnten es nicht verstehen, aber du kannst dich schon mal darauf einstellen. Mach dir doch keine Sorgen, Dad», sie umarmte ihn impulsiv, «ich weiß, dass er dir gefallen wird, wenn du ihn erst besser kennst.»

«Kennt Billy ihn denn schon?»

«Wir wollen ihn am Samstag zusammen besuchen. Ich bin sicher, dass er und Billy sich gut vertragen.»

«Und was für Pläne habt ihr für die Zukunft?»

«Das hängt von dir ab. John würde gern hier bleiben, aber er betrachtet seine augenblickliche Stellung als kommissarischer Leiter als herabsetzend. Als er im letzten Bulletin nicht erwähnt wurde, wollte er kündigen, aber ich habe ihm zugeredet, noch zu warten. Wenn er sich entschließt zu gehen, könnten wir eine Zeit lang mit dem Geld auskommen, das Mutter mir hinterlassen hat, bis er eine neue Stellung findet. Ich habe das vorgeschlagen, aber er ist zu stolz, darauf einzugehen. Aber wenn er einen langfristigen Vertrag bekommt und als Leiter der Abteilung eingesetzt wird, könnten wir sofort heiraten und würden dann in Zukunft hier leben.»

«Aber das geht nur durch die Wahl der Kuratoren.»

«Haben die schon jemals einen deiner Vorschläge abgelehnt?»

«Nein.»

«Bitte, Dad!»

Sie sah ihn flehend wie ein Kind an. Und was wusste er

schon, was gegen Hendryx sprach? Dennoch ging es ihm gegen den Strich, den Einfluss seiner Stellung für rein familiäre Zwecke geltend zu machen. Andererseits war es ja nicht Betty allein. Dean Hanbury hatte ihn auch schon gedrängt, die Beförderung anzuregen; es würde also der Abteilung und dem College zugute kommen. «Na schön», sagte er zögernd, «ich spreche mal mit Dean Hanbury.»

Sie wusste, dass sie gewonnen hatte. «Oh, danke, Dad.» Sie küsste ihn wiederum. «Wann gehst du zu ihr?»

Er blätterte in seinem Taschenkalender. «Warte mal. Morgen ist Freitag. Da habe ich vormittags nichts Festes vor.» Er machte sich eine Notiz. «Freitag, der 13. Bist du abergläubisch?» Er lächelte sie an. «Ich gehe morgen Vormittag zu ihr.»

Sie warf ihm eine Kusshand zu und rannte die Treppe hinauf. «Ich muss mich umziehen.»

«Ich dachte, du bliebst heute Abend hier …»

«Aber ich muss doch John die Freudenbotschaft überbringen.»

10

Sie konnten sich nicht bei Abner Selzer treffen, weil sein Zimmergefährte Grippe hatte. Yance Allworth und Mike O'Brien wohnten beide zu Hause. Daher hatten sie verabredet, in Judy Ballentines Bude zusammenzukommen, obwohl das höllisch weit fort war, nämlich im Westend, genau am anderen Ende der Stadt. Wenigstens würden sie dort nicht gestört werden. Abgesehen davon: da Judy mit Ekko zusammenlebte, waren zwei der fünf schon dort. Sie wohnte im dritten Stock eines alten Mietshauses, das die Hyänen von Häusermaklern mit gekachelten Duschen und schrankgroßen Küchen ausstaffiert und mit ein paar Möbeln voll gestellt hatten, um von Studenten, Krankenschwestern und jungen Ärzten am Massachusetts General Hospital, die anderswo nichts hatten finden können, Wuchermieten zu erpressen.

Ekko hatte den einzigen Stuhl in Beschlag belegt. Es war ein Ohrensessel, dessen Bezug nicht nur verblichen, sondern auch voller Brandflecken war, die von den Zigaretten achtloser, wenn nicht gar vandalistischer früherer Bewohner stammten, die über die hohen Mieten wütend waren. «Stecken Sie doch einfach ein paar Spitzendeckchen darüber, dann sieht er wieder wie neu aus», hatte der Wohnungsmakler gesagt.

Judy, obwohl schon im Senior-Jahrgang, sah wie ein kleines Mädchen aus. Sie war winzig, und ihr Gesicht hatte durch den Rosenknospenmund und die großen, dunklen, unschuldigen Augen einen kindlichen Ausdruck. Sie saß auf dem Fußboden, den Kopf an Ekkos Knie gelehnt, und schnippte ihre Zigarettenasche in die Richtung des Aschenbechers, der auch auf der Erde stand. Mit der anderen Hand massierte sie unter dem Hosenbein Ekkos Wade.

Auf dem schäbigen Sofa mit den durchgedrückten Federn saß Mike O'Brien, der halbtags in einer Bank arbeitete und darum einen Anzug, ein weißes Hemd und zu allem Überfluss auch noch einen Schlips trug; seine kleinen, dicken Finger ruhten verschlungen auf dem Schoß.

Yance Allworth lag auf dem Fußboden, sein hübscher Afro-Kopf ruhte auf einem Kissen, das er vom Sofa gezerrt hatte. Er trug gefranste dunkelrote Lederhosen und ein rosa Seidenhemd, das leuchtend von seiner sehr schwarzen Haut abstach. Während Abner Selzer, bärtig, mit bis auf die Schultern wallender Mähne, seine Unterhaltung mit Dean Hanbury wiedergab, hielt Yance die Augen geschlossen und schien zu schlafen.

«Ich hab die Verabredung für heute auf halb drei gelegt,

weil –» er brach ab. «Mensch, Judy, musst du so an ihm rumfummeln, wenn wir hier eine Zusammenkunft haben?»

«Du kannst mich mal», sagte sie liebenswürdig.

«Mach weiter.» Ekko tätschelte ihren Kopf, als sei sie ein Hund.

«– weil Millie Hanbury es gern um die Zeit haben wollte», beendete er seinen Satz.

«Millie Hanbury kann mich mal», sagte Allworth durch halb geschlossene Lippen.

«Vielleicht hätte ich da gar nichts gegen einzuwenden», sagte Selzer. «Die ist nicht ohne.»

«Du hättest bestimmt was dagegen.» Judy sah ihn an. «Sie hat's mit Damen.»

«Woher weißt du das?», fragte O'Brien interessiert.

«Das liegt doch auf der Hand. Sie hat Sport studiert. Alle Turnlehrerinnen sind so. Ich möchte nur wissen, warum wir uns um halb drei an einem Freitag mit ihr treffen müssen.»

«Am Freitag, dem 13.», murmelte Yance Allworth.

«Weil das College am Freitag wie eine Geisterstadt ist. Außer uns ist kein Mensch da. Nur wir.»

«Und was für einen Druck können wir fünf schon groß ausüben?»

«Mehr, als wenn wir das Treffen am Montagmorgen stattfinden ließen, wie du das vorgeschlagen hast, Judy», erwiderte Selzer. «Da bekommen wir vielleicht fünfzig, höchstens fünfundsiebzig Studenten zusammen. Die Hanbury sieht auf den ersten Blick, dass wir nur eine Hand voll zur Unterstützung haben, und weiß von vornherein, dass sie die besseren Karten hat.»

«Woher weißt du, dass wir nur fünfzig auftreiben?», fragte O'Brien.

«Weil das zur Zeit einfach so ist», sagte Selzer. «Weißt du, wie viel Unterschriften wir für die Eingabe wegen Roger Fine bekommen haben? Einhundertneunzehn! In einer ganzen Woche lausige hundertneunzehn Unterschriften. Darum hab ich, als die Hanbury Freitagnachmittag vorgeschlagen hat, sofort zugestimmt, weil sie dann nicht merkt, wie wenig wir sind.»

«Wetten, dass wir verdammt viel mehr Stimmen bekommen würden, wenn wir uns mit den Weathervanes verbündet hätten?», sagte O'Brien.

«Die Weathervanes können mich mal», murmelte Allworth.

«Mich auch», stimmte Ekko zu. «Das ist eine Bande von ausgeflippten Wahnsinnigen, zu denen ich nicht mal im Stoßverkehr in die Straßenbahn einstiege.»

«Aber echte Revolutionäre», beharrte O'Brien.

«Lebende Leichname sind das!», schimpfte Ekko. «Also halb drei, Abner? Gut, dann bleibt es dabei. Hast du ihr gesagt, warum wir sie sprechen wollten?»

«Nein, aber sie weiß natürlich, dass es uns um Fine geht. Sie muss ja das Plakat in der Halle gesehen haben.»

«Ich hab euch doch gesagt, dass Roger gegen unsere Aktion ist.»

«Roger Fine kann mich mal», sagte Allworth.

«Stimmt», Selzer nickte. «Aber wir machen das ja auch nicht für Fine. Er ist nur ein Demonstrationsbeispiel. Uns geht es um das Prinzip.»

«Ganz richtig», stimmte ihm Judy zu. «Wenn sie jeden Lehrer feuern, der auf unserer Seite steht, wie sollen wir uns dann im College durchsetzen?»

Sie redeten noch lange ergebnislos weiter, bis es Zeit zum Aufbruch wurde. Ekko begleitete sie hinaus, nahm sich aber Selzer auf dem Treppenabsatz zur Seite.

«Ich wollte das nicht vor den anderen sagen, aber Roger hat sich über die Eingabe ganz schön aufgeregt und noch mehr über das Treffen mit Millie. Er hat schon gekündigt, verstehst du.»

«Gekündigt? Was, zum Teufel –»

«Er musste. Er sagt, sie hätten ihn in der Hand. Er hätte einen Kündigungsbrief schreiben müssen, den Millie in ihrem Safe eingeschlossen hat. Ich sollte das niemand weitererzählen, aber nach dem Treffen eben hab ich das Gefühl, wir lassen es besser langsam angehen. Weißt du, wir halten es ganz generell. Es kann uns sonst leicht passieren, dass wir als die Blamierten dastehen.»

«Hm.» Das Räderwerk in Selzers Kopf begann sich zu drehen, als er seine Strategie überdachte. Dann sah er Ekko zweifelnd an. «Ich weiß nicht. Vielleicht sollten wir abwarten, bis sie damit rausrückt, und dann sagen, wir wissen es schon, haben aber das Gefühl, er wäre dazu gezwungen worden.»

«Ich meine immer noch –»

Selzer fühlte sich als Führer angezweifelt. «Was ist, willst du es lieber übernehmen, Ekko?»

«Nein. Ich möchte nur nicht, dass Rog es am Ende ausbaden muss.»

«Reg dich nicht auf. Ich hab von Anfang an höchstens mit unentschieden gerechnet.»

«Wie meinst du das?»

«Dass wir bei Fine den Kürzeren ziehen, aber dafür bei seinem Nachfolger ein Mitspracherecht kriegen.»

«Ja. Aber denk dran.» Ekko drehte sich um, sagte dann aber noch: «Du, weiß sonst noch jemand von dem Treffen?»

«Ich hab niemand was gesagt. Warum?»

«Weil ich es nicht gern hätte, wenn sich diese Weathervane-Spinner plötzlich einmischten. Dean Hanbury würde das bestimmt ausnutzen, und dann ist Roger endgültig weg vom Fenster.»

«Wer sollte es ihnen sagen?»

«Ach, Mike redet andauernd davon, wie die Weathervanes dies und jenes machen würden, und dann hab ich ihn mit dieser Aggie gesehen.»

Selzer überlegte kopfschüttelnd. «Nee, Mike nicht. Der quatscht nur viel. Das ist der Ausgleich für die Establishment-klamotten, die er in der Bank tragen muss.» Er lachte und polterte hinter den anderen her die Treppen hinunter.

Sie trennten sich am Charles-Street-Bahnhof. Yance und Abner gingen auf den oberen Bahnsteig, während O'Brien in die Innenstadt zurückkehrte. Nach einem kurzen Stück Weg ging Mike in einem Drugstore in die Telefonzelle. Er zog die Tür fest hinter sich zu und wählte. Es klingelte sicher sechsmal, ehe abgenommen wurde. «Ja?»

«Ist Aggie da?», fragte O'Brien.

«Aggie wer?»

«Einfach nur Aggie. Ob sie da ist, möchte ich wissen?»

Er wartete, dann kam eine neue Stimme. Die Stimme eines Mädchens. «Hallo, bist du das?»

11

Rabbi Small sah den Freitags-Vorlesungen mit wenig Vorfreude entgegen, obwohl er jedes Mal hoffte, diesmal das volle Kontingent vorzufinden. Und jedes Mal war er dann wieder enttäuscht.

Er wusste zwar, dass er unvernünftig reagierte, konnte sich aber eines gewissen Ressentiments nicht erwehren. Am Freitag, dem 13., war es auch nicht anders: Ein Dutzend Studenten war da, und er war ärgerlich. Er schloss die Tür hinter sich und stieg ohne ein Wort der Begrüßung auf das Podest.

Er nickte flüchtig, kehrte ihnen den Rücken zu, um die Aufgabe an die Tafel zu schreiben, drehte sich wieder um – und glaubte seinen Augen nicht zu trauen: die Hälfte der Anwesenden war fort. Dann stellte er fest, dass sie nicht hinausgegangen waren, sondern in den Gängen zwischen den Tischen auf dem Fußboden saßen.

Er war zu keinen Scherzen aufgelegt; das war er freitags nie. «Ich darf doch sehr bitten!», rief er.

Sie reagierten nicht. Die, die noch auf den Stühlen saßen, senkten den Blick auf die aufgeschlagenen Hefte; keiner wollte ihm in die Augen sehen.

«Bitte, setzen Sie sich auf die Stühle.»

Sie rührten sich nicht.

«Ich kann nicht unterrichten, wenn Sie auf der Erde sitzen.»

«Warum nicht?» Harry Luftig fragte das vom Fußboden aus – nicht frech, nein, durchaus höflich.

Einen Augenblick wusste der Rabbi nicht, was er sagen sollte. Dann kam ihm eine Idee. «Auf dem Fußboden zu sitzen ist bei uns Juden ein Zeichen der Trauer. Die Frommen sitzen während der siebentägigen Trauerzeit auf dem Fußboden. Wir tun das auch am 9. Aw, dem Tag der Zerstörung des Tempels. In der Synagoge sitzen wir auf niedrigen Hockern und rezitieren aus dem Buch Jeremia. Jetzt aber ist Freitagnachmittag, und der Sabbat beginnt bald. Trauern ist am Sabbat ausdrücklich verboten.»

Natürlich dauerte es noch Stunden bis zum Sabbat, aber er spähte durch die dicken Brillengläser auf sie hinunter, um festzustellen, ob sie seine Erklärung als gesichtwahrenden Ausweg aus ihrem albernen Scherz akzeptieren würden. Er glaubte, einer wäre gerade im Begriff aufzustehen, aber er veränderte nur seine Stellung.

Plötzlich war er wütend – und verletzt. Das waren keine Kinder mehr. Warum sollte er sich mit dem abfinden müssen? Ohne ein weiteres Wort nahm er seine Bücher auf und ging hinaus.

Er marschierte energisch durch den Flur, seine Schritte widerhallten hohl im stillen Haus. Mit finsterem Gesicht stand er vor seinem Büro, schloss auf und ging hinein.

Er war überrascht, nicht sehr freudig, Professor Hendryx im Drehstuhl liegend und telefonierend vorzufinden.

Er winkte dem Rabbi mit der freien Hand zu, beendete das Gespräch, richtete sich zum Sitzen auf und legte den Hörer auf die Gabel.

Er warf einen Blick auf die Uhr. «Viertel nach eins. Haben Sie jetzt keinen Unterricht?»

Der Rabbi zog den Besucherstuhl vor und setzte sich ihm gegenüber an den Schreibtisch. «Ja, das hatte ich. Ich bin einfach rausgegangen.»

Hendryx grinste. «Was ist passiert? Haben sie versucht, Sie aufs Kreuz zulegen?»

«Ich weiß nicht, was sie versucht haben», sagte der Rabbi entrüstet, «aber was es auch war, ich fand ihr Benehmen einer Vorlesung nicht angemessen.»

«Was haben sie denn gemacht?»

Der Rabbi erzählte es ihm und sagte abschließend: «Nachdem ich mir durch die religiöse Deutung schon eine Blöße gegeben hatte, blieb mir keine Wahl.»

«Aber sie haben Ihnen das nicht abgekauft?»

«Leider nein. Keiner ist vom Fußboden aufgestanden.»

«Und dann sind Sie rausgegangen.»

Der Rabbi nickte. «Ich wusste nicht, was ich sonst hätte machen sollen.»

«Sie waren gestern nicht hier, Rabbi?», fragte Hendryx, scheinbar vom Thema abweichend.

«Nein. Ich komme nur zu meinem Kurs. Was war gestern?»

Professor Hendryx holte die Pfeife heraus und stopfte sie aus der Tabakdose auf dem Tisch. «Eigentlich hat es schon am Mittwoch begonnen.» Er rieb ein großes Streichholz an der

Unterseite der Schreibtischplatte an und hielt es über die Pfeife, an der er sanft zog. Dann fuhr er fort: «Am Mittwoch berichteten die Zeitungen über einen Besuch des Bürgerausschusses für Strafrechtsreform im Norfolk-Jugenderziehungsheim für Jungen. Sie fanden die üblichen, beklagenswerten Bedingungen vor: Überbelegung, zerbrochene Fensterscheiben, Toiletten mit kaputter Spülung, Schaben in der Küche. Der Leiter der Anstalt gab die üblichen Entschuldigungen ab: zu wenig Geld, zu wenig ausgebildetes Personal, keine einheitliche Führung. Etwas allerdings war neu seit ihrem letzten Besuch. Im Aufenthaltsraum gab es keine Stühle, und die Insassen mussten auf dem Fußboden sitzen. Der Anstaltsleiter erklärte, er habe die Stühle hinausbringen lassen, weil sie in der Woche davor bei einer Revolte als Waffen verwendet worden seien. Die meisten Mitglieder des Ausschusses kauften ihm das nicht ab. Sie wiesen darauf hin, dass kein Teppich auf dem Fußboden liege, dass es kalt und zugig und die Gesundheit der kleinen Schurken in Gefahr sei, na und so weiter. Haben Sie das denn nicht gelesen?»

«Ja, aber was hat das mit meinen Studenten zu tun?»

«Darauf komme ich gleich.» Er paffte vor sich hin. «Präsident Macomber ist Mitglied dieses Ausschusses, und er war einer der wenigen, die nicht nur nicht protestierten, sondern den Anstaltsleiter auch noch unterstützten. Folglich beschlossen unsere Studenten am nächsten Tag – das war gestern –, bis zum Ende der Woche in allen Vorlesungen aus Protest gegen ihren Präsidenten auf dem Fußboden zu sitzen.»

«Haben sie das bei Ihnen auch gemacht? Was haben Sie unternommen?»

«Ach, ich habe es gar nicht beachtet. Ich habe mit der Vorlesung fortgefahren. Einige von den Lehrern haben sarkastische Bemerkungen gemacht, aber natürlich ohne Erfolg.» Hendryx lachte. «Ted Singer – der Soziologe, wissen Sie –

hat gesagt, da es sowieso auf der Welt drunter und drüber ginge, sollten sie sich anpassen und sich gleich auf den Kopf stellen. Eines der Mädchen hat ihn beim Wort genommen und sich bis zum Ende der Stunde, zehn Minuten lang, sagt er, auf den Kopf gestellt. Vermutlich betreibt sie Yoga.» Er zeigte beim Lächeln ebenmäßige weiße Zähne. «Der Rock ist ihr natürlich heruntergerutscht, aber laut Singer trug sie leider eine von diesen Strumpfhosen, sodass nichts zu sehen war.»

Der Rabbi hatte den Verdacht, dass die Geschichte aufgebauscht sei, um ihn in Verlegenheit zu bringen. Vermutlich weil er ein Rabbi war, machte sein Kollege absichtlich anzügliche Bemerkungen und wartete dann auf seine Reaktion. «Sind Sie sicher, dass es nur für diese Woche geplant ist?»

«Soviel ich weiß, ja. Warum?»

«Weil ich einschreiten werde, wenn es länger dauert.»

Hendryx sah ihn erstaunt an. «Warum das? Warum macht es Ihnen was aus?»

«Es macht mir was aus.» Er warf einen Blick auf die Uhr. «Ich gehe am besten gleich zu Dean Hanbury.»

Hendryx starrte. «Und wozu das?»

«Na ja, ich habe schließlich den Vorlesungsraum verlassen.»

«Rabbi, lassen Sie mich Ihnen die Geheimnisse des akademischen Lebens erklären. Dem Dean ist es absolut schnurz, wenn Sie gelegentlich aus einer Vorlesung davonlaufen oder etwa gar nicht erst kommen. Was Sie während Ihrer Stunden tun, geht nur Sie was an. Im vorigen Jahr hat Professor Tremayne mitten im Februar eine dreiwöchige Lektüreperiode anberaumt und ist nach Florida gefahren. Nun ist Tremayne allerdings die Art von Pädagoge, die den Studenten durch ihre Abwesenheit mehr Gutes antut als durch ihre Gegenwart.»

«Trotzdem meine ich, ich sollte es ihr mitteilen. Im Übrigen muss ich auch die für Mitte des Semesters fällige Meldung der Studenten mit ungenügenden Leistungen machen.»

Hendryx pfiff durch die Zähne. «Wollen Sie das wirklich, nach allem, was ich Ihnen gesagt habe?»

«Ich habe in der letzten Woche eine Mitteilung bekommen, die Listen müssten bis zum kommenden Montag eingereicht werden.»

«Rabbi, Rabbi», sagte Hendryx, «wann hatten Sie zum letzten Mal mit einem College zu tun?»

«Ich habe Hillel-Gruppen unterrichtet.»

«Nein, ich meine eine richtige Beziehung zu einem College.»

«Nicht seit meiner Studentenzeit vor fünfzehn, sechzehn Jahren. Warum?»

«Weil sich in den letzten sechzehn Jahren – was sage ich, in den letzten sechs – alles verändert hat. Wo sind Sie gewesen? Lesen Sie denn keine Zeitungen?»

«Aber die Studenten –»

«Studenten!», knurrte Hendryx verächtlich. «Ja, glauben Sie denn, dass sich ein College um die Studenten kümmert? Die Hauptaufgabe eines College ist heutzutage, dafür zu sorgen, dass der Lehrkörper, eine Gesellschaft von als gelehrt betrachteten Männern, in angemessenem Wohlstand und Sicherheit leben kann. Es ist der Beitrag der Gesellschaft, solche ehrenwerten Vorhaben wie Forschung und Steigerung des Wissens zu unterstützen. Die Gesellschaft hat das unbehagliche Gefühl, dass jemand sich um solche Nichtigkeiten wie die Quelle von Shakespeares dramatischen Verwicklungen kümmern sollte, oder ob der Herr da über mir –» er machte eine Kopfbewegung in Richtung der Homer-Büste auf dem oberen Regalfach – «für die homerischen Epen zuständig ist, oder ob er nur einer aus einem Kollektiv war, oder um den Einfluss der flämischen Weber auf die mittelalterliche englische Wirtschaft, oder die Wirkung von Gammastrahlen auf Schraubenalgen.

Wir sitzen abgesondert im akademischen Elfenbeinturm und vertrödeln unser Leben, während der Rest der Welt sich der normalen Beschäftigung hingibt, Geld zu machen oder Kinder oder Krieg oder Krankheiten oder Umweltverschmutzung oder was er, in drei Teufels Namen, sonst eben treibt. Was die Studenten anbetrifft, die können uns, wenn sie wollen, über die Schulter blicken und etwas lernen. Oder sie können ihre Studiengebühren bezahlen, die uns zum Teil unterstützen, und sich hier vier Jahre lang gut amüsieren. Mir persönlich ist es völlig gleichgültig, was sie tun, solange sie mir mein bequemes Leben nicht verderben. Bitte schön.»

Er tat einen tiefen Zug aus der Pfeife und blies den Rauch zum Rabbi hinüber.

«Und Sie haben nicht das Gefühl, den Studenten etwas schuldig zu sein?», fragte dieser leise.

«Nichts und gar nichts. Sie sind einfach nur ein ins Spiel eingebautes Hindernis wie ein Sandbunker auf einem Golfplatz. Wenn man's genau nimmt, tun wir ja was für sie. Nach vier Jahren bekommen sie den akademischen Grad, über den Sie neulich sprachen, und der sie befähigt, sich für bestimmte Stellungen zu bewerben. Oder sie können den nächsten Grad ansteuern, der sich in Geld umsetzen lässt, wenn sie Ärzte, Rechtsanwälte oder Wirtschaftsprüfer werden. Vom Blickpunkt derer aus, die sich das College nicht leisten können, ist das keine sehr faire Einrichtung, aber in dieser unvollkommenen Welt doch ganz normal. Himmel, ist es denn bei den innungsgebundenen Berufen anders, wo man erst eine sinnlose Lehre abschließen muss, ehe man aufgenommen wird?» Er schüttelte den Kopf, als beantworte er seine eigene Frage. «Ärger gibt es erst dann, wenn die Studenten, wie jetzt in den letzten Jahren, gleichziehen und aufrührerisch werden oder Demonstrationen inszenieren wie heute Ihre Klasse.»

«Aber wenn das College für die Lehrer existiert, und der Student nur seine Zeit absitzt, warum sollte man sich dann darum kümmern, was er tut?»

Hendryx lächelte. «Oh, ich kümmere mich nicht darum. Nur wenn die Gans geschlachtet wird, die die goldenen Eier legt. Aber das ist in den letzten Jahren geschehen. Der Student hat gemerkt, dass er an der Nase herumgeführt wird. Natürlich hat er schon immer gewusst, dass das, was er bekam, nicht das Geld wert war, das er dafür bezahlte. Ich habe mir einmal ausgerechnet, dass es ihn pro Vorlesung etwa zehn Dollar kostet. Meine Güte, das sind meine Vorlesungen wirklich nicht wert. Sind es Ihre? Wie schlau muss ein Student sein, sich das selber auszutüfteln? Aber er hat mitgespielt, weil er den Abschlussgrad braucht, um eine Stellung zu bekommen oder die weitere Ausbildung fortsetzen zu können. Aber dann haben sie ihn auch noch in den Krieg geschickt, und das wurde ihm ein bisschen viel: Der akademische Grad, den wir ihm gaben, erwies sich als Fahrkarte, manchmal nur als einfache Fahrkarte, nach Vietnam. Darum hat er rebelliert.»

«Er hat ihm aber auch eine Vierjahres-Rückstellung vom Krieg beschert», stellte der Rabbi fest.

«Ja, das hat er, aber das entspricht dem Leben. In den letzten zwei Jahren haben sich die Dinge allerdings sehr beruhigt, einerseits wegen der Änderung der Wehrgesetze, andererseits wegen der Truppenrückziehung aus Vietnam, und entsprechend friedlich sind die Studenten geworden. Aber sie haben sich an den Protest, ja sogar an die Gewalt gewöhnt, und das wollen wir nicht. Wissen Sie, dass es hier ein Bombenattentat gegeben hat?»

«Ja, davon habe ich natürlich gelesen, aber das war im vorigen Jahr.»

«So was kann man nie wissen. Nehmen Sie den heutigen Nachmittag. Dean Hanbury erwartet einen Ausschuss wegen der Roger-Fine-Geschichte. Vielleicht, wahrscheinlich, bleibt es beim Reden. Dennoch hat sie es für ratsam gehalten, mich herzubestellen, damit ich zur Hand bin.»

«Weil Sie Chef der englischen Abteilung sind?»

«Ich bin nur kommissarischer Leiter. Nein, sie wollte, dass ich hier bin, falls es Ärger gibt.»

«Ärger?» Der Rabbi überlegte. «Ich hab natürlich das Plakat in der Halle gesehen. Professor Fine muss bei den Studenten sehr beliebt sein, wenn sie seinetwegen eine Eingabe machen.»

Hendryx zog die Schultern hoch. «Kann sein. Andererseits ergreifen die Studenten – wenigstens einige von ihnen – jede Gelegenheit, einen Streit anzufangen. Ich weiß nicht, wie beliebt Roger Fine ist. Er sieht sehr gut aus, demnach werden wohl die Mädchen auf seiner Seite sein. Das schöne rote Haar –» Er verstummte. «Irgendwie bringe ich rotes Haar nicht mit Ihren Leuten in Verbindung. Glauben Sie, dass es zwischen seiner Mutter oder Großmutter ein Techtelmechtel mit einem russischen oder polnischen Soldaten gegeben haben könnte?»

«Wenn ja», sagte der Rabbi gleichmütig, «war es vermutlich unfreiwillig während eines Pogroms. Aber es gibt tatsächlich rotes Haar als Erbfaktor bei den Juden. König David soll rothaarig gewesen sein.»

«Ach? Na, wie dem auch sei, ein hübscher junger Professor ist bei den Frauen immer populär. Auch wenn er ein Krüppel ist.»

«Macht das denn einen Unterschied?»

«Oh, ich sage ja nicht, dass er so verkrüppelt ist, um abstoßend zu wirken. Er geht am Stock, und das macht ihn vielleicht auf irgendeine Art noch anziehender. Ein moderner Lord Byron. Er sieht ihm ein bisschen ähnlich, wenn man's sich recht überlegt. Mit dieser Locke, die ihm in die Stirn fällt.» Er lachte leise. «Ein rothaariger Byron. Ein kleiner physischer Fehler kann manchmal eine Bereicherung sein. Sehen Sie sich den Mann von der Hathaway-Hemdenreklame an, oder warum nicht Ihren General Moshe Dayan?»

«Warum wird er nicht weiterbeschäftigt?», fragte der Rabbi, zum Thema zurückkommend.

«Darum geht es ja. Sie brauchen keine Begründung zu geben. Vielleicht hat ihn der Präsident oder unsere Miss Dean mit offenem Hosenlatz auf dem Flur erwischt oder sogar im Clinch mit einer Studentin. Woher soll man das wissen? Es kann tausend Gründe geben.»

Der Rabbi ging durch den Flur zum Büro des Dean, aber gerade als er um die Ecke kam, sah er die Tür ins Schloss fallen. Er zögerte einen Augenblick, erinnerte sich dann an das gleich beginnende Treffen mit dem Studentenausschuss, und beschloss, sie nicht zu stören.

Beim Verlassen des leeren Hauses fiel ihm auf, dass das große Büro der englischen Abteilung im ersten Stock erleuchtet war. Er sah, dass Roger Fine allein und gedankenversunken an seinem Schreibtisch saß.

«Wollen Sie mit mir nach Barnard's Crossing zurückfahren?», rief er.

Fine blickte erschrocken auf. «Oh, hallo, Rabbi. Nein, ich bin mit meinem Wagen hier. Aber vielen Dank. Ich – ich warte noch auf einen Anruf.»

Als er aus dem Portal trat, überlegte der Rabbi, ob der arme Kerl wohl wirklich auf einen Anruf wartete oder etwa auf das

Ergebnis der Besprechung, das sein Schicksal beeinflussen könnte.

Trotz des Spätherbstes war das Wetter mild, und David Small fuhr mit heruntergekurbeltem Fenster. Er begann sich zu entspannen und die Fahrt zu genießen, als er an einigen Studenten vorbeikam, die auf dem Gehweg saßen; sie erinnerten ihn an die Vorfälle während seiner Vorlesung. Er versuchte die Gedanken zu verdrängen, indem er sich auf den Beginn des Sabbat einstellte, an dem man doch mit der Welt in Frieden sein sollte. Er stellte sich Miriam beim Tischdecken vor, beim Herrichten der geflochteten Sabbatbrote, der Barches und des Kiddusch-Weins.

Er stellte sich seine Ankunft und ihre Begrüßung vor. «*Schabbat Schalom,* David», und dann die unvermeidliche Frage: «Wie war's denn heute?»

Er würde antworten: «Ach, es war – weißt du, neulich hat Präsident Macomber das Erziehungsheim für Jungen besucht. Er ist Mitglied eines bestimmten Bürgerausschusses und ...» Nein, so ging es nicht. Er konnte das Fiasko nicht verheimlichen. Wenn er es versuchte, würde sie spüren, dass er etwas verschwieg, und dann würde alles noch viel schlimmer werden.

Vor sich sah er das Café am Straßenrand; er bog ein. Er brauchte dringend eine Tasse Kaffee.

12

«Was willst du mit der Aktentasche?», fragte Abner, als er Ekko vor dem Verwaltungsgebäude traf. «Was ist da drin?»

«Nichts», sagte Ekko, «ich dachte nur, es macht sich besser. Schließlich gehen wir zu so was wie 'ner Konferenz.»

Abner betrachtete ihn zweifelnd. «Wenn wir nicht bald da oben aufkreuzen, gibt es keine Konferenz. Komm schon.»

Dean Hanbury stellte einige Stühle vor ihren Schreibtisch und schloss den Safe ab. Nachdem sie die Jalousie so gestellt hatte, dass die Sonne nicht blendete, setzte sie sich hinter den Schreibtisch und begann zu stricken. Sie erwartete die Ankunft der Delegation. Sie kamen pünktlich um halb drei herein. Erst Judy Ballantine und Abner Selzer, gefolgt von Ekko mit der Aktentasche, die er geheimnisvoll auf dem Schoß barg.

Miss Hanbury lächelte wohlwollend und strickte weiter, während die Studenten Blicke austauschten und nicht wussten, wie sie anfangen sollten. Irgendwie hatten sie das Gefühl, in die Defensive gedrängt worden zu sein, noch ehe die Konferenz begonnen hatte.

Ekko räusperte sich. «Also, hören Sie, Miss Hanbury –»

«Lass mal», befahl Selzer schroff. Dann sagte er: «Wir sind wegen einer Angelegenheit hier, die wir für sehr wichtig erachten, Dean Hanbury.»

Sie neigte den Kopf, Zustimmung anzeigend.

«Aber wenn Sie dabei stricken, bringt uns das aus dem Konzept, wenn Sie verstehn, was ich meine. Es macht den Eindruck, als fänden Sie es nicht sehr wichtig.»

«Oh, entschuldigen Sie, Mr. Selzer. Das ist eine Angewohnheit von mir. Ich muss gestehen, dass ich sogar bei den Fakultätskonferenzen stricke.»

Sie packte das Strickzeug in den Plastikbeutel zu ihren Füßen. «Ist das besser? Was kann ich für Sie tun?»

«Zuerst möchten wir gern über Professor Roger Fine sprechen», sagte Judy.

«Sie sagen ‹zuerst›, haben Sie noch andere Themen?»

«Ja, es gibt andere Themen.» Das kam von Selzer.

«Warum nennen Sie sie mir nicht? Vielleicht gibt es welche, über die wir weitgehendst einer Meinung sind und die sich sofort klären lassen.»

«Wir würden lieber eines nach dem anderen vorbringen, Miss Hanbury», sagte Abner.

Sie zuckte die Achseln.

«Wir möchten die Sache mit Roger Fine zuerst besprechen.»

«Bitte sehr. Aber lassen Sie mich vorweg fragen: In welcher Position sind Sie? Hat er Sie gebeten, ihn zu vertreten?»

«Wir vertreten ihn.»

«Ja, aber hat er Sie darum gebeten? Denn wenn Sie als seine offiziellen Vertreter auftreten, müssten Sie eine schriftliche Vollmacht von ihm besitzen.»

«Wir haben keine schriftliche Vollmacht, Miss Hanbury», erklärte Selzer leichthin, «aber er weiß, dass wir uns für seinen Fall interessieren. Ich meine, dass das jeder weiß, weil wir ja seinetwegen Unterschriften für eine Eingabe gesammelt haben.»

«Hat er das denn gutgeheißen? Und wie viele Unterschriften haben Sie bekommen, Mr. Selzer?»

«Wir haben viele Unterschriften, Miss Hanbury.»

«Darf ich die Eingabe sehen?» Sie sah die Aktentasche auf Ekkos Schoß an. «Haben Sie sie da drin?»

«Wir haben sie nicht mitgebracht», sagte Abner.

«Warum nicht? Sie geben eine Eingabe in Umlauf und sammeln Unterschriften. Ich nehme an, die Eingabe war an die Verwaltung adressiert. Ich verstehe nicht, warum Sie eine Eingabe machen und sie dann nicht mitbringen. War es nicht Anlass dieses Treffens, oder wenigstens einer der Anlässe – die Eingabe offiziell zu übergeben, damit die Verwaltung sie berücksichtigen und darauf reagieren kann?»

«Sagen wir mal, es war nicht genau eine Eingabe, es war eher eine Resolution. Eine Eingabe würde bedeuten, dass wir um etwas bitten wollen. Wir bitten aber gar nicht.»

«Nein? Was dann?»

«Wir fordern.»

Alle nickten zustimmend.

Dean Hanbury dachte nach und nickte dann auch. «Gut, was fordern Sie denn nun? Und in wessen Namen? Ist dies eine Forderung nur Ihres Ausschusses, oder sehen Sie sich als Vertreter der gesamten Studentenschaft?»

«Da haben Sie verdammt Recht, wir vertreten die Studentenschaft!», explodierte O'Brien.

Selzer warf ihm einen vernichtenden Blick zu.

«Wenn Sie die Studentenschaft vertreten, Mr. Selzer», fuhr sie fort, «muss ich umso mehr die Eingabe oder Resolution, oder wie Sie es nennen, zu sehen bekommen. Ich brauche die Bestätigung, dass Sie mehr als fünfzig Prozent, also die Mehrzahl der Studentenschaft vertreten. Wenn Sie eine Forderung stellen, ist der normale Vorgang, falls keine Wahl stattgefunden hat, dass Sie die Unterschriften zählen, sich vergewissern, dass keine Namen doppelt vorkommen und dass alle Unterzeichneten eingetragene Studenten des College sind.»

«Hören Sie, Miss Hanbury», sagte Selzer, «das ist doch Spiegelfechterei. Definieren wir es so: Wir vertreten die *engagierten* Studenten von Windemere. Und es spielt auch wirklich keine Rolle, ob wir die beauftragten Vertreter von Roger Fine sind oder nicht. Hier ist die Sache wichtiger als die Person. Die Sache ist, ob die Verwaltung das Recht hat, ein Mitglied des Lehrkörpers rauszuwerfen, weil ihr seine politische Einstellung nicht passt. Darum geht es, und nur darum.»

«Ach, ich dachte, Sie hätten mehrere Themen.»

«Ich meine, das ist das Einzige, worum es in diesem bestimmten Fall geht.»

«Das ist ein legitimer Punkt, Mr. Selzer, und ich gestehe Ihnen ohne weiteres zu, dass er wichtig genug ist, um jedes Mitglied des College zu berechtigen, Fragen zu stellen – wenn das der Wahrheit entspräche. Aber leider ist Ihnen da ein Irrtum unterlaufen. Professor Fine ist nicht ‹rausgeworfen› worden. Er war für eine befristete Zeit angestellt, und mit dem Ende dieses Semesters läuft sein Vertrag ab. Mehr ist an der ganzen Sache nicht dran. Wenn Sie zum Beispiel einen Elektriker anstellen, um eine bestimmte Anlage zu installieren, bezahlen sie ihn nach Fertigstellung, und er geht dann auch. Sie werden bestimmt nicht erwarten, dass er sich damit das Recht erworben hat, von nun an alle weiteren elektrischen Arbeiten bei Ihnen auszuführen. Professor Fine war sich gewiss über die Bedingungen seiner Anstellung im Klaren – und seine politischen Meinungen haben damit gar nichts zu tun. Wäre er vor Ablauf seines Vertrages entlassen worden, hätten Sie Anlass zur Beschwerde, aber noch unterrichtet er, und er wird weiter unterrichten, bis das Semester zu Ende und sein Vertrag erfüllt ist.»

«Warum ist sein Vertrag nicht verlängert worden?», fragte Selzer.

«Weil das schon bei seiner Anstellung nicht beabsichtigt war. Er ist zur Überbrückung einer Notlage und für eine ganz bestimmte Zeit eingestellt worden.»

«Aber Sie werden eine andere Lehrkaft für die englische Abteilung einstellen. Wir wissen sogar aus zuverlässiger Quelle, dass Sie zwei neue Lehrer anzustellen beabsichtigen.»

«Das kann sein», sagte Dean Hanbury. «Darüber entscheidet der Präsident, und ich kann nicht für ihn sprechen. Allerdings bezweifle ich, dass er sich schon entschieden hat. Doch das hat nichts mit der Situation von Professor Fine zu tun. So steht auch seiner offiziellen Bewerbung um diesen Posten nichts im Wege. Und in dem Fall würde seine Kandidatur mit der anderer Bewerber geprüft werden, und seine Tätigkeit bei uns wäre einer der Punkte, die berücksichtigt würden.»

«Und dass er als Radikaler gilt, ja?», sagte Judy Ballantine wütend.

«Ich weiß nichts über seine politische Einstellung», erwiderte Dean Hanbury. «Mit mir hat er nie darüber gesprochen und meines Wissens auch nicht mit dem Präsidenten.»

«Und was ist mit seinem Artikel über Vietnam und die Army in *The Windrift*?»

«Ich erinnere mich nicht daran, Miss Ballantine. Ich glaube kaum, dass ich ihn gelesen habe.» Sie drehte sich mit dem Stuhl herum und blickte aus dem Fenster auf die Straße.

Dem war Judy nicht mehr gewachsen. Sie sprang auf. «Das ist lauter Scheißdreck und das wissen Sie! Jeder in der Schule hat ihn gelesen, und jeder hat darüber geredet.»

Dean Hanbury antwortete nicht; sie stand stattdessen auf und ging zur Tür. «Sie müssen mich entschuldigen», sagte sie, trat auf den Flur und schloss die Tür hinter sich.

Die Zurückgebliebenen wechselten unsichere Blicke. Selzer fuhr Judy an: «Du blöde Kuh!»

«Erlaube mal, Abner, Judy hat damit gar nichts zu tun. Wahrscheinlich hat sie nur mal nötig gemusst.» Ekko zog die Schultern hoch.

«Oder sie ist zum Präsidenten», mutmaßte O'Brien. «Sie wird schon wiederkommen.»

«Vielleicht will sie uns nur zeigen, dass sie beleidigt ist, damit wir ein schlechtes Gewissen haben und nicht mehr so scharf rangehen, wenn sie zurückkommt.»

Sie sprachen darüber, wanderten im Zimmer herum, betrachteten die Bilder, tippten auf die Tasten der Schreibmaschine und warteten.

«Wenn sie nicht mehr mit uns reden wollte, hätte sie doch sicher gesagt, wir sollten gehen», gab Judy zu bedenken.

Ekko glaubte immer noch, sie hätte nur mal gemusst.

«Na ja, kann sein», meinte Selzer, «aber dann dauert es verdammt lange. Sie ist sicher schon zehn Minuten oder eine Viertelstunde fort.»

«Ach, das ist bei Frauen ganz normal», erklärte Ekko.

«Und du?», fragte Judy wütend. «Du blockierst das Klo oft eine Stunde lang.»

Ekko grinste.

Selzer fasste einen Entschluss. «Los, Judy, geh du runter zum Mädchenklo und sieh nach, ob sie dort ist. Yance, du gehst zu Macombers Büro, Mike und ich suchen die anderen Büros ab.»

«Und was ist mit mir?», fragte Ekko.

«Jemand muss hier bleiben, falls sie wieder aufkreuzt.»

Als Ekko im Büro allein war, setzte er sich auf den Drehstuhl, wippte vor und zurück und legte endlich die Füße auf den Schreibtisch. Obwohl es ihm lieber gewesen wäre, wenn nicht gerade Judy die Besprechung gesprengt hätte, war er über ihr Ende nicht traurig. Selzer schien ganz vergessen gehabt zu haben, dass er die Fine-Sache nicht an die große Glocke hängen sollte. Die Dean-Dame war ein ausgekochtes Früchtchen. Wenn die Besprechung weitergegangen wäre – das glaubte er sicher –, hätte sie sie hingehalten und am Ende Fines Brief gezückt. Dann wäre die Sache im ganzen College bekannt geworden, und sein Freund Fine hätte es ausbaden müssen.

Nach und nach kamen sie wieder zurück, Selzer als Letzter. «Ich war in jedem Zimmer vom obersten Stock bis in den Keller und auch noch in allen Telefonzellen. Sie ist fort.»

Sie sahen sich an.

«Was machen wir jetzt?»

13

Millicent Hanbury, äußerlich kühl und beherrscht, zog das Schnappschloss der Haupttür des Verwaltungsgebäudes zurück und ging hinaus. Draußen blickte sie zögernd zum Fenster ihres Büros hinauf, dann lief sie hastig über die einsame Straße zu ihrem Wagen.

Zu Hause fuhr sie den Wagen in die Einfahrt und sah auf die Uhr. Erst jetzt merkte sie, wie schnell sie gefahren war; sie hatte die Strecke in fünfunddreißig Minuten geschafft; das war ihr bisheriger Rekord.

Sie schloss die Haustür und lehnte sich einen Augenblick fest dagegen, als müsse sie sich selber klarmachen, dass sie in Sicherheit sei, in ihren eigenen vier Wänden. Aber es dauerte nur einen Moment. Dann ging sie zum Telefon.

«Barnard's Crossing, Polizeirevier, Sergeant Leffler», sagte eine Männerstimme.

«Hier ist Millicent Hanbury, Sergeant, Oak Street 48.»

«Ja, ich weiß Bescheid, Miss Hanbury.»

«Ich bin eben nach Hause gekommen und habe das Wohnzimmerfenster offen vorgefunden. Ich habe es bestimmt heute Morgen zugemacht, ehe ich weggefahren bin.»

«Ist was gestohlen worden, Miss Hanbury? Sieht es aus, als hätte jemand herumgewühlt?»

«Nein. Mir ist nichts aufgefallen, aber ich habe auch noch nicht überall nachgesehen.»

«Lassen Sie das lieber. Ich schicke Ihnen gleich jemand rüber. Warten Sie am Telefon oder noch besser vor dem Haus. Der Streifenwagen kommt jeden Augenblick.»

Als der Streifenwagen kam, ging Officer Keenan Zimmer um Zimmer mit ihr ab, während sein Kollege im Wagen blieb. «Sieht wirklich alles richtig aus, Miss Hanbury? Fehlt nichts?»

Er untersuchte das offene Fenster von innen und außen. «Spuren von einem Stemmeisen kann ich nicht finden», sagte er. «Auf dem Betonweg kann man sowieso keine Fußspuren feststellen. War das Fenster verriegelt, Miss Hanbury?»

«Ganz sicher.»

«Na ja, es ist nicht weiter schwer, ein Fenster mit so altmodischen Riegeln aufzubekommen. Dazu genügt ein harter Plastikstreifen oder ein dünnes Stahllineal. Sie sollten sich wirklich fürs Erdgeschoss neue, sicherere Riegel anbringen lassen, Miss Hanbury.»

Vom Streifenwagen kam lautes, eindringliches Hupen. Keenan rannte hinaus, kehrte aber ebenso schnell zurück. «Hören Sie, Miss Hanbury, das Revier hat gerade die Nachricht bekommen, dass es in Ihrem College eine Explosion gegeben hat. Sie glauben, dass es eine Bombe war. Sie möchten umgehend nach Boston zurückkommen. Wir können Sie hinbringen, wenn Sie möchten.»

«Oh, David! Ich wollte dich anrufen, wusste aber nicht, wie ich dich erreichen sollte. Ich hab mich so aufgeregt. Gott sei Dank, dass dir nichts passiert ist!» Miriam brach in Tränen aus und warf sich ihm in die Arme.

«Was ist denn nur?» Er hielt sie auf Armeslänge von sich und sah sie an. «Fassung, Miriam. Ja, ich bin spät dran; ich hab unterwegs eine Tasse Kaffee getrunken.»

«Dann weißt du es gar nicht? Du warst nicht da, als es passiert ist?»

«Was weiß ich nicht?» Er wurde selber aufgeregt. «Als was passiert ist?»

«Die Explosion! Im Verwaltungsgebäude von deinem College hat es eine Explosion gegeben.»

«Was für eine Explosion? Wann? So rede doch, Miriam!»

«Eine Bombe. Sie sind sicher, dass es eine Bombe war.»

Sie wischte sich die Augen mit dem Taschentuch. «Ich hab den Fernsehapparat angehabt, und da haben sie die Sendung unterbrochen und es gemeldet. Erst vor einer Viertelstunde. Es gäbe offenbar keine Verletzten, haben sie gesagt, aber wo du nicht zu Hause warst …»

Er legte die Arme um sie und beruhigte sie.

«Du bist immer gegen drei Uhr zu Hause», flüsterte sie gegen seine Brust. «Und es war schon halb vier. Ich hab mir zwar gesagt, dass du die Zeit vergisst, wenn du mit was beschäftigt bist …»

«Das war's auch», gab er verlegen zu. «Ich hab beim Kaffeetrinken angefangen zu lesen und auf nichts mehr geachtet.»

«Ja, natürlich. Es macht ja auch nichts. Nichts macht was, wenn du nur gesund bist.»

«Ich bin heil und gesund, Miriam. Es tut mir nur Leid, dass du dir Sorgen gemacht hast. Aber ich versteh es immer noch nicht. Ein Bombenanschlag? Und mehr haben sie nicht gesagt?»

«Nein, nur das. Es war eine kurze Meldung. Aber vielleicht kannst du jemand anrufen. Lanigan? Muss der das nicht wissen?»

«Nein, das geht die Polizei in Boston an.» Natürlich war er sehr beunruhigt, wollte es ihr aber nicht zeigen, um sie nicht noch mehr aufzuregen. «Sie werden sicher in den Abendnachrichten Einzelheiten bringen. Aber nun beginnt der Sabbat.»

Während sie alles vorbereitete, duschte er, zog sich um und spielte eine Weile mit seinen Kindern Jonathan und Hepzibah. Er wollte Miriam nicht allein lassen und beschloss daher, nicht zum Vorabendgebet, dem *mincha,* in die Synagoge zu gehen. Sehr bald war es dann auch schon Zeit für die Abendnachrichten.

Sie saßen zusammen auf dem Sofa, sein Arm lag um ihre

Schultern. «Zuerst die wichtigste Meldung», sagte der Sprecher. «Heute Nachmittag um 15 Uhr 05 explodierte im Verwaltungsgebäude des Windemere Christian College in Boston-Fenway eine Bombe. Die Beamten vom 15. Polizeirevier trafen innerhalb von Minuten am Unfallort ein, gefolgt von der Feuerwehr der Wache Boylston Street. Die Explosion hatte sich im Büro des Dean ereignet. Laut Angaben von Inspector Frank Laplace von der Feuerwehr ist nur geringfügiger Sachschaden entstanden. Da am Freitagnachmittag um diese Zeit keine Vorlesungen mehr stattfinden, wurde angenommen, dass das Haus leer stünde. Dennoch ordnete Lieutenant Hawkins vom 15. Revier eine gründliche Durchsuchung an. In einem der verschlossenen Büros wurde die Leiche eines Mannes gefunden. Er wurde von Mr. Laferty, dem Hausverwalter, als Professor John Hendryx identifiziert. Wir bringen nun ein Interview mit Lieutenant Hawkins …»

14

Sie saß auf dem Bett und sah zu, wie er seine paar Habseligkeiten zusammensuchte und in die Segeltuchtasche stopfte. Sie hatten sich nicht gestritten; er hatte auch nicht wütend gewirkt. Aber er wurde ja eigentlich nie wütend; das schätzte sie so an ihm. Er hatte lediglich verkündet, er müsse fort und dann die Segeltuchtasche aus den Tiefen des Schranks herausgewühlt.

Wenn es eine Regel gab, an die sie sich stillschweigend hielten, war es die, dass jeder kommen und gehen konnte, wie es ihm beliebte – und sollte einer aus irgendeinem Grund den Entschluss fassen, für immer zu gehen, durfte es keine Vorwürfe geben. Dennoch hatte sie das Gefühl, eine Erklärung stünde – nein, stünde ihr nicht zu, aber – ach, verdammt, sie stand ihr zu. Trotzdem bemühte sie sich, kein Beleidigtsein, sondern ganz normale Neugier zu zeigen. «Ist was passiert, Ekko?»

«Die verdammte Schule fliegt in die Luft, und sie fragt, ob was passiert ist! In einem Augenblick ist es still wie in der Leichenhalle, dann Bums! Und es ist wie am 4. Juli mit Bullen und Löschzügen und sogar dem Kerl mit dem Popcorn-Wagen.»

«Ach, das! Ich meinte, zwischen uns. Bist du sauer, weil ich bei dem Treffen ausfallend geworden bin?»

«Nee! Die hat ja nur nach 'nem Grund gesucht. Wenn's das nicht war, wär's was anderes gewesen.»

«Und warum gehst du dann weg?»

Er stopfte wieder etwas in die Tasche. «Weil sie hinter uns her sein werden, Baby. Sie greifen sich die Hanbury, und die erzählt ihnen von dem Treffen, und dass sie fortgegangen ist und wir allein im Haus geblieben sind. Sie gibt ihnen unsere Namen, und die sammeln uns ein. Dann fangen sie an, Fragen zu stellen und kriegen spitz, dass ich in Nam war und auch noch bei der schweren Artillerie, und eh ich mich umseh, bin ich der Bombenleger.»

«Aber sie haben doch gar nichts gegen dich.»

«Die brauchen auch nichts, um mit dem Treten anzufangen. Als ich aus der Army entlassen wurde, hab ich mir geschworen, mich nie wieder von jemand treten zu lassen.»

«Aber wenn du jetzt abhaust, machst du dich dann nicht verdächtig? Dann sind sie doch sicher, dass du's warst.»

«Lass sie glauben, was sie wollen, solange ich nicht in der Nähe bin.»

Sie schwieg und versuchte zu ergründen, warum er es auf sich nahm, durch die Flucht Verdacht zu erregen. Zögernd fragte sie endlich: «Hast du – warst du es, Ekko?»

Er schnaubte. «Warum sollte ich das verdammte College in die Luft jagen? Für Roger Fine?»

«Aber wer war's dann?»

«Wahrscheinlich diese idiotischen Weathervane-Spinner. Genau wie beim vorigen Mal. Die sind sowieso andauernd high und können nicht mehr denken. Sie müssen was über unser Treffen herausbekommen haben. Dann sehen sie die Hanbury fortgehen. Eine Viertelstunde später sehen sie uns gehen. Damit ist die Straße frei. Und Rums! Der 4. Juli!»

Sie sah ihn an. «Woher weißt du, dass sie es damals waren?»

«Ich weiß es eben.» Er packte weiter.

«Sie können dich morgen schon schnappen, Ekko.»

«Na klar, ich kann auch unter ein Auto kommen und morgen tot sein. Aber bis dahin bin ich frei.»

Sehr leise sagte sie: «Kommst du zurück?»

«Klar, sobald sich alles beruhigt hat. Das College wird die Sache nicht aufbauschen – es schadet dem Ansehen. Wie beim letzten Mal. Der Computer war im Eimer, und sie haben den Zeitungen gesagt, es gäbe nur geringfügige Schäden. Diesmal wird's auch so. Das College unternimmt nichts, und nach einer Weile müssen die Bullen klein beigeben. Dann komm ich wieder.»

«Aber du hast die Studiengebühren bezahlt.»

«Für's halbe Semester. Das halbe Semester hab ich hinter mir. Ein Mordsgeschäft: Das ganze is doch nur Bockmist. Vielleicht such ich mir Arbeit als Schreiner wie mein Alter. Da siehst du wenigstens, was du gearbeitet hast. Ja, vielleicht mach ich das. Als Schreiner kannst du sogar bis zu zehn Dollar die Stunde kassieren.» Er zog die Schnur zusammen und verschloss die Segeltuchtasche.

«So weit kommt es doch gar nicht», sagte sie fast flehend. «Wenn die dich suchen, geben sie erst auf, wenn sie dich haben. Dein Foto ist im Archiv vom College, und mit dem kahlen Kopf haben sie dich sofort.»

«Meinst du? Dreh dich mal 'nen Moment um.»

Sie gehorchte zögernd.

«So, jetzt kannst du gucken.»

Sie erkannte ihn kaum wieder. Er trug eine dicke schwarze Perücke, und sein Gesicht war durch einen Mongolenbart verwandelt.

«Na, wie gefall ich dir?»

«So was Verrücktes!»

Er warf die Tasche über die Schulter. «Ich hab einen Freund im Westen des Staates, bei dem kann ich für ein paar Tage unterkommen. Dann is da ein Junge in Ohio, der ein Rehabilitations-Zentrum für Drogensüchtige leitet. Bei dem kann ich bestimmt einen Monat bleiben, ohne dass jemand was von mir merkt. Mach dir um mich keine Sorgen.» Er machte eine Pause. «Also, bis bald. Wir sehn uns.»

«Gehst du einfach so weg, Ekko?»

Er sah sie sehr genau an. «Okay, was soll's schon schaden, wenn's ein bisschen später wird?»

Später, als sie in seinen Armen lag, murmelte sie. «Ekko, ich hab Angst.»

«Vor was?»

«Was sie machen, wenn sie mich verhaften.»

«Da brauchst du keine Angst zu haben. Dein Alter nimmt sich einen einflussreichen Anwalt, und von da an behandeln sie dich mit Samthandschuhen. Angst haben müssen nur so Typen wie ich. Mir werden sie's doppelt heimzahlen, weil sie an dich nicht rankommen.»

«Dann hab ich Angst um dich.»

«Keine Angst, mich finden sie in hundert Jahren nicht.»

15

«Habt ihr was?»

Detective Sergeant Schroeder von der Mordkommission hatte trotz seiner fünfzig Jahre noch kein graues Haar in der kurz geschnittenen dunklen Mähne. Er hätte für 25 durchgehen können, wenn die kleinen Augen und die markanten Gesichtszüge nicht gewesen wären. Er stand unter der Tür des Büros des Dean und beobachtete die beiden Männer vom Bombenkommando, die sorgsam winzige Partikelchen auffegten.

Einer hob den Kopf. «Eine primitive Bombe.» Er richtete sich auf und zeigte auf den Safe. «Da drunter hat sie gelegen.»

«Glauben Sie, dass sie das Ding da aufsprengen wollten?»

«Auf die Art hat's noch keiner versucht. Aber die Tür haben sie demoliert. Die kriegt man jetzt nur noch mit einem Büchsenöffner auf.»

«Wieso ist das Fenster in diesem Büro noch ganz, wenn das andere nebenan kaputt ist?»

«Ach, Sarge, um ein Fenster zu zerteppern, dazu war die Explosion nicht stark genug, vor allem, weil der Safe den Druck abgefangen hat. Aber nebenan war das Fenster hochgeschoben und ist durch den Luftdruck runtergefallen, und dabei ist die Scheibe gesprungen.»

«Der Hausverwalter hat gesagt, sie hätte sowieso schon einen großen Sprung gehabt», erklärte der Lieutenant aus dem Revier.

«Das reicht aus», sagte der Bombenexperte.

Sergeant Schroeder ging über den Flur zu Hendryx' Büro, in dem Polizeifotografen den Raum aus allen Blickrichtungen aufnahmen. Er blieb stehen und betrachtete den leeren Türrahmen. «Ein Glück, dass die Scheibe zerbrochen ist», stellte er fest, «sonst wäre er kaum vor Montag gefunden worden.»

«Stimmt.» Der Lieutenant nickte. «Ich hab zwei Männer durch das ganze Gebäude geschickt, aber natürlich haben die sich nicht um abgeschlossene Büros gekümmert. Weil hier die Scheibe zerbrochen war, ist einer ins Büro reingegangen und hat die Füße unter dem Schreibtisch gesehen, so wie er jetzt auch noch liegt. Es ist klar, was passiert ist. Der Professor hat hinter dem Schreibtisch gesessen; vielleicht hat er gelesen. Dann ist die Bombe losgegangen, und der Gipskopf – der muss gute fünfzig, sechzig Pfund wiegen – kippt vom Regal, ihm auf den Kopf und schlägt ihm den Schädel ein. Der Mann rutscht aus dem Stuhl unter den Schreibtisch.»

«Was hat er hier gemacht?», fragte der Sergeant. «Haben Sie nicht gesagt, dass hier am Freitagnachmittag keiner mehr im Haus ist?»

«Der Hausverwalter sagt, er wohnt – er hat genau gegenüber auf der anderen Straßenseite gewohnt und ist oft zwischen Wohnung und Büro hin- und hergependelt.»

Ein junger Mann trat zu ihnen und stellte sich als Dr. Lagrange vor.

«Sind Sie der Polizeiarzt? Wo is denn Doc Slocumbe?»

«Der war nicht abkömmlich.»

«Ich glaube nicht, dass wir schon mal zusammengearbeitet haben?», fragte Schroeder.

Der Arzt grinste. «Ich wüsste nicht wie. Ich bin neu.»

«Na gut, Doc, unsere Leute sind mit ihm fertig. Sie können ihn haben.»

Sie gingen wieder in Miss Hanburys Büro zurück. Die Bombenexperten waren schon fort; die Fotografen hatten auch das Feld geräumt. Schroeder setzte sich an den Schreibtisch und fragte nach dem Hausverwalter.

Pat Laferty war klein, sechzig Jahre alt, sauber und adrett gekleidet, in einem Arbeitsanzug, einem grauen Hemd und einer schwarzen Schleife. Er lächelte den Mann hinter dem Schreibtisch liebenswürdig an.

«Um welche Zeit schließen Sie hier ab, Pat?», fragte der Sergeant.

«Das wechselt. Wenn nichts los ist, keine Sitzungen sind oder so, dann gegen fünf.»

«Auch freitags?»

«Freitags ein bisschen früher, um vier vielleicht.»

«Und ehe Sie abschließen, gehen Sie durchs Haus und sehen nach, ob alle fort sind?»

«Na, so genau nicht. Ich sehe nach, ob kein Licht brennt und kein Wasserhahn läuft. Wissen Sie, damit kann viel Wasser verschwendet werden.»

«Und wie war's heute? Wann haben Sie abgesperrt?»

«Gar nicht. Dean Hanbury hatte eine Besprechung mit ein paar Studenten. Um halb drei. Ich wollte warten, bis das zu Ende war.»

«Demnach hätte bis etwa vier Uhr jeder ins Haus kommen können?»

«Ja, sicher.»

«Heißt das, dass jeder hier einfach reinlaufen kann?»

«Bis ich abschließe – aber zu was denn? Alle Büros sind abgeschlossen. Die Zimmer und Hörsäle nicht, aber was soll da einer holen? Kreide?»

«Ja, da werden Sie wohl Recht haben», sagte Schroeder. «Also weiter. Sie sagten eben, Professor Hendryx wohnt gegenüber?»

«Ja. In dem Haus gleich auf der anderen Straßenseite. Er hat die Wohnung im ersten Stock, die mit den Vorhängen. Sehen Sie's?»

Schroeder rotierte mit dem Stuhl herum. «Scheint die Einzige zu sein, die Vorhänge hat. Das Haus sieht ganz leer aus. Wie kommt denn das?»

Laferty erklärte die Abmachung mit Professor Hendryx. «Das war 'ne praktische Abmachung; er hatte eine Wohnung ganz in der Nähe, und das College hatte eine Art Wächter auf dem Gelände. Wissen Sie, die jungen Leute sehen, dass ein Haus leer steht; und ehe Sie sich's versehen, brechen sie auch schon ein und schlagen alles kurz und klein.»

«Sehr schön. Hat jemand Ihre Adresse notiert?»

«Ich hab sie dem Lieutenant gesagt.»

Ein Polizist streckte den Kopf durch die Tür. «Diese Dekanin is gerade gekommen, Sarge.»

16

Er nahm den Bus nach Albany, einfach weil das der Erste war, der vom Busbahnhof abfuhr. Ekko setzte sich in der vierten Reihe von vorn ans Fenster, beobachtete die einsteigenden Fahrgäste und mutmaßte, wer sich wohl neben ihn setzen würde. Ein hübsches Mädchen mit langen, blonden Haaren stieg ein; er sah sie interessiert an, aber sie ging an ihm vorbei. Er drehte sich um und stellte fest, dass sie sich neben eine Frau gesetzt hatte.

Am Ende war es ein Mann in mittleren Jahren, mit quadratischem Gesicht und dichtem schwarzem Haar. Er trug eine dickrandige Plastikbrille, über der sich die schwarzen Augenbrauen fast über der Nasenwurzel trafen. Am Aufschlag seines dunkelgrauen Anzugs steckte ein Kiwanis-Abzeichen. Der Mann lächelte und sah auf die kleine, goldene, viereckige Uhr, die für das kräftige, behaarte Handgelenk viel zu zierlich war. «Es muss jeden Moment losgehen», sagte er.

«Ja, wird es wohl.»

Anscheinend wollte der Mann sich unbedingt unterhalten.

«Ich war im Café und wollte eine Tasse Kaffee und einen Donut haben, aber, meine Güte! Die langweilige Bedienung! Ich hab's bleiben lassen, weil ich nicht noch den Bus verpassen wollte.»

«Manchmal bummeln die ganz schön.»

«Ich fahr gern mit dem Bus», fuhr der andere fort. «Man sieht was von der Gegend.»

«Na, diesmal werden Sie nich viel sehn», sagte Ekko. «Mitten in der Nacht.»

«Ja, da haben Sie Recht, aber mir gefällt's trotzdem besser als mit dem Flugzeug. Fahren Sie bis Albany?»

«Falls ich's mir nicht anders überlege und vorher aussteige.»

Der Mann hob die schwarzen Brauen. «Wieso? Wissen Sie nicht, wie weit Sie fahren wollen? Fahren Sie spazieren?»

Ekko zuckte die Achseln. «Ich hatte einfach Lust auf eine Busfahrt. Der Bus hier fuhr zuerst ab, und da hab ich mir eine Fahrkarte gekauft und bin eingestiegen.»

Der Mann lachte in tiefem, grollendem Bass vor sich hin.

«Was ist daran so komisch?»

«Ihr jungen Leute … Ihr seid großartig. Sie hatten Lust auf eine Busfahrt und haben sich einfach …» Er konnte nicht aufhören zu lachen. «Sagen Sie, warum gerade ein Bus?»

Ekko grinste. Die offene Bewunderung ließ ihn auftauen. Der Mann war ein so ausgemachter Spießer, ein typischer Pendler, der von neun bis fünf arbeitete, eine fette Frau und eine aknebehaftete Tochter hatte, bei der sie sich sorgten, sie könnte sich mit einem Jungen vergessen. Er erklärte: «Wissen Sie, es ist so: Man geht durch die Straßen –» er erinnerte sich an die Segeltuchtasche im Gepäcknetz – «sagen wir, man will Wäsche in die Wäscherei bringen, und plötzlich merkt man, dass man alles leid ist. Der ganze tägliche Mist steht einem bis hier. Verstehn Sie?»

Der Mann nickte.

«Also beschließt man, dass man Abwechslung braucht.»

«Ja, das versteh ich. Und weil Sie gerade auf dem Park Square waren, sind Sie in einen Bus gestiegen.»

«Stimmt.» Ekko nickte grinsend.

«Und wenn Sie zufällig beim Süd-Bahnhof gewesen wären, hätten Sie einen Zug genommen. Oder in Ost-Boston ein Flugzeug?»

Ekko maß ihn argwöhnisch, aber sein Gesicht war offen und harmlos. Er schüttelte den Kopf. «Nee, Zugfahren und Fliegen liegt mir nicht so, aber mit dem Bus fahr ich gern, besonders nachts. In einem Bus ist es nachts dunkel. Sie schalten das Licht aus, damit der Fahrer die Straßen besser sehen kann. In der Dunkelheit kann allerhand geschehen.»

«Was zum Beispiel?»

Ekko sah den Spießer an. «Ach, eine ganze Menge.»

«Ja, aber was?»

Seine Neugier war schon rührend. «Na, zum Beispiel damals, als ich mit dem Elf-Uhr-Bus von New York nach Boston gefahren bin. Ich hab wie jetzt am Fenster gesessen, und dann, ganz plötzlich, steigt dieses Mädchen ein und setzt sich neben mich. Na, ich war am Ende, hatte tagelang nich mehr geschlafen, Sie wissen ja, wie's in so 'ner großen Stadt ist.»

«Klar weiß ich das.»

Ekko grinste innerlich. «Ich seh mich im Bus um, und da sind überall noch freie Plätze, also, denk ich mir, will sie Gesellschaft haben. Man konnte sofort sehen, dass sie ein schickes Mädchen war und hübsch obendrein. Sie hat so einen langen Mantel an, der bis zu den Knöcheln reicht. Als sie ihn auszieht, sehe ich, dass sie prima gebaut ist. Sobald sie sitzt, sage ich dann so was wie: ‹Das ist genau der richtige Abend dafür.› Wissen Sie, um freundlich zu sein und die Sache ins Rollen zu bringen. Aber sie antwortet nur mit ‹Hm›, klappt so ein Gedichtbuch auf und fängt an zu lesen. Also denke ich mir: Okay, Mädchen, wenn du's so willst, und dann mach ich die Augen zu. Nach ein paar Minuten geht dann das Licht aus, und wir fahren los, und ich schlaf ein. Aber Sie wissen ja, wie das beim Busfahren ist, so ganz richtig schläft man nie. Man döst nur vor sich hin.»

«Ja, genau. Ich kann auch nie fest schlafen.»

«Na, als ich dann mal wach werde, schläft die Kleine fest, hat den Kopf ans Kissen gelehnt und den Mund ein bisschen offen. Und so 'ne kleine Strähne hängt ihr ins Gesicht, und jedes Mal, wenn sie ausatmet, pustet sie sie fort, und dann fällt sie wieder zurück. Ich hab mich dann rumgedreht, um es besser sehen zu können, und beim Zusehen schlaf ich wieder ein. Und dann spür ich, dass mich jemand berührt, und werde halb wach und sehe, dass es das Mädchen ist. Sie hat sich im Schlaf zusammengerollt und berührt mich im Schlaf. Und gerade da, wo ich's gern hab.»

Jetzt wurde der Spießer aufgeregt. «Und was haben Sie gemacht?»

«Na, ich bin näher an sie rangerückt und hab ihren langen Mantel, den sie auf dem Schoß hatte, über uns gezogen, damit wir zugedeckt waren.»

«Und dann?»

«Was glauben Sie? Ich hab mit der einen Hand ihre Titten gestreichelt, und als sie nicht aufgewacht ist, hab ich die andere unter ihr Kleid gesteckt.»

«Und was haben Sie dann gemacht?»

«Was wohl? Wir waren in einem Bus. Mehr konnte ich da ja wohl nicht machen. Wir haben uns so gehalten, und dann bin ich auch so eingeschlafen.»

«Und am Morgen?»

Der Mann kriegte vor Aufregung keine Luft mehr.

Ekko grinste. «Nichts. Als ich aufwachte, fuhren wir schon

durch Boston. Sie war nicht mehr da. Sie muss in Newton ausgestiegen sein. – Na ja, das ist der Grund, warum ich gern mal eine Fahrt mit dem Bus mache.»

«Es ist also gar nichts gewesen», stellte der Mann bedauernd fest. «Sie haben sie nie wiedergesehen?»

«Nee.»

«Ich glaube, Sie haben das nur geträumt.»

Ekko lächelte in die Dunkelheit hinein. Sollte er ruhig leiden. «Nein, ich hab's nicht geträumt.»

Der andere blieb stumm sitzen. Nach einer Weile schlief Ekko ein. Es schien nur Minuten zu dauern, bis er vom Busfahrer geweckt wurde, der ankündigte, dass sie in zehn Minuten in Springfield halten würden. Der Mann hob einen kleinen Wochenendkoffer vom Gepäcknetz, setzte sich wieder und nahm ihn auf den Schoß.

«Springfield. Da steige ich aus.»

«Was, schon Springfield?»

«Hm. Wissen Sie, beinah wär ich Ihnen auf den Leim gegangen», sagte er dann.

«Wie meinen Sie das?»

«Ach, dass Sie gesagt haben, Sie fahren einfach Bus, weil Sie Lust haben, und Sie wissen noch nicht, wo Sie aussteigen werden.» Er lachte leise. «Ihr jungen Leute gebt immer damit an, dass ihr nur das tut, was euch passt, aber das ist nichts als Gerede. Ihr fahrt irgendwohin, weil ihr genau dahin wollt, ebenso wie jeder andere auch. Sie sitzen jetzt in diesem Bus, weil Sie genau mit diesem Bus fahren wollten.»

Ekko wurde starr. «Woher wissen Sie das?»

Der Mann lachte tief grollend. «Weil ich Sie gesehen hab. Ich hab Sie in der Charles Street in den Zug steigen sehen. Ich stand direkt hinter Ihnen und hab Sie gesehen. Sie haben eine Segeltuchtasche getragen, und die liegt da oben im Netz. Dann hab ich Sie in Boylston aussteigen und direkt zum

Busbahnhof gehen sehen. Nichts da mit dem durch die Straßen wandern und sich plötzlich entschließen, mit einem Bus zu fahren, weil sich die Chance ergeben könnte, dass sich ein Mädchen neben Sie setzt und Sie an sich rumfummeln lässt.»

«Sind Sie mir nachgegangen?»

«Nein, aber ich war direkt hinter Ihnen. Als wir zum Busbahnhof kamen, bin ich ins Café gegangen und Sie zum Fahrkartenschalter.»

«Das muss ein anderer gewesen sein», murmelte Ekko.

«Nein, war's nicht. Sie waren das. Sie sind mir gleich aufgefallen, weil ich gesehen hab, dass Sie eine Perücke tragen. Und der Bart ist auch nicht echt. Ich hab's auf den ersten Blick gesehen, weil ich Friseur bin und von Haaren was verstehe. Sind Sie kahl, ja?»

«Ja, da oben bin ich ziemlich nackt», gab er verlegen zu.

Der Bus hielt an, und der Mann stand auf. «Sie verkühlen sich andauernd den Kopf, was?»

«Nein, das is nur, weil die Mädchen was gegen Kahlköpfe haben.»

Der Mann lachte. «Na, hier steigen immer viele Leute ein. Vielleicht haben Sie für den Rest der Reise mehr Glück.» Er winkte freundlich und bahnte sich den Weg durch den Gang.

17

Wie jeder District Attorney war Matthew Rogers aus Suffolk County, wozu ganz Boston gehört, in erster Linie Politiker und erst in zweiter, sehr schwacher Linie Anwalt. Rogers war groß, erstaunlich gut aussehend und einer der Jüngsten, die jemals diesen Posten innegehabt hatten. Die Parteibonzen sagten ihm eine große Zukunft voraus: mit Gewissheit würde er Attorney General des Staates werden, vielleicht sogar noch höher steigen. Obwohl er irisch-katholischer Abstammung war, sah er nicht so aus; und sein Name – Vor- und Nachname – war nicht so typisch irisch, dass es den Angehörigen anderer Volksgruppen schwer gefallen wäre, ihn zu akzeptieren.

Kurz nach Beendigung des Jurastudiums – er hatte in Harvard studiert, nicht am katholischen Boston College – sagte ihm sein Schwiegervater, der in der Politik war, er hätte sich bei den Kollegen umgehört, und sie wären bereit, ihn bei der Wahl für ein politisches Amt zu unterstützen. «Wenn die Kollegen dich unterstützen, Matt, bist du praktisch schon in der Legislative des Staates.»

«Ich hatte mich eigentlich beim Schulausschuss bewerben wollen», sagte Matthew Rogers.

«Bloß nicht, Matt. Was verdienst du denn da? Du musst an Kathleen und die Mädchen denken. Und wenn du in den Schulausschuss willst, musst du dich in der ganzen Stadt zum Kandidaten aufstellen lassen.»

«Aber bei der Legislative bin ich einer unter zweihundert, und beim Schulausschuss bin ich einer von fünf. Über das Gehalt mache ich mir keine Sorgen. Bei den Millionen, über die der Schulausschuss jährlich verfügt, müsste ich genug Aufträge als Anwalt an Land ziehen können, um mit dem gleichzuziehen, was ich bei der staatlichen Legislative verdienen würde.»

Matthew Rogers firmierte als Familienvater, als engagierter Vater von Kindern, die die öffentlichen Schulen besuchten. Alle Wahlplakate und Handzettel zeigten ihn sitzend, flankiert von seiner schönen Frau, während die beiden niedlichen kleinen Töchter zu ihren Füßen saßen. Er gewann spielend.

Beim Schulausschuss verschrieb er sich den Belangen der Lehrer. Sein Schwiegervater argumentierte: «Warum setzt du dich für eine Gehaltserhöhung der Lehrer ein? Das bedeutet doch nur Steuererhöhung, Matt, und dafür dankt dir keiner. Lehrer sind keine Polizisten oder Feuerwehrmänner. Sie sind scheue Kaninchen und keine Kämpfer. Bei der nächsten Wahl reißen sie sich nicht für dich die Beine aus. Ja, sie werden dich wählen, aber die Duckmäuser bekommst du nie dazu, für dich Klinken zu putzen.»

«Aber sie haben bessere Kontakte zu den Medien», wandte Matthew Rogers ein.

Die Gehaltserhöhung endete in einem Kompromiss, aber er galt nun als der einzige Liberale im Ausschuss, und wenn die Reporter oder Fernsehkommentatoren über eine Sitzung des Schulausschusses berichteten, war er gewöhnlich derjenige, der interviewt wurde.

Nach zwei Perioden beim Schulausschuss hatte er sich als District Attorney bei der County zur Wahl gestellt, wiederum die Rolle des Familienvaters in den Vordergrund seiner Wahlkampagne stellend, mit dem Slogan: «Wählt Matt Rogers, und macht Suffolk County zu einer Gegend, in der ihr eure Kinder in Sicherheit großziehen könnt.» Diesmal zeigten die Wahlplakate ihn neben seiner etwas gesetzteren Frau, die beiden älteren Töchter, nun hübsche junge Damen, standen rechts und links von den Eltern, eine dritte Tochter saß vor ihnen auf der Erde , und die vierte auf dem Schoß der Mutter. Wiederum gewann er spielend.

Er hatte sein Amt unmittelbar vor Beginn der Studentenunruhen angetreten. Als es im Hollings College Ärger gab, ergriff er die Gelegenheit, seine Führungsqualitäten zu demonstrieren – gegen den Rat seines Stellvertreters, dem Senior Assistant District Attorney Bradford Ames.

«Lass das, Matt», sagte Ames. «Das sind keine Gangster, es sind College-Studenten aus guten Familien, von denen einige großen politischen Einfluss haben. Und wenn du sie vor Gericht bringst, wirst du feststellen, dass dich die College-Leitung nicht unterstützt. Halte dich aus der Schusslinie, und lass die Polizei das machen, sonst musst du es bloß ausbaden.»

Rogers hatte ihn verständnislos angestarrt. «Sie haben sich in einem der Gebäude widerrechtlich festgesetzt, oder? Sie haben Häuser demoliert. Meinst du, ich soll tatenlos zusehen, wenn Privateigentum besetzt wird? Es geht doch um Privateigentum, oder?»

Bradford Ames war über fünfzig und ein ganzes Stück älter als sein Chef. Er stammte aus einer alten, reichen Bostoner Familie und hatte ohne Schwierigkeit gleich nach Abschluss seines Examens den Posten des Assistant District Attorney übernehmen können. Er war Junggeselle und fand im Büro des District Attorney den ihm angemessenen Platz, den er gern behalten wollte. Obwohl mittelgroß, sah er wegen seiner Rundlichkeit klein aus. Seine maßgeschneiderten Anzüge wirkten zerknittert und schlecht geschnitten, weil er sich krumm hielt. Er trug altmodische, anknöpfbare, gestärkte Kragen, die immer zu eng aussahen und seinen Kopf größer wirken ließen, als er war. Er neigte zum Lächeln und kichernden Glucksen und hatte etwas Onkelhaftes, sodass bei den seltenen Gelegenheiten, bei denen sein Gesicht streng und ernst wurde, zum Beispiel, wenn er sich im Gerichtssaal an die Geschworenen wandte, jedermann das Gefühl bekam, es müsse tatsächlich ein entsetzliches Verbrechen geschehen sein. Er stand mit allen Gerichtsbeamten, Strafverteidigern und Richtern auf gutem Fuß, kannte ihre Eigenheiten und Idiosynkrasien, hatte aber gleichzeitig einen Instinkt für politische Erwägungen und war daher für eine Reihe von District Attorneys, die er unauffällig anlernte, von unschätzbarem Wert gewesen.

Jetzt trat er unter Rogers' starrendem Blick unbehaglich von einem Bein aufs andere und stieß ein verlegenes Kichern aus. «Ja, einerseits ist es Privateigentum, andererseits aber nicht. Ein College ist genau genommen eine Gemeinschaft von Gelehrten, die sich in eine Gesellschaft mit einem Kuratorium und Beamten umgewandelt hat, die den Präsidenten wählen. Im Mittelalter wurden übrigens viele Colleges von den Studenten gegründet. Sie stellten die Lehrer ein und ließen sie Strafe zahlen, wenn sie ihre Vorlesungen versäumten. Ich will damit sagen, dass man sich überlegen muss, ob das College nicht ebenso den Studenten wie der Verwaltung gehört.»

Aber Rogers hatte nicht nachgegeben – und es ausbaden müssen. Ein paar Tage lang war alles großartig gewesen; er hatte Verlautbarungen an die Presse gegeben, war fotografiert worden, hatte Konferenzen mit dem College-Präsidenten und dem Dean abgehalten und mit der Polizei den strategischen Einsatz geplant. Das führte am Ende zu einer hitzigen Auseinandersetzung zwischen Studenten und Polizei, wobei es nicht bei verbalen Beleidigungen blieb. Und ganz plötzlich war er der Buhmann, die Zielscheibe von Dutzenden von wütenden Leserbriefen in der Presse und sogar von ein, zwei Leitartikeln. Zu seiner Überraschung musste er feststellen, dass viele Lehrer zu den Studenten hielten und sogar die Verwaltung einen Rückzieher machte. Als schließlich die Anführer vor Gericht gestellt wurden, merkte er voller Entrüstung, dass die College-Verwaltung die Strafverfolgung nur sehr hinhaltend betrieb und sogar der Richter, der eine kleine Strafe verhängte, bei seiner Zusammenfassung andeutete, dass die Staatsanwaltschaft vielleicht etwas übertrieben reagiert habe.

Rogers war Politiker, und er zog eine Lehre daraus. Von da an folgte er, wann immer es zu Studentenunruhen kam, dem Rat seines Stellvertreters Ames und ließ der Polizei freie Hand. Wenn es unumgänglich war, dass sich sein Büro einschaltete, übergab er den Fall dem jüngsten Mitarbeiter, einem jungen Mann, der gerade eben Examen gemacht hatte. Ames fuchste ihn dann ein: «Bleib in Deckung! Ja nicht vorpreschen! Denk dran, der Chef findet, dass das eine interne College-Angelegenheit ist, die sie selber regeln sollen. Wir wollen uns da raushalten.»

Um so überraschter war Bradford Ames, als er die Akte des Windemere-College-Falls auf seinem Schreibtisch vorfand, mit einer Notiz seines Chefs: «Brad, bitte übernimm dies persönlich.» Er ging in Rogers' Büro, um Rücksprache zu halten. «Wieso auf einmal, Matt?»

«Weil ich sie diesmal hinter Schloss und Riegel bringen will.»

«Warum?»

Die Erklärung fiel Rogers nicht leicht. Ein Spross der Ames aus Massachusetts sieht die Dinge anders als der Sohn des Postboten Timothy Rogers. Nahm man allein mal diese College-Kinder, die andauernd Rabbatz machten: Brad ergriff nicht gerade ihre Partei, aber er regte sich auch nicht groß über sie auf; es war fast, als sympathisiere er mit ihnen. Hinzu kam, dass der Mann Junggeselle war. Wie konnte er die Gefühle eines Mannes mit vier Töchtern verstehen? Für einen Mann mit Töchtern hatte der Lauf der Dinge etwas Beängstigendes: ein Mädchen lebte ganz offen mit einem Mann zusammen, und niemand, nicht einmal die Direktion des College, fand etwas dabei. Studenten, die in unflätigen Ausdrücken mit ihrem Dean redeten – einem weiblichen Dean noch dazu – und das für selbstverständlich hielten.

Gelegentlich fühlte sich Matthew Rogers durch die aristokratische Kühle seines Untergebenen in die Verteidigung gedrängt, und darum sagte er nun gefühlsbetonter als sonst: «Diesmal ist es anders, Brad. Ich weiß, du meinst, diese Studentenkrawalle gehen uns nichts an, und ich stimme dir da zu: aber diesmal geht es um Brandstiftung, und Brandstiftung ist ihrem Wesen nach kein hausinterner Sport mehr.»

«Das stimmt natürlich.»

«Und dann ist der Mann getötet worden.»

«Ja, das scheint aber ein Unfall gewesen zu sein.»

Nun wurde Rogers trotzig. «Ich halte es auch für politisch wichtig. Ich glaube, wir sind an einem Wendepunkt, Brad. Ich glaube, die Leute sind es verdammt leid, dass diese verdammten radikalen Studenten einfach machen, was sie wollen. Und wenn ich jetzt durchgreife, werde ich vielen damit einen Gefallen tun.»

Ames lächelte. «Hast du vor, für das Amt des Attorney General zu kandidieren?»

«Ich habe es erwogen», sagte Rogers gelassen.

Ames erkannte, dass es ihm damit ernst war.

«Wir haben nicht sehr viel vorzubringen, ist dir das klar? Die Studenten sagen, sie hätten nichts mit dem Bombenanschlag zu tun.»

«Natürlich.»

«Viele Beweise, dass sie es doch waren, haben wir nicht. Wenigstens nichts, was vor Gericht stichhaltig wäre.»

«Und wie steht's damit, dass einer von ihnen auf und davon ist?»

«Nicht mal das wissen wir», erwiderte Ames. «Er kann einfach fortgegangen sein, wie das heute viele junge Leute machen.»

«Und wie steht es mit der Zeit?», fuhr Rogers beharrlich fort. «Dean Hanbury sagt, sie sei gegen Viertel vor drei aus dem Büro gegangen. Die jungen Leute geben zu, bis drei Uhr geblieben zu sein. Ein paar Minuten später geht die Bombe hoch. Wer soll es denn sonst gewesen sein?»

«Der Hausmeister hat ausgesagt, die Türen des Gebäudes

wären nicht abgeschlossen gewesen. Jeder hätte hereinkommen können. Es könnte eine ganz andere Studentengruppe gewesen sein. Soweit ich weiß, gibt es wenigstens ein halbes Dutzend radikaler Schattierungen.»

«Wie ist das, haben wir genug, um sie festzuhalten?»

Ames ließ sich nicht festlegen.

«Das hängt wahrscheinlich davon ab, wer für sie auftritt und welchem Richter sie vorgeführt werden. Sullivan, zum Beispiel, würde sie schon wegen ihres Aussehens und ihrer Kleidung in Haft behalten.»

Rogers nickte. «Dann richte es so ein, dass sie vor Sullivan oder noch besser, vor Visconte erscheinen. In der Zwischenzeit setze ich so viele Leute zur Ermittlung an, dass er sie festhalten muss.»

«Gut.»

«Und sie sollen in Haft bleiben, Brad. Keine Kaution!»

«Hör mal, Matt! Darauf lässt sich nicht mal Sullivan ein.»

«Warum nicht? Es ist doch wohl Mord, wie? Wenn jemand bei der Ausführung einer strafbaren Handlung einen Menschen tötet, ist das wohl Mord ersten Grades oder nicht? Ein Bombenattentat ist eine strafbare Handlung, ja? Wenn ein Professor dabei umkommt, ist es Mord. Steht das im Gesetz oder nicht?»

Ames wehrte ab. «So einfach ist das nicht, Matt. Das Grundprinzip ist, dass man in einem solchen Fall die Tötungsabsicht nachweisen muss. Und die Tötung muss so eng mit der strafbaren Handlung verbunden sein, dass es sich um ein und dieselbe Tat handelt. Ein zeitliches Zusammentreffen allein reicht nicht aus. Als die Tat geschah, war es Freitagnachmittag, an dem das Haus gewöhnlich leer ist, und das Opfer befand sich in einem anderen Raum.»

«Das kann der Strafrichter entscheiden, Brad.»

«Ja», gab Ames zu, «aber diese jungen Leute sind im College. Wenn wir sie ohne Gewährung einer Kaution festhalten, verpassen sie ihre Vorlesungen.»

Matthew Rogers hieb mit der flachen Hand auf den Schreibtisch. «Also, wenn du mich fragst, dann haben Studenten, die ihr College in die Luft sprengen wollen, wenig Interesse an ihren Vorlesungen. Ich will, dass diese jungen Schurken in Haft bleiben, verstehst du? Wir gehen von gegensätzlichen Standpunkten aus. Wenn ihre Anwälte sie gegen Kaution freibekommen, muss ich das hinnehmen, aber ich werde den Teufel tun, ihnen auch noch zu helfen. Ich bin gegen eine Kaution. Und wenn der Richter sich mir da nicht anschließt, musst du die höchstmögliche Kaution fordern.»

«Wenn du es so handhaben willst.»

«Ja, das will ich», sagte Matthew Rogers.

«Hör mal, Matt.» Ames war nun ganz ernst. «Alles deutet darauf hin, dass es der getan hat, der jetzt verschwunden ist, der, den sie Ekko nennen, und dass die anderen überhaupt von nichts gewusst haben.»

«Wie kommst du darauf?»

«Weil er anders ist als die Übrigen. Älter, und außerdem war er in Vietnam.» Er hob einen mahnenden Zeigefinger. «Bei der Artillerie. Dazu kommt noch, dass er – soweit wir das aus den ersten Verhören wissen – als Einziger längere Zeit im Büro des Dean allein gewesen ist; die anderen haben Miss Hanbury im ganzen Haus gesucht. Und er hatte eine Aktentasche mitgebracht. Und schließlich ist er der Einzige, der geflüchtet ist.»

«Hat einer von den anderen angedeutet, er könnte es gewesen sein?»

«Nein, aber –»

«Wenn sie es nicht mit Sicherheit wissen, kannst du Gift drauf nehmen, dass sie kein Wort sagen werden. Die halten immer zusammen.»

«Und?»

Matthew Rogers grinste. «Wäre es dann nicht besser für uns, wenn wir sie im Gefängnis aufheben? Wenn dieser Ekko das hört, vor allem, dass wir sein Mädchen haben, dann besteht die Chance, dass er freiwillig aufgibt.»

«Matt, das ist so, als hieltest du sie gegen Lösegeld fest», protestierte Ames.

«Hm.»

«Matt, das ist ein gemeiner irischer Trick!»

Roger grinste von einem Ohr zum anderen. «Hm.»

18

Der Rabbi zog sich zum Freitagabend-Gottesdienst um, als das Telefon klingelte. Der Babysitter nahm das Gespräch an, und als der Rabbi, sich gerade den Schlips bindend, unter die Wohnzimmertür trat, sah er die Augen des Mädchens groß werden.

«Wer ist es denn?»

Sie legte die Hand über die Muschel und flüsterte: «Die Polizei, Rabbi, aus Boston.»

«Schon gut, ich geh dran.» Sie gab ihm hastig den Hörer, als wäre sie froh, ihn loslassen zu können.

«Rabbi Small?», fragte eine raue Stimme. «Hier ist Sergeant Schroeder von der Mordkommission Boston.»

«Guten Tag, Sergeant», sagte der Rabbi freundlich.

«Ja, guten Tag. Hören Sie, Rabbi, ich möchte Ihnen ein paar Fragen stellen, über Professor Hendryx.»

«Bitte sehr, fragen Sie.»

«Nein, nicht am Telefon. Ich möchte mit Ihnen sprechen und dann eine schriftliche Aussage mit Ihrer Unterschrift haben. Es wäre mir lieb, wenn Sie nach Boston ins Präsidium kommen könnten.»

«Das kommt nicht in Frage, Sergeant.»

«Ich kann Ihnen einen Wagen schicken.»

«Das geht leider nicht, Sergeant. Ich bin gerade auf dem Weg zur Synagoge. Es ist Sabbat, und wir haben einen Abendgottesdienst.»

«Wann ist der zu Ende?»

«Gegen zehn Uhr. Warum?»

«Weil ich vorschlagen wollte, dass ich nach Barnard's Crossing komme. So etwa Viertel nach zehn?»

«Aber ich kann Ihnen gar nichts erzählen.»

«Sie sind wahrscheinlich der Letzte, der ihn lebend gesehen hat, Rabbi.»

«Das kann schon sein; ich hab ihn kurz nach zwei Uhr verlassen, da lebte er noch.»

«Ich möchte trotzdem mit Ihnen sprechen», beharrte der Sergeant.

«Dann müssen Sie leider bis morgen Abend warten. Während des Sabbat bespreche ich keine geschäftlichen Dinge.»

«Aber es geht um Mord, Rabbi.»

«Trotzdem, ich kann Ihnen nichts erzählen, das es rechtfertigen würde, den Sabbat zu entheiligen.»

«Und wenn ich zu Ihnen käme?»

«Würde ich nicht mit Ihnen sprechen.»

Am anderen Ende der Leitung wurde der Hörer aufgeworfen. Rabbi Small horchte noch einen Augenblick und legte dann leise auf.

Zornig und perplex starrte Sergeant Schroeder den Apparat an. Dann erinnerte er sich an Hugh Lanigan, den Polizeichef von Barnard's Crossing, den er von vielen Polizeikonferenzen kannte und der ihn eingeladen hatte, im Sommer einmal sonntags zum Segeln zu kommen. Er rief Lanigan an. «Ich wollte fragen, ob Sie mir einen Gefallen tun können, Hugh. Könnten

Sie wohl jemand für mich abholen und zum Verhör bringen? … Ja, es geht um die Sache am Windemere College … Nein, es gibt keinen Haftbefehl, ich möchte ihn nur zum Verhör haben … Wer es ist? Ein Rabbi Small. Sie kennen ihn? … Ja, ich hab ihn hergebeten, wollte ihm sogar einen Wagen schicken, aber er hat gesagt, er würde nicht mit mir reden, weil Sabbat wäre.»

«Ja, das passt zu ihm.»

«So? Also ein harter Bursche?»

Lanigan lachte. «Kein bisschen, aber er heiligt seinen Sabbat. Die machen nun mal keine Geschäfte vom Freitag- bis zum Samstagabend; sie reden nicht mal darüber.»

«Das hat er gesagt, aber –»

«Bill, lassen Sie Dampf ab. Ich würde den Rabbi ebenso wenig am Sabbat stören wie Pater Aherne während der Messe. Auch wenn ich ihn darum bäte, würde er nicht zu Ihnen kommen. Und wenn ich mehr Nachdruck dahinter setzte, könnte ich Ärger bekommen. Dies ist keine Großstadt, Bill. Bei uns kennt jeder jeden. Wir machen das hier anders. Wissen Sie was, warum fahren Sie nicht morgen Nachmittag zu uns herunter und essen bei uns zu Abend? Es gibt Schinken und Bohnen und Schwarzbrot. Sie können sich da auf Gladys verlassen. Danach machen wir einen Besuch beim Rabbi. Ich garantiere Ihnen, dass Sie nicht die geringste Schwierigkeit mit ihm haben werden.»

Am nächsten Abend tauchten Lanigan und Schroeder bei den Smalls auf. Lanigan stellte den Sergeant vor und sagte: «Wie wär's, wenn Sie beide nochmal von vorne beginnen?»

Der Rabbi grinste. «Mit Vergnügen.» Dann führte er sie ins Wohnzimmer.

Der Sergeant sagte: «Gern. Verstehen Sie, Rabbi, ich wollte Sie nicht an Ihrem Feiertag stören, aber bei uns hat Mord nun mal immer den Vorrang.»

«Oh, bei uns auch», erklärte der Rabbi, «aber ich kann Ihnen bestimmt nichts erzählen, was Ihnen weiterhilft. Professor Hendryx war lebendig, als ich ihn verließ.»

«Und um welche Zeit war das?»

«Kurz nach zwei. Spätestens zehn nach zwei.»

«War er normalerweise um die Zeit im Büro?»

«Das kann ich Ihnen nicht sagen. Ich habe eine Vorlesung, die um zwei Uhr endet, danach gehe ich kurz ins Büro, um meine Bücher abzuladen und meinen Mantel zu holen. Manchmal war er dann dort. Soviel ich weiß, kommt seine Putzfrau immer freitags, da hat er sich gelegentlich ins Büro geflüchtet – er wohnt ja auf der anderen Straßenseite, wenn Sie sich vielleicht erinnern.»

«Ja, das wissen wir, Rabbi.»

«Aber gestern», fuhr der Rabbi fort, «hat er was davon erwähnt, dass Dean Hanbury ihn angerufen hätte, er sollte sich im Hintergrund bereit halten. Sie war mit einer Gruppe von Studenten verabredet und wollte ihn in der Nähe haben, falls sie aufsässig würden.»

«Aha!», rief Schroeder. «Sehen Sie, Sie hatten doch etwas Wichtiges zu erzählen.»

«So?»

«Aber ja. In Ihrer Aussage hat Dean Hanbury nichts davon erwähnt, Hendryx angerufen und um Hilfe gebeten zu haben.»

«Und wieso ist das wichtig?», fragte Lanigan interessiert.

«Na, nehmen wir an, sie hat was mit der Sache zu tun.» Er blickte von einem zum anderen. Der Rabbi schürzte zweifelnd die Lippen; Lanigan lächelte. «Ich meine –» Damit gab Schroeder auf und lachte. «Tut mir Leid, Rabbi, ich fürchte, ich war doch noch ein bisschen beleidigt, dass Sie mich gestern Abend nicht sprechen wollten. Gut. Als Sie am Freitag gegangen sind, haben Sie da irgendjemand, irgendwen noch im Haus gesehen?»

«Die Tür vom Büro des Dean wurde gerade geschlossen, als ich durch den Flur kam. Obwohl ich sie selber nicht gesehen habe, nehme ich an, dass sie in ihrem Büro war. Einen Stock tiefer hab ich Professor Fine im Büro der englischen Abteilung gesehen; er sagte, er erwarte einen Anruf.»

«Um welche Zeit sind Sie nach Hause gekommen, Rabbi?»

«Ziemlich spät erst», gab er zu. «Etwa um halb vier.»

Lanigan zog die Brauen hoch. «Hatten Sie eine Panne?»

«Nein, ich hab unterwegs angehalten und Kaffee getrunken.»

«Na, das hat doch sicher nicht lange gedauert.»

«Es war so ein Drive-in, wo man im Wagen sitzen bleibt», erklärte der Rabbi. «Ich hab angefangen zu lesen und die Zeit vergessen.»

Als sie den Rabbi verlassen hatten, fragte Schroeder: «Was halten Sie von dieser Geschichte Ihres Freundes?»

«Sie kennen ihn nicht», sagte Lanigan. «Glauben Sie mir, das ist ganz typisch für ihn.»

«Aber …»

«Ach, Sergeant, es gibt keine Ermittlung ohne kleine Ungereimtheiten. Und die beste Methode, sich festzufahren, ist es, wenn man sich auf die konzentriert, statt auf die Hauptsache. Aber wem sage ich das? Sie wissen es besser als ich.»

«Ja, schon, aber manchmal gibt einem das doch zu denken. Warum, zum Beispiel, hat mir die Dame Dean nichts von dem Anruf bei Hendryx und ihrer Bitte um Hilfe erzählt?»

«Finden Sie das so schwer zu verstehen?», fragte Lanigan. «Sie hat es nicht gesagt, weil sie es vergessen hat; und sie hat es vergessen, weil sie es vergessen wollte; und sie wollte es vergessen, weil es sonst bedeuten würde, dass sie für seinen Tod verantwortlich war.»

19

Am Sonntagmorgen war es beim *minjan* meistens ziemlich voll. Der Morgengottesdienst fand anderthalb Stunden später statt als an Wochentagen, um neun statt um halb acht, und im Übrigen schloss sich um zehn Uhr das Treffen des Synagogenvorstands daran an, sodass die meisten früh kamen und am zwanzigminütigen Gottesdienst teilnahmen.

Obwohl Malcolm Selzer kaum je in der Woche am *minjan* teilnahm – er war um halb acht immer schon im Lager – versäumte er ihn sonntags nie. Er gehörte zu der Hand voll Gemeindemitglieder, die noch in der alten Tradition erzogen war und die Liturgie kannte; er wurde oft zum Vorbeten aufgefordert. An diesem Sonntag aber erschien er nicht. Seine Abwesenheit wurde bemerkt.

Obwohl der Name als Abner Seldar, Adam Sellers und Aaron Selger auftauchte, bezweifelte niemand in Barnard's Crossing, schon gar nicht in der jüdischen Gemeinde, dass die in den Zeitungsberichten über die Bombenexplosion genannte Person der Sohn von Malcolm, Abner Selzer, war. Und die große Beteiligung am sonntäglichen *minjan* entsprach zweifellos dem sehr menschlichen Wunsch nach mehr Information.

Die Nachrichten vom späten Samstagabend und die Sonntagszeitungen hatten ausführlichere Berichte geliefert: dass sich Dean Millicent Hanbury mit einer Studentendelegation getroffen hatte, um über Klagen der Studenten zu diskutieren, dass sie das Treffen verlassen hatte – unter nicht genannten Gründen; dass kurz darauf die fünfköpfige Delegation Büro und Gebäude verlassen hatte; dass keine fünf Minuten später die Bombe explodiert war. Das Büro des District Attorney hatte angekündigt, dass alle Studenten verhört werden würden.

Als die Männer die Gebetschals zusammenfalteten, bemerkte Dr. Malitz, einer der Älteren: «Ich vermute, dass es ihm zu peinlich war zu kommen.»

Dr. Greenwood, wie Malitz Zahnarzt, schüttelte den Kopf. «Warum muss es ausgerechnet ein jüdischer Junge sein?»

«Was meinen Sie damit, ein jüdischer Junge?», sagte Norman Phillips missbilligend. «Es waren insgesamt fünf, und der junge Selzer war der einzige Jude. Und was hat es auf sich, dass er Jude ist? Er ist Amerikaner, oder? Er hat dieselben Rechte wie jeder andere, oder vielleicht nicht?»

Dr. Malitz kam seinem Zahnarztkollegen zur Hilfe. Dr. Greenwood war kein Kieferspezialist und schickte ihm Patienten. «Wenn Sie in der Zeitung lesen, dass jemand mit einem jüdischen Mann eine wissenschaftliche Entdeckung gemacht hat – Sie wissen schon, etwas Gutes vollbracht hat –, dann sind Sie stolz, weil es einer von uns war, stimmt doch? So geht es uns allen. Und wenn wir dann etwas lesen, was nicht so hübsch ist, fühlen wir uns natürlich –»

«Wir fühlen uns schuldig. Ja? Also ich nicht», stellte Phillips stur fest. «Ich habe als amerikanischer Bürger dieselben Rechte wie jeder andere, und das bedeutet, dass mich etwas, das jemand namens Cohen oder Levy betrifft, nicht stärker angeht, als wenn es sich um einen namens Cabot oder Lodge handelt. Selbstverständlich tut mir Mal Selzer Leid, aber in gewisser Weise hat er es ja herausgefordert.»

Greenwood starrte ihn an. «Was soll das heißen? Welcher Vater verdient es, dass sein Sohn in Schwierigkeiten gerät?»

«Na, sehen Sie, mein Junge geht ins College, ins Rensselaer Polytechnicum. Doc Malitz hat auch einen Sohn im College. Über Ihren Jungen weiß ich nichts, Doc, aber meiner haut schon mal ein bisschen über die Stränge. Er ist jung, verstehen Sie? Beispielsweise hatten sie im vorigen Jahr in seinem College Zoff. Die Polente kommt, die Reporter, alles, was dazugehört. Mein Junge sagt, er hätte nur zugesehen, sich den Spaß angeschaut. Vielleicht stimmt's, vielleicht auch nicht. Ich gehöre nicht zu den Vätern, die ihren Kindern nichts Böses zutrauen. Na, sie nehmen ihn hopp, er verbringt die Nacht im Kittchen und muss eine Strafe zahlen. Er? Ich hab bezahlt.»

«Und?»

«Ich will nur sagen: Bin ich rumgezogen und hab angegeben, dass mein Junge ein großer Studentenführer ist?»

«Dann geben Sie mit was anderem an, was Ihr Sohn gemacht hat, vielleicht damit, dass er in Rensselaer ist!»

«Das hab ich nur erwähnt, weil –»

«Sei's drum», sagte Greenwood. «Väter geben mit ihren Kindern an. Ich bin sicher, Malcolm Selzer würde lieber damit angeben, dass sein Junge gute Examen macht und Stipendien bekommt.»

Dr. Malitz hatte eine Eingebung. «Woher wissen wir überhaupt, dass der junge Selzer was mit dem Bombenattentat zu tun hat? In den Zeitungen steht nur, dass er an der Besprechung teilgenommen hat und dass er vom District Attorney verhört werden soll.»

«Wenn es erst mal zum Verhör kommt, landet er im Gefängnis», sagte Phillips. «Was ich wissen möchte, ist, was der Rabbi darüber weiß. Er unterrichtet dort. Mir ist aufgefallen, dass er heute auch nicht da war.»

«Er ist heute Morgen Gastredner in der Bibelklasse der Männer bei der Methodistenkirche von Lynn», erklärte Dr. Malitz. «Es hat in der Zeitung gestanden.»

«Unser sprichwörtliches Glück», murrte Phillips voller Zorn. «Jetzt kriegen *die* den Augenzeugenbericht und nicht wir.»

20

Der Rabbi kam kurz vor zwölf Uhr mittags nach Hause und wurde von einem ungeduldigen Malcolm Selzer erwartet. «Ihre Frau hat gesagt, Sie müssten jede Minute kommen. Und meine Frau war so überzeugt davon, dass Sie uns helfen könnten, dass ich nicht den Mut hatte, ihr zu sagen, ich hätte Sie nicht angetroffen.»

«Nun beruhigen Sie sich, Mr. Selzer, und sagen Sie mir, was Sie auf der Seele haben.»

Selzer sah ihn dankbar an und setzte sich. «Am Freitag hab ich wie alle anderen auch die Nachrichten gehört. Und ich muss zugeben, ich hatte gleich so ein komisches Gefühl, dass mein Abner da vielleicht mit drinsteckte. Ich meine nicht, dass ich ihn für fähig halten würde, Bomben zu legen, das nicht. Ich kenne meinen Sohn. Der tut keiner Fliege was. Aber ich dachte, er könnte was wissen, vielleicht, dass es eine Gruppe war, zu der er Kontakt hat – Sie wissen doch, was man so denkt und auf was für komische Ideen man kommen kann?»

«Natürlich. Lassen Sie sich Zeit, und erzählen Sie mir, was geschehen ist.»

Selzer nickte. «Am Samstag hab ich dauernd vorgehabt, Abner anzurufen. Nicht, um direkt zu fragen, wissen Sie, mehr wie es so geht und was es Neues gibt. In der Art. Wenn er wirklich mit drinsteckte, hätte er es sagen können. Eigentlich war es auch mehr meine Frau, die so gedrängelt hat. ‹Ruf ihn an; du hast einen Sohn, sprich doch mal von Zeit zu Zeit mit ihm!› Und um die Wahrheit zu gestehen: ich hätte es auch gemacht, wenn ich nicht Angst gehabt hätte, es damit herauszufordern. Meine Mutter, möge sie in Frieden ruhen, hat immer gesagt: ‹Nur nicht dran rühren!›»

«In dem Sinn, dass man das Schicksal nicht herausfordern soll», sagte der Rabbi mit dem Anflug eines Lächelns.

«Richtig.» Selzer freute sich, dass der Rabbi ihn verstand. «Na, dann hab ich meiner Frau vorgeschlagen, ins Kino zu gehen. Wissen Sie, um auf andere Gedanken zu kommen; und im Übrigen natürlich auch, weil sie mich nicht mitten während des Films zum Telefonieren schicken würde.»

Er blickte ins Leere, als müsse er seine Gedanken sammeln. «Ich dachte, wir könnten hinterher noch irgendwo eine Tasse Kaffee trinken. Das machen wir meistens. Aber meine Frau wollte unbedingt gleich nach Hause; sie hatte so ein Gefühl. Als wir dann auf der Auffahrt sind, weiß ich schon, dass was los ist, weil in der Küche Licht brennt, und das bedeutet, dass Abner zu Hause ist. Und warum soll er am Samstagabend nach Hause kommen, wenn nicht, weil es Ärger gegeben hat? Na ja, meine Frau tut dann auch so, als wäre gar nichts los. ‹Hast du gegessen, Abner? Wir haben noch Hühnerfleisch. Soll ich dir ein Brot machen? Er ist so dünn. Sieh dir an, wie dünn er ist, Malcolm.› Natürlich fällt keiner darauf rein, ich nicht, Abner nicht und sie auch nicht. Sie will bloß Zeit gewinnen und es hinauszögern, bis wir ihn fragen müssen, warum er nach Hause gekommen ist. Aber ich bin Geschäftsmann, ich mache keine albernen Spielchen. Ich frag ihn also ganz direkt: ‹Hast du Ärger, Abner? Bist du in den Bombenanschlag verwickelt?›» Selzer hob den Zeigefinger Achtung fordernd. «Verwickelt, hab ich gesagt, Rabbi. Nicht: Hast du es gemacht. Ich hab ihn nur gefragt, ob er in die Sache verwickelt sei. Was heißt schon verwickelt? Verwickelt kann jeder sein. Wenn es mein Sohn ist, bin ich verwickelt, ist meine Frau verwickelt, ist die Polizei verwickelt. Verwickelt zu sein ist kein Verbrechen.»

Er schüttelte traurig den Kopf. «Damit ist es losgegangen. Ich traute ihm nicht, schreit er. Er kommt nach Hause, und ich denke an nichts anderes, als dass er das College in die Luft sprengen will oder ein grässliches Verbrechen begangen hat.

Dass ich zum Establishment gehöre, und das Establishment das Nicht-Establishment zu unterdrücken versucht, und sie nur versuchen, eine lebenswerte Welt zu schaffen, und meine Generation sie daran hindert. Und dass wir die Bullen benutzen, um sie zu unterdrücken. Damit meint er die Polizei, wissen Sie?»

Selzer stand auf und begann im Zimmer herumzulaufen. «Er schreit, und ich schreie vermutlich auch, und meine Frau heult. Und nach einer Stunde weiß ich nicht mehr als vorher auch. Schließlich beruhigen wir uns alle ein bisschen, und ich sage freundlich, leise und ruhig zu ihm: ‹Abner, ich beschuldige dich nicht. Ich frage nur; nicht weil ich neugierig bin, sondern weil ich helfen möchte. Willst du, dass ich mich an meinen Anwalt wende?›» Er klopfte mit den Fingerknöcheln auf die Tischplatte. «Hat der Tisch mir geantwortet? Das war seine Antwort. Kein Wort, als wäre er plötzlich taub und stumm. Er sitzt einfach da und lächelt so vor sich hin, als wär das alles sehr komisch, und dann sagt er endlich was. Was sagt er? Er sagt: ‹Ich glaub, ich hau mich in die Falle. Morgen kann es ein langer Tag werden.› Und dann steht er auf und geht ins Bett. Und meine Frau? Die fällt über mich her. Warum muss ich so mit ihm reden? Warum kann ich nicht an ihn glauben? Warum jage ich unseren Sohn fort? Sie kennen meine Frau, Gott schütze sie, für sie ist Abner unfähig, etwas Böses zu tun. Was er auch haben will: Gib es ihm. Was er auch tut: wunderbar. Wenn ich versuche, ihn ranzunehmen, zum Studieren zu bringen, zu einem verantwortungsbewussten Menschen zu machen, beschimpft sie mich, dass ich nur an ihm rumnörgle. Er war in der High School Klassenbester; wenn ich will, dass er im College gute Noten bekommt, was tue ich? Ich nörgle. Warum war er Klassenbester? Weil ich hinter ihm her war. Ich bin Geschäftsmann, und ich weiß, wie schwer es heute für einen jungen Mann ist, sich durchzusetzen. Wenn man nicht in ein renommiertes College geht, gilt man heute nichts. Also geht er nach Harvard. Das war schlecht? Das war Nörgelei? Und wenn er zu Hause gewohnt hätte, wie ich es wollte, und nicht im College, wie er es wollte, wobei seine Mutter ihn unterstützt hat, dann wäre er jetzt immer noch in Harvard. Und wäre das schlecht? Ich sage Ihnen, Rabbi, der Ärger mit den Kindern heutzutage ist der, dass ihre Eltern nicht nörgeln.»

Der Rabbi hatte ihn nicht unterbrochen, weil er spürte, dass Selzer reden wollte, aber jetzt brachte er ihn ganz schroff zum Thema zurück. «Was ist denn nun geschehen, Mr. Selzer? Warum sind Sie zu mir gekommen?»

«Heute Morgen», sagte Selzer ganz ausdruckslos, «sind die Bullen gekommen und haben ihn abgeholt. Wer waren die Bullen? Lieutenant Tebbetts, sein Pfadfinderführer, von dem Abner so viel geredet hat, dass ich fast eifersüchtig geworden bin. Der war der Vertreter der Bullen.»

«In dem Fall meine ich ja doch, Sie sollten sich mit Ihrem Anwalt in Verbindung setzen, Mr. Selzer.»

«Zwei Minuten!», rief Selzer. «Zwei Minuten nachdem mein Sohn aus der Tür war, hab ich Paul Goodman angerufen. Eine halbe Stunde später war er schon da – als ich anrief, war er noch nicht angezogen – und dann sind wir zusammen zum Polizeirevier gefahren.»

«Und?»

«Nichts. Mein Sohn wollte nicht mit mir sprechen und nicht mit Goodman. Nur: ‹Ach, du bist das.› Spricht so ein Sohn mit seinem Vater, Rabbi?»

«Was haben Sie denn gesagt?»

«Nichts! Ich hab mich vor Goodman geschämt und nicht gezeigt, dass ich wütend war. Ich hab ihn nicht angeschrien. Ich hab nichts gesagt, ihm nur mitgeteilt, dass dies Mr. Goodman, sein Rechtsanwalt, sei. Ich hab sie allein gelassen. Danach aber, als Goodman heraufkam – wir haben ihn in seiner Zelle im Souterrain besucht, wissen Sie – sagte er, der Junge hätte es abgelehnt, sich mit ihm zu besprechen.»

«Aber er will ihn trotzdem verteidigen?»

«Ja, sicher. Er hat ja nichts zu verlieren. Er kommt doch nicht ins Gefängnis.» Selzer stand auf, als Miriam hereinkam. «Oh, jetzt halte ich Sie vom Essen ab. Und dabei wollte ich Sie nur bitten, ihn zu besuchen. Reden Sie ihm Vernunft ein. Ich weiß, dass er sehr viel von Ihnen hält, seit er damals bei Ihnen im Unterricht war. Auf Sie wird er hören.»

«Er muss schrecklich verletzt worden sein», sagte Miriam, als Selzer gegangen war.

«Wie meinst du das? Von wem?»

«Na, von seinem Vater natürlich. Stell dir doch mal vor, es ginge das Gerücht um, du hättest etwas Schreckliches getan, etwas, das dir von innen heraus widerstrebte. Und dann stell dir vor, statt zu wissen, dass du so etwas überhaupt nicht tun könntest, fragte ich dich, ob das Gerücht stimmt. Es könnte sein, du erklärtest ganz geduldig, wie unmöglich das wäre. Andererseits aber könntest du auch so verletzt sein, vor allem wenn du jünger wärst, in Abners Alter, dass du gar nichts mehr sagen würdest.»

«Ja, das verstehe ich.»

«David, geh den Jungen besuchen.»

«Um ihm was zu sagen?»

Sie lächelte. «Du könntest ihm doch vielleicht sagen, er möge versuchen, seinem Vater zu verzeihen.»

21

«Die Bostoner Polizei hat uns gebeten, den jungen Selzer festzunehmen, also haben wir ihn festgenommen.» Chef Lanigan saß zu Hause am Esstisch und hatte die Sonntagszeitungen vor sich ausgebreitet.

«Haben die denn stichhaltige Beweise gegen ihn?», fragte der Rabbi.

Lanigan zuckte die Achseln. «Sie wissen doch, wie so was funktioniert. Der District Attorney prüft, was sie haben, und er gibt die Anordnungen. Mir würde er es jedenfalls nicht erzählen. Nicht mal der D. A. meiner eigenen County würde mich notwendigerweise bei etwas ins Vertrauen ziehen, was hier in meinem Bezirk geschehen ist. Aber nach dem, was Schroeder sagte, genügt das, was sie über ihn haben. Er war einer der Gruppe, die sich mit Dean Hanbury getroffen hat. Sie haben eine Zeit lang geredet, dann ist einer von ihnen ausfallend geworden, und Dean Hanbury hat das Zimmer verlassen. Sie warteten, dass sie wiederkäme, als sie aber nicht kam, sind sie auch gegangen. Ein paar Minuten danach geht in ihrem Büro die Bombe hoch. Na bitte, das reicht ja wohl als Begründung eines Verdachts. Fügen Sie dem noch ein paar kleine Punkte hinzu: Erstens, im Frühjahr hat es schon einen Bombenanschlag im College gegeben; zweitens, ein Mitglied ihrer Gruppe, einer namens Ekko – weiß nicht, ob das sein richtiger Name oder ein Spitzname ist – haut ab. Das lässt ja wohl auf Schuld schließen.»

«Andererseits», stellte der Rabbi fest, «ist nichts davon ein wirklich stichhaltiger Beweis. Das Gebäude ist offen, jeder kann hereinkommen. Dean Hanbury hat ihr Büro nicht abgeschlossen, es hätte also jeder reingehen können, nachdem die Studentendelegation fort war. Nach dem wenigen, was ich über das College weiß, gibt es andere Studentengruppen –

mehr oder weniger revolutionär –, die untereinander ebenso verfeindet sind wie mit der Verwaltung.»

«Mich brauchen Sie nicht zu überzeugen, Rabbi. Sie müssen die Einwohner von Suffolk County überzeugen.»

«Ist es Ihnen recht, wenn ich jetzt zu dem Jungen gehe?»

«Sicher. Ich ziehe mir eben Schuhe an, dann fahre ich Sie zum Revier. Wenn Sie wollen, können Sie ihn in meinem Büro sprechen.»

Der junge Mann war sichtlich überrascht, als er den Rabbi erblickte. «Ach, Sie», sagte er, «ich dachte, es wäre wieder dieser Anwalt.» Er ging einmal durch das Zimmer und sah aus dem Fenster. Dann machte er kehrt. «Diese Cops! Nicht mal wie Menschen können sie sich benehmen. Glauben Sie, die machen sich die Mühe, mir zu sagen, wer da ist? Nein, der Kerl sagt nur, jemand will mich im Büro des Chefs sprechen. Und wenn ich sage, ich hab dazu keine Lust – weil ich denke, es wär der Anwalt oder mein Alter – sagt er: ‹Ein bisschen dalli, Großmaul›, und schleift mich praktisch hier rauf.»

«Wahrscheinlich hat er auch nicht gewusst, wer es war», sagte der Rabbi milde.

«Rabbi, Sie kennen diese Typen nicht. Da fehlt Ihnen die Erfahrung.»

«Das mag stimmen», gab er friedfertig zu. «Und aus welchem Grund wollen Sie nun nicht mit Ihrem Anwalt reden?»

Abner Selzer spreizte die Hände und ließ die Schultern verzweifelt hängen. «Goodman! Der hat mich gar nichts gefragt. Er hat gesagt, wenn ich dran dächte, eine Rede zu halten, sollte ich es bleiben lassen. Ich käme vor Richter Visconte, und der wäre hart. Der hielte sich an den Buchstaben des Gesetzes. Wenn der Richter was fragt, sagt er zu mir, muss ich aufstehen und ihn mit ‹Euer Ehren› ansprechen. Sonst soll ich still sein und nicht mit den anderen flüstern. Gerade sitzen, geradeaus sehen, genau auf den Richter, und ein interessiertes Gesicht machen. Plant man so eine Verteidigung? Dann sieht er mich an und sagt, ich soll mich anständig rasieren und einen Anzug anziehen, wenn ich morgen vor Gericht komme. Rabbi, wie soll ich denn mit so einem Mann sprechen? Schließlich habe ich vorgeschlagen, ich könnte vielleicht einen Kilt tragen, die Beine übereinander schlagen und den Geschworenen meine Geschlechtsteile vorführen.»

Der Rabbi lachte, und der junge Mann grinste. «Was hat er dazu gesagt?»

«Er war sauer und hat nur noch erklärt, er würde mich in Boston vor Gericht wiedersehen.»

«Ich glaube nicht, dass das viel ausmacht», sagte der Rabbi. «Diese Vorführung vor den Richter ist eine Formalität. Soweit ich weiß, verlangt das Gesetz, dass Sie innerhalb von vierundzwanzig Stunden nach Ihrer Verhaftung dem Richter vorgeführt werden müssen.»

«Und wenn man unschuldig ist?»

«Das geht den Richter bei der Vorführung nichts an, Abner. Er hat nur zu entscheiden, ob die Polizei genügend Beweise hat, Sie in Haft zu halten und vor ein Schwurgericht zu stellen. Wenn die Polizei will, dass Sie in Haft bleiben, geht der Richter meistens darauf ein. Gut, das mit dem Anwalt kann ich verstehen, aber warum wollen Sie denn nicht mit Ihrem Vater reden?»

«Damit er mich anschreien kann? Wir können uns keine fünf Minuten unterhalten, ohne dass er schreit.»

«Weswegen schreit er denn?», fragte der Rabbi neugierig.

«Ach, über alles, meistens aber – bis jetzt wenigstens – über Noten. ‹Reiß dich zusammen›, sagt er dauernd. Oder – warum ich mich nicht zusammenreiße, oder manchmal: ‹Reiß dich am Riemen oder mach Schluss.› Als ich hier noch auf der High School war, fing's an. Ich war gut auf der Schule, und die Väter von den anderen haben sich auch so aufgeführt. Aber in Harvard musste ich mit all den anderen guten Schülern konkurrieren, und ich hab nicht zu Hause gewohnt, wo er mich jeden Abend abhören konnte. C oder B minus war ihm nicht gut genug. Es mussten As sein. Eine Zeit lang hab ich mir Mühe gegeben, aber ohne Streben ging das nicht, und dann war ich's leid.»

«Sie haben also gar nicht mehr gearbeitet?»

«Ja, warum nicht? Ich hab schwer geschuftet und B minus bekommen, aber das war ihm nicht gut genug. Da hab ich mir gesagt, wenn ich wie ein Mensch lebe und C oder C minus bekomme, kann's auch nicht schlimmer werden.»

«Aber Sie hatten ein schlechtes Gewissen.»

Der junge Mann überlegte. «Ja, ich glaub schon, anfangs wenigstens. Jetzt nicht mehr.»

«Sind Sie sicher?»

«Ja, ganz sicher. Ich sag Ihnen was, Rabbi. Mein Vater hat sich nicht drum gekümmert, ob ich was gelernt habe oder nicht. Er wollte bloß gute Noten sehen, damit ich an einer guten juristischen Fakultät ankam und auch wieder gute Noten bekam, egal ob ich was lernte oder nicht. Es ging nur darum, dass ich in eine gute Anwaltsfirma eintreten konnte.»

«Ich denke mir, er will Sie auf das Leben vorbereiten, wie er es sieht.»

«Und warum ist es falsch, wenn man versucht, dieses Leben zu verändern?», fragte Selzer.

«Weil Sie es zum Schlechten verändern könnten», stellte der Rabbi ironisch fest. «Aber auf jeden Fall, und das geben Sie selber zu: Was Ihr Vater auch tut, ob er es nun richtig oder falsch macht, er tut es für Sie.»

«Rabbi», Abner wurde sehr ernst, «es wird Sie schockieren,

aber wenn ich ehrlich bin, mache ich mir nicht viel aus meinem Vater. Ich achte ihn nicht –»

Als der Rabbi ihn unterbrach, war es aber Abner, der schockiert wurde. «Ach, das ist doch völlig normal.»

«Wie – was sagen Sie da?»

«Ich meine, ja. Darum ist es doch eines der Zehn Gebote. ‹Ehre deinen Vater und deine Mutter.› Wenn das so natürlich wäre, brauchte man doch nicht extra ein Gebot dafür, nicht wahr?»

«Na gut. Und warum sollte ich dann von jemand Hilfe annehmen, den ich nicht achte?»

«Weil es kindisch und dickköpfig wäre, Hilfe abzulehnen, wenn man sie braucht», sagte der Rabbi. «Sie bekommen einen Anwalt, ob Sie ihn haben wollen oder nicht. Wenn Sie keinen eigenen haben, stellt Ihnen das Gericht einen Verteidiger. Vielleicht ist er besser als Mr. Goodman, obwohl das nicht wahrscheinlich ist, bestimmt aber ist er weniger erfahren. Vernünftig wäre es, den Besten zu nehmen, den Sie bekommen können.»

22

Richter Visconte nickte leise beim Verlesen der Klageschrift. Als er die Blätter aus der Hand legte, fuhr sein Kopf zu nicken fort. – Er war ein alter Mann, weit über siebzig, mit schneeweißem Haar über einer hohen, schrägen Stirn. Sein gut geschnittenes italienisches Gesicht mit der langen Römernase sah gütig und großväterlich aus.

Er wandte sich an Bradford Ames. «Macht der Staat Massachussetts Vorschläge über die Frage der Kaution?»

«Der Staat hat einen Vorschlag, Euer Ehren», sagte Ames. «Der Staat ist der Ansicht, dass ein Mann in der Folge einer Bombenexplosion getötet worden ist und es sich daher hier um einen Mordfall handelt, bei dem eine Kaution nicht zugelassen werden sollte.»

Der Richter nickte heftig in offensichtlicher Übereinstimmung. Dann neigte er den Kopf und nickte in einem etwas abgewandelten Winkel, was der Beisitzer als Zeichen deutete, dass Seine Ehren mit ihm zu konferieren wünsche. Er beugte sich über den Richtertisch; sie flüsterten. Es sah so aus, als wäre alles zu Ende.

Paul Goodman erhob sich. Er stand neben dem Verteidigertisch. «Ich bitte um das Wort, Euer Ehren.»

Der Richter nickte gnädig.

«Um dem Ehrenwerten Gerichtshof Zeit zu sparen, spreche ich nicht nur für mich, sondern auch für meine drei Kollegen, die je einen der jungen Beklagten vertreten. Euer Ehren, es erscheint mir, dass die Empfehlung des Staates als Strafe gedacht ist und nicht als Rückversicherung, dass die Beklagten zu ihrem Prozess auch vor Gericht erscheinen. Diese jungen Leute sind keine Berufsverbrecher; sie sind nicht vorbestraft. Sie sind am College immatrikuliert; wenn sie gehindert werden, an den Vorlesungen teilzunehmen, können sie ihre Kurse nicht abschließen. Sie bis zur Verhandlung in Haft zu belassen, entspricht einer Bestrafung, ehe ihre Schuld bewiesen ist.»

Der Richter nickte gütig. «Es ist immer eine Bestrafung, nicht wahr?», sagte er sanft. «Ein Arbeiter büßt den Lohn ein, ein Geschäftsinhaber muss manchmal seinen Laden oder sein Büro schließen. Und in jedem Fall leidet die Familie.»

«Wenn Sie erlauben, Euer Ehren», fuhr Goodman fort, «spricht das doch umso mehr dafür, diese jungen Leute nicht unnötig in Haft zu halten, zumal die Gefahr ihres Nichterscheinens bei der Verhandlung nur gering ist.»

«Aber die Anklage lautet auf Mord, Herr Verteidiger.»

«Ich bin mir bewusst, dass es im Staat Massachusetts die übliche Praxis ist, des Mordes angeklagten Inhaftierten keine Kaution zu gewähren. Aber meines Wissens entspringt die Tendenz –»

«Sagten Sie Tendenz?»

«Ja, Euer Ehren. Ich sagte, dass die Tendenz – in derartigen Fällen eine Kaution zu verweigern – dem Gedanken entspringt, dass Geld an Wichtigkeit verliert, wenn das Leben eines Menschen auf dem Spiel steht. Da aber nun der Oberste Gerichtshof der Vereinigten Staaten die Todesstrafe für eine grausame und unübliche Strafe erklärt hat, entfällt diese Befürchtung.»

«Andererseits», gab der Richter zu bedenken, «neigen diese jungen Leute dazu – und ich habe sehr viele Erfahrungen mit ihnen – ja, sie neigen dazu, Geld wenig wichtig zu nehmen. Wenn ich eine Kaution gewähren würde, auch eine sehr hohe Kaution, die ihre Eltern möglicherweise stellen könnten, besteht durchaus die Möglichkeit – und ich spreche aus Erfahrung –, dass sie nicht zur Verhandlung erscheinen, weil sie die ihren Eltern dadurch entstehenden schweren finanziellen Verluste gering schätzen. Nein, Counselor, ich glaube, ich schließe mich der Empfehlung des Staates an und beschließe, dass sie ohne Kaution in Haft verbleiben.»

23

Als der Rabbi am Montagmorgen zu seiner Vorlesung kam, hing die Fahne auf dem Verwaltungsgebäude des Windemere College auf halbmast. Der Unterricht fiel aus, und viele Studenten und Lehrer waren schon wieder gegangen. Mittags sollte in der Kapelle ein Gedenkgottesdienst für Professor Hendryx abgehalten werden. Die noch anwesenden Studenten standen alle in der Halle herum.

Der Rabbi überlegte noch, ob er nach Hause fahren oder an der Trauerfeier teilnehmen sollte, als ihn Professor Place, den er nur flüchtig kannte, zu einer Tasse Kaffee einlud.

Der Rabbi war zum ersten Mal in der Cafeteria der Lehrer. Er sah sich interessiert um. Es war ein kleiner Raum mit zwei großen Tischen, beide waren etwa zur Hälfte besetzt. Es fiel ihm auf, dass sich die älteren Lehrer an den einen, die jüngeren an den anderen Tisch gesetzt hatten. Professor Place ging zur großen Kaffeemaschine und füllte eine Tasse für den Rabbi.

«Zehn Cents pro Tasse.» Er warf ein Fünfundzwanzig-Cent-Stück in einen Karton. «Es geht auf Treu und Glauben. Nein, ich hab schon für Sie bezahlt, sogar ein bisschen zu viel», wehrte er ab, als der Rabbi nach Kleingeld suchte. «Manchmal vergisst man's auch. Unser Kaffee-Ausschuss berichtet, dass manchmal Pennies, Knöpfe und nicht unterschriebene Schuldscheine gefunden werden. Vermutlich ist das auf Ihrem Sammelteller ganz ähnlich.»

«Wir geben keinen Sammelteller herum. Unsere Regeln verbieten es, am Sabbat Geld bei sich zu haben.»

«Wie lobenswert! Unsere Methode, bei jedem Gottesdienst zu sammeln, riecht ein bisschen stark nach einer Geschäftstransaktion, eine Art *quid pro quo* mit der Gottheit.» Er führte den Rabbi zu einem der Tische. «Darf ich Sie mit einigen Ihrer Kollegen bekannt machen? Professor Holmes, Professor Dillon und Miss Barton. Oder ist es Professor Barton oder Dr. Barton, Mary?»

«Im nächsten Semester hoffentlich Dr. Barton», sagte sie vergnügt, «und dann auch bald Professor Barton, wenigstens sagt das Dean Millie. Aber vorläufig bleibt es bei Miss Barton.» Sie hatte ein freundliches, nettes Gesicht.

«Sie haben sich mit Hendryx das Büro geteilt, nicht?», fragte Professor Holmes. Zu einem sehr schmalen Gesicht hatte er noch eine lange Nase und ein spitzes Kinn.

«Ja. Aber ich hab nicht oft dort gearbeitet.»

«Ihr Handikap ist es, dass Sie mit zu niedrigem Rang eingestiegen sind», sagte Mary Barton. «Als was laufen Sie, als Lektor, Instructor? Wenn Sie sich hätten länger bitten lassen, wären Sie als außerordentlicher Professor eingestellt worden und hätten ein anständiges Büro bekommen. Natürlich, wenn Sie lange genug durchgehalten hätten und sehr nötig gebraucht worden wären, hätten Sie als ordentlicher Professor anfangen können, das heißt mit Privatbüro und Sekretärin. Ein Professor, Rabbi, ist nur ein Lehrer, der am längeren Hebel sitzt.»

«Wie Sie sehen, ist Marys Einstellung zur Professorenschaft ziemlich zynisch», sagte Professor Holmes.

«Wozu sie allen Grund hat.» Das kam von Professor Dillon, einem fröhlichen, rundgesichtigen Mann mit einem Walrossbart. «Sie unterrichtet hier seit – wie lange, Mary? Fünfzehn Jahren?»

«Sechzehn.»

«Seit sechzehn Jahren, und weil Sie den Doktor nicht hatte, ist sie Instructor geblieben. Darum – und weil sie eine Frau ist – und das, wohlgemerkt in einem ehemaligen Mädchen-College, das immer noch zu über sechzig Prozent von Mädchen besucht wird.»

«Oh, unser Vorkämpfer für Women's Lib», murmelte Holmes.

«Ja, aber es stimmt doch, oder nicht?», fragte Dillon.

«Natürlich stimmt es, aber Sie kennen die Gründe genauso gut wie ich. Mary hat alle Energie auf das Lehren und nicht auf das Forschen und Publizieren gerichtet, was sich heutzutage eben nicht auszahlt. Wissen Sie, Mary, Sie haben den natürlichen Fehler gemacht anzunehmen, dass ein College ein Ort wäre, zu dem die Studenten kommen, um zu lernen, und dass die Lehrer unterrichten. Das trifft aber schon seit Jahren nicht mehr zu. Sobald die Verwaltungen herausbekamen, dass es mehr Stiftungsgelder und sogar mehr Studienbewerbungen gibt, wenn jemand aus dem Lehrkörper eine Entdeckung macht, die in die Schlagzeilen kommt, war es mit der alten Ordnung vorbei, und Leute wie Sie wurden zum *dinosaurus rex.*»

«Aber sie macht doch gerade ihren Doktor», wandte Place ein.

«Ja, natürlich», Holmes nickte. «Sie hat sich ergeben. Ewig kann man nicht kämpfen. Hab ich Recht, Mary?»

Der Rabbi wusste nicht ob sie Miss Barton neckten und ob sie sich was draus machte. Er sah Holmes an und fragte: «Was ist mit den Studenten?»

«Was soll mit ihnen sein?»

«Sie sagten, ehe die alte Ordnung sich wandelte, kamen die Studenten zum Studieren, und die Lehrer unterrichteten. Jetzt forschen sie, statt zu lehren. Was ist mit den Studenten, die zum Lernen kamen? Haben die sich auch gewandelt?»

«Aber ja. Jetzt kommen sie wegen der Noten, wegen der Abschlussexamen, um bessere Posten zu bekommen. Es ist wie mit Rabattmarken. Man klebt ein Buch voll und bekommt einen akademischen Grad. Aber nicht mal mehr die Noten muss man selber verdienen. Buchläden, sogar die College-Buchhandlungen, verkaufen ganz offen die genauen Texte zu den Hauptvorlesungen. Bei einer Arbeit bekommen Sie von den Studenten immer dieselben, genau gleich formulierten Antworten.»

«Diese Texte gab es schon, als ich noch auf dem College war», sagte Dillon.

«Aber es galt als Betrug, sie zu benutzen», widersprach Holmes. «Und sie wurden heimlich unter der Theke verkauft. Jetzt kann man schon eine Semesterarbeit für zwei Dollar die Seite kaufen.»

«Drei Dollar», wandte Place ein.

«Drei Dollar, wenn sie neu angefertigt ist», korrigierte Mary Barton.

Der Rabbi sah sie der Reihe nach an und fragte sich, ob sie ihn wohl verulkten. «Ich bin sicher, dass es noch ein paar Studenten gibt, die studieren.»

Professor Place stimmte zu. «Aber sicher. Vielleicht sogar die Hälfte. Aber sogar ihre Noten sind nicht astrein. In den letzten beiden Jahren, Rabbi, hatten wir Studentenstreiks – zum Gedenken an die Schießereien am Kent State College, glaube ich. Sie brachen vor den Abschlussexamen aus, also machen die Studenten kein Examen. Wir schieben die Termine hinaus, aber darauf gehen sie nicht ein. Nein, sie gehen auf Nummer sicher und finden sich in dem Fach mit einem schlichten ‹bestanden› ab, auch eine Alternative, die wir anbieten. Aber wer fragt sie denn schon später nach den Noten? Es kümmert sich doch niemand darum.»

«Ich kümmere mich darum», sagte Mary Barton.

«Ja, richtig. Mary kümmert sich darum, weil sie jung und töricht ist.» Place sah sie fast zärtlich an. «Und wir hier kümmern uns ein bisschen, weil wir uns erinnern, wie es einmal war. Und per Kassiber habe ich gehört, Rabbi, dass es Ihnen auch nicht egal ist.»

«Wirklich?»

«Einer meiner besseren Studenten hört Ihre Vorlesung. Wenn ich nach ihm gehen darf, lassen Sie sich nichts vormachen.» Er sah den Rabbi forschend an.

«Ich tue nur das, wofür ich bezahlt werde.»

Professor Holmes schüttelte den Kopf. «Die Antwort reicht nicht, Rabbi, nicht wenn Sie dafür mit Ihrer Gesundheit bezahlen. Ich hätte gedacht, das Beispiel Ihres früheren Bürokollegen, dessen wir heute Mittag ehrend gedenken, müsste Ihnen zu denken gegeben haben. Ich kannte ihn nicht sehr gut, hatte aber den Eindruck, dass er die zeitgenössische College-Szene richtig erfasst hätte. Er war nur zwei oder drei Jahre hier und hat es schon bis zum Chef der Abteilung gebracht.»

«Zum kommissarischen Leiter», verbesserte Mary Barton.

«Na schön. Aber er wäre sehr bald zum amtierenden Leiter gemacht worden.»

«Da bin ich mir nicht so sicher», sagte sie. «Nach den Regeln hätte er von der Abteilung einstimmig gewählt werden müssen.»

«Ach, hatte er denn einen Opponenten?», fragte Holmes.

«Den älteren Lehrern war es ziemlich egal. Ich hatte nichts gegen ihn, aber die jüngeren Männer mochten ihn überhaupt nicht. Er gab sich ihnen gegenüber gern sarkastisch. Einer von ihnen, Roger Fine, hätte ihn einmal fast verprügelt.

«Roger Fine?» Dillon sah sie fragend an, erinnerte sich dann aber. «Ach ja, der, der den Artikel in *The Windrift* geschrieben hat.» Er zuckte die Achseln. «Kann mir nicht denken, dass der viel zählt. Er ist doch nur für ein Jahr eingestellt worden.»

«Denken Sie das lieber nicht. Er hatte unter den jüngeren Lehrern viele Freunde, und nicht nur bei uns.»

Professor Place fragte nach seinem Streit mit Hendryx.

Sie errötete und warf einen vorsichtigen Blick auf den Rabbi. «Roger hielt ihn für einen – einen Antisemiten. Einmal, als sie allein im Büro der englischen Abteilung waren, haben sie ganz schön heftig diskutiert. Ich bin mitten hineingeplatzt und habe Roger sagen hören, er würde ihm seinen Stock in den Bauch rammen, wenn er noch so einen blöden Witz machte. Durch mein Auftauchen hat sich die Atmosphäre abgekühlt», fügte sie fast bedauernd hinzu.

«Wie war das, Rabbi?», fragte Holmes. «Hat er antisemitische Sachen gesagt?»

«Eigentlich nicht. Oder nicht zu mir.»

«Was ich nicht begreife», sagte Dillon, «ist, wieso er es überhaupt zum kommissarischen Leiter gebracht hat, wo doch Hallett und Miller in der Abteilung sind.»

«Ich vermute, das hatte er Millie Hanbury zu verdanken. Er kam ja ursprünglich aus Barnard's Crossing, ihrer Heimatstadt.»

«Sind sie zusammen aufgewachsen?»

«Nein, das glaube ich nicht», sagte Mary. «Er war fünf oder sechs Jahre älter als sie; und seine Eltern sind fortgezogen, als er etwa vierzehn war. Er hat es mir mal erzählt.»

«Trotzdem –»

«Pst!», zischte Mary Barton, die der Tür gegenüber saß. «Dean Millie im Anmarsch. – Hallo Millie!»

24

Als er nach dem Gedächtnisgottesdienst am Nachmittag nach Hause kam, fand er endlich Zeit, Miriam vom Sitzstreik während der Vorlesung am Freitag zu erzählen.

Sie hörte kommentarlos bis zum Ende zu und sagte dann: «Warst du nicht ein bisschen arg pedantisch, David?»

«Hm, ja, das war ich wohl», gab er bedrückt zu.

«Das passt nicht zu dir», stellte sie fest.

«Ach, weißt du, es ging nicht nur darum, dass sie auf dem Fußboden saßen! Es kam alles zusammen. Ich bin wütend, dass am Freitag immer nur ein Drittel meiner Studenten auftaucht.»

«Aber sind es nicht immer dieselben, die freitags kommen?»

«Ja, und was heißt das?»

«Warum bist du dann auf sie wütend, statt auf die anderen, die fortbleiben?»

«Ja, schon, aber – ja – ich sehe das ein. Ich sollte mich nicht an denen abreagieren, die kommen. Aber ...» Er ließ mutlos die Schultern hängen. «Das Ganze ist so enttäuschend», gestand er leise. «Ich hatte es mir anders vorgestellt. Ich komme nicht über das Gefühl hinweg, dass sie gar nichts von der Vorlesung haben. Sie kommen herein, klappen ihre Hefte auf, und dann sehe ich nur noch gesenkte Köpfe, weil sie meine weisen Worte mitschreiben.»

«Na, das zeigt wenigstens, dass sie interessiert sind.»

«Es zeigt, dass sie interessiert sind, die Abschlussprüfung zu bestehen, mehr nicht. Wenn sie sich ehrlich für das Thema interessierten, würden sie nicht schreiben, sondern zuhören. Und gelegentlich würde mal ein Gesicht aufleuchten, und ich wüsste dann, dass ich sie erreiche und sie etwas lernen.»

«Stellt denn keiner mal Fragen?»

«Ein paar, aber das sind weniger Fragen als Herausforderungen. Sie suchen keine Belehrung, sondern Argumente – vermutlich, um die Zeit schneller rumzukriegen. Sie wissen nichts, aber sie stecken voller Meinungen. Nimm diesen Henry Luftig, den Vertreter der radikalen Linken. Er ist von Mitgefühl für die Unterdrückten erfüllt – für die Schwarzen, die Araber, alle, nur nicht die Juden. Er hat einen Spezi namens Harvey Shacter. Ein nett aussehender junger Mann, der sich für nichts zu engagieren scheint, aber Luftig immer unterstützt; wahrscheinlich mehr aus Loyalität als aus Überzeugung. Danach kommt ein Mädchen, Lillian Dushkin, die ihre Partei ergreift, vielleicht nur, weil sie Interesse für den jungen Shacter hat. Ich wäre gar nicht überrascht, wenn sie aus einer strenggläubigen Familie käme und viel mehr über das Thema weiß, als sie zu erkennen gibt. Aber sie verbirgt es, weil sie sich schämt.»

«Sie ist nicht besonders hübsch, ja?»

«Warum sagst du das?»

«Weil sich ein hübsches Mädchen frei entwickeln kann; ein unschönes muss sich eine Rolle suchen, und bis sie eine gefunden hat, ist sie nie sicher.»

Der Rabbi nickte. «Ja, besonders hübsch ist sie wohl kaum, aber das ist schwer festzustellen, weil sie sich die Augen so übertrieben schminkt; sie sieht wie ein Waschbär aus. Aber wenn sie nach einer Rolle sucht, tue ich das vermutlich auch.»

Sie sah ihn sehr aufmerksam an. «Bisher hast du dir noch nie selber Leid getan, David.»

Er lachte auf. «Ja, so hört sich das wohl an, und wahrscheinlich stimmt es auch. Wann immer ich an meiner Eignung zum Rabbiner einer Gemeinde zweifelte, dachte ich an das Unterrichten als mögliche Alternative. Ich habe immer geglaubt, ich würde einen guten Lehrer abgeben. Ja, und nun sieht es so aus, als wäre ich als Lehrer nicht besser als als Rabbi. Das ist schon ziemlich frustrierend.»

«Wie kommst du darauf, dass du kein guter Lehrer bist, David? Weil so viele am Freitagmittag fortbleiben? Wäre das denn nicht für jeden anderen Lehrer jedes anderen Fachs auch so?»

«Doch, das ist möglich.»

«Du glaubst, es wäre dir nicht gelungen, ihr Interesse zu wecken? Gut, vielleicht bietest du ihnen nicht das, was sie erwartet haben.»

«Sie haben erwartet, auf eine bequeme Tour drei Punkte einzuheimsen», sagte er voller Zorn. «Das haben sie erwartet. Und als sie gemerkt haben, dass sie sie nicht bekommen …» Er verstummte kopfschüttelnd.

«Nein, David. Das ist nicht der Grund, warum Studenten einen bequemen Kurs wählen, wenigstens nicht der einzige Grund. Als ich im College war, hab ich mir manchmal leichte

Vorlesungen ausgesucht; du wirst das sicher auch gemacht haben. Aber das war, weil mich das Thema interessierte, und die leichten Punkte waren der Zuckerguss auf dem Kuchen. Ich erinnere mich, dass es einen Kurs über Musikverständnis gab, den fast alle belegten. Vielleicht haben es ein paar getan, weil der Professor lieb und trottelig war und alle bestehen ließ, aber die meisten gingen hin, weil es interessant war und wir das Gefühl hatten, dass man darüber etwas wissen müsse. Gleichzeitig gab es einen Kurs über etwas, das Forschungsmethodologie hieß. Dabei schnitt nie einer schlechter als mit B ab, aber der Professor schaffte es nie, mehr als zehn Hörer anzulocken. Das lag daran, dass er langweilig war und die Vorlesung auch.»

«Dann sind meine Studenten vielleicht einfach nicht an der Geschichte und Entwicklung der grundlegenden jüdischen Ideen interessiert», murmelte er bitter.

«Wahrscheinlich nicht», sagte sie liebenswürdig. «Aber wie können sie sich dafür interessieren, wie sich unsere Vorstellungen von Nächstenliebe, Gerechtigkeit und so weiter entwickelt haben, wenn sie nicht wissen, was sie sind? Verstehst du nicht, David, die meisten von ihnen haben zu Hause keinen Religionsunterricht gehabt und in der Schule wahrscheinlich auch nicht. Während ihrer Schulzeit war das gerade nicht Mode. Aber in den letzten Jahren hat sich das gewandelt, vor allem seit dem Sechs-Tage-Krieg. Sie haben immer gewusst, dass sie Juden waren und ein bisschen anders als ihre nichtjüdischen Freunde und Nachbarn, aber sie und ihre Eltern hatten die Neigung, diesen Unterschied zu bagatellisieren. Jetzt aber sind sie in einem Alter, in dem der Unterschied wichtig wird: Sie haben ernste Beziehungen zu Mädchen und denken ans Heiraten. Ich möchte wetten, dass die meisten von ihnen deine Vorlesung belegt haben, um herauszufinden, welches die Unterschiede sind und ob man sich ihrer schämen muss oder stolz darauf sein kann.»

«Aber College-Studenten –»

«Das sind sie doch nicht, David, wenigstens nicht ausschließlich. Sie sind Juden. Sag du ihnen, was sie wissen möchten, und glaub mir, sie werden sich dafür interessieren.»

25

Während Schroeder auf Mrs. O'Rourke, die Putzfrau, wartete, ging er durch Hendryx' Apartment und versuchte, ein Gespür für die Wohnung und den Mann zu bekommen, der in ihr gelebt hatte.

Ein Makler hätte es als Drei-Zimmer-Apartment bezeichnet, aber ein zukünftiger Mieter hätte sicher entgegnet, die Küche wäre winzig und eines der Zimmer kaum größer als ein Schrank. Der kleinere Raum war offenbar das Arbeitszimmer des Professors gewesen, denn dort standen sein Schreibtisch und ein Bücherschrank. Der andere Raum diente als Wohn- und Schlafzimmer. In ihm waren eine große Couch, eine Kommode, der Fernsehapparat, ein Schaukelstuhl und ein gewaltiger Sessel aus Kunstleder mit einem passenden Fußkissen. Neben dem Sessel stand ein Rauchtisch aus Mahagoni. Im großen Glasaschenbecher lagen eine Pfeife und das halbe Dutzend Streichhölzer, mit dem sie angezündet worden war. Ein aufgeklapptes Buch lag mit dem Rücken nach oben auf einer der breiten Armlehnen des Sessels. An einem Wandtisch standen mehrere Bücher zwischen Buchstützen aus Bronze, eine große Messingschale und ein Pfeifenständer, in dem fünf Pfeifen hingen, und der sechste Platz leer war.

Schroeder ging in die Küche und öffnete den Kühlschrank. Er enthielt einen Pappbehälter Milch, ein Päckchen Speck, eine Schachtel mit Eiern und ein Stück Schmelzkäse. Offenbar hatte der Professor zu Hause gefrühstückt und die anderen Mahlzeiten in der College-Kantine oder in Restaurants eingenommen.

Schroeder verließ die Wohnung und ging durch den kurzen, schlecht beleuchteten Flur zur Tür, die zum Hintereingang des Hauses führte. Sie war nicht abgeschlossen. Der Schlüssel, den man in Hendryx' Tasche gefunden hatte, passte nicht nur in die Wohnungstür, sondern auch ins Haustürschloss. Schroeder war immer wieder verblüfft, wie genau die Menschen auf der einen Seite Sicherungsvorschriften einhielten, um auf der anderen so leichtsinnig zu sein. Zum Beispiel bauten sie Spezialschlösser in Türen und hatten dafür an den Parterrefenstern billige Riegel, die man bequem hochschieben konnte.

Er kehrte in die Wohnung zurück und prüfte sie nun sehr viel systematischer. Anscheinend war Hendryx sauber und ordentlich gewesen. Die Anzüge hingen gerade im Schrank, die Kommode mit der Wäsche war gut aufgeräumt. In einer flachen, oberen Schublade lagen die Taschentücher, in einer Schale war der übliche männliche Kleinkram: Manschettenknöpfe, Krawattennadeln, zwei abgelegte Feuerzeuge, eine ausrangierte Brieftasche, eine Armbanduhr, eine Taschenuhr; in einem Glasschälchen lag Kleingeld, nicht mal im Wert eines Dollars. In der nächsten Schublade lagen die Hemden, dann kam die Unterwäsche, aufgeteilt in Fächer für Unterhemden, Hosen und Socken. Darunter waren dann die Pyjamas. Die unterste Schublade war leer. Schroeder nahm an, dass Hendryx sich nicht gern bückte, wenn es sich vermeiden ließ.

Der Schreibtisch war ähnlich ordentlich. In den Schubladen lagen Notizen und Manuskripte, Letztere in Heftern, auf deren Umschlag das Thema vermerkt war.

Ein Polizeiwagen setzte Mrs. O'Rourke ab; sie war eine magere, abgearbeitete Frau von etwa sechzig. Obwohl es ein warmer Tag war, trug sie einen schweren Webpelzmantel und einen formlosen, aus lila Wolle gehäkelten Hut.

«Nur ein paar Fragen», sagte Schroeder. «Sie haben am Freitag hier gearbeitet?»

«Ja, Sir.»

«Wann haben Sie angefangen?»

«Ich komme gegen zehn, ein paar Minuten davor oder danach. Genau weiß ich das nicht. Ich will um zehn kommen, aber es hängt vom Bus ab.»

«Und wann sind Sie gegangen?»

«Kurz vor drei, Sir, vielleicht schon um Viertel vor.»

«Sind Sie sicher? Überlegen Sie's nochmal genau. Es ist wichtig.» Man musste mit der Art Frauen streng umgehen, wenn man etwas genau wissen wollte.

«Ja, Sir. Ich fahre am liebsten mit dem Drei-Uhr-Bus von der Ecke ab, darum gehe ich immer ein paar Minuten vor drei hier weg. Sonst muss ich nämlich fast eine halbe Stunde warten. Sie wissen ja, wie unregelmäßig die Busse fahren.»

«Ja, ja. Und Sie haben den Drei-Uhr-Bus bekommen?»

«Ja, Sir.»

«Gut. Was haben Sie hier in der Wohnung gemacht?»

Sie sah ihn etwas erstaunt an. «Wieso? Ich putze hier und wische Staub, ich poliere die Möbel, ich mache das Bett und räume im Bad auf. Ich mache die ganze Wohnung.»

«Räumen Sie auch die Kommodenschubladen auf?»

«Nein, Sir!» Sie war beleidigt. «Ich mache keine Schublade auf, und das kann mir keiner vorwerfen. Professor Hendryx hat mir gesagt, ich soll die Schubladen in Ruhe lassen und nichts auf dem Schreibtisch anrühren. Daran hab ich mich gehalten. Ich nehm höchstens mal die Bürsten und den Kamm von der Kommode, damit ich Staub wischen kann.»

«Schön, Mrs. O'Rourke, ich hab ja auch nur gefragt. Sie haben die Wohnung also genauso zurückgelassen, wie sie jetzt ist?»

«Aber nein», protestierte sie. «Ich würd doch keine Asche und Streichhölzer im Aschenbecher lassen. Und das Buch hätte ich fortgelegt. Aber das hab ich nicht, weil da keins rumlag.» Sie sah sich um. «Den Hocker da stell ich auch immer vor den Fernseher, denn da, wo er jetzt steht, wär er mir im Weg.»

«Einen Moment. Sagen Sie damit, dass jemand hier war, nachdem Sie fortgegangen sind?»

«Nein, nur Professor Hendryx. Der ist immer zwischen der Schule und der Wohnung hin- und hergependelt.» Sie seufzte. «Wär er doch hier geblieben, dann lebte der arme Herr heute noch. Ist es nicht schrecklich, was die Studenten heutzutage treiben?»

26

Sie waren ungewöhnlich leise und zahm, als er am Mittwochmorgen in den Hörsaal kam. Die, die am Freitag da gewesen waren, mussten den Übrigen erzählt haben, was sich ereignet hatte. Oder war es nur ihre Reaktion auf die Explosion?

Während der Fahrt von Barnard's Crossing hatte Rabbi Small mit seinem Gewissen gerungen. Er hatte seine Studenten nicht mehr gesehen, seit er aus dem Zimmer gelaufen war. Sollte er einfach fortfahren, als sei nichts geschehen, oder sollte er sich entschuldigen? Sicher, ihr Benehmen war unter aller Kritik gewesen, andererseits aber, das sah er nun ein, hatten sie keine persönliche Kränkung beabsichtigt. Ganz im Gegenteil: Offensichtlich glaubten sie, etwas Gutes und Anständiges zu tun. Aber warum hatten sie es nicht erklärt? Und warum hatte er nicht gefragt? Aber sie waren die

Jüngeren und schuldeten ihrem Lehrer Respekt. Aber er war älter und hätte einsichtsvoller sein müssen. Aber sie hätten sich klarmachen müssen … Nein, er hätte sich klarmachen müssen …

«Denen, die am letzten Freitag nicht hier waren», begann er, «möchte ich mitteilen, dass die Vorlesung ausgefallen ist. Bei denen, die hier waren, möchte ich mich entschuldigen, dass ich den Raum verlassen habe. Mir war zu der Zeit der Grund nicht bekannt, warum sich einige der Anwesenden so seltsam betragen haben. Ich habe das erst nachträglich erfahren und entschuldige mich jetzt dafür, mich nicht bei Ihnen erkundigt zu haben.» Er wollte weitersprechen, als Mazelman die Hand hob. «Ja?»

«Ich möchte fragen, ob Sie es für richtig halten, dass wir – ich war einer davon – uns auf den Fußboden gesetzt haben?»

Er erwiderte, er habe gerade erklärt, nun den Grund zu kennen.

«Nein, ich meine es anders. Gehört es nicht zum Judentum? Ist es nicht Sache der Juden, gegen Ungerechtigkeit zu protestieren?»

«Das ist Sache eines jeden», sagte der Rabbi vorsichtig. «Das ist kein Monopol der Juden. Aber sind Sie denn sicher, dass eine Ungerechtigkeit geschehen ist? Meines Wissens sind die Stühle aus dem Aufenthaltsraum der Haftanstalt quasi als Schutzmaßnahme entfernt worden, weil sie bei einem früheren Aufruhr als Waffen verwendet wurden.»

«Ja, schon, aber nicht alle Jungen haben sich am Aufruhr beteiligt, aber auf dem Fußboden sitzen mussten sie alle», stellte einer der Studenten fest.

«Und Präsident Macomber hat zugegeben, im Unrecht zu sein», rief ein anderer.

«Ich habe seine Darstellung gelesen», erklärte der Rabbi streng. «Er sagt, er habe nicht beabsichtigt, einen Kommentar über diesen Vorfall abzugeben, sondern er habe sein Vertrauen in die Leitung der Haftanstalt ausdrücken wollen.»

«Ja, aber er hat einen Rückzieher gemacht und sich nicht an das gehalten, was er zuerst sagte. Und dazu wäre es nie gekommen, wenn die Studenten nicht demonstriert hätten.»

«Ist er dadurch überzeugt oder gezwungen worden?», forschte der Rabbi. «Wenn seine Aussage tatsächlich ein Rückzieher war, wurde er dann dadurch verursacht, dass Sie zwei Tage lang auf dem Fußboden gesessen haben oder dadurch, dass er es für klüger hielt, in der augenblicklichen Situation am College einen kleineren Aufstand im Keim zu ersticken, ehe er aus der Hand geriet. Und wo ist die Gerechtigkeit, wenn Sie jemand zwingen, Ihnen zuzustimmen?»

«Woher wissen Sie, dass er nicht überzeugt worden ist?»

Jetzt kamen die Zurufe von allen Seiten.

«Was nützt es, herumzusitzen und zu reden?»

«Was ist mit den Menschenrechten? Hat man über die nicht Jahrhunderte geredet?»

«Und mit Vietnam?»

«Jawohl, und Kambodscha?»

«Was ist denn mit den arabischen Flüchtlingen?»

Der Rabbi hämmerte auf das Pult, und das Stimmengewirr verebbte allmählich. Im darauf folgenden Augenblick der Stille hörten alle Harry Luftigs sarkastische Stimme. «Sollen wir nicht das auserwählte Volk sein?»

Die freche Bemerkung erntete lautes Gelächter, das erst verstummte, als sie alle feststellten, dass ihr Lehrer offensichtlich wütend war. Aber als er sprach, blieb seine Stimme ganz ruhig.

«Ja, das sind wir. Wie ich sehe, halten das einige von Ihnen für komisch. Ich vermute, für Ihren modernen, rationalistischen und wissenschaftlich orientierten Verstand ist der Gedanke, dass der Allmächtige mit einem Teil Seiner Schöpfung einen Pakt eingeht, wahnsinnig lustig.» Er nickte abwägend. «Gut, das kann ich verstehen. Aber wie ändert das die Lage? Ihr moderner Skeptizismus lässt sich nur auf die eine Seite des Paktes anwenden, auf die Seite Gottes. Sie können bezweifeln, dass Er einen solchen Pakt angeboten hat; Sie können sogar Seine Existenz bezweifeln. Aber Sie können nicht bezweifeln, dass die Juden daran geglaubt und danach gehandelt haben. Das ist eine Tatsache. Und wie kann man sich gegen Zweck und Ziel des Auserwähltseins stellen: heilig zu sein, ein Volk von Priestern zu sein, ein Licht unter den Völkern?»

«Aber Sie müssen zugeben, dass das ganz schön arrogant ist.»

«Die Idee, auserwählt zu sein? Warum? Sie ist nicht nur den Juden eigen. Die Griechen hatten sie, die Römer auch. In einer Zeit, die unserer näher liegt, hielten es die Engländer für ihre Pflicht, sich die Bürde des weißen Mannes aufzuladen; die Russen und die Chinesen fühlen sich beide verpflichtet, die Welt zum Marxismus zu bekehren, während unser Land meint, es müsse die Ausbreitung des Marxismus verhindern und allen Völkern die Demokratie lehren. Der Hauptunterschied besteht aber darin, dass in allen anderen Fällen die Doktrin verlangt, Menschen etwas anzutun, meistens durch Gewalt. Die jüdische Doktrin verlangt von den Juden, dass sie sich einem hohen Standard anpassen, um anderen zum Beispiel zu werden. Daran sehe ich nichts, worüber man lachen oder sich lustig machen sollte. Im Grunde verlangt sie einen hohen Standard des persönlichen Verhaltens. Er manifestiert sich in Verzichten, die wir uns auferlegen. Einige davon, zum Beispiel die Beschränkung auf koschere Speisen, erscheint Ihnen vielleicht als primitives Tabu, aber die Absicht ist die Erhaltung der Reinheit von Körper und Seele. Auf jeden Fall zwingen wir dieses Gebot nicht anderen auf. Vielleicht aber ist es naheliegender, an die Ermahnung zu denken, die Sie gelegentlich von Ihren Eltern oder wahrscheinlicher von einem Ihrer Großeltern gehört haben. ‹Das ist kein anständiges Benehmen für einen Juden.› Da sehen Sie, wie die Lehre von der Auserwähltheit sich auf das tägliche Leben auswirkt.»

Er sah sich nach allen Seiten um. «Das bringt uns nun zu Mr. Mazelmans Frage: Ist es unsere Pflicht als Juden, in allen Reformbewegungen die Führung zu ergreifen? Ich glaube, dazu haben wir eine gewisse Neigung, die historisch bedingt ist. Aber weder in unserer Religion noch in unserer Tradition gibt es etwas, das uns diese Pflicht auferlegt. Sie verlangt nicht, dass wir wie die Ritter von König Artus' Tafelrunde unser Leben einsetzen, um Unrecht wieder gutzumachen.»

Jetzt hörten sie ihm alle zu. Der Rabbi spürte das und fuhr etwas weniger vehement fort: «Unsere Religion ist sehr praktisch und fordert ein praktisches Leben. Auf der Welt geschehen so viele Ungerechtigkeiten, und wenn wir nun auszögen, sie wieder gutzumachen – selbst wenn wir das könnten –, wann sollten wir denn unser Leben leben? Und können wir denn sicher sein, dass wir im Recht sind? Und dass unsere Methode der Reform die Dinge auch bessert? Sogar bei einer so kleinen Sache wie dem Sitzstreik gab es Meinungsverschiedenheiten. Ich, zum Beispiel, war weder überzeugt, dass Präsident Macomber im Unrecht war, noch dass die Methode, ihn zu überzeugen, richtig gewählt war. Denken Sie bitte an das, was ich über den Unterschied unserer Art von Auserwähltsein und der anderer Völker gesagt habe. Unsere Religion verlangt von uns, unser Leben in Rechtschaffenheit und Gerechtigkeit zu leben, und nicht, dass wir dies anderen aufzwingen.»

«Aber was ist dann mit Israel?», rief Henry Luftig laut.

«Warum können sie dort die Araber nicht gerecht behandeln?»

«Verglichen mit wem?», fragte der Rabbi sofort zurück.

«Ich verstehe Sie nicht, Rabbi.»

«Es ist ganz einfach, Mr. Luftig. Wir kritisieren die Juden und das Judentum durch einen verunglimpfenden Vergleich mit irgendeinem Ideal. Aber um gerecht zu sein, müssen wir sie mit etwas Wirklichem und nicht etwas Imaginärem vergleichen. Darum frage ich Sie, welche andere Nation ist besser oder auch nur gleich gut mit ihren Feinden umgegangen wie Israel mit den Arabern?»

«Na, und wie haben die Vereinigten Staaten Deutschland und Japan behandelt?»

«Aber das war nach der Unterzeichnung eines Friedensvertrags; nicht während das andere Land sich noch als im Krieg befindlich betrachtete.»

«Ja, gut, aber alle sagen, sie sollten nicht so hartnäckig sein.»

Der Rabbi grinste voller Ingrimm. «In unserer Religion gibt es aber ein Verbot des Selbstmords.»

«Aber die Palästinenser sind aus ihrer Heimat vertrieben worden.»

«Sie haben sie *verlassen!*», rief Mark Leventhal quer durch den Raum. Wie Mazelman stammte er aus einer konservativen Familie und hatte Religionsunterricht bekommen. «Die Araber haben ihnen versprochen, sie könnten wieder nach Hause zurückkehren, wenn sie die Juden ins Meer getrieben hätten. Sie haben ihnen auch das Eigentum der Juden versprochen.»

«Das glaube ich nicht.»

«Es stimmt aber.»

Lillian Dushkin sagte mit schriller Stimme: «Ein Junge, den ich kenne, hat mir erzählt, es gäbe in Israel eine Menge Juden, die denken, die Juden hätten kein Recht, dort zu sein, bis der Messias kommt.»

«Ach nee? Was tun die denn da?»

Und weiter ging die Diskussion, aber diesmal machte der Rabbi keinen Versuch, sie zu unterbrechen. Er saß auf dem Schreibtischrand, hörte ihnen unbestimmt ärgerlich zu und kam nicht dagegen an, dass es ihn gelegentlich doch interessierte. Dann klingelte aber die Glocke, und die Studenten sammelten ihre Hefte ein.

«Einen Augenblick noch», rief er.

Sie warteten.

«Sie haben offenbar viele Fragen, die in enger oder loser Verbindung zum Thema der Vorlesung stehen. Ich reserviere den nächsten Freitag, vielleicht auch die folgenden Freitage, sie zu behandeln. Sie können fragen, was Sie wollen, und ich werde mir große Mühe geben, alles zu beantworten.»

«Meinen Sie schriftlich?»

«Schriftlich oder mündlich. Wenn Sie wollen, können Sie sie auch an die Tafel schreiben.»

Als er die breite Treppe zur Straße hinunterging, schlossen sich ihm Luftig und Shacter an, die bisher am Geländer gelehnt hatten.

«Das war heute dufte, Rabbi», sagte Luftig, und sein schmales Gesicht leuchtete.

Er sah ihn an. «Finden Sie? Haben Sie das Gefühl, etwas gelernt zu haben?»

Luftig sah überrascht und verletzt aus. «Na, klar doch.»

«Was zum Beispiel?»

«Was speziell, meinen Sie? Na, ich wusste nicht, dass es Juden gibt, die glauben, sie müssten auf den Messias warten, ehe sie in Israel leben dürfen. Und dann, dass die Araber das jüdische Eigentum an sich bringen wollen. Und – ach 'ne Menge eben.»

«Gut. Aber erst mal dies: Das mit dem Messias ist falsch. Der Einwand betrifft nicht das Leben in Israel, sondern die Errichtung eines Staates. Und im Übrigen: Wenn Sie ein Palaver abhalten wollen, warum machen Sie sich dann die Mühe, ins College zu gehen und Studiengebühren zu bezahlen?»

«Aber das hat doch Spaß gemacht», wandte Shacter ein.

«Es ist nicht meine oder des College Aufgabe, Sie zu amüsieren», sagte er steif.

Als der Rabbi abfuhr, fragte Shacter: «Mann, warum ist der bloß so empfindlich?»

27

In der kurzen Zeit seit dem Vorfall war die Windemere-Akte recht umfangreich geworden. Sie enthielt Fotografien von den Büros von Professor Hendryx und Dean Hanbury und Planskizzen, die zeigten, wie sie zueinander in Verbindung standen. Den Hauptumfang der Akte aber machten die getippten Aussagen der vielen Leute aus, die Sergeant Schroeder vernommen hatte. Er las die Aussagen nun noch einmal durch, während er sich auf die Beratung mit dem Assistant District Attorney vorbereitete. Er hatte schon früher mit Bradford Ames gearbeitet und war sehr von ihm beeindruckt. Wenn Ames einen Fall vorbereitete, blieb nichts dem Zufall überlassen. Schroeder lächelte, als er zur Aussage von Dean Hanbury kam.

… das Mädchen sagte etwas Beleidigendes, und ich fasste den Entschluss fortzugehen.

Frage: Was hat sie gesagt, Miss Hanbury?

Antwort: Das möchte ich nicht gern wiederholen. Es war ein unanständiges Wort.

Frage: War es an Sie persönlich gerichtet?

Antwort: Es war an mich gerichtet. Ich bin nicht gewöhnt – Ich dulde diese Art von Ausdrucksweise bei einem kleinen Gänschen – bei einer Studentin nicht. Auf jeden Fall hielt ich es für sinnlos, dieses Gespräch fortzuführen, und sagte darum: «Ich muss jetzt gehen», und dann ging ich auch. Ich verließ das Haus, ging zu meinem Wagen und fuhr nach Hause.

Frage: Um welche Zeit war das, Miss Hanbury?

Antwort: Gegen halb vier. Wenn die genaue Zeit wichtig ist, können Sie sie sicher von der Polizei von Barnard's Crossing bekommen, weil ich dort unmittelbar nach meiner Ankunft angerufen habe. Sie notieren vermutlich alle Anrufe. Wissen Sie, bei mir war ein Fenster offen –

Frage: Nein. Ich möchte wissen, wann Sie diese Sitzung verlassen haben.

Antwort: Der Termin war halb drei. Ich muss sagen, dass sie sehr pünktlich waren. Wir haben vielleicht zehn oder fünfzehn Minuten diskutiert, und dann hat das Mädchen –

Frage: Ja, Miss Hanbury. Würden Sie sagen, dass es Viertel vor drei war?

Antwort: Das müsste ungefähr stimmen.

Frage: Zwei Uhr fünfundvierzig bis drei Uhr dreißig. Das ist sehr schnell, um nach Barnard's Crossing zu kommen, nicht wahr?

Antwort: Ach, es war wenig Verkehr, und vielleicht bin ich auch schon um zwei Uhr vierzig gegangen. Wollen Sie mir eine Strafe wegen zu schnellen Fahrens geben, Sergeant?

Die Aussagen der vier Studenten unterschieden sich deutlich von der des Dean, und zum Teil wichen sie auch untereinander ab, zum Beispiel über den Grund ihres Aufbruchs; es wurde betont, dass sie wegen der Bemerkung nicht wirklich beleidigt gewesen wäre, sondern sie nur als Vorwand benutzt hätte, die Diskussion abzubrechen. Judy Ballantine, die Verursacherin des Vorfalls, behauptete natürlich am entschiedensten, es sei eine List gewesen. Abner Selzer wiederum meinte, Dean Hanbury wäre wirklich gekränkt gewesen. «Sie sollten mal meine Mutter sehen, wenn jemand so redet, vor allem ein Mädchen.» Er bestätigte ebenfalls die von Dean Hanbury genannte Zeit ihres Aufbruchs.

Antwort: Wir sind ein paar Minuten vor drei alle wieder ins Büro zurückgekommen, nachdem wir sie gesucht hatten. Ich hab nämlich auf die Uhr gesehen und gesagt, wir sollten bis drei Uhr warten und dann auch gehen. Wir müssen fünf bis zehn Minuten gebraucht haben, bis wir das Haus durchsucht hatten. Das würde also bedeuten, dass sie zwischen zwanzig vor und zehn vor drei weggegangen ist.

Frage: Und Sie sind alle um drei Uhr gegangen?

Antwort: Ja, das stimmt.

Frage: Was haben Sie dann gemacht?

Antwort: Wir sind alle zum Café an der Ecke gegangen, wo wir über die Sache reden wollten. Gerade als wir reingingen, haben wir den Knall gehört. Wir sind also wieder raus und haben schon Rauch aus dem Verwaltungsgebäude kommen sehen. Da sind wir natürlich rüber, und zwei Minuten später wimmelte es nur so von Leuten, und die Feuerwehr kam. Wir sind noch eine Weile herumgestanden und haben uns dann getrennt.

Frage: Wo haben Sie die Bombe her?

Antwort: Wo ich – nun begreifen Sie doch mal, wir haben nichts mit der Bombe zu tun!

Frage: Wer dann?

Antwort: Woher soll ich das wissen? Vielleicht war's derselbe wie beim vorigen Mal.

Frage: Und wer war das?
Antwort: Woher soll ich das wissen?
Frage: Hören Sie, Abner, wenn Sie mit uns zusammenarbeiten –
Antwort: Ich sage kein Wort mehr. Verdammt nochmal, kein einziges Wort.

Er hatte es bei ihnen allen versucht; eine Serie harmloser Fragen, von einer plötzlichen Beschuldigung gefolgt, nicht aus der Hoffnung heraus, sie zu einem Geständnis zu bekommen, sondern auf gut Glück, um sie so zu erschüttern, dass er sie weich machen könnte. Er hätte sich die Mühe sparen können. Yance Allworth sagte: «Mann, ich weiß ja nicht mal, wie so 'ne Bombe *aussieht.*» O'Brien sagte: «Sie sind falsch gewickelt, Sergeant. Wir sind alle zusammen ganz brave Liberale.» Judys Antwort lautete: «Jetzt lassen Sie den Krampf doch mal nach, Polizist.» Und als er fragte, wer es denn getan haben könnte, wenn nicht ihre Gruppe: «Vielleicht hat die Dame Dean ein Ei gelegt, das explodiert ist.»

Das letzte Blatt in der Akte war ein Zeitplan, nach den Aussagen der von ihm verhörten Zeugen zusammengestellt.

13.00–13.15	Hendryx verlässt seine Wohnung und geht ins Büro. (Aussage von Mrs. O'Rourke – nicht bestätigt.)
14.01–14.03	Rabbi betritt sein Büro. (Vorlesung von 13.00–14.00)
14.10	Rabbi verlässt das Haus. (Seine Aussage.)
14.30	Studentenabordnung betritt das Büro des Dean. (Aussagen aller Mitglieder der Abordnung und Dean Hanburys.)
14.40–14.50	Dean verlässt Besprechung, macht sich auf den Heimweg. (Aussagen der Studenten und Dean

Hanburys. Frühere Zeit vermutlich nach der Ankunftszeit zu Hause berechnet.)

14.45–14.55 Mrs. O'Rourke verlässt die Wohnung, um Drei-Uhr-Bus zu erreichen. (Ihre Aussage – nicht bestätigt.)

15.00 Abordnung verlässt das Haus. (Ihre Aussagen. *nota bene:* Selzer hat auf die Uhr gesehen.)

15.05 Bombe explodiert. (Aussage von Lt. Hawkins, 15. Revier.)

Dann fiel ihm ein, dass er noch nicht den Bericht des Gerichtsarztes bekommen hatte. Er war im Augenblick nicht besonders wichtig, da ja Zeit und Todesursache bekannt waren. Andererseits: wenn er ihn nicht hatte, ließ das auf schludrige Vorbereitung schließen, was Ames nie hinnehmen würde.

Er rief unten beim Schalter an und fragte, ob der Bericht des Gerichtsarztes eingegangen sei.

«Vor einer halben Stunde etwa. Ich hab ihn in Ihr Fach gelegt.»

«Jennie, seien Sie ein liebes Kind und bringen Sie ihn mir rauf.»

Er schlitzte den Umschlag auf und überflog mit Expertenblick den Bericht. Als Todesursache wurde ein Schlag mit einem Objekt von etwa sechzig Pfund Gewicht angegeben. «… zertrümmerter Schädel … Bruchstücke kranialer Knochen im Gehirn eingebettet …» Der Tod war praktisch sofort eingetreten. «Todeszeit: zwischen 14 Uhr 10 und 14 Uhr 40 am 13. November.»

Er entdeckte den Fehler sofort. Der gute Doktor hatte zweifellos zwischen 14 Uhr 40 bis 15 Uhr 10 gemeint. Wahrscheinlich hatte sich seine Sekretärin bei der Abschrift aus dem Stenogramm geirrt.

Er rief die Zentrale an und bat um eine Verbindung mit Dr. Lagrange.

Während des Wartens kaute er ärgerlich auf der Unterlippe. Als das Telefon klingelte, war es wieder Jennie. «Er ist nicht da. Er ist für ein paar Tage verreist und kommt nicht vor Montag zurück.»

«Wohin ist er gefahren? Haben sie was gesagt?»

«Es ist ein Camping-Ausflug.»

«Meldet er sich nicht telefonisch und hält Kontakt?»

«Das hab ich gefragt, aber sein Mädchen sagte, bisher hätte er sich nicht gemeldet. Ich hab ihr gesagt, dass er uns sofort anrufen soll, wenn er's tut.»

«Rufen Sie sie nochmal an. Ich möchte mit ihr sprechen.»

Dann sagte er: «Hören Sie, Miss, ich habe Dr. Lagranges Bericht vor mir liegen. Hat er Ihnen das diktiert?»

«Ja, Sir.»

«Ich glaube, Sie haben sich bei der Abschrift geirrt. Hier steht, dass der Tod zwischen 14 Uhr 10 und 14 Uhr 40 eingetreten ist. Er muss die Zeiten verdreht haben und meinte in Wirklichkeit zwischen 14 Uhr 40 und 15 Uhr 10.»

«Einen Moment, Sergeant, ich seh mal in meinem Stenoblock nach.»

Er musste einen Augenblick warten. «Ich hab es hier, Sergeant. ‹Todeszeit: zwischen 14 Uhr 10 und 14 Uhr 40 …› Ich weiß noch, dass er erwähnt hat, die Zeit ließe sich so genau bestimmen, weil er die Gelegenheit gehabt hätte, die Leiche so kurz nach erfolgtem Exitus untersuchen zu können. Tut mir Leid, Sergeant, der Bericht ist korrekt.»

28

«Schroeder ist ein guter Mann», sagte Matthew Rogers, als er die dicke Akte durchblätterte. «Man kann sich immer darauf verlassen, dass er seine Arbeit korrekt macht.»

Bradford Ames kicherte leise und riet ihm, sich den Bericht des Gerichtsarztes noch einmal anzusehen.

«Warum?» Aber er tat es und stolperte sofort über die Todeszeit. «Das ist sicher ein Schreibfehler. Ruf mal Dr. Lagrange an.»

«Hab ich, Matt. Er sagt, seine Angabe wäre genau richtig.»

«Dann hat er einen Fehler gemacht. Er ist noch neu. Das war sein erster Fall, was?»

«Ja, aber Dr. Slocumbe sagt, wenn Lagrange die Zeit so genau angegeben hätte, dann stimmte es auch.»

«Aber, Brad!» Rogers wurde ganz erregt. «Das ergibt doch keinen Sinn. Ich weiß nicht, was bei seiner Untersuchung schief gegangen ist, aber es ist was schief gegangen. Vielleicht was Lächerliches, dass seine Uhr stehen geblieben ist. Aber diesmal haben wir den seltenen Fall, dass die Zeitangabe des Gerichtsarztes unwichtig ist, weil wir andere und bessere Beweise dafür haben, wann der Tod eingetreten ist.»

«Das nützt nichts, Matt. Die Gegenseite bringt die Frage in dem Augenblick aufs Tapet, da sie merkt, dass wir sie nicht anrühren. Dann musst du damit rausrücken, und wir kommen beim Richter in Teufels Küche – bei den Zeitungen übrigens auch –, weil wir Beweismaterial unterdrückt haben. Nein, du wirst diese Kinder laufen lassen müssen.»

«Wie meinst du das, sie laufen lassen?», fragte der District Attorney kriegerisch.

«Weil Hendryx nach Aussage unseres eigenen Sachverständigen, des Gerichtsarztes, getötet wurde, *ehe* die Bombe hochging. Wir können die jungen Leute nicht für seinen Tod verantwortlich machen.»

«Aber der Arzt ist unfehlbar? Was ist denn mit dem Fall, wo die Leiche in die Tiefkühltruhe gelegt wurde, und Doc Slocumbes Kalkulationen nicht mehr stimmten?»

«Sieh es doch mal so, Matt. Wenn ich den ärztlichen Bericht beim Vorführungstermin vor Richter Visconte schon gehabt hätte, wäre ihnen dann auch die Kaution verwehrt worden?»

«Vielleicht nicht, aber –»

«Es sind College-Studenten. Wenn das Geschworenengericht sich weigert, sie schuldig zu sprechen und die Anklage fallen gelassen wird, dann haben sie trotzdem eine Haftstrafe hinter sich, die ihnen die Zukunft verdirbt.»

«Du vergisst was, Brad. Ich habe nicht den geringsten Zweifel, vermutlich Richter Visconte auch nicht, dass sie die Bombe gelegt haben.»

«Das streiten sie ab.»

«Das ist doch klar.»

«Vielleicht war's der, der ausgerissen ist, dieser Ekko», sagte Ames zäh. «Möglicherweise wissen die anderen wirklich nichts davon.»

«Das ist schwer zu glauben.»

«Warum denn? Er ist der Einzige, der geflohen ist.»

«Gut, ich bin bereit zuzugeben, dass er vielleicht der eigentliche Täter war, aber wieso glaubst du, die anderen hätten nichts davon gewusst?»

«Weil er anders ist als sie. Einmal ist er viel älter. Wenn die Verteidigung diesen Standpunkt eingenommen hätte, wäre der Richter möglicherweise darauf eingegangen und hätte eine Kaution festgesetzt. Dann wären sie jetzt frei und wieder im College.»

«College!», wiederholte der District Attorney zornig. «Was bedeutet das College schon für diese Hippiebande, außer dass man da Rabatz inszenieren kann? Prüf das mal nach. Du wirst feststellen, dass sie nie an den Kursen teilnehmen. Sie gammeln da nur rum, rauchen Pot und machen Demonstrationen und Sitzstreiks, und wenn es das nicht ist, dann bumsen sie. Dieser Ekko hat mit der kleinen Ballantine zusammengelebt, offen und frei, bitte sehr. Der Teufel soll sie alle holen!»

«Du richtest über ihren Lebensstil, nicht über ihre Schuld, Matt.»

«Klar, ich berücksichtige ihren Lebensstil, wenn ich mir über ihre Schuld klar werden will, genauso wie das die Geschworenen tun, wenn sie die Glaubwürdigkeit eines jeden Zeugen erwägen, den sie im Zeugenstand vor sich sehen. Jeder Richter tut dasselbe. Was passt dir daran nicht? Wenn wir nicht nach solchen Dingen urteilen würden, wären die einzigen, die wir je schuldig sprechen könnten, die, die freiwillig ein Geständnis ablegen. Worauf willst du hinaus, Brad? Willst du, dass ich den Fall einem anderen übergebe, vielleicht Hogan?»

«Ich weiß es nicht», sagte Ames nüchtern. Er rutschte unglücklich auf seinem Stuhl herum und beschloss dann, einen letzten Versuch zu wagen. «Können wir nicht mal, sagen wir, als Übung in angewandter Logik, unterstellen, dass Dr. Laganges Bericht den Tatsachen entspricht?

«Sehr schön, dann will ich dir sagen, wie's weitergeht. Nach Lagrange soll der Tod zwischen 14 Uhr 10 und 14 Uhr 40 eingetreten sein, so ist es doch? Sagen wir also, um halb drei. Das hieße dann aber, dass Hendryx nicht in seine Wohnung zurückgekehrt, sondern im Büro geblieben ist. Und das hieße ferner, dass er schon tot war, noch ehe die Studentenabordnung beim Dean eintraf. Und das hieße, dass jemand in sein Büro gegangen und hinter den Schreibtisch getreten sein muss. Er musste irgendwie zum obersten Bord hinaufreichen, auf dem die Büste stand, und sie herunterwerfen. Wer kann denn bis zum obersten Bord reichen? Das ist doch ein altes Haus mit sehr hohen Decken. Unser geheimnisvoller Mörder müsste auf eines der unteren Fächer gestiegen und sich vielleicht mit einer Hand festgehalten haben, während er mit der anderen nach der Büste geangelt hat. Und Hendryx hat sich das alles mit angesehen und nicht mal gefragt, was der Kerl da treibt?»

«Und wenn er nun geschlafen hätte, eingedöst wäre?»

«Wie ist dann dieser Mensch in sein Büro gekommen? Es war doch versperrt?»

«Die Tür hätte offen sein können. Vielleicht ist das Schloss nicht eingeschnappt, als der Rabbi fortging.»

«Möglich, aber wenig wahrscheinlich.»

«Und wenn der Mörder einen langen Stock mit einem gebogenen Griff gehabt hätte, einen Spazierstock zum Beispiel», fuhr Ames fort, «hätte er den Gipskopf leicht herunterziehen können.»

«Ja, aber wie erklärst du dann die Pfeife und den Hocker und das aufgeklappte Buch in Hendryx' Wohnung?»

«Da könnte immerhin die Putzfrau geschwindelt haben. Sie will natürlich so früh wie möglich Schluss machen. Und wenn sie glaubt, Hendryx kommt nicht mehr und kann sie nicht kontrollieren, ist sie vielleicht bei der Arbeit nachlässig.»

«Warum hat sie's dann nicht zugegeben?»

«Dazu kann ich nur sagen: Wenn es meine Putzfrau gewesen wäre, die hätte es auch nicht freiwillig eingestanden. Es gibt da eine Art Berufsstolz.»

«Dann nimm sie nochmal ins Verhör», sagte Rogers gutmütig. «Wenn du es schaffst, dass sie ihre Geschichte ändert, werde ich nochmal über Lagranges angegebene Todeszeit nachdenken.»

29

Bei Klassentreffen und anderen nostalgischen Zusammenkünften bot sich der Name Bradford Ames immer als gutes Diskussionsthema an.

«Hast du Brad Ames gesehen? Was macht er denn jetzt? Immer noch Assistant District Attorney? Da sieht man mal wieder, wie Geld die Karriere verderben kann.» Karl Fisher war wie die drei Freunde, mit denen er sich im Club zum Lunch getroffen hat, Anfang fünfzig. Sie waren alle wohlhabend.

«Wie meinst du das?»

«Als wir anderen das Jurastudium abgeschlossen hatten, sind wir alle herumgerannt und haben uns Stellungen gesucht», sagte Fisher. «Und ihr wisst ja noch, wie schwer das damals war und was man bezahlt bekam. Also haben wir unsere eigene Praxis aufgemacht, uns vom Vater oder Schwiegervater ein paar hundert Piepen gepumpt, um alte Möbel und ein Corpus Juris anzuschaffen.»

«Als ich vom Studium kam», erzählte Gordon Atwell, «hab ich mit sechs anderen eine Bürogemeinschaft gegründet, und ihr könnt mir glauben, wir sieben mussten alles zusammenkratzen, um unserer einzigen Sekretärin ihren Wochenlohn auszahlen zu können.»

«Ja», stimmte Fisher ihm zu, «aber wir haben durchgehalten, und nach und nach ging es dann aufwärts, und am Ende, wer hätte das gedacht? – hatten wir eine Existenz. Und als wir dann so um die Vierzig waren, hatten einige von uns große Praxen, andere waren Richter geworden oder in die Politik gegangen, oder sie waren Leiter der Rechtsabteilungen großer Firmen. Ich meine, die meisten haben was erreicht, einige sogar sehr viel.

Aber das liegt nur daran, dass wir uns durchschlagen mussten. Wenn du nämlich ein Ames bist, und Geld dir nichts bedeutet, denkst du nicht so. Und deine Familie denkt auch nicht so, und du stehst einfach nicht unter dem Druck, unter dem wir gestanden haben. Wir mussten uns nach der Decke strecken. Wir mussten sofort voll ran. Ich hatte mich fürs Strafrecht interessiert, aber glücklicherweise habe ich erkannt, dass ich es mir nicht leisten konnte, Strafverteidiger zu werden. Vielleicht arbeitete ich dann heute für die Gangster wie Bob Schenk oder ich würde, und das ist wahrscheinlicher, kleine Gauner verteidigen, deren verwitwete Mütter Hypotheken auf ihr kleines Häuschen aufnehmen müssten, um mein Honorar zu bezahlen. Jetzt hab ich mich aufs Grundstücksrecht verlegt, und ihr wisst ja, wie groß unsere Praxis ist, und dass es mir nicht schlecht geht.

Brad Ames hat sich auch fürs Strafrecht interessiert. Aber für ihn war das kein Problem. Seine Familie hat ihm den Posten des Assistant District Attorney in der County beschafft, und da sitzt er seither. Nicht nur, dass er Strafrecht praktiziert, er braucht sich nicht mal Vorwürfe zu machen, einem armen Schwein die Ersparnisse seines Lebens für sein Honorar abgejagt zu haben, oder sich darüber Sorgen zu machen, dass das Geld, mit dem er bezahlt wird, gestohlenes Geld ist, weswegen der Kerl ja gerade einen Anwalt braucht.

Natürlich, das Gehalt eines Assistant District Attorney ist nicht großartig. Keiner von uns könnte davon leben, wenigstens nicht nach unserem heutigen Standard. Aber für Brad Ames ist das sowieso nur ein Taschengeld. Er hat keine Frau, und seine Familie setzt ihn nicht unter Druck, Geld heranzuschaffen.»

«Kann schon sein», sagte Gordon Atwell, der jünger als die anderen aussah, «kann aber auch sein, dass persönliche Gründe dahinter stehen.»

«Wie meinst du das?», fragte Fisher.

«Na, du weißt doch, wie Ames aussieht – dieser Kugelkopf

auf dem fetten Rumpf, und das Gegrinse und Gekichere, als wäre er ein Idiot –»

«Der und ein Idiot!» Andrew Howard lachte. Er hatte eine gewöhnliche Anwaltspraxis und war der Einzige, der mit Strafsachen zu tun hatte. «Hast du vergessen, dass er ins Law Review gekommen ist?»

«Ich hab nicht gesagt, er wäre ein Idiot, nur dass er wie ein Idiot aussieht. Ich meine, er hat nicht das Aussehen, das einem Mandanten Vertrauen einflößt.» Atwell sah Fisher Hilfe suchend an.

«Lasst euch davon nur nicht täuschen», fuhr Howard fort. «Vielleicht ist es ein nervöser Tick, aber glaubt mir, wenn er will, kann er das ganz schnell abstellen. Und wenn er das tut, seht euch vor! Ich bin mal bei einer Vergewaltigungsklage gegen ihn aufgetreten. Mein Mandant war ein nett aussehender junger Mann, kühl und gelassen. Er musste aussagen, aber ich dachte, er würde es durchhalten und sich nicht gehen lassen. Er hat seine Geschichte gut vorgetragen, und ich merkte, dass er auf die Geschworenen einen guten Eindruck machte. Dann fing Brad Ames mit dem Kreuzverhör an. Er stellte seine Fragen, und sie waren ganz gutartig. Wisst ihr, wie ich das meine? Kein Druck. Und dann seine ganze Art. Er sah wie ein grinsender Buddha aus. Und immer dieses leise Gekicher, als wäre alles nur ein besserer Scherz. Gar nicht lange, dann war mein Mandant ganz gelockert und grinste auch. Sie verstanden sich wie alte Freunde. Aber hin und wieder schob Ames eine unzulässige Frage ein, die mein Mandant beantwortete, ehe ich eingreifen konnte. Der Richter, Richter Lukens war das damals, ließ sie streichen, aber die Geschworenen hatten sie gehört. Das ging fast eine Stunde lang, immer freundlich und höflich. Und dann, ganz plötzlich, macht Brad ein strenges Gesicht – adieu, Buddha. Er hält das Kleid des Mädchens hoch, damit die Geschworenen sehen können, wie es aufgerissen ist. ‹Das hat sie sich also selber ausgezogen?› fragt er. Mein Mandant begann zu stottern und stammeln, und von dem Augenblick an wusste ich, dass er verspielt hatte.»

«Oh, ich bestreite ja gar nicht, dass er gut ist», sagte Fisher. «Aber es ist trotzdem keine richtige Karriere. Assistant District Attorney. Wenn er wirklich Ehrgeiz gehabt hätte, wäre er nach ein paar Jahren aus dem Büro des D. A. ausgeschieden und hätte die Stellung als Sprungbrett für eine private Praxis als Strafverteidiger benutzt.»

«Da bin ich anderer Meinung», sagte Sam Curley, der bisher stumm geblieben war. «Ich habe seit Jahren ab und an geschäftlich mit Brad zu tun gehabt. Wir befassen uns nicht mit Strafsachen, aber gelegentlich hat einer unserer Mandanten oder seine Familie Ärger, und dann erwarten sie natürlich, dass wir für sie auftreten. Wenn es um was Schwerwiegendes geht, empfehlen wir sie natürlich an einen Fachmann weiter, aber normalerweise übernehmen wir die Fälle. Vor etwa drei Jahren hatte ich so einen Fall, und Brad vertrat den Staat. Es war im Sommer, und als ich Brad anrief, lud er mich zum Wochenende nach Barnard's Crossing auf den alten Familiensitz ein. Sie haben ein eindrucksvolles Haus am Point. Es war gutes Wetter, und wir haben gesegelt. Am Sonntag kam sein älterer Bruder Stuart zum Essen –»

«Der Richter?»

«Ja, der. Nach dem Essen saßen wir auf der großen Terrasse über dem Meer. Wir tranken Tom Collins aus großen Gläsern. Es war sehr gemütlich, und wir unterhielten uns, wie man sich eben nach einem guten Essen unterhält, und der Richter machte eine halb scherzhafte Bemerkung, wann Brad endlich die in ihn gesetzten Erwartungen erfüllen wolle. Und wisst ihr, wie er das gemeint hat? Er meinte, es wäre Brads *Pflicht* als ein Ames, der Gesellschaft und dem Land sein Bestes zu geben.

Nun reden normale Leute aber nicht so, weil sie – na, weil ihre Denkungsweise nicht so funktioniert. Ich meine, normale Leute würden sagen: Wann machst du mal was aus deinen Möglichkeiten und wirst ein berühmter Mann? Wenn du so schlau bist, warum bist du dann nicht reich? In der Art eben. Aber daran hat Stuart Ames überhaupt nicht gedacht. Er meinte, sein Bruder habe eine Verpflichtung gegenüber der Gesellschaft und die erfülle er nicht. Er denkt tatsächlich so. Und das Komische daran war, dass Brad das auch so empfand. Er fing also an, über seinen Beruf zu reden, anfangs halb im Spaß, im Tonfall seines Bruders, im Grunde aber ebenso todernst wie der. Das Gespräch vergesse ich nie. Er sagte: ‹District Attorneys kommen und gehen. Je besser sie sind, umso schneller gehen sie wieder, weil das für sie nur ein Sprungbrett für den nächsten Posten ist. Aber Assistant D. A.s bleiben. Nun muss aber einer die District Attorneys einfuchsen, und das ist meistens meine Aufgabe, weil ich schon so lange da bin.›»

«Daran hab ich noch nie gedacht, aber es leuchtet mir ein», sagte Andrew Howard.

«Danach erklärte er, dass die Assistants im Büro des District Attorney diejenigen sind, die den Laden schmeißen. Sie entscheiden, wer vor Gericht gestellt wird, und wem man nochmal eine Chance gibt. Das macht nicht der Richter und nicht der Verteidiger, ja nicht mal der D. A., wohl aber der Assistant District Attorney. Er fällt die Entscheidung, ob Anklage erhoben wird oder nicht. Ihr könnt mir glauben, er hat das glänzend dargelegt. Mich hat er auf jeden Fall überzeugt, und seinen Bruder vermutlich auch. Seitdem sehe ich ihn irgendwie in einem anderen Licht. Vorher hatte ich genau wie ihr geglaubt, es wär für ihn eine Art Steckenpferd. Er hätte Spaß am Strafrecht, und da er es sich leisten konnte, begnüge er sich eben mit dieser Ebene und ginge einer Neigung nach.

Aber am Ende dieses Nachmittags sah ich ihn als einen Top Sergeant, der die Arbeit macht und die Entscheidungen trifft, es aber dem Lieutenant oder dem Captain überlässt, den eigentlichen Befehl zu geben und den Ruhm zu kassieren. Der Mann, der den ganzen Gerichtsapparat in Gang hält, ist nicht Richter oder Strafverteidiger und nicht mal Polizist, sondern es ist der unscheinbare Assistant District Attorney.»

Bradford Ames sah unglücklich hinter dem District Attorney her und suchte nach einem Entschluss. In Gedanken wusste er, dass Rogers die vier Studenten schon als schuldig befunden hatte – schuldig wessen? Radikale zu sein, sich primitiv auszudrücken, ein Leben zu führen, das er nicht gutheißen konnte –, und aus all diesen Gründen war er entschlossen, sie so lange im Gefängnis zu lassen, wie er nur eben konnte. Wochen oder Monate, bis zum Tag des Prozesses. Seine vier Töchter waren es, die sein Urteilsvermögen trübten, fand Ames, und dankte Gott, dass er Junggeselle war.

Natürlich, wenn der Fall erst einmal zur Verhandlung kam, musste der gerichtsärztliche Befund bekannt werden, und dann würde die Anklage wegen Mordes fallen gelassen, während das Verfahren wegen Brandstiftung fortgesetzt werden würde. Aber die Studenten wären dann die ganze Zeit über in Haft gewesen. Außerdem bestand die Gefahr eines juristischen Rückschlags; wenn der Prozess von einem Star wie Richter Harris zum Beispiel geführt wurde, würden sie möglicherweise allerhand über die Unterschlagung von Beweismaterial durch den D. A. zu hören bekommen. Er begriff nicht, dass jemand den politischen Gegebenheiten gegenüber so blind sein konnte, kam dann aber zu dem Schluss, dass sein Chef sich der politischen Rückwirkung durchaus bewusst sein mochte und davon ausging, dass seine Wähler nicht das Geringste dagegen haben würden, wenn er das

Recht ein wenig dehnte, um diese jungen Radikalen eine Weile aus dem Verkehr zu ziehen.

Normalerweise würde ein dem Verteidiger gegebener Wink die Sache erledigt haben, aber jeder der vier Angeklagten wurde von einem anderen Anwalt vertreten, und Ames kannte keinen von ihnen. Der junge O'Brien hatte einen jungen Anwalt beauftragt, der gerade erst Examen gemacht hatte; Allworth hatte jemand, der ihm von einer der radikalen schwarzen Organisationen gestellt worden war, und das Mädchen, Judy Ballantine, deren Vater reich war, wurde von einer New Yorker Anwaltsfirma vertreten. Nur Paul Goodman, der Verteidiger des Selzer-Sohns war eine Möglichkeit, aber er blieb eine unbekannte Größe, da er weitgehendst in Essex County und nicht in Suffolk auftrat. Trotzdem nahm Ames sich vor, Auskünfte über ihn einzuholen, und, falls sie günstig ausfielen, ihn auf das Thema anzusprechen.

Von den vielen in Barnard's Crossing verbrachten Sommern her kannte Ames den dortigen Polizeichef. Er rief ihn am Abend zu Hause an. «Hugh Lanigan? Hier ist Bradford Ames.»

«Oh, hallo, Mr. Ames. Wie geht es Ihnen?»

«Hören Sie, kennen Sie in Ihrer Stadt einen Anwalt namens Paul Goodman?»

«Ja, ich kenne Mr. Goodman.»

«Er vertritt Abner Selzer. Das ist der junge Mann, der –»

«Ja, ich weiß, Sir.»

Ames spürte die Vorsicht am anderen Ende der Leitung und sagte hastig und beruhigend: «Ich plane nichts Hinterhältiges. Bestimmt nicht gegen ihn oder seinen Klienten. Im Gegenteil, ich möchte ihm am liebsten helfen, aber da das alles sehr vertraulich ist, würde ich gern wissen, was für eine Art Mensch dieser Goodman ist.»

«Hm», murmelte Lanigan zweifelnd. «Viel kann ich Ihnen

nicht erzählen. Er ist der Anwalt der jüdischen Gemeinde, und er ist ein paar Mal vor der Magistratsversammlung aufgetreten, meistens wegen Fragen der Gebietsordnung. Meiner Meinung nach ist er hier sehr angesehen.»

«Und was für ein Mann ist er?» Ames beschlich der Verdacht, dass es ein Fehler gewesen war, sich an Hugh Lanigan zu wenden. «Ist er ansprechbar? Ein vernünftiger Mann? Sie wissen ja wohl, wie ich das meine?»

«Wissen Sie was», sagte Lanigan. «Ich hab eine Idee. Warum rufen Sie nicht den Rabbiner an? Rabbi Small. Er ist ein guter Mann und sehr gescheit. Fragen Sie ihn nach Mr. Goodman. Dieser Goodman ist eine Art Kirchenvorstand von der Synagoge. Der Rabbi muss also genau über ihn Bescheid wissen.»

Der Rabbi? Aber klar! Er konnte es dem Rabbi sagen und so seine Mitteilung auf einem Umweg an Goodman weiterleiten. Und wenn der Rabbi schlau war, brauchte der Name Ames nicht einmal zu fallen.

Er bedankte sich beim Polizeichef, legte auf und wählte unmittelbar darauf die Nummer von Rabbi Small. Er stellte sich vor und erklärte, dass er den Fall gern mit ihm besprechen würde.

«Gewiss», sagte der Rabbi. «Ich habe morgen von neun bis zehn Vorlesung. Danach kann ich jederzeit zu Ihnen ins Büro kommen.»

Ames zögerte. Er fand es nicht ganz richtig, dass der Rabbi zu ihm kommen sollte, wo doch er es war, der um eine Gefälligkeit bitten wollte. Endlich sagte er: «Wie wär's, wenn ich Sie um zehn vor Ihrem Hörsaal abholte, Rabbi?»

30

Die Glocke klingelte, der Rabbi entließ seine Studenten. Er sammelte Bücher und Papiere ein und ging hinaus. Auf dem Flur, direkt vor der Tür, stand ein gedrungener Mann von mittleren Jahren.

«Bradford Ames, Rabbi. Hoffentlich mache ich Ihnen keine Ungelegenheiten?»

«Nein, überhaupt nicht. Mein Büro ist hier am Ende des Flurs.»

Als er den Schlüssel ins Schloss steckte, fragte Ames: «Ist das Büro immer abgeschlossen?»

«Alle Büros. Dies hat einen Türschließer, der automatisch die Tür ins Schloss zieht.»

Ames sah sich neugierig um. «Und das ist der Schreibtisch, an dem Hendryx gesessen hat?»

«Ja.»

«Und die Büste?»

«Stand da oben auf dem obersten Regal.»

Sie setzten sich; der Rabbi auf den Drehstuhl, Ames in einen Besuchersessel an der anderen Schreibtischseite. Er sah sich stumm den Raum an. Als er zu schweigen fortfuhr, erkundigte sich David Small höflich: «Haben Sie noch weitere Fragen?»

Ames kicherte. «Ich bin nicht hergekommen, um Sie auszufragen, Rabbi. Vermutlich hat sich das aber am Telefon so angehört. Eigentlich möchte ich Ihnen nämlich was erzählen.»

«Bitte sehr.»

«Sie wissen sicher, wie die Anklagen gegen die vier Studenten lauten?»

Der Rabbi nickte. «Ich denke schon. Brandstiftung und Mord?»

«Jawohl. Das Zünden einer Bombe ist Brandstiftung, und das ist ein Verbrechen. Wir nehmen an, dass die Explosion die Statue zu Fall gebracht hat und Professor Hendryx dadurch getötet wurde. Das macht die Tat zu Mord.»

«Das ist mir klar.»

«Und da es in diesem Staat bei Mord keine Freilassung gegen Kaution gibt, halten wir die Studenten in Haft, bis sie dem Schwurgericht vorgeführt werden. Nehmen die Geschworenen die Anklage an, bleiben sie im Gefängnis, bis der Prozess beginnt.»

«Ja, das weiß ich auch.»

«Was halten Sie davon?», fragte Ames überraschend.

Der Rabbi fühlte sich überrumpelt. «Das verstehe ich nicht. Spielt das, was ich denke, eine Rolle?»

«Nein, ich fürchte nicht, aber ich würde es trotzdem gern wissen.»

Der Rabbi lächelte. «Es ist kein sehr bedeutsamer Zufall, aber ich habe erst gestern im Talmud nach Material für eine Predigt gesucht und kam dabei auf einen Abschnitt, der ein ähnliches Problem berührte.»

«Talmud? Ach, das ist eines Ihrer religiösen Bücher?»

«Es ist eigentlich unser Gesetzbuch. Und der Abschnitt befasste sich nicht mit Mord, sondern mit dem Bürgschaftsrecht und der Verantwortlichkeit des Bürgen.»

«Heißt das, dass dieser Talmud sich mit dem Zivilrecht befasst?»

«O ja», bestätigte der Rabbi, «und mit dem Strafrecht und dem Kirchenrecht – mit allen Rechtsarten, die unser Leben beeinflussen. In unserer Religion trennen wir sie nicht. Also, in diesem Fall ging es um Verlust durch zufälligen Schaden, und es gab Beweise für die Nachlässigkeit des Bürgen. Es ging um die Frage seiner Haftung. Ein Rabbi stellte sich auf den Rechtsstandpunkt, dass Fahrlässigkeit am Anfang einer

Handlung, die einen Schaden zur Folge hat, wenn auch durch Zufall, den Bürgen haftbar macht.»

«Ja, das ist auch der Standpunkt, den wir einnehmen.»

«Aber ein anderer Rabbi war der Ansicht, dass das Grundprinzip anders sein müsse. Selbst wenn am Anfang Fahrlässigkeit vorgekommen ist, ist er nicht haftbar, wenn der Schaden durch einen Zufall verursacht wird.»

«Und wie wurde der Fall entschieden?», fragte Ames, der auf einmal Interesse gewann.

Der Rabbi lächelte. «Er wurde gar nicht entschieden. Wie bei einer größeren Anzahl solcher Fälle wurde die endgültige Entscheidung bis zur Wiederkehr des Propheten Elias hinausgeschoben.»

Ames lachte. «Sehr gut. Ich wollte, wir könnten auf so etwas zurückgreifen.»

Auch der Rabbi lachte. «Das können Sie nicht, es sei denn, Sie glaubten, Elias käme wirklich wieder.»

«Das würde die Lage natürlich verändern.» Ames entdeckte, dass ihm der Rabbi gefiel, und beschloss, sich ihm anzuvertrauen, wie er es geplant hatte. «Um auf den akuten Fall zurückzukommen, Rabbi, gestehe ich Ihnen ein, dass ich über die augenblickliche Situation keineswegs glücklich bin. Die jungen Leute können eine bestimmte Zeit in Untersuchungshaft behalten werden, obwohl sie noch nicht durch ein Gerichtsverfahren für schuldig befunden worden sind. Ich weiß, das ist ein Risiko, dem jeder Bürger ausgesetzt ist. Es kann jedem geschehen. Natürlich ist es dem Einzelnen gegenüber ungerecht, aber andererseits muss der Staat seine Bürger schützen. Wir treffen viele Vorsichtsmaßnahmen, die verhindern sollen, dass ein Unschuldiger darunter zu leiden hat. Die Polizei kann niemand länger als vierundzwanzig Stunden festhalten, ohne dass ein Richter seine Zustimmung gibt, ebenso wie wir Menschen nicht dem Ungemach und den

Härten eines Prozesses aussetzen, ehe nicht ein Schwurgericht entschieden hat, dass es gute Gründe gibt, die gegen sie sprechen.»

«Ich kann kaum annehmen, Mr. Ames, dass Sie gekommen sind, mir die Vorzüge unseres Rechtssystems darzulegen.»

Ames kicherte. «Recht haben Sie, Rabbi. Folgendes: Der Gerichtsarzt hat gerade seinen Befund eingereicht. Seiner Ansicht nach ist der Tod Ihres Kollegen einige Zeit vor der Explosion eingetreten. Nun sind die Untersuchungsergebnisse nicht beweiskräftig. Es können dem Arzt Fehler unterlaufen, wahrscheinlich ist das hier geschehen, aber wenn der Richter damals schon den ärztlichen Befund vorliegen gehabt hätte, würde er niemals die Stellung einer Kaution abgelehnt haben, davon bin ich überzeugt.»

«Aha», sagte der Rabbi. «Was tun Sie denn nun in einer derartigen Situation? So etwas muss ja sicher früher schon einmal vorgekommen sein – nicht genau wie in diesem Fall, aber doch so, dass neue Beweise aufgetaucht sind.»

«Oh, das kommt häufig vor. Normalerweise würde ich in so einem Fall den Verteidiger anrufen und ihm anraten, den Verzicht oder die Verminderung einer Kaution zu beantragen. In diesem speziellen Fall aber hat der District Attorney eine sehr festgelegte Meinung, und dadurch wird alles ein bisschen schwierig. Verstehen Sie?» Er blickte erwartungsvoll zum Rabbi hinüber.

«Ich glaube schon», sagte der Rabbi zögernd. Und dann: «Haben Sie in den anderen Fällen erst die Genehmigung des District Attorney eingeholt?»

«Nein, nein. Ich bearbeite meine Fälle ganz unbeeinflusst. Es ist nicht üblich, dass jemand eingreift.»

Der Rabbi sah ihn an. «Und warum können Sie diesmal nicht genauso vorgehen?»

Ames suchte im Besucherstuhl nach einer etwas bequemeren Stellung. «Weil wir schon darüber gesprochen haben und er dagegen ist.»

«Nehmen wir mal an, Sie machten sich nicht die Mühe, es ihm zu sagen, riefen aber trotzdem an. Würde er nicht vermuten, der Verteidiger hätte den Antrag von sich aus gestellt?»

«Wenn es ein Anwalt wäre, den ich kenne, mit dem ich schon zu tun gehabt habe, ließe sich das ohne jede Schwierigkeit machen. Ich würde durchblicken lassen, dass ich auf eigene Faust handle, und man besser kein Wort darüber verliert. Wissen Sie, in der County gibt es gar nicht so viele Anwälte, die Strafsachen machen, und im Laufe der Jahre habe ich mit den meisten von ihnen gute Kontakte entwickelt. Aber diesmal kenne ich keinen der Männer, die für die Studenten auftreten. Im Übrigen geht es um vier Anwälte, und da würde bestimmt etwas durchsickern.»

«Ah, jetzt sehe ich Ihr Problem.» Der Rabbi schwieg kurze Zeit. Endlich sagte er: «Als Sie mit mir den Fall besprochen haben, haben Sie es unter der Voraussetzung getan, dass ich als Rabbi, das heißt als Priester, der Schweigepflicht unterliege und das, was Sie gesagt haben, als vertrauliche Mitteilung betrachten muss?»

Ames kicherte wiederum. «Sie begreifen schnell, Rabbi. Um aber Ihre Frage zu beantworten: Wenn Sie im Zeugenstand stünden, Rabbi, und aus diesen Gründen die Aussage verweigerten, würde der das Verhör führende Anwalt sofort darauf hinweisen, dass, wenn einer der Gesprächsteilnehmer ein jüdischer Rabbi und der andere ein unitarischer Christ wären, das Recht des Priesters zur Aussageverweigerung keine Anwendung finden könne.»

«Sehr gut, gehen wir von dieser Basis aus. Sagen Sie mir, Mr. Ames, warum sind Sie gerade zu mir gekommen?»

«Von den vier Anwälten scheint mir Paul Goodman der

einzig mögliche zu sein. Er ist erfahren; er stammt aus der Gegend. Dennoch wollte ich erst etwas über ihn erfahren. Ich habe Chef Lanigan angerufen, und er hat den Vorschlag gemacht, ich sollte mit Ihnen reden. Ich habe dem entnommen, dass Sie sich gut kennen.»

Der Rabbi sagte lachend: «Ja, wir haben schon miteinander zu tun gehabt.»

31

Bradford Ames ging langsam durch die Wohnung, blieb vor dem Bücherregal stehen, las Buchtitel oder betrachtete ein Bild an der Wand.

«Was suchen Sie?», fragte Sergeant Schroeder.

«Das weiß ich nicht.» Ames schüttelte den Kopf. «Mir fällt nichts ein. Dieser Hocker da, ist das der, von dem die Putzfrau sagt, er hätte nicht so gestanden, als sie fortgegangen ist?»

«Ja, das hat sie gesagt.»

«Und die Pfeife und der Aschenbecher? War sie sicher, dass die nicht dort standen?»

«Nicht bei der Pfeife. Sie sagt, sie hätte den Aschenbecher sauber gemacht, weiß aber nicht, ob eine Pfeife drin gelegen hat oder nicht. Aber wenn, hätte sie sie in den Ständer gehängt.»

«Das wird stimmen, Sergeant. Als alter Junggeselle weiß ich, dass Putzfrauen immer Aschenbecher sauber machen, ob es nötig ist oder nicht.»

«Frauen auch.»

«Ja?», fragte Ames geistesabwesend. «Tja, Sergeant. Ich neige dazu, ihr das zu glauben.»

«Haben Sie das vorher nicht getan?», fragte Schroeder erstaunt. «Warum nicht?»

«Weil die ganze Sache nicht mehr passt, falls das, was sie sagt, richtig ist.

«Wieso nicht?»

Ames hob einen rundlichen Zeigefinger. «Sie sagt, sie wäre kurz vor drei Uhr, vielleicht zehn vor, fortgegangen. Wir wissen, dass die Bombe kurz nach drei Uhr explodiert ist. Das bedeutet: Hendryx musste in seine Wohnung gehen, den Hocker umstellen, ein Buch aus dem Regal ziehen, die Pfeife anzünden, sich zum Lesen in den Sessel setzen und dann mit einem Affenzahn in sein Büro rüberrennen, um sich von der Statue erschlagen zu lassen – und das alles in fünfzehn Minuten.»

«Er hätte ja mit brennender Pfeife hereingekommen sein können.»

«Ein guter Punkt, aber auch wieder nicht so gut, weil ein halbes Dutzend Streichhölzer im Aschenbecher liegt.»

«Das machen die doch andauernd», wandte Schroeder ein. «Sie benötigen mehr Streichhölzer als Tabak. Meinen Sie, das hätte er in fünfzehn Minuten nicht schaffen können?»

«Na, möglich wäre es», sagte Ames, «aber mehr auch nicht. Möglich, wenn man gegen eine Stoppuhr rennt. Genügt Ihnen das?»

«Nein, Sir», gab der Sergeant zu. «Aber Sie kennen doch den Spruch: Wenn du alles andere ausgeschlossen hast, muss das, was übrig bleibt, die Lösung sein. Andererseits, Mrs. O'Rourke kann mit der Zeit ein bisschen gemogelt haben und in Wirklichkeit ziemlich viel früher gegangen sein. Aber warum sollte sie deswegen lügen?»

Ames zuckte die Achseln. «Die schwindeln immer. Wenn sie ans Telefon gehen, während man nicht da ist, sagen sie, die Verbindung wäre schlecht gewesen, statt dass sie sich die Mühe machen, einen Bleistift zu holen und eine Nachricht aufzuschreiben. Wenn sie was kaputtmachen, verstecken sie's, statt es einem zu sagen. Ich hatte eine, die legte Sachen, die sie kaputtgemacht hatte, an Stellen, wo ich drüber stolpern musste, damit ich denken sollte, ich wär's gewesen.»

«Wir könnten sie nochmal fragen», schlug Schroeder vor.

Auch Ames hielt das für angebracht.

«Was ist mit dem Gerichtsarzt?», fragte der Sergeant. «Hat er zugegeben, dass er sich geirrt haben könnte?»

«Nein. Er besteht darauf, dass seine Zeitangabe stimmt.»

«Dann ergibt das alles keinen Sinn, überhaupt keinen», sagte Schroeder kopfschüttelnd.

Ames kicherte. «Sergeant, über Ärzte kann ich Ihnen was erzählen. Der Arzt ist noch nicht geboren, den ich nicht im Kreuzverhör über eine Todeszeit in Widersprüche verwickeln könnte. Natürlich tue ich das nicht. Meistens sind sie ja auch auf meiner Seite. Aber man braucht wirklich nur die einschlägige Literatur zu lesen, um zu sehen, wie viele Variationen es über den Abschied von dieser Welt gibt. In unserem Fall sagt der Arzt, der Tod wäre zwischen 14 Uhr 10 und 14 Uhr 40 eingetreten. Also fragen Sie ihn, ob es nicht ein wenig früher und ein bisschen später hätte sein können, sagen wir von 14 Uhr 05 bis 14 Uhr 45, und das muss er natürlich als Möglichkeit zugeben. Sie dehnen die Spanne also immer um fünf Minuten aus, bis er dann Einspruch erhebt und sagt, so früh oder so spät hätte es unmöglich sein können. Mittlerweile trauen ihm aber die Geschworenen schon nicht mehr so ganz. Dann fragen Sie, warum er zwischen 14 Uhr 10 und 14 Uhr 40 angegeben hätte, wenn er jetzt zugesteht, dass es zwischen Viertel vor zwei und Viertel nach drei sein könnte. Selbst wenn es ihm gelingt, sich zu beherrschen – die Chance, dass er das nicht kann, ist groß –, werden die Geschworenen ihn nicht für einen sehr objektiven, wissenschaftlichen Zeugen halten, sondern annehmen, er versuchte nur, der Partei zu helfen, von der er bezahlt wird.»

«Donnerwetter!»

«Aber, Sergeant», sagte Ames kichernd, «das sind nur juristische Feuerwerke. Wenn er ein guter Mann ist, der was von seinem Beruf versteht, würde ich merken, dass er die Wahrheit sagt, selbst wenn ich ihn im Zeugenstand zu Hackfleisch verarbeite.»

Schroeder war nun doch sehr verwirrt. «Irrt er sich denn nun oder nicht?»

«Das ist das große Problem, Sergeant. Wenn der Gerichtsarzt nämlich Recht hat, dann war es nicht die Explosion, die die Büste zum Fallen gebracht hat, sondern etwas anderes. Ich habe schon an Erschütterung durch einen vorbeifahrenden schweren Laster gedacht oder um den Schallmauerdurchbruch eines Düsenflugzeugs – aber so etwas muss schon öfter vorgekommen sein, und die Büste ist dabei nie umgekippt. Nein, nein, es deutet alles darauf hin, dass jemand das Ding heruntergezogen hat. Absichtlich. Und das ist Mord, nicht die Folge einer verbrecherischen Tat, sondern glatter, klarer Mord.»

«Wir könnten in Hendryx' Vergangenheit nachforschen, ob es jemand gibt, der ihm den Tod wünschen könnte», schlug der Sergeant vor.

Ames nickte heftig. «Ja, tun Sie das. Unbedingt. Ich würde jeden vernehmen, der an dem Nachmittag im Haus war. Ich würde mir auch die Leute aus der englischen Abteilung vornehmen. Ganz besonders würde ich mich dafür interessieren, warum er nicht wie jeder andere seinen Schreibtisch im großen Büro der Abteilung hatte.»

«Sehr wohl, Sir, ich werde mich darum kümmern.»

32

Dean Hanbury strickte gemächlich vor sich hin, während sie die Fragen des Sergeant beantwortete. «Warten Sie … zwischen 14 und 15 Uhr war ich natürlich hier und habe auf die Studentendelegation gewartet. Präsident Macomber könnte in seinem Büro gewesen sein, aber meine Sekretärin geht freitags schon um zwölf. Dann war Rabbi Small da und natürlich seine Studenten.»

«Er hat gesehen, wie Sie die Tür zugemacht haben.»

Sie lachte. «Oje, hat er das gesehen? Das tut mir Leid. Es war nicht sehr nett von mir. Er ist ein reizender Mensch, aber er nimmt alles so ernst. Jeden Freitag kommt er herein, um mir zu erzählen, wie wenige wieder an seinem Kursus teilgenommen haben. An diesem Freitagmittag wollte ich wegen des Treffens mit den Studenten, und weil der Vormittag so hektisch gewesen war, einfach niemand mehr sehen.»

«Können Sie mir was über Professor Hendryx erzählen?»

«Was, zum Beispiel, Sergeant?»

«Na, über sein Privatleben, seine Freunde, seine engsten Mitarbeiter –»

Sie schüttelte bedauernd den Kopf. «Ursprünglich stammt er aus meiner Heimatstadt, Barnard's Crossing. Ich kenne ihn seit frühester Jugend. Er war natürlich viel älter als ich, aber in einer kleinen Stadt kennt jeder jeden. Als wir ihn bei uns angestellt haben, haben wir seine akademische Laufbahn sehr gründlich überprüft, aber das ist alles. Er hat irgendwo im Westen noch Angehörige. Hier hatte er als Junggeselle keine engen Kontakte.»

Als Antwort auf ein lebhaftes «Herein!» betrat Sergeant Schroeder das Büro von Präsident Macomber, der gerade dabei war, einen Golfball über den Teppich in Richtung auf ein umgekipptes Wasserglas am anderen Ende des Zimmers zu schlagen. «Ah, Sie sind das. Ich dachte, es wäre meine Tochter. Was kann ich für Sie tun?»

«Wir sammeln noch ein paar letzte Auskünfte und überprüfen noch einmal alle Aussagen von Personen, die so zwischen zwei und drei Uhr noch im Hause waren.»

«Oh, ich war auch hier. Ich muss ein paar Minuten vor oder nach halb drei gegangen sein.»

Er hob das Glas auf und ließ den Ball in die Hand rollen. Er wollte schon das Glas wieder auf den Teppich legen, überlegte es sich dann anders und stellte es auf den Schreibtisch. Dann schob er den Golfball in die Tasche und setzte sich. Den Schläger hielt er immer noch in der Hand. «Das ist eine unglückselige Geschichte, Sergeant. Wissen Sie, Dean Hanbury war andauernd hinter mir her, ich sollte Hendryx zum Leiter der englischen Abteilung ernennen. Er war nur kommissarischer Leiter. Und ausgerechnet an dem Morgen habe ich ihr mitgeteilt, ich würde ihn befördern. Da sieht man mal wieder die Bestätigung des alten Spruchs: Der Mensch denkt und …»

Sergeant Schroeder sagte, davon habe Dean Hanbury ihm gegenüber aber nichts erwähnt.

«Na, das ist doch klar. Unter den Umständen, und nachdem es nicht öffentlich bekannt gegeben worden war, warum sollte sie? Außerdem meinte sie sicher, das wäre meine Sache.»

«Ja, das denke ich mir auch», sagte der Sergeant. «Wie ist das, können Sie mir was über Professor Hendryx' Privatleben, seine Beziehungen zu anderen Kollegen oder zu Studenten und besonders zu Studentinnen erzählen? Er war ja schließlich Junggeselle und lebte allein –»

«Die Frage kann ich Ihnen beantworten, Sergeant», sagte Betty Macomber, die gerade das Büro betreten und seine Frage mitgehört hatte. «Professor Hendryx hatte keine Beziehungen der Art, wie Sie sie andeuteten. Ich kannte ihn sehr gut und habe ihn sehr oft gesehen. Wir wollten nämlich heiraten.»

Mary Barton, sehr bald schon Dr. Barton, plauderte ohne jede Bosheit oder Hemmung drauflos. «Ach, ich mochte ihn, aber er war nicht jedermanns Geschmack. Er wurde leicht scharf und sarkastisch und machte gern spitze Bemerkungen, die die Leute verärgerten. Mich hat das nie gestört. Im Gegenteil, mich amüsiert so was. College-Professoren geben sich oft so überheblich, und unsere Abteilung ist da keine Ausnahme, und ich fand es lustig, wenn er ihre kleinen Eitelkeiten bloßstellte … Nein, *gehasst* hat ihn wohl keiner, aber als er ankündigte, er zöge aus dem großen Büro aus, hat ihn bestimmt niemand zum Bleiben überredet … Wie ich das meine? Na, zum Beispiel hat Professor Hallett mal erwähnt, er wolle in Urlaub fahren, worauf Hendryx bemerkte: ‹Davon werden ihre Studenten aber sicher profitieren.› Und dann hat er die Juden immer gefrotzelt. Als er in einem Kurs auf den *Kaufmann von Venedig* zu sprechen kam, hat er gesagt: ‹Na, da werde ich von den Auserwählten aus meinem Kurs viel Interessantes zu hören bekommen.› Wir haben im Kollegium unter den Jüngeren zwei oder drei Juden.» Sie lachte. «Wissen Sie, als ich in den fünfziger Jahren hier angefangen habe, war es allgemeine Politik, in der englischen Abteilung keine Juden einzustellen. Mathematik, Naturwissenschaften, Wirtschaftskunde – okay, aber nicht für Englisch. Ich erinnere mich, dass sie Albert Brodsky abgelehnt haben … Ach, das ist der, der das fabelhafte Buch über Linguistik geschrieben hat … Professor Brodsky von Princeton? Sie haben nie von ihm gehört? Na, glauben Sie mir, der ist absolute Spitze …

Aber was wollte ich sagen? Ach ja, sie waren natürlich alle etwas peinlich berührt und haben so getan, als hätten sie's nicht gehört. Alle, nur nicht Roger Fine. Der hat sich gegen Hendryx gewehrt. Nicht nur das. Ich hab ihn einmal sagen hören, er würde Bekanntschaft mit seinem Stock machen, wenn er nicht den Mund hielte. Fine ist ein bisschen lahm und geht am Stock … Ja, sicher muss das um eine Bemerkung gegangen sein, die Fine als antisemitisch empfand. Vielleicht ist er etwas überempfindlich, aber das sollte ich nicht sagen, weil ich ja nicht jüdisch bin. Ich meine, wenn ich es wäre, würde ich vielleicht anders empfinden. Ich erinnere mich, ich habe Rabbi Small gefragt, ob er Hendryx für einen Antisemiten hielte, aber darauf hat er mit Nein geantwortet. Natürlich war das nach dem Tod von Hendryx, vielleicht dachte der Rabbi: *De mortuis* … Richtig, es war kurz vor dem Gedenkgottesdienst für Hendryx … Ach, ich dachte, Sie kennen das. Es ist ein lateinischer Spruch. *De mortuis nihil nisi bonum.* Das bedeutet, dass man über die Toten nur Gutes sagen soll.»

«Sagt mal, sind die Cops auch bei euch aufgekreuzt?», rief Mazelman in die Klasse. «Bei mir tanzt doch tatsächlich ein Sergeant zu Hause an und quetscht mich aus –»

«Was meinst du damit?»

«Na, wer am Freitag in der Vorlesung war, an dem Freitag, an dem es Hendryx erwischt hat? Hab ich jemand im Haus gesehen? Allmählich kommt dann raus, dass es um die Zeit zwischen zwei und drei Uhr geht. Ich hab ihm dann gesagt, dass ich um zwei schon am Flughafen war, weil der Rabbi launisch war und uns hat sitzen lassen. Mann, war der platt!»

«Du Arschloch!»

Mazelman verfärbte sich. «Was soll das, Luftig?»

«Warum musstest du ihm denn das sagen?»

«Warum nicht? Ist das ein Geheimnis?»

«Ich hab's nicht gern, wenn man seine schmutzige Wäsche in der Öffentlichkeit wäscht», beharrte Luftig.

«Na, das hat sich einfach so ergeben. Übrigens, seit wann bist du denn so ein großer Spezi vom Rabbi? Du zankst dich doch dauernd mit ihm rum.»

«Na und? Muss ich ihn deshalb gleich den Wölfen vorwerfen?»

«Wer wirft ihn denn den Wölfen vor?», begehrte Mazelman auf. «Und im Übrigen, mach dir keine Sorgen um den Rabbi. Ein so gerissener Kerl kann auf sich selber aufpassen.»

«Wenn man erst mal anfängt zu graben, findet man auch was», sagte Sergeant Schroeder in grimmiger Selbstzufriedenheit zu Bradford Ames, der gerade seinen Bericht zu Ende gelesen hatte. «Warum, zum Beispiel, hat uns diese Dekanin nicht gesagt, dass Hendryx Leiter der Abteilung werden sollte?»

«Weil sie es, als Sie sie zum ersten Mal gefragt haben, vermutlich nicht für wichtig gehalten hat. Den Grund, den Präsident Macomber nannte, halte ich für stichhaltig.»

«Ich begreife das nicht. Ein Mann ist ermordet worden.»

«Sie müssen doch jetzt einen neuen Mann für den Posten benennen, nicht wahr? Warum sollen sie ihm sagen, dass er zweite Wahl ist?»

«Ja, gut …» Der Sergeant war nicht überzeugt. «Ich muss natürlich noch eine Reihe anderer fragen.»

«Ja, Sie sagten, Sie wollten nochmal mit der Putzfrau reden.»

«Sie wollten mit dabei sein, Sir.»

«Stimmt, das will ich unbedingt. Gibt's was über den ausgerückten Studenten, diesen Ekko?»

Schroeder grinste zufrieden. «Ich glaube, dem sind wir auf der Spur. Freitag, am Spätnachmittag, ist ein junger Mann in den Bus nach Albany gestiegen. Er hat sich neben einen Mann gesetzt, der in Springfield ein Friseurgeschäft hat. Nun stellt sich heraus, dass der Friseur einem seiner Kunden von dem jungen Burschen erzählt hat, der ihn zum Besten halten wollte, und dem er es damit heimgezahlt hat, dass er ihm auf den Kopf zugesagt hat, er trüge eine Perücke und einen falschen Bart. Unser Glück will es, dass der Kunde ein Mann von der Kriminalpolizei in Springfield ist und unsere Meldung über diesen Ekko gelesen hat, der kahl wie ein Ei ist. Der Beamte hat daraufhin dem Bild auf dem Steckbrief Haare und einen Schnurrbart aufmalen lassen – und der Friseur hat ihn einwandfrei erkannt. Ich glaube, es wird nicht mehr lange dauern, bis wir ihn haben.»

«Sehr gut», lobte Ames. «Sind Sie mit dem College schon durch?»

«Nein, es fehlen noch Professor Fine, der Rest der Studenten des Rabbi und natürlich der Rabbi selber. Mit dem werde ich mich wohl etwas näher befassen müssen.»

«Mit dem Rabbi?» Ames sah erstaunt auf.

«Ganz richtig. Der hat 'ne Menge zu erklären. Ich hab Ihnen doch erzählt, dass er damals nicht mit mir reden wollte, weil Sabbat war. Na, und als er sich dann endlich dazu bequemt, erwähnt er kein Wort darüber, dass er schon nach zehn Minuten nach Kollegbeginn aus seiner Klasse davongelaufen ist.»

«Und warum messen Sie dem so große Bedeutung zu?»

«Überlegen Sie doch, Sir. Wenn er seine Klasse kurz nach eins, das Haus aber erst nach zwei Uhr verlassen hat, dann war er über eine Stunde mit Hendryx zusammen. Bitte, was haben sie in der Zeit gemacht?»

«Was am naheliegendsten ist – geredet.»

«Jawohl!» Schroeder schien dies als verdächtig anzusehen. «Und nun erinnern Sie sich an die Aussage dieser Miss Barton. Hendryx war ein Antisemit.»

«Worauf wollen Sie hinaus, Sergeant?»

«Also: wenn der Rabbi zugibt, gegen zehn nach zwei gegangen zu sein, und der Arzt die Todeszeit zwischen zehn nach zwei und zwanzig vor drei festlegt, und der Rabbi bis zu diesem Zeitpunkt mit Hendryx allein war, mit Hendryx, einem bekannten Antisemiten, und er dazu noch ein Rabbi … Nehmen wir an, sie haben gestritten. Nehmen wir an, der Arzt liegt mit der Zeit nicht ganz richtig. Es geht um die zehn oder fünfzehn Minuten, von denen Sie selber gesprochen haben – nur, dass es *früher* ist, nicht später. Sir, wenn nun gar kein Plan erforderlich gewesen wäre, wenn es eine spontane Handlung …»

Bradford Ames starrte ihn an, als sähe er ihn zum ersten Mal. Schroeder hatte es offenbar noch nicht verwunden, dass der Rabbi sich anfangs geweigert hatte, mit ihm zu sprechen.

«Und wie zieht er den Gipskopf herunter, Sergeant?», fragte Ames sanft. «Haben Sie darüber nachgedacht?»

«Hab ich», sagte Schroeder. «Auf den Regalen liegen alte Bücher und Hefte. Nehmen wir an, der Rabbi entdeckt ein Buch, das er lesen oder ansehen will. Wenn es auf dem obersten Bord steht, muss er raufklettern. Er klettert also rauf und ist direkt neben der Büste. Dann braucht er ihr nur einen kleinen Stoß zu geben. Vielleicht war es ja auch wirklich nur ein Unfall.» Er hatte plötzlich einen Gedanken. «Vielleicht wollte er deswegen zu Dean Hanbury, um ihr zu sagen, es sei ein Unfall passiert, und sie solle einen Arzt rufen. Aber sie macht ihm die Tür vor der Nase zu. Er muss natürlich ganz durcheinander gewesen sein. Und jetzt frage ich Sie: Geht ein Mann, der gerade so etwas erlebt hat, direkt nach Hause?» Er schüttelte den Kopf. «Nein, Sir. Er fährt eine Weile herum und versucht, sich klar zu werden, was er tun soll. Darum ist er so spät nach Hause gekommen. Und dann, als ich angerufen habe, hatte er schon von der Bombenexplosion gehört. Klar, dass er nicht mit mir reden wollte, ehe er einen festen Plan hatte.»

«Aber –»

Der Sergeant beugte sich aufgeregt vor. «Jetzt kommt der Knüller! Erinnern Sie sich, was für Gedanken wir uns gemacht haben, wie der Mörder hereingekommen ist, ohne dass Hendryx aufstehen musste, um ihm die Tür zu öffnen? Bitte, es gibt eine Person, die das konnte, und das ist der Rabbi. *Weil er selber einen Schlüssel hatte!* Oh, ich habe eine Menge Fragen für den Rabbi –»

«Nein.»

«Nein?»

«Nein, Sergeant, ich werde mit ihm sprechen.»

33

Nur ein paar der engsten Freunde der Selzers waren gekommen, um ihnen zur Freilassung ihres Sohnes zu gratulieren. Jetzt lauschten sie dem Vater in verzückter Aufmerksamkeit.

«Und da kommt der Rabbi, und ich offeriere ihm eine Tasse Kaffee. Dabei hatte ich zu der Zeit gar keine Lust, Besucher zu bewirten, versteht ihr. Aber wenn ich der Chefin erzählt hätte, der Rabbi wäre gekommen und ich hätte ihm nichts angeboten, Mann, hätte ich was zu hören bekommen!» Er sah liebevoll seine Frau an, die neben ihm auf dem Sofa saß und seine Hand streichelte.

«Aber er sagt, er hat's eilig und kann nicht lange bleiben. Und dann sagt er: ‹Ich glaube, es wäre eine gute Idee, wenn Sie mal mit Mr. Goodman sprächen. Sagen Sie ihm, er soll einen Antrag auf Freilassung Ihres Sohnes stellen; er soll selber bürgen oder eine mäßige Kaution anbieten.› Einfach so. – Nun hab ich aber, seit uns das geschehen ist, von allen Leuten gute Ratschläge bekommen. Nicht nur von Freunden und Bekannten, sondern auch von Leuten, die ich kaum kenne oder die mir ganz fremd sind. Einer ruft mich an und sagt, ich soll den Anwalt nehmen, von dem die Presse behauptet hat, dass er alle seine Mandanten freibekommt. Ein anderer sagt, ich soll an alle Zeitungen schreiben und eine Pressekampagne starten. Und dann haben ein paar Irre angerufen und gesagt, wenn ich mich Jesus unterwürfe, würde er es in die Hand nehmen. Und einer ist tatsächlich zu mir gekommen und hat gesagt, ich könnte Abner morgen zu Hause haben, wenn ich Ströme in meinem Gehirn aktiviere, die sich dann mit denselben Strömen in den Köpfen des Richters und des D. A. verbänden und ihnen sagten, sie müssten Abner entlassen und nach Hause schicken. Gott sei mein Zeuge! Es war ihm todernst damit, und er redete wie ein College-Professor.»

«Nun erzähl schon weiter», unterbrach ihn seine Frau.

«Recht hast du. Also: da war der Rabbi und sagte mir, was ich meinem Anwalt erzählen sollte. Und er schlägt das nicht nur vor – ich sollte das mit Goodman besprechen oder ihn fragen, ob das nicht eine gute Idee wäre. Nein. Er sagt: ‹Sagen Sie ihm.› Aber ihr kennt mich ja. Wenn ich krank werde oder einer aus der Familie, was Gott verhüten möge, dann rufe ich nicht einen Arzt an und sage ihm, was für Pillen er mir geben soll. Er ist schließlich der Fachmann. Und darum bezahle ich ihn auch. Mit einem Anwalt ist das genauso. Wenn ich ihm sage, was er machen soll, wozu brauche ich ihn dann?»

Selzer sah sich im Zimmer um. «Andererseits werde ich das dem Rabbi nicht ins Gesicht sagen, weil er – na, weil er der Rabbi ist. Ich meine, vielleicht bin ich darin komisch oder es liegt an meiner Erziehung, aber mit einem Rabbi rede ich nicht so wie mit einem normalen Menschen. Wenn mir ein Rabbi sagt, ich soll was tun, dann tu ich es vielleicht, vielleicht aber auch nicht, nur diskutieren würd ich nie mit ihm. Nun liegt es aber so, dass ich Rabbi Small für einen guten Mann halte und finde, dass wir Glück haben, dass er hier ist. Als

Rabbi, meine ich jetzt natürlich, versteht ihr? Denn dies ist eine praktische Sache, und ich halte nun mal Rabbi Small oder irgendeinen anderen Rabbi nicht für einen praktischen Mann. Darum hab ich mich sehr höflich bei ihm für seine Teilnahme bedankt und hätte wahrscheinlich alles vergessen, wenn ich nicht wegen der neuen *Times* zum Drugstore gegangen wäre. Und wen treffe ich da? Den alten Jake Wasserman, der mit Al Becker spazieren geht.»

«Ach?», sagte Berkowitz. «Wie geht's dem alten Knaben? Ich hab ihn seit Monaten nicht gesehen.»

«Er sieht prima aus, wirklich prima», erwiderte Selzer. «Natürlich ist er schrecklich dünn, und seine Haut ist fast durchsichtig, so blass ist er. Beim Gehen schlurft er vor sich hin und hält sich an Becker fest, als würde er umfallen, wenn er losließe, aber sonst fand ich ihn sehr gut aussehend. Natürlich bleiben wir auf einen Schwatz stehen, und er fragt, was es in der Sache meines Jungen Neues gäbe, und ich sage ihm, es gäbe nichts Neues, alles wäre wie immer. Na, während wir so reden, bemerkte ich so nebenbei, dass der Rabbi bei mir war, und was er gesagt hat.

Und da fragt Wasserman: ‹Haben Sie es denn Goodman mitgeteilt?› Daraufhin erkläre ich ihm, dass ich keinen Sinn drin sehe, einem Anwalt zu sagen, wie er seine Arbeit tun soll. Aber der alte Jake schüttelt den Kopf und zeigt, dass er nicht meiner Meinung ist, und dann sagt er: ‹Der Rabbi ist zu Ihnen gekommen? Sie sind ihm nicht zufällig über den Weg gelaufen wie jetzt uns beiden› – ‹Nein, nein›, sage ich. ‹Er ist zu mir gekommen.›

Als Nächstes fragt Al Becker: ‹Nur deswegen, oder hat er noch was anderes von Ihnen gewollt?› – ‹Nein›, sage ich, ‹nur deswegen.›

Ja, und dann legt mir Wasserman die Hand auf den Arm und sieht mir tief in die Augen. ‹Glauben Sie mir, Mr. Selzer, sagte er dann ganz ernst, ‹wenn der Rabbi sich extra die Mühe macht, Ihnen das zu sagen, dann sollten Sie seinem Rat folgen.›»

Selzer sah von einem zum anderen. «Also, um die Wahrheit zu gestehen, ich wollte lachen und es abwehren. Wasserman ist ja schließlich ein sehr alter Mann.»

«Und wir wissen alle, dass er glaubt, die Sonne geht mit dem Rabbi auf und unter.»

«Das kann man wohl sagen», stimmte Selzer zu. «Darum wollte ich es ja auch abtun, aber dann sagt auch noch Al Becker, der ein praktischer und sehr erfolgreicher Geschäftsmann ist: ‹Das ist ein guter Rat, Selzer, und wenn Sie den nicht befolgen, werden Sie sich hinterher noch lange Vorwürfe machen.›

Tja, und da bin ich unruhig geworden. Wenn man bedenkt: ein Mann wie Becker, ein großer Geschäftsmann, was der schon alles mit Anwälten zu tun gehabt hat! Ich meine, der weiß doch Bescheid. Und dann denke ich: Vielleicht verpasse ich doch eine Chance. Und warum hab ich eigentlich Angst vor Paul Goodman? Ich meine, ich bezahle ihn doch, oder nicht? Ich bin kein Wohlfahrtsfall. Na, als ich nach Hause gekommen bin, hab ich ihn angerufen. Und um eine lange Geschichte kurz zu machen; er stellt den Antrag. Und was passiert? Dank unserem Rabbi ist Abner oben und holt den verpassten Schlaf nach.»

34

«Nur eine Frage, Rabbi», sagte Bradford Ames und lächelte liebenswürdig. Sie saßen wieder in dem winzigen College-Büro des Rabbi. «Warum haben Sie Sergeant Schroeder nicht erzählt, dass Sie am Freitag vorzeitig aus Ihrer Vorlesung gegangen sind?»

Rabbi Sall wurde rot. «Vermutlich, weil es mir peinlich war. Er hat auch nicht gefragt, um welche Zeit ich aus dem Hörsaal gekommen bin, sondern nur, wann ich das Gebäude verlassen habe. Sicher, ich hätte es erwähnen sollen, aber Lanigan war dabei und meine Frau, und ich habe mich geniert zuzugeben, dass ich Ärger mit den Studenten gehabt hatte.»

«Gut, dann frage ich das jetzt, Rabbi. Wann haben Sie den Hörsaal verlassen?»

«Es kann kaum später als zehn oder Viertel nach eins gewesen sein», antwortete der Rabbi prompt. «Und ich bin sofort hierher gekommen.»

«War Hendryx hier?»

«Er saß oder vielmehr lag in eben diesem Stuhl.»

«Und Sie sind bis kurz nach zwei Uhr hier geblieben?»

«Hm.»

«Sie saßen hier etwa eine Stunde lang zusammen und haben ein freundschaftliches Gespräch geführt?»

«Ja, so war es, Mr. Ames.»

«War es freundschaftlich, Rabbi? Haben Sie ihn als Freund betrachtet?»

«Nein, das nicht gerade», sagte der Rabbi. «Wir teilten uns dieses Büro, mehr war nicht dran.»

«Aber Sie haben sich immerhin eine Stunde lang unterhalten», gab Ames zu bedenken. «Worüber, wenn ich fragen darf?»

«Ach, zum größten Teil über Erziehungstheorien.» Der Rabbi errötete schon wieder. «Anfangs wollte ich nur abwarten, ob einer aus der Klasse käme, um sich für ihr Benehmen zu entschuldigen. Und dann bin ich geblieben, weil ich – ja, weil ich schließlich für die Zeit bezahlt wurde.»

Ames sah den Rabbi neugierig an. «Eine erfreuliche Einstellung, wenn Sie mir diese Bemerkung gestatten. Und dann, auf der Heimfahrt, haben Sie unterwegs angehalten, eine Tasse Kaffee getrunken und sich in ein Buch vertieft. Sie sind erst ziemlich spät nach Hause gekommen.»

«Ja, das stimmt», bestätigte der Rabbi.

Ames kicherte und lachte dann laut auf. «Ich glaube Ihnen, Rabbi. Und wissen Sie warum? Weil es eine so verdammt unwahrscheinliche Erklärung ist, dass ich mir einfach nicht vorstellen kann, dass Sie sie erfunden haben.»

Der Rabbi grinste.

«Haben Sie jetzt alles erzählt?», fragte Ames und zog ihn ein bisschen auf. «Halten Sie nichts zurück, weil es Ihnen peinlich sein könnte oder Sie es für unwichtig erachten?»

«Wie soll ich das wissen?», fragte der Rabbi. «Wie soll ich entscheiden, was wichtig ist und was nicht, wenn ich nicht weiß, in welche Richtung sich Ihre Gedanken bewegen oder in welchem Stadium sich Ihre Ermittlung befindet.»

Ames nickte. Sollte er es ihm sagen? Normalerweise würde er nie einem Außenseiter die Resultate einer nicht abgeschlossenen Ermittlung anvertrauen, aber, andererseits, der Rabbi konnte vielleicht helfen. Er war klug und feinfühlig und hatte fast eine Stunde lang mit Hendryx kurz vor dessen Tod gesprochen. Wenn er wusste, wonach sie suchten, erinnerte er sich vielleicht an eine Bemerkung, die wichtig sein konnte. Sergeant Schroeder würde zweifellos nichts davon halten, wahrscheinlich der District Attorney auch nicht. Und das gerade gab den Ausschlag. Er gewann Gefallen an seiner Idee und erzählte bis in alle Einzelheiten, was sie bisher entdeckt hatten. «Sehen Sie», sagte er dann abschließend, «am Ende bleiben nur zwei Möglichkeiten übrig: Entweder lügt Mrs. O'Rourke, oder der Gerichtsarzt hat einen Fehler gemacht.»

Der Rabbi saß lange still, dann stand er auf, umkreiste den Schreibtisch und ging auf und ab. «Die beiden halten sich nicht die Waage», sagte er endlich. «Sie haben nicht das gleiche Gewicht. Denn wenn Sie dem Gerichtsarzt Glauben schenken –» ganz unbewusst fiel er in den talmudischen Singsang – «dann müssen Sie nicht nur annehmen, dass Mrs. O'Rourke gelogen hat, sondern auch, dass die Büste nicht durch die Explosion der Bombe zu Fall gebracht worden ist. Wenn Sie aber glauben, dass dem Gerichtsarzt ein Fehler unterlaufen ist, und Mrs. O'Rourke die Wahrheit gesagt hat, dann ist es möglich, dass Hendryx mittelbar durch die Bombe getötet wurde. Aber das ist nicht wahrscheinlich. So haben Sie nun eine Unmöglichkeit auf der einen und eine Unwahrscheinlichkeit auf der anderen Seite.»

«Ich verstehe, wie Sie das meinen, dass die beiden sich nicht die Waage halten.» Ames rutschte lachend auf dem Stuhl herum. «Ihr Gesinge –»

«Oh, hab ich gesungen? Das ist mir nicht aufgegangen. Es ist die übliche Begleitung zu talmudischem Argumentieren. Ich glaube, ich mache das, ohne dass es mir bewusst wird.»

«Ich verstehe.» Ames kehrte zum Thema zurück. «Natürlich, Sie haben Recht damit, dass wir im besten Fall mit einer Unwahrscheinlichkeit enden. Das offene Buch und der am falschen Platz befindliche Hocker sind eine Sache von ein, zwei Minuten. Sie können sich zum Lesen in einem Sessel niederlassen, sich erinnern, dass Sie noch etwas zu erledigen haben, und das Buch aus der Hand legen, ohne eine Zeile gelesen zu haben. Aber die Pfeife und die vielen Streichhölzer …»

Der Rabbi, der die Wanderung fortgesetzt hatte, blieb nun stehen. «Rauchen Sie?»

«Nein, vielen Dank.»

«Oh, so hab ich es nicht gemeint. Ich wollte nur wissen, ob Sie rauchen.»

«Nein», sagte Ames, «nie, auch früher nicht. Ich hatte als Kind Asthma und hab nie damit angefangen.»

«Ich habe geraucht, aber aufgehört, als es mir zu schwer wurde, während der Woche zu rauchen und es am Sabbat nicht zu dürfen. Während meiner College-Zeit hab ich Pfeife geraucht. Als Student konnte man dem kaum widerstehen, wenigstens nicht zu meiner Zeit.»

«Das war in meiner Zeit auch so.»

«Ich hab's mir allerdings nie richtig angewöhnt», fuhr der Rabbi fort. «Das taten nur die wenigsten Studenten. Es ist ein Trick dabei, und lange ehe man den gelernt hat, hat man sich die Zunge verbrannt und aufgegeben. Wenn ich mich also in den Sessel gesetzt und eine Pfeife geraucht hätte, ergäben die vielen Streichhölzer, die Sie gefunden haben, einen Sinn. Bis man es kann, geht einem andauernd die Pfeife aus, und man muss sie wieder neu anzünden. Man macht aus seinem Mund einen Blasebalg und zieht und pufft – und sie geht trotzdem aus. Aber nicht bei Hendryx. Der konnte Pfeife rauchen und genoss es. Ich habe ihm dabei zugesehen und ihn fast beneidet. Er hat sie angezündet – mit nie mehr als einem Streichholz –, hat den Tabak runtergedrückt und sie dann in Gang gehalten, absolut mühelos.»

«Was wollen Sie damit sagen, Rabbi?»

«Wenn jemand sechs Streichhölzer brauchte, um die Pfeife anzuzünden und in Gang zu halten, dann war es nicht Professor Hendryx.»

«Sie unterstellen also, dass jemand in die Wohnung kam und eine seiner Pfeifen rauchte, um den Anschein zu erwecken, Hendryx sei zurückgekommen, nachdem die Putzfrau schon gegangen war?»

Der Rabbi nickte.

«Aber das kann dann nur bedeuten, dass die betreffende Person vortäuschen wollte, Hendryx sei zu einer Zeit noch am Leben gewesen, während er bereits tot war.»

Wiederum stimmte der Rabbi zu.

«Das aber bedeutet, dass der Pfeifenraucher sich selbst ein Alibi geschaffen hat, weil er Hendryx ermordet hat.»

«Wenigstens kommen wir so zu einer dritten Möglichkeit», sagte der Rabbi mit dem Anflug eines Lächelns.

«Wieso eine dritte?»

«Sie sagten zu Anfang, es gäbe nur zwei: Entweder irrte sich der Gerichtsarzt oder die Putzfrau. Dies aber deutet darauf hin, dass beide Recht hatten, dass der Arzt die richtige Zeit angegeben hat und die Putzfrau die Wahrheit sagt.»

Ames stimmte ihm zögernd zu. Dann kam ihm ein Gedanke. «Aber nehmen wir mal an, die Fingerabdrücke auf der Pfeife stellen sich als die von Hendryx heraus?»

«Das wäre nur zu erwarten. Seine Abdrücke müssten auf all seinen Pfeifen sein. Der Mörder musste nur vorsichtig sein und sie nicht verwischen. Die Putzfrau hat sie bestimmt nicht abgestaubt. Eine Pfeife ist ebenso persönlich wie eine Zahnbürste.»

Bradford Ames lehnte sich zurück. «Wissen Sic, Rabbi, dass Sie ein sehr schlaues Kind sind? So, und nun erzählen Sie mir noch, wie der Mörder in die Wohnung gekommen ist.»

Der Rabbi schüttelte den Kopf. «Das weiß ich nicht.»

35

Es war Sergeant Schroeder anzumerken, dass er sehr zufrieden war. «Wir haben diesen Ekko festgenommen», berichtete er, kaum dass er Hendryx' Wohnung betreten hatte.

«Gratuliere. Hat er geredet?», erkundigte sich Ames.

«Nein, aber das wird schon kommen.» Schroeder war zuversichtlich. «Wir lassen ihn eine Weile im eigenen Saft schmoren, nehmen dann den Deckel ab, und dann kocht alles über. Warten Sie's ab.» Er verstummte, als draußen ein Streifenwagen der Polizei vorfuhr. «Da kommt Mrs. O'Rourke.»

Die Frau machte einen etwas verstörten Eindruck. Schroeder begann sehr brüsk: «Wir werden Ihnen einige Fragen stellen, Mrs. O'Rourke, und diesmal möchten wir die Wahrheit hören.»

«Überlassen Sie das bitte mir, Sergeant», griff Ames ein.

Die Frau war sichtlich erleichtert. «So, Mrs. O'Rourke», sagte er nun ganz freundlich, «ich möchte Sie bitten, etwas für uns zu tun. Können Sie die Wohnung für uns noch einmal genauso putzen, wie Sie es beim letzten Mal gemacht haben? Verstehen Sie?»

«Ja, Sir. Gleich?»

«Das wäre am allerbesten, Mrs. O'Rourke.»

«Ja, also meistens fange ich da an.» Sie folgten ihr in die kleine Küche. Sie gab vor, Geschirr vom Tisch zu nehmen und in das Spülbecken zu stellen. «Meinen Sie so?»

«Einen Moment, Mrs. O'Rourke», warf Ames ein. «Behalten Sie dazu immer den Mantel an?»

«Nein, den ziehe ich natürlich erst aus und hänge ihn in den Schrank.»

«Dann tun Sie das bitte jetzt auch. Und wie kommen Sie herein?»

«Ich klingle an der Tür, und Professor Hendryx macht auf.»

«Schön. Dann gehen Sie bitte raus, und wir fangen von vorn an.»

«Das ist wie ein – wie ein Theaterstück, nicht, Sir?», fragte die entzückte Mrs. O'Rourke.

«Ja, Mrs. O'Rourke», sagte Ames ganz ernst. Er und Schroeder sahen stumm zu, während sie vorgab, die Wohnung zu säubern.

«Wenn ich mit diesem Zimmer fertig bin», sagte sie, sich für ihre Rolle erwärmend, «kippe ich meistens den Papierkorb aus.»

«Lassen Sie sich nicht stören.»

«Aber er ist doch leer.»

«Lieber Himmel, Frau! Dann tun Sie so, als wäre er voll», stöhnte Schroeder.

Gehorsam nahm sie den Papierkorb auf und öffnete die Tür.

«Lassen Sie die Tür offen?», fragte Ames.

«Nein. Hier zieht's zu oft, dann schlägt sie zu.»

«Dann machen Sie sie zu, und Professor Hendryx öffnet Ihnen, sobald Sie klopfen?»

«Nein, Sir, das würde ihn doch stören. Ich schiebe den Riegel vor.»

Ames ließ es sich vorführen. Sie sahen ihr nach, wie sie über den Flur zum Hintereingang ging und in einer schwungvollen Bewegung den Papierkorb scheinbar in einen großen Abfallbehälter leerte. Dann kam sie mit dem Papierkorb wieder zurück und trug ihn an seinen Platz.

«Ziehen Sie jetzt nicht den Riegel an der Tür zurück?»

«O nein, Sir, weil ich doch immer wieder raus muss, um die Zeitungen rauszutragen und den Mopp auszuschütteln.»

«Aha. Und was ist, wenn Professor Hendryx nicht hier ist?», fragte Ames. «Wenn er ins College gegangen ist?»

«Mach ich's auch so. Es kommt nie jemand herein, und ich bin doch nur bei der Hintertür.»

«Und als Sie damals fertig waren und gehen wollten, haben Sie da dran gedacht, den Riegel zurückzuschieben?»

Ihre Hand flog an den Mund; sie starrte schuldbewusst in die strengen Gesichter der beiden Männer.

«Nun?» Ames' Stimme war plötzlich hart.

«Ich kann mich nich erinnern, Sir», jammerte sie. Dann verteidigte sie sich ganz automatisch. «Aber was macht das denn aus? Der Professor ist doch immer den ganzen Tag mal hier und mal dort gewesen, und es war doch nur eben über die Straße. Und hier ist es gar nicht passiert; es ist doch drüben geschehen.» Ganz plötzlich legte sie die Hände vors Gesicht und begann zu weinen.

36

Die Geschichte über die Rolle, die der Rabbi bei der Freilassung des jungen Abner Selzer gespielt hatte, verbreitete sich rasch; die Selzers hatten keinen Anlass, sie zu vertuschen, ganz im Gegenteil. Die Reaktionen waren unterschiedlich.

«Ich bin gar nicht so sicher, dass der Rabbi da was Gutes getan hat. Haben die Studenten die Bombe gelegt oder nicht? Und wenn du mich fragst: Das Gefängnis ist genau der richtige Platz für sie.»

Andere freuten sich. «Unser Rabbi, also, Hut ab! Ich weiß nicht, wie er's macht und was er überhaupt macht, aber für so was muss er einen sechsten Sinn haben. Erinnert ihr euch noch an die Sache mit Hirsh? Alle glaubten, er hätte Selbstmord begangen, und es gab das Theater über die Beerdigung auf unserem Friedhof, und dann hat der Rabbi entdeckt, dass der Kerl ermordet worden ist, und damit war dann alles gut.»

Einige versuchten die Rolle des Rabbi herunterzuspielen. «Willst du wissen, was ich meine? Ich meine, der Rabbi hat mit Selzer gesprochen, schön und gut, und er hat auch geraten, er soll ihn gegen Kaution rausholen. Das hätte ja jeder so gemacht. Und dann, als es geklappt hat, hat Selzer groß die Trommel gerührt, weil der Rabbi seiner Meinung nach ein wahres Gottesgeschenk für Barnard's Crossing ist. Also bitte, ich sage nichts gegen unseren Rabbi, persönlich stehe ich ganz hinter ihm, na, fast ganz. Sagen wir es so: Wenn du die Gemeinde in Pro-Rabbi und Anti-Rabbi aufspalten wolltest, dann würd ich mich schon der Pro-Rabbi-Seite anschließen. Aber deswegen braucht man ja nicht gleich außer Rand und Band zu geraten. Was ist daran schon so großartig?»

Als Paul Goodman von einem Freund darauf angesprochen wurde, grinste er und sagte geheimnisvoll: «Darum erlauben Sie vor Gericht keine Beweise, die auf Hörensagen beruhen.»

«Meinst du, er hat nichts damit zu tun gehabt? Aber Selzer sagt doch –»

«Das habe ich nicht behauptet. Mr. Selzer ist zu mir gekommen, um mich zu bitten, einen Antrag zu stellen. Das hatten wir sowieso vor, sobald dieser andere junge Mann von der Polizei festgenommen wäre. Übrigens erinnert mich das an etwas, was mir Doc Simons, der Kinderarzt, mal erzählt hat. Fast immer stellte er fest, dass er die Mutter behandeln muss und nicht das Kind. In einer Strafrechtspraxis ist das genauso, wenn du einen jugendlichen Klienten vertrittst. Da musst du dir die meiste Mühe mit den Eltern geben. Und wenn es dann noch jüdische Eltern sind …»

Es war nicht verwunderlich, dass die Gegner des Rabbi seinen Beitrag abzuwerten suchten. Sie gaben zwar zu, dass er es geschafft hatte, deuteten aber an, dass der Rabbi vermutlich einen Wink von seinem Freund Lanigan, dem Polizeichef, bekommen habe, der es wiederum von der Bostoner Polizei wissen müsse, «weil die Polizisten alle unter einer Decke stecken».

Lanigan traf den Rabbi bald danach. «Bradford Ames hat sich bei der Sache nicht in die Karten sehen lassen», sagte er. «Sogar mein Freund Schroeder war überrascht. Er glaubt, der D. A. hätte die Kinder laufen lassen, weil er sich von einem Prozess gegen diesen Ekko mehr verspricht, als wenn er alle fünf anklagt.»

«Haben sie den jetzt gefunden?», erkundigte sich der Rabbi.

«Ach, wussten Sie das noch nicht? Laut Schroeder ein reiner

Glückstreffer. Glück braucht man schon, weil diese jungen Leute heutzutage einen richtigen Untergrund haben. In jeder Stadt gibt's Adressen, wo sie hingehen können. Wenn früher ein Verbrecher auf der Flucht war, hatte er es schwer. Je intensiver er verfolgt wurde, umso schwerer fand er ein Versteck. Aber bei diesen jungen Leuten ist es genau umgekehrt. Wenn einer vor der Polizei davonrennt, nicht nur vor den Eltern, umso hilfsbereiter werden sie. Seit etwa einem Jahr ist es ein bisschen besser geworden, weil das FBI eine Menge von diesen Gruppen infiltriert hat, aber trotzdem finden wir nicht viele, die nicht gefunden werden wollen. Sie sehen alle gleich aus – die gleiche Kleidung, wilde Haare und Bärte. Und die Mädchen lassen die Haare herunterhängen, dass sie das halbe Gesicht verdecken. Wenn sie geschnappt werden, dann meistens, weil sie nicht mehr länger rennen mögen.»

«Hat Schroeder gesagt, wie die Anklage gegen den jungen Mann lauten wird?», fragte der Rabbi.

«Ich schätze, dass sie die Mordanklage fallen lassen; sie werden sich an die Brandstiftung halten, weil sie da leichter einen Schuldspruch erzielen. Es sollte mich übrigens nicht wundern, wenn gar nichts dabei herauskäme.» Lanigan schüttelte den Kopf. «Sie sollten mal hören, wie bitter sich die Polizeibeamten beklagen. Für den Normalbürger sind das verirrte oder irregeführte Kinder, aber doch keine Verbrecher! Niemals! Wenn ein Student klaut, dann nur, um das Geld dem Friedens-Fonds oder dem Umweltschutz zu geben. Sie sind lauter kleine Robin Hoods.»

Lanigan strich sich über das Gesicht und sprach verbittert weiter. «Früher mal hat ein Gauner gestohlen, um sich ein neues Auto und schicke Klamotten zu kaufen. Aber diese jungen Leute fahren alte Klapperkästen und tragen zerlumptes Zeug. Das beweist, dass sie alle Idealisten sind, ja? Nein! Unsere Leute wissen, dass sie Hi-Fi-Stereoanlagen im Wert von ein paar tausend Dollar haben und dass sie für ihren Rauschgiftkonsum bis zu hundert Dollar pro Tag ausgeben.»

Lanigan hatte sich jetzt in ein Stadium düsteren Zynismus hineingeredet. «Ich sage Ihnen jetzt schon, Rabbi, aus dem Fall an Ihrem College wird nichts. Ich würde mich nicht wundern, wenn der Staat die Anklage fallen lässt, weil er weiß, dass er keine Verurteilung bekommt. Und die Polizei darf machtlos zusehen.»

Aber am nächsten Tag wurde Roger Fine verhaftet und des Mordes am amtierenden Leiter seiner Abteilung, Professor John Hendryx beschuldigt.

37

«Glaubst du, dass die aufkreuzt?», fragte Selma Rosencranz, während sie mischte. Von den vier Frauen, die jeden Mittwochnachmittag zum Bridge zusammenkamen, war sie die einzige ernsthafte Spielerin; für die anderen war es mehr ein geselliges Beisammensein, was man ihrem Spiel anmerkte. Selma gehörte außerdem einer weiteren Vierergruppe an, die montags spielte, und dann ging sie noch am Dienstagabend zum Mah Jong, wenn ihr Mann seinen üblichen Pokerabend hatte.

«Ich hätte vollstes Verständnis, wenn sie nicht käme», sagte Annabelle Fisher, die Gastgeberin dieser Woche. Sie ging in die Küche, um nach den winzigen getoasteten Sandwiches zu sehen, die sie später anbieten wollte. Sie war die schlechteste Spielerin, der es am meisten an Konzentration mangelte, aber wann immer sich die Freundinnen bei ihr trafen, gab es etwas Neues – und ganz Exquisites – zu essen. Jetzt kam sie aus der Küche zurück. «Wenn mein Mann gerade verhaftet worden wäre, stände mir nicht der Sinn nach Kartenspielen.»

«Aber dann sollte sie anrufen», sagte Flossie Bloom, eine

dünne, farblose junge Frau mit einem kleinen, schmalen Mund, die stolz darauf war, als offen und ehrlich zu gelten. «Das würde ich jedenfalls tun.» Ihr Mann war Vertreter und nicht so erfolgreich wie die Ehemänner der anderen. «Wenn Edie nicht kommt –»

«Spielen wir eben nicht», sagte Selma. Sie begann eine Patience zu legen.

«Glaubst du, dass er es getan hat?», fragte Flossie.

«Absolut ausgeschlossen», antwortete Annabelle Fisher.

«Harvey sagt, er weiß aus ganz zuverlässiger Quelle, dass Roger sich stark mit diesen radikalen Studenten liiert hat», berichtete Flossie. «Mit denen, die all diese Tumulte inszeniert und die Häuser besetzt und Einrichtungen zertrümmert haben.»

«Oh, das glaube ich nicht.» Annabelle Fisher konnte einfach nicht schlecht über jemand denken, den sie kannte.

«Die Acht geht auf die Neun», murmelte Flossie. «Sagt mal, habt ihr das Gerücht über den Rabbi gehört – über den Rabbi und Roger, meine ich?»

«Ich hab gehört, Roger hätte sich über den Rabbi mokiert», sagte Selma und schob einen Talon Karten auf eine andere Reihe. «Und das ist ja verständlich, nach dem Ärger, den er ihm und Edie bei der Hochzeit gemacht hat.»

«Nein, ich meine ganz was anderes», sagte Flossie. «Ich hab gehört, der Rabbi hätte den jungen Selzer freibekommen, indem er stattdessen Roger beschuldigte.»

«Das ist doch absolut lächerlich!», rief Annabelle.

«Ich finde das nicht lächerlich», stellte Selma ungerührt fest, während sie die Kartenreihen überflog. «Alle sagen, der Rabbi hätte die Entlassung des jungen Selzer erreicht. Bitte, wie konnte er vorher wissen, dass sie den Jungen freilassen würden, wenn er nicht auch gewusst hätte, dass sie Roger verhaften würden? Ich glaube nicht, dass unserem Rabbi schon

Engelsflügel gewachsen sind, bestimmt nicht. Erinnert euch doch, wie biestig er vor der Hochzeit zu Edie war, und dass er nicht mal bei der Feier einlenken wollte. Glaubt ihr, er wäre nicht wie jeder andere Mensch nachtragend? Und wenn sich ihm die Gelegenheit böte … Wo hast du das her, Flossie?»

«Ach, ich hab's mehrfach gehört», sagte Mrs. Bloom vage. «Die Geschichte macht die Runde.»

Selma stellte fest, dass sie nicht weiterkam. Sie schob die Karten zusammen. «Ich will euch etwas sagen: wenn sich das als richtig herausstellt, dann sehe ich nicht tatenlos zu. Ich unternehme was.»

«Wieso? Was willst du denn machen?», fragte Annabelle.

«Mir fällt schon was ein. Wart's mal ab. Und ich sorge dafür, dass der Rabbi und die ganze Gemeinde genau erfährt, was ich davon halte.»

Es klingelte an der Haustür.

«Das muss Edie sein», sagte Annabelle. Sie lief hinaus, und gleich darauf hörten sie sie sagen: «Wir dachten schon, du kämst nicht.»

«Tut mir Leid, dass ich mich verspätet habe», sagte Edie Fine. «Ich hab Roger noch besucht.»

«Wie geht es ihm?»

«Behandeln Sie ihn ordentlich?»

«Das muss ja schrecklich für dich gewesen sein.»

Sie setzte sich zu ihnen an den Tisch. «Also das ist vielleicht ein Laden», sagte sie. «Ein komisches Gefühl, wenn man da reingeht. Und die Leute, diese Typen, die da rumhängen!» Sie schüttelte fassungslos den Kopf.

«Wie war das denn?», fragte Flossie.

«Zuerst muss man ein Formular ausfüllen und abgeben. Und dann wühlen sie nicht nur in deiner Handtasche, nein, dann musst du auch noch durch eine Schleuse mit einem Metalldetektor.»

«Wie beim Fliegen.»

«Viel schlimmer. Sie sind ganz genau. Ich hab Mr. Winston gefragt – das ist Rogers Anwalt –, wie sie denn die Waffen und das Zeug reinschmuggeln, von dem man immer hört. Er hat nur gelacht und gesagt: ‹Die Wärter werden nicht durchsucht.› Was sagt ihr dazu? – Dann bin ich in ein kleines Zimmer gegangen. Mr. Winston hat eine Sondergenehmigung bekommen, sonst hätten wir uns in einem Saal mit einem Gitter in der Mitte treffen müssen, ganz wie im Kino. Na, ich kam rein, und Roger wartete schon. Er sah mich zweifelnd an, als wüsste er nicht, wie ich reagieren würde, da hab ich natürlich gelächelt. Er hat dann auch gelächelt, und dann war alles gut. Wir setzten uns an so einen kleinen Tisch. Er fragte, ob ich glaubte, er hätte es getan, und ich hab ihm natürlich gesagt, dass mir nie der Gedanke gekommen wäre. Das hat ihn ganz glücklich gemacht. Wirklich, danach war er ganz fröhlich, fast so, als machte es ihm Spaß. Er hat mich beschworen, mich nicht aufzuregen. Kann sein, dass er mir was vorgespielt hat, so wie ich ihm am Anfang, aber ich glaub das eigentlich nicht.»

«Aber wie ist er –» Flossie setzte erneut an. «Ich meine, wie ist die Polizei darauf gekommen … Hat er das gesagt?»

«O ja», sagte Edie. «Er war zu der fraglichen Zeit im Verwaltungsgebäude. Wisst ihr, er hat mit diesem Kampf um soziale Gerechtigkeit zu tun, und er wartete auf einen wichtigen Anruf. Es geht darum, dass das Haus am Freitagnachmittag so gut wie leer ist, und der Rabbi –»

«Der Rabbi?»

«Ja, der hält am Freitagmittag die letzte Vorlesung. Und als er fortgegangen ist, kam er an Rogers Büro vorbei und hat ihn dort gesehen.»

Selma sah Flossie Bloom bedeutungsvoll an; dann richteten beide den Blick auf Annabelle Fisher.

38

Wie schon bei ähnlichen Anlässen, schlenderte Aggie Nolan langsam die Commonwealth Avenue entlang und wartete auf drei kurze Huptöne. Sie hatte das FBI angerufen und ihrem Verbindungsmann mitgeteilt: «Commonwealth auf der Höhe der Fairfield. Elf Uhr.»

Um Viertel nach elf hörte sie endlich das Signal. Sie trat auf die Fahrbahn und hielt den Daumen hoch. Fast im selben Augenblick verlangsamte ein Wagen die Fahrt und hielt neben ihr an.

«Sie sind spät dran», sagte sie und stieg neben dem Fahrer ein.

«Ich bin zweimal an Ihnen vorbeigefahren. Beim ersten Mal stand ein Kerl an der Straßenecke. Ich hatte das Gefühl, dass er Sie ansah.»

«Kerle tun das gelegentlich, wissen Sie», sagte Aggie.

«Und ob ich das weiß!», grinste er anerkennend. «Beim zweiten Mal haben Sie den Daumen nicht hochgehalten. Ich hab Ihnen doch gesagt, Sie müssen den Daumen hochhalten.»

«Ach, dieses Räuber-und-Gendarm-Spiel ist so blöd.»

«Kann sein, aber solange Sie mit mir arbeiten, halten Sie sich an meine Regeln. Das ist genauso sehr zu Ihrem Schutz wie zu meinem. Na gut. Was gibt's?»

«Sie haben Ekko geschnappt und ihn eingesperrt.»

«Wieso interessiert Sie das? Ist er Ihr Freund?»

«Das war er mal. Es ist lange vorbei, aber er ist ein anständiger Kerl.»

«Um den brauchen Sie sich keine Sorgen zu machen. Sie haben die anderen laufen lassen, ihn werden sie auch laufen lassen, vor allem jetzt, wo sie diesen Professor unter Mordanklage gestellt haben.»

«Da bleibt immer noch die Brandstiftung. Die anderen sind gegen Kaution freigelassen, Ekko hat das Geld nicht.»

«Ich seh immer noch keinen Grund zur Aufregung. Glauben Sie mir, die Sache kommt bestimmt nicht zur Verhandlung. Der D. A. hat nicht genügend Beweise. Und selbst wenn es zum Prozess käme, würden sie alle freigesprochen.»

Sie drehte sich zu ihm um. «Das reicht mir nicht. Mein Auftrag lautete, den Weathervanes beizutreten, und das hab ich getan. Ich hab sogar Ihren idiotischen Vorschlag mit der Bombe ausgeführt, um denen zu zeigen, wie ernst es mir ist.»

«Na, hat es geklappt oder nicht?»

«Aber ich habe niemand damit umbringen wollen.»

«Haben Sie ja auch nicht. Was diesen Hendryx betrifft, so hat die Bombe nichts mit seinem Tod zu tun.»

«Ich will aber nicht, dass jemand anders die Schuld dafür in die Schuhe geschoben kriegt. Ich hab nichts gegen die, schon gar nicht gegen Ekko. Also: Holen Sie ihn raus.»

Er seufzte. «Na schön. Ich rede mit dem Chef. Er soll dem D. A. einen Tip geben. Okay?» Er streichelte ihr Knie.

Sie rutschte ein Stück von ihm ab. «Sie können mich gleich hier absetzen.»

«Warum so eilig? Wie wär's mit einer Spazierfahrt?»

«Nein. Da an der Ecke. Das ist dicht beim College.»

Er zuckte die Achseln. «Ganz nach Ihrem Wunsch, liebe Dame.»

39

District Attorney Matthew Rogers fand, er habe Anlass, etwas verstimmt zu sein. «Warum haben sie uns nicht vorher Bescheid sagen können, wenn sie so was in unserem Bezirk aufziehen?»

Bradford Ames gluckste schon wieder. «Weil, selbst wenn die örtlichen Leute absolut vertrauenswürdig sind, immer noch die Chance besteht, dass sie einen Fehler machen und damit den FBI-Agenten verraten.»

«Kann schon sein. Trotzdem könnten sie Vorwarnung geben. Jetzt haben wir diese anständigen jungen Leute verhaftet, sie ewig lange festgehalten, ihren Familien jede Menge Ärger gemacht; hätten die ein Wort gesagt, wäre es nie dazu gekommen, und wir hätten alles auf kleiner Flamme schmoren lassen.»

«Vielleicht glaubten sie, das könnte Verdacht erregen», gab Ames zu bedenken.

Rogers brütete eine Weile stumm darüber nach. «Ich habe nichts dagegen, mit dem FBI zusammenzuarbeiten. Ich begrüße es sogar, vor allem, wenn sie Geheiminformationen haben, dass die von uns verhafteten Leute in Wirklichkeit unschuldig sind. Wir können ein Verfahren immer wegen Mangels an Beweisen einstellen, obwohl uns das, wenn es zu häufig vorkommt, in den Verdacht bringt, übereifrig mit Verhaftungen zu sein. Vergiss das nicht, Brad.»

Ames nickte pflichtschuldigst.

«Aber ich möchte über die Vorgänge informiert werden.»

«Du warst mit der Budget-Vorbereitung beschäftigt», sagte Ames. «Da wollte ich dich nicht mit Routinesachen behelligen.»

Roger maß ihn scharf. «Ja, das ist völlig richtig, Brad, aber trotzdem –»

«Und dann muss ich zugeben», fuhr Ames fort, «dass ich es für besser hielt, wenn du offiziell nichts von dieser Angelegenheit wusstest, weil sie ja nicht so ganz korrekt –»

«Du hast Recht, Brad. Aber du weißt doch, falls du mal in die Bredouille kommen solltest, dass ich für dich gerade stehe.»

«Das waren mehr politische Gedankengänge.»

«Ja, das ist wahr», sagte der District Attorney. «In der Politik muss man gelegentlich bestreiten, von etwas zu wissen, das im eigenen Namen geschehen ist. Aber sogar dann kannst du dich darauf verlassen, dass ich die volle Verantwortung übernehme.» Er suchte im Gesicht seines Assistenten zu lesen.

«Eben darum habe ich gedacht, ich könnte es ruhig machen. Wenn mein Urteil sich als falsch er–»

«Aber nicht doch, Brad. Ich habe volles Vertrauen zu dir. Das weißt du. Und wie willst du nun eigentlich gegen den echten Schuldigen vorgehen?»

«Wir sind gebeten worden, nichts zu unternehmen, Matt.»

«Nichts? Aber Brad, ein Verbrechen ist in meinem Amtsbereich begangen worden. Ein Bombenattentat. Ich kann doch nicht meine Hände in Unschuld waschen und so tun, als wäre nie etwas geschehen.»

«So ein schweres Verbrechen war's auch wieder nicht, Matt.»

Rogers war entrüstet. «Ist es für dich kein schweres Verbrechen, wenn man ein College in die Luft sprengt?»

«Na ja, die Wand im Büro des Dean ist beschädigt worden, ein kleiner Brandschaden ist entstanden, und eine Glasscheibe in der Tür eines angrenzenden Büros ist zu Bruch gegangen. Wahrscheinlich keine hundert Dollar Schaden. Ein geschickter Anwalt könnte einen wohlmeinenden Richter dazu bekommen, es ‹Vergehen› zu nennen. Aber abgesehen davon hat der FBI-Agent die Tat begangen.»

«Großer Gott!»

Ames rutschte auf dem Stuhl herum; sein runder Kopf wackelte, als er seine Körperfülle dem Stuhl anpasste. «Wir leben in einer bösen Welt, Matt. Versteh doch, wenn man einen Agenten in eine radikale Organisation einschleust, zum Beispiel bei den Weathervanes, kann er – in unserem Fall ist es eine Sie – kann sie sich nicht im Hintergrund halten und nur beobachten. Das ist eine kleine, eng verfilzte Gruppe, in der von jedem Einzelnen Taten verlangt werden. Und wenn einer was inszeniert, umso besser. – Das musst du begreifen.»

Rogers stimmte ihm ernst zu.

«In diesem Fall hatten die Weathervanes auch gar nicht vor, großen Schaden anzurichten, sie wollten nur der Gruppe eins auswischen, die die Abordnung zum Dean geschickt hat. Ursprünglich wollten sie bloß eine Gegendemonstration aufziehen. Als aber dann die Agentin von einem Informanten aus dieser Gruppe erfuhr, dass diese Abordnung am Freitagnachmittag mit dem Dean reden wollte, zu einer Zeit, in der das College praktisch verlassen ist, nutzte sie die Gelegenheit aus. Sie wartete im Gebäude, und als die anderen fort waren, hat sie eine kleine Explosion verursacht. Sie sollte nicht viel Schaden anrichten und nur die Abordnung reinlegen, weil die ja ganz bestimmt beschuldigt würde.»

«Und das ist tatsächlich eine Frau?»

«Ein zierliches junges Mädchen, das Mut hat und sein Land liebt.»

Rogers sah zweifelnd seinen Vertreter an. Er war nicht sicher, ob er es ernst meinte. «Aber, verdammt nochmal, Brad, sie hat Schaden verursacht, und jemand ist getötet worden!»

«Nicht doch. Wir wissen jetzt, dass die Explosion damit nichts zu tun hatte.»

«Ja, bleibt nur noch Fine. Hoffentlich stellt sich nicht heraus, dass er auch ein FBI-Agent ist, was?»

«Reg dich nicht auf.» Ames kicherte. «Gegen den haben wir genug.»

«Na, wenigstens ein Trost.» Rogers rieb sich zufrieden die Hände. «Und das Mädchen – nachdem das passiert ist, wird sie ja bei den Weathervanes voll anerkannt sein, ich meine, jetzt ist sie doch sicher über jeden Verdacht erhaben?»

«Wie Caesars Frau.»

«Wie bitte? Oh, ich verstehe.»

«Und bei uns ist sie auch über jeden Verdacht erhaben.»

«Ja, natürlich …»

«Matt, ist dir nicht aufgefallen, wie schlecht es bei uns steht, wenn wir schon Doppelagenten einsetzen müssen, um dem Anschein nach Recht und Ordnung aufrechtzuerhalten? Dass wir einen Rechtsbruch vertuschen müssen, um einen anderen zu verhindern? Und wir maßen uns allein das Richteramt an zu entscheiden, welcher wichtiger ist. Ist das nicht ein Charakteristikum für einen Polizeistaat?»

Rogers betrachtete ihn unsicher. Er hörte sich so ernst an, als glaube er an seine radikale Rede. Aber dann gluckste Ames wieder, und da wusste Rogers, dass alles stimmte.

40

WARUM ESSEN JUDEN KEINEN SCHINKEN?
WARUM SETZEN JUDEN SCHWARZE
GLATZENDECKEL AUF,
WENN SIE BETEN?
GOTT IST TOT – RICHTIG ODER FALSCH?
WARUM …?
WARUM …?

Der Rabbi stand unter der Tür und las etwas verwirrt die lange Liste von Fragen an der Tafel. Jede war in einer anderen Handschrift geschrieben.

«Sie haben gesagt, wir dürften heute Fragen stellen», stellte Harvey Shacter fest.

«Ja, das hab ich, Mr. Shacter.» Er trat in den Raum, den Blick immer noch auf die Tafel gerichtet. «Und bei einer so langen Liste sollten wir besser sofort anfangen. Wir nehmen sie der Reihe nach vor. Die erste Frage betrifft den Schinken: das hat mit unseren rituellen Diätvorschriften zu tun. Kurz gefasst, wir dürfen nur das Fleisch von Tieren essen, die paarzehig sind und wiederkäuen. Beide Bedingungen müssen erfüllt sein, um als koscher zu gelten, das heißt als rituell essbar. Fisch muss Schuppen und Flossen haben, womit sämtliche Schalentiere ausscheiden; Vögel mit gekrümmten Schnäbeln und Klauen – Raubvögel also – sind auch tabu. Es gibt wissenschaftliche Rechtfertigungen für diese Gesetze – gesunde und nahrhafte Tiere sind erlaubt, für Krankheiten anfälligere Tiere, die sich für die menschliche Ernährung weniger eignen, sind verboten –, aber das ist eine moderne, vernunftgebundene Erklärung. Nach der Tradition befolgen wir diese Diätgesetze, weil es uns in der Bibel befohlen worden ist. Da das Schwein kein Wiederkäuer ist, gilt es als unsauber, und daher ist Schinken verboten.»

«Ja, aber haben wir nicht gegen das Schwein mehr als gegen andere nichtkoschere Tiere?», fragte Leventhal.

«Das ist richtig, Mr. Leventhal. Wir haben eine besondere Abneigung gegen das Schwein, möglicherweise weil es einer Reihe heidnischer Völker als Gegenstand der Anbetung diente. Allerdings neige ich zum Glauben, dass es einen viel triftigeren Grund gibt. Alle anderen Haustiere dienen während ihres Lebens zum Nutzen des Menschen. Die Kuh gibt Milch, Schafe liefern Wolle, das Pferd leistet Arbeit und dient zur Fortbewegung, der Hund bewacht das Haus, die Katze hält die Mäuse in Schach. Nur das Schwein als einziges aller koscheren oder nichtkoscheren Haustiere dient keinem anderen Zweck als geschlachtet und gegessen zu werden. Nun verbietet unsere Religion Tierquälerei. Tatsächlich gibt es in der Bibel Dutzende von Vorschriften, ebenfalls in den Auslegungen der Rabbiner, die verlangen, dass wir Tiere gut behandeln. Man darf dem Ochsen beim Dreschen nicht das Maul verbinden; ein Esel und ein Ochse dürfen nicht in ein Joch gespannt werden; Arbeitstiere müssen am Sabbat Ruhe haben; und die Jagd als Sport ist verboten. Bei einer solchen Einstellung werden Sie sicher verstehen, dass die Aufzucht eines Tiers, nur um es schließlich zu schlachten, uns widerwärtig sein muss.»

Der Rabbi hakte die Frage an der Tafel ab. «Gut, gehen wir zur nächsten Frage, zum schwarzen Glatzendeckel. Wer möchte das übrigens wissen?»

Harvey Shacter hob die Hand.

«Ich habe diese Bezeichnung für den *kipah* noch nie gehört», stellte der Rabbi grinsend fest, «aber sie hat etwas für sich. Warum tragen wir das? Es ist einfach ein Brauch, Mr. Shacter. Es gibt keine biblische Regelung. Allerdings möchte ich darauf hinweisen, dass bei uns Bräuche leicht zum Gesetz werden. Es braucht nicht schwarz zu sein und auch nicht rund. Jede Kopfbedeckung reicht aus. Manchmal war es Sitte, barhäuptig zu gehen, ein anderes Mal musste der Kopf bedeckt werden. Die letztere Sitte scheint sieghaft gewesen zu sein, abgesehen von Reform-Synagogen, wo sie meistens barhäuptig beten.»

Er hakte die Frage ab, zögerte einen Augenblick und strich dann die folgende auch. Dazu bemerkte er: «‹Gott ist tot›, darüber müssten Sie eher mit protestantischen Theologen als jüdischen Rabbinern diskutieren.»

«Warum das?», rief Henry Luftig.

«War's Ihre Frage, Mr. Luftig?»

«Ja, Sir.»

«Es ist eine theologische Frage, und wir haben keine Theologie im allgemein anerkannten Sinn.»

«Warum nicht?»

«Weil wir sie nicht brauchen», sagte der Rabbi schlicht. «Unsere Religion beruht auf der Idee eines einzigen Gottes, eines Gottes der Gerechtigkeit. Wenn Sie darüber nachdenken, verlangt das Prinzip der Gerechtigkeit einen einzigen Gott, weil es einen einzigen Begriff beinhaltet. Und weil Er unendlich ist, ist Er für endliche Geister unerkennbar. Wir verbieten es nicht, Ihn zu studieren, verstehen Sie das? Aber wir betrachten es als sinnlos. Etwa so, wie ein Ingenieur einen jungen Kollegen ansehen würde, der versucht ein Perpetuum Mobile zu konstruieren. Vielleicht würde er sagen: ‹Wenn du willst, kannst du daran arbeiten, aber du verschwendest nur deine Zeit, weil es theoretisch unmöglich ist.› Weil wir also glauben, dass es sinnlos ist, das Unerkennbare erkennen zu wollen, haben wir keine Theologie.»

«Warum haben sie dann die Christen?», fragte Luftig.

«Ich hatte die Absicht, mich in dieser Stunde mit Ihren Fragen über das Judentum zu befassen, nicht über das Christentum», mahnte der Rabbi fast vorwurfsvoll.

«Wie können wir etwas über das Judentum lernen, wenn wir nichts haben, womit wir es vergleichen können?»

Der Rabbi spitzte die Lippen und erwog das. «Sie haben Recht, Mr. Shacter. Gut. Ich will versuchen, es zu erklären. Wie wir glauben auch die Christen an einen einzigen Gott. Zusätzlich aber haben sie ein weiteres göttliches Wesen in der Gestalt von Jesus als Sohn Gottes. Und da ein Sohn eine Mutter impliziert, haben sie auch noch Maria, die zumindest halb göttlich ist. Nun sind die Familienbeziehungen zwischen Gott und Jesus, Maria und Jesus, Maria und Gott und alle anderen möglichen Variationen, gar nicht erst zu reden von der menschlich-göttlichen Natur von Jesus – nicht leicht zu erklären.»

«Ist es das, was sie Heilige Dreifaltigkeit nennen?»

«Nein», sagte der Rabbi, «dies ist die Heilige Familie. Die Dreifaltigkeit besteht aus dem Vater, dem Sohn und dem Heiligen Geist, und die Beziehungen unter ihnen sind Sache der christlichen Theologie. In dieser Angelegenheit gibt es sehr feine Unterscheidungen zwischen den verschiedenen christlichen Richtungen.»

«Ja, aber sind das nicht nur Wortspielereien zwischen Pfarrern und Priestern?»

«Zehntausende sind in Religionskriegen von der Zeit Konstantins im vierten Jahrhundert bis zur heutigen Zeit wegen dieser so genannten Wortspielereien getötet worden», sagte der Rabbi. «Nein, Mr. Luftig, die Meinungsstreite der Theologen kann man nicht so leicht abtun.»

Lillian Dushkin wedelte mit der Hand. «Ein Bekannter von mir macht bei dieser Juden-für-Jesus-Sache mit, und er sagt, Jesus ist der Messias, an den die Juden glauben, und dass er gekommen ist, die Menschheit zu retten.»

«Vor was zu retten?» Die Frage kam von dem jungen Mann, der immer so emsig mitschrieb. Dem Rabbi kam der Gedanke, dass er zum ersten Mal, wie alle anderen auch, mehr zugehört als mitgeschrieben hatte.

«Vor der Hölle natürlich», antwortete Mazelman verächtlich. «Stimmt das nicht, Rabbi?»

«Ja, so ist es gemeint», sagte er. «Hölle war der Versuch, die uralte Frage zu beantworten, warum die Guten leiden, während es den Bösen so oft wohl ergeht. Alle Religionen haben mit diesem Problem gerungen. Die Hindus lösen es durch die Lehre von der Reinkarnation. Man verdient sich seinen guten Nachtisch im nächsten Leben mit dem, was man in diesem Leben getan hat. Die christliche Lehre hält sich daran, dass die Bösen im ewigen Höllenfeuer braten, während die Guten mit dem ewigen Leben im Himmel belohnt werden.»

«Und wie lautet die jüdische Antwort?», fragte Lillian Dushkin. «Glauben wir nicht an Himmel und Hölle?»

«Im Grunde nicht, Miss Dushkin. Der Begriff ist von Zeit

zu Zeit eingedrungen, ist aber nie aufgegriffen worden. Unsere ‹Antwort›, wie Sie es formuliert haben, wird am besten im Buch Hiob ausgedrückt, und sie ist leider nicht sehr trostreich. Wir sagen, es ist einfach der Lauf der Welt – die Sonne scheint ebenso hell auf die Bösen wie auf die Guten und Gerechten –, aber die Güte trägt ihre eigene Belohnung in sich wie das Böse seine Strafe. Wenigstens hat dies den Vorteil, realistisch zu sein und unsere Aufmerksamkeit auf diese Welt zu lenken, um sie zu verbessern zu suchen, wohingegen man sagen kann, dass sich der christliche Blick auf die nächste Welt richtet und diese hier nur als eine Art Aufenthalt betrachtet. Natürlich stammt diese Anschauung aus einer Zeit, in der die Welt voller Unruhe war, und traditionelle Ideen und Einrichtungen ebenso zusammenbrachen wie in der Gegenwart.»

«Wie in der Gegenwart?»

«Ja, Mr. Luftig. Denken Sie doch an die weltweite Revolte der jungen Leute gegen das, was sie Establishment nennen.»

«Na, vielleicht beweist das, dass Gott tot ist!», attackierte ihn Luftig. «Mir ist keine Hinwendung zur Religion oder neuen Kulten aufgefallen –»

«Nein?», unterbrach ihn der Rabbi. «Ja, wie würden Sie denn dann die plötzliche Faszination Ihrer Generation durch Astrologie und Yoga und Zen und das I-Ging und Tarot-Karten und makrobiotische Ernährung und Drogen und Kommunen – soll ich weitermachen? – erklären? Alle bieten sie Abkehr von der Wirklichkeit oder augenblickliche Erkenntnis oder unmittelbare mystische Verzückung.»

Am gebannten Schweigen erkannte er, dass er sehr gefühlsbetont gesprochen hatte. Um die entspannte Atmosphäre wiederherzustellen, fuhr er in normalem Tonfall fort: «Vom Wesen her ist das Christentum eine mystische Religion und bietet die psychologischen Erfüllungen, die aus dem Mystizismus erwachsen. Es ist überweltlich, himmelsorientiert, während unsere Religion sich dem Diesseits zuwendet. Wir kämpfen gegen das, was böse in der Welt ist, und genießen die guten Dinge geistiger oder materieller Art, die sie zu bieten hat. Wir kehren uns nicht durch Asketentum von der Welt ab oder versuchen, uns durch Mystizismus über sie zu erheben, der übrigens im Judentum nur wenige Anhänger hat.»

«Was ist mit den Chassidim?», fragte Mark Leventhal.

Der Rabbi nickte. «Ja, sie haben Tendenzen in diese Richtung, aber ich würde nicht sagen, dass die chassidische Bewegung im Kern unseren Traditionen entspricht. Es ist bezeichnend, dass Martin Buber, der größte moderne Apologet der Chassidim, christliche Theologen viel stärker beeinflusst hat als die Juden. Wir glauben nicht, dass der eine ekstatische Augenblick einer Fast-Vereinigung mit Gott für alle Zeit Tugend verleiht. Für uns muss es eine tagtägliche bewusste Ausübung von Gerechtigkeit und Tugend sein. Aber wir verlangen menschliche Tugend, nicht die übermenschliche Tugend eines Heiligen. Unsere Religion fordert uns auf, uns praktisch der Welt anzupassen, wie sie ist. Sie ist eine Religion der Arbeit und der Ruhe, des Lebens und des Todes, der Heirat, der Kinder und ihrer Ausbildung und Erziehung, der Freude am Leben und der Notwendigkeit, sein Leben zu fristen.»

«Na, ihre Religion muss aber funktionieren», sagte Shacter. «Sie sind viel besser im Geschäft als wir.»

Die Studenten lachten, und der Rabbi stimmte mit ein, so die Spannung lösend. «Ja, Mr. Shacter, das Christentum ist eine sehr angenehme Religion. Es bietet viele sehr erstrebenswerte Antworten auf Fragen, die den Menschen seit aller Zeit beschäftigt haben. Er fürchtet den Tod und findet das Leben zu kurz, und die Kirche bietet ihm eine Welt nach dem

Tode mit immer währendem Leben. Alles, was wir in der Hinsicht bieten können, ist die Hoffnung, dass er in seinen Kindern und in der Erinnerung seiner Freunde fortleben wird. Er sieht den guten Menschen leiden und den Bösen im Glück leben, und die Kirche versichert ihm, dass es in der anderen Welt umgekehrt sein wird. Wir können dazu nur sagen, dass dies der Lauf der Welt ist. Für die täglichen Nöte und die Mühsal des Lebens bietet ihm die Kirche den Frieden, der entsteht durch die Unterwerfung unter die Barmherzigkeit Christi und die guten Werke zahlloser Heiliger, zu denen er um Hilfe beten, ja sogar um Wunder bitten kann. Und in zeitlichen Abständen kann er seinen Glauben durch die Vereinigung mit Gott durch einen magischen Akt erneuern. Aber wir haben keine Magie, keinen Abkürzungsweg, nur die lebenslange Mühe. Ich glaube, das gibt dem Spruch, dass es schwer ist, Jude zu sein, eine andere Art von Bedeutung.»

Lillian Dushkin war verwirrt. «Aber wenn bei ihnen alles so viel besser ist, warum übernehmen wir das nicht?»

Der Rabbi lächelte. «Die Sache hat einen kleinen Haken, Miss Dushkin. Man muss glauben. Und wir können nicht glauben.»

«Ja, und was haben wir dann von dem Ganzen?»

«Was wir davon haben, wie Sie es krass formulieren, ist die Genugtuung, uns der Wirklichkeit zu stellen.» Er sah, wie aufmerksam nun alle waren. «Es erlaubt uns nicht, Problemen auszuweichen, aber es hilft uns, sie zu lösen, sei es nur, weil wir ihre Existenz erkennen. Und ist das nicht, wenn man es genau nimmt, das, was die moderne Welt nun zu tun beginnt? So erscheint es nun, als käme nach Tausenden von Jahren unsere Art endlich in Mode. Und was das Besser-im-Geschäft-sein betrifft, Mr. Shacter, sehen Sie sich um, und Sie werden feststellen, dass die großen Veränderungen im

Denken und Handeln, die die westliche moderne Zivilisation geschaffen haben, ihre Parallele im jüdischen religiösen Gedankengut finden – die Gleichheit der Menschen, die Rechte der Frauen, das Recht aller Menschen auf Wohlstand, die Verbesserung der Lebensbedingungen auf der Erde, die Achtung vor dem Leben, auch dem der Tiere, die Bedeutung der Bildung.»

«Sie meinen, das haben die alle von uns?»

«Ob sie das haben oder ob sie endlich von sich aus darauf gekommen sind, ist eigentlich nicht besonders wichtig. Wichtig ist, dass diese Dinge von Anfang an in unserer Religion enthalten waren, und das bedeutet, dass sie der Wirklichkeit entspricht.»

Die Glocke klingelte, und der Rabbi stellte ganz erstaunt fest, dass die Stunde zu Ende war. Er stellte außerdem fest, dass er nicht die übliche Kopfzählung veranstaltet hatte, und als er sich nun umsah, entdeckte er, dass es einundzwanzig waren, mehr als je zuvor an einem Freitag. Er lächelte und nickte ihnen freundlich zum Abschied zu.

41

Annabelle Fisher freute sich, als Selma Rosencranz anrief, um sie für Freitag einzuladen. Das war typisch Selma, einfach aus dem Blauen heraus ein paar Freundinnen einzuladen, ohne großes Planen, ohne Vorbereitungen.

«Ich backe Schokolade-Nuss-Plätzchen», versprach Annabelle.

Selmas Haus war ein Betonbau mit Verkleidungen aus schwarzem, in Chrom gefassten Glas; es war von einem Architekten entworfen und sogar in einer Zeitschrift abgebildet worden – eine Tatsache, die Selma ganz nebenbei erwähnte, wenn jemand zum ersten Mal kam. «Seine Idee ist funktionales Wohnen», sagte sie und suchte nach dem Artikel. «Aber da, lesen Sie das selber. Er kann das sehr viel besser erklären als ich.»

Annabelle drückte auf den Klingelknopf, das Glockenspiel antwortete mit den ersten vier Takten von *How Dry I Am*. Sie kicherte jedes Mal, wenn sie das hörte. Selma hatte oft so verrückte Einfälle. Selma, in einem eleganten Hosenanzug und Silbersandalen, öffnete ihr selbst die Tür und rief über die Schulter: «Das ist Annabelle Fisher. Sie hat Plätzchen mitgebracht. Wer von euch noch nie Annabelles Schokoladen-Nuss-Plätzchen probiert hat, wird staunen.»

Annabelle gab Selma ihren Mantel und die Schachtel mit den Plätzchen und ging in den großen tiefer gelegenen Wohnraum. Flossie Bloom war schon da und mehrere andere, die Annabelle alle kannte oder schon getroffen hatte.

Als Selma wiederkam, fragte Annabelle, ob sie an zwei Tischen spielen wollten.

«Falls wir überhaupt zum Spielen kommen», sagte Selma. «Wir haben geschwätzt und auf dich gewartet. Übrigens dachten wir, es könnte ganz lustig sein, wenn wir heute Abend alle zum Gottesdienst gingen. Du warst doch schon da, nicht? Wie ist es denn?»

«Zum Gottesdienst vom Freitagabend? Ja, sicher war ich da, zwei-, dreimal, mit Joe. Wie soll's sein? Na, wie ein Freitagabend-Gottesdienst eben. Der Kantor singt, man betet, und dann hält der Rabbi eine Predigt.»

«Was, er predigt?», fragte Selma. «Bist du sicher? Jeden Freitagabend?»

«Wenigstens jedes Mal, wenn ich da war. Bestimmt macht er das jeden Freitag. Warum?»

«Ach, weil wir nicht hingehen würden, wenn der Rabbi nicht predigte.»

Flossie Bloom lachte leise. «Dann hätt's ja keinen Sinn.»

«Wie lange dauert das? Die Predigt, meine ich?», fragte Natalie Wolf.

«Also auf die Uhr gesehen hab ich nicht.» Annabelle genoss es, im Mittelpunkt zu sein. «Ich schätze, so zwischen zwanzig Minuten und einer halben Stunde.»

«Gut, dann richten wir uns auf zehn Minuten ein.» Flossie Bloom warf den anderen glitzernde Verschwörerblicke zu. «Annabelle, was passiert danach?»

«Ich glaube, danach singt der Kantor nochmal, dann werden ein oder zwei Gebete gesprochen, und dann gehen alle nach unten in den Gemeindesaal, und es gibt Tee und Kuchen.»

«Ich meine ja, es wäre ganz am Anfang am besten», stellte Selma fest.

«Das finde ich auch», bestätigte Natalie Wolf, «dann sieht es nicht so aus, als hätte es was mit dem zu tun, was er gerade geredet hat.»

Annabelle sah unsicher von einer zur anderen; ihr so freundliches Lächeln war auf dem Gesicht festgefroren. «Habt ihr geplant, alle zusammen zu gehen? Es ist wirklich gut, und es dauert auch nicht lange. Ich meine, ihr langweilt euch bestimmt nicht.» Sie sah sie lächeln und fragte sich, ob sie etwas Dummes gesagt haben könnte. Natürlich, sie kannte sie alle, aber einige eben doch nicht so gut. Natalie, das wusste sie, war geschieden, und es ging das Gerücht, sie ließe nichts anbrennen. Aber wenn sie eine Freundin von Selma war, konnte nichts gegen sie einzuwenden sein. Genevieve Fox und Clara Nieman hatte sie auch schon oft getroffen, aber eigentlich verkehrten sie in einem ganz anderen Kreis. Genevieve fuhr einen weißen Jaguar, Clara war nicht verheiratet und wohnte in einer Atelierwohnung unten in der Stadt, direkt am Wasser.

«Ja, wir hatten uns das so ausgedacht», sagte Selma. «Wir

dachten, wir wollten alle zusammen gehen. Möchtest du auch mitkommen?»

«Ach, wunderbar! Natürlich möchte ich das. Aber ich muss vorher noch Joe fragen. Vielleicht hat er vor, heute hinzugehen, und dann muss ich natürlich mit ihm gehen.»

42

Der Gottesdienst vom Freitag begann pünktlich um halb neun. Die Andächtigen trafen schon ab acht Uhr ein, blieben aber im Foyer, um sich zu begrüßen und mit Freunden zu plaudern. Erst um Viertel nach acht gingen sie nach und nach in den Synagogenraum, wo sie sich setzten und ganz automatisch ehrfurchtsvoll die Stimmen zu einem Flüstern senkten.

Meistens saß die Frau des Rabbi dann schon auf ihrem Platz in der zwölften Reihe am Mittelgang. Das war weit genug hinten, um festzustellen, ob der Rabbi laut genug sprach, und wenn nicht, ihm ein Zeichen zu geben. Alle, die ihren Blick einfingen, nickten ihr zu, und sie antwortete mit einem Lächeln und einem von den Lippen geformten «*Gut Schabbes*». Auf dem *bima* neben der Bundeslade saßen der Rabbi und der Kantor zusammen, Letzterer in der Pracht seiner schwarzen Robe, des langen, seidenen Gebetschals und der hohen, mit Fransen verzierten samtenen *jarmulke.* Er saß gerade und hoch aufgerichtet, neigte den Kopf gelegentlich, wenn der Rabbi ihm etwas zuflüsterte, und antwortete mit einem würdevollen Nicken.

Der kleinere Rabbi, der noch kleiner wirkte, weil er so krumm in dem thronartigen Stuhl saß, gab neben ihm eine armselige Figur ab. Trotz vieler Winke vom Ritual-Ausschuss weigerte er sich, eine schwarze Robe zu tragen, und sein Gebetschal war zwar sauber, aber aus Wolle und sah neben der glänzenden weißen Seide des Kantors gelblich aus. Auch seine *jarmulke* war das übliche, schwarze anliegende Käppchen, wie es die Mitglieder der Gemeinde trugen. Und da er zu Fuß zur Synagoge ging, waren die schwarzen Schuhe, die alle sehen konnten, fast immer staubig. Im Umkleideraum lag eine Schuhbürste, aber trotz aller Beschwörungen Miriams vergaß er es regelmäßig.

Die Zahl der Tempelbesucher wechselte von Woche zu Woche, was weitgehendst vom Wetter abhing. An schönen Abenden kamen etwa hundert. Sie sammelten sich meistens auf den mittleren Plätzen, was hieß, dass sie am Mittelgang saßen, so etwa ab der dritten oder vierten Reihe. Nach ein paar Minuten geflüsterter Unterhaltungen begannen sie dann in den Gebetbüchern zu blättern, als wollten sie sich für den Gottesdienst in die richtige Stimmung versetzen. Die Nachzügler, die erst unmittelbar vor Beginn kamen, setzten sich so unauffällig wie möglich in den Hintergrund.

An diesem Abend aber, als der Rabbi gerade vortreten wollte, um anzukündigen, dass der Kantor nun den Gottesdienst durch den Gesang von *ma towu,* wie gut sind deine Zelte, o Jacob, einleiten würde, tauchte ein halbes Dutzend jüngerer Frauen im hinteren Teil der Synagoge auf. Sie blickten sich einen Moment um, marschierten dann entschlossen durch den Mittelgang und setzten sich in die zweite Reihe. Der Rabbi wartete, bis sie saßen, und trat dann vor, um seine Ankündigung zu machen.

Mrs. Nathanson, die wie die meisten Gemeindemitglieder über die Störung etwas ärgerlich war, flüsterte ihrem Mann zu: «Selma Rosencranz und ihre Clique. Vermutlich hatten sie nichts Besseres vor.» Ehe Mr. Nathanson antworten konnte, warf der Kantor den Kopf zurück, hielt das Gebetbuch auf Armeslänge von sich und begann zu singen.

Als Nächstes sang er *lecha dodi,* den Gruß an die Sabbatbraut, bei dem die Gemeinde in den Refrain einstimmte. Darauf folgte das wechselseitige Lesen eines Psalms in Englisch, das vom Rabbi geleitet wurde, und dann der Gesang des *hinemi heani mi maass,* das Spezialgebet und Lieblingsstück des Kantors, da seine Wiedergabe seine stimmliche Leistung voll zur Wirkung brachte. Darauf sprach die Gemeinde das *schema* laut und erhob sich anschließend, um stumm das *amida* zu beten. Während der ganzen Zeit verhielten sich die Frauen aus der zweiten Reihe absolut richtig. Sie standen auf, wenn sie aufstehen sollten, oder sprachen die Antworten, wenn es erforderlich war.

Der Rabbi wartete, bis alle das stumme Gebet beendet hatten und wieder saßen, um dann, nachdem er den Gebetschal zurechtgerückt und den Sitz des Käppchens geprüft hatte, zum Pult vor der *bima zu* treten und die Predigt zu halten. Die Gemeinde klappte die Gebetbücher zu, und alle setzten sich zurecht. «In dem Teil der Bibel, den wir morgen lesen werden», begann er und hielt inne.

Dic Frauen aus der zweiten Reihe waren alle gleichzeitig aufgestanden, hatten sich aus der Sitzreihe gedrängt und marschierten nun, so kühn, wie sie hereingekommen waren, durch den Mittelgang und hinaus.

Einen Augenblick lang herrschte erschrockenes Schweigen, dann kam leises Stimmengewirr, während alle miteinander tuschelten.

Der Rabbi wartete, bis sich die Tür zum Synagogenraum wieder geschlossen hatte, dann flüsterte er so leise, dass nur die aus der ersten Reihe die Worte verstehen konnten: «Sie müssen es schon vorher gewusst haben.» Danach setzte er wiederum an: «In dem Teil der Bibel, den wir morgen lesen werden ...»

Sie gingen stumm bis zur nächsten Straßenecke, bis sie die Synagoge nicht mehr sehen konnten, dann sagte Miriam: «Du hast das sehr gut gemacht, David. Du hast überhaupt kein bisschen ärgerlich oder aus dem Konzept gebracht ausgesehen.»

«Das war ich auch nicht. Aber das ist beunruhigend, nicht?»

«Wie meinst du das? Ich versteh dich nicht.»

«Ich weiß nicht mal, ob ich es selbst tue», sagte der Rabbi. «Ich hätte mich ärgern sollen. Bei der Gelegenheit wäre es angebracht gewesen, aber ich hab es nicht. Es war mir gleichgültig. Warum, weiß ich auch nicht.» Er verhielt plötzlich den Schritt und sah sie an, als erwarte er einen Angriff. Als sie stumm blieb, fuhr er fort: «Vielleicht liegt es daran, dass ich nie was von diesem späten Abendgottesdienst gehalten habe; er ist mir zu gekünstelt. Dieses Gesinge von *lecha dodi* als Begrüßung des Sabbat, nachdem der Sabbat längst begonnen hat, und dann diese Predigt, die nichts anderes ist als ein Tempowechsel nach den Gebeten, sorgfältig zusammengestellt, damit sie nicht ermüdend wirkt. Ich hab was dagegen, dass wir jede Woche über hundert Leute zusammenbekommen, wenn wir auf der anderen Seite für den normalen *maariw*-Gottesdienst nur mit Mühe den *minjan* beten können.»

«Aber so war es doch immer schon», sagte sie endlich.

«Vielleicht, aber ich habe bisher keine Möglichkeit gehabt, Vergleiche ziehen zu können.»

Sie sah ihn groß an. «Meinst du, weil du jetzt Unterricht gibst?»

«Das könnte was damit zu tun haben», gab er zu. «Ich bin mit meiner Klasse am College keineswegs zufrieden, aber wenigstens habe ich das Gefühl, dort etwas zu tun, was sich lohnt. Hier bin ich dessen nicht so sicher. Diese Frauen», er drehte sich zu ihr um, «kennst du die alle? Mir kamen ein paar bekannt vor, aber es waren auch welche da, die ich bestimmt nie zuvor gesehen habe.»

«Es war Selma Rosencranz mit ihren Bridge-Freundinnen», erklärte Miriam bedrückt.

«Ach, ich wusste gar nicht, dass sie sich für Religion interessieren. Sie haben eine etwas theatralische Art gewählt, ihre Meinung über den Freitagabend-Gottesdienst kundzutun, oder vielleicht auch über mich, denn sie sind in dem Augenblick gegangen, als ich mit der Predigt anfangen wollte.»

«Aber, David!», rief Miriam. «Denen ist der Gottesdienst genauso schnurz wie deine Predigt.»

«Aber sie –», er brach ab. «Gibt es was, Miriam, was du weißt, und was ich nicht weiß?»

«Ja. Selma ist eine gute Freundin von Edie Fine, und es geht das Gerücht um – ich kann mir nicht vorstellen, dass jemand das ernst nehmen kann! –, dass du den jungen Selzer freibekommen hast, indem du die Polizei auf Roger Fine als viel geeigneteren Verdächtigen aufmerksam gemacht hast.»

«Nein!»

Sie nickte stumm.

Und jetzt war er ärgerlich. Sie merkte es an seinen raschen, weit ausholenden Schritten. Sie musste fast laufen, um auf einer Höhe mit ihm zu bleiben.

43

«Was hast du dir denn da für einen Blödsinn ausgedacht?», fragte Sumner Rosencranz. «Was bist du, eine Art Hippie? Warum trägst du dann kein Plakat mit dir rum und boykottierst die Synagoge? Was wirft das für ein Licht auf mich, wenn meine Frau mitten im Gottesdienst aufsteht und den Rabbi sitzen lässt?»

«Ich dachte, du hältst nichts von ihm», sagte Selma kühl.

«Was hat das denn damit zu tun? Es gibt ’ne Menge Leute, von denen ich nichts halte; gehe ich deswegen herum und beleidige sie in aller Öffentlichkeit? Auf deine alte Dame bin ich auch nicht gerade scharf –»

«Und lässt es dir deutlich anmerken. Du zeigst es ihr jedes, aber auch jedes Mal, wenn sie zu uns kommt.»

«Verdammt nochmal, ich hab kein einziges Wort zu ihr gesagt, das ein vernünftiger Mensch für beleidigend halten könnte.»

«Ach, ist das so? Wie war das denn, als sie dir das Hemd zum Geburtstag geschenkt hat? Und was war, als sie dich gebeten hat, ihr aus dem Drugstore die Schönheits-Lotion zu holen?»

«Jetzt wart mal einen Moment. Einen Moment, ja? Das hab ich schon dutzendmal erklärt. Ich habe nur gesagt, es würde doch nichts nützen. Diese teuren Wässerchen sind nichts als aufgelegter Schwindel; sie nützen niemand was, und sie könnte ihr Geld für was Besseres ausgeben. Mehr hab ich nicht gemeint. Und was das Hemd betrifft, da hab ich nur gesagt … also, ich hab nur was an dem Hemd auszusetzen gehabt. Das ist keine Beleidigung deiner Mutter. Und wie behandelst du eigentlich meine Mutter, wenn sie zu Besuch kommt?»

«Hör mal», sagte Selma, «deine Mutter behandle ich genauso, wie sie mich behandelt. Wenn sie als Gast zu uns kommen will, ist sie herzlich willkommen. Aber ein Gast inspiziert nicht heimlich den Kühlschrank und macht auch keine anzüglichen Bemerkungen über meine Freundinnen. Meine Freundinnen gehen nur mich was an, und ich halte zu ihnen. Edie Fine ist seit Jahren meine beste Freundin. Wir sind zusammen zur Schule gegangen, und wenn jemand sagt, sie wäre mit einem Mörder verheiratet und, was noch schlimmer ist, auch zur Polizei geht und ihn dort als Mörder angibt, wo sie gerade ein Kind bekommt und ruhig leben und sich nicht aufregen soll, dann ist es mir piepegal, ob er der Rabbiner an unserer Synagoge oder der Chef-Rabbiner von Israel ist. Dann zeig ich ihm, was ich von ihm halte, egal wer alles das mitbekommt.»

«Woher weißt du das, Clare? Wie willst du wissen, ob der Rabbi diesen Fine bei der Polizei verpfiffen hat?»

«Aber, Mike, das ist bekannt. Alle wissen es.»

«Und woher wissen sie es?», fragte er beharrlich weiter. «Wer hat es dir zum Beispiel erzählt?»

«Richtig erzählt hat es mir niemand. Ich meine, nicht eine bestimmte Person, die mir jetzt einfällt. Wir haben zusammengesessen und geredet. Woher weißt du, dass Kolumbus Amerika entdeckt hat? Einer hat es irgendwem erzählt, der es wieder jemand anderem erzählt hat. Woher wusste denn jeder, dass es der Rabbi war, der den Selzer-Jungen freibekommen hat? Jeder wusste es, und niemand hat es bestritten. Jawohl, und genauso wussten eben alle, dass er Fine belastet hat.»

«Na und? Wenn Fine schuldig ist, und der Rabbi es zufällig gewusst hat, muss er es dann nicht sagen? Ist das nicht die Pflicht eines guten Bürgers?»

«Mike, wie kannst du so reden? Ein Rabbi soll sich doch nicht wie ein normaler Bürger benehmen. Rabbiner und Priester und solche Leute brauchen nicht mal vor Gericht zu erscheinen. Ich meine, man kann sie nicht zu Zeugenaussagen zwingen. Das nennt man religiöse Freiheit. Und im Übrigen: Wenn der Rabbi es nicht gewesen ist, warum sagt er es denn nicht?»

«Ja, das ist ein Argument.»

«Das meine ich doch. Selma Rosencranz ist eine meiner besten Freundinnen; sie hat es angeregt, und wir haben alle zugestimmt. Es tut mir auch nicht Leid.»

Voll widerwilliger Bewunderung schüttelte er den Kopf. «Ich muss ja zugeben, diese Selma hat Mumm. Aber trotzdem, es war ein starkes Stück, einfach aufzustehen und rauszugehen.»

«Also, was mich betrifft: dieser Fine ist ein frecher Hund. Edie mag ich gern, aber ihr Mann …»

«Du kennst ihn doch kaum.»

«Ich kenne ihn gut genug. Der große Professor! Weißt du noch, die politische Debatte, die wir damals bei Al Kaufman hatten, und wie er da über mich hergefallen ist? Ich hab ihn für einen Radikalen gehalten, wenn nicht für einen Roten. Und wenn man gegen seine Reden Einwände machte, hat er so getan, als wäre man ein Idiot. Natürlich sehr höflich, und mit feinen, hochtrabenden Ausdrücken, aber jeder, der nicht mit ihm übereinstimmte, bekam sein Fett ab. Na ja, nachdem ich sein kommunistisches Gerede gehört hab, kann ich mir denken, dass er zu so was fähig wäre. Weißt du, für die ist das ja kein Mord, die liquidieren nur.»

«Nun glaub mir doch, du siehst das ganz falsch.»

«Tu ich das? Schön, wenn du meine Meinung hören willst: Wenn der Rabbi ihn verpfiffen hat, dann wusste er warum, und dieser Widerling Fine ist unter Garantie schuldig.»

«Benimmt sich so eine jüdische Frau? Im ersten Augenblick begriff ich gar nicht, was los war. Ich dachte, vielleicht ist einer von ihnen schlecht geworden. Ich schätze, der Rabbi hat es im ersten Augenblick ebenso wenig begriffen, aber dann musste ihm ja ein Licht aufgehen. Ich hätte es ihm wirklich nicht verübelt, wenn er dann wütend geworden wäre. Glaub mir, ich an seiner Stelle hätte das mehr als krumm genommen. Jeder hätte das. Und ich hätte kein Blatt vor den Mund genommen, das kannst du mir glauben. Nicht aber der Rabbi.

Der ist eiskalt geblieben. Er hat sogar gelächelt und einen Scherz gemacht. Er sagt, jeder geht nach der Predigt, aber was für Leute gehen schon vorher?»

«Und was für einen Witz hat er gemacht?»

«Das war er doch. Ich hab's dir eben erzählt.»

«Das war aber ein Witz!»

«Na, in dem Moment hat's sich komisch angehört, und alle haben gelacht. Hör mal, es geht nicht drum, ob der Witz komisch war oder nicht. Es geht darum, dass er in der Situation überhaupt in der Lage war, einen Witz zu machen.»

Gladys Lanigan gab ihrem Mann das Glas mit dem Gin Tonic und mixte sich dann selbst einen. «Ich war heute Morgen im *Shipshape* auf eine Tasse Kaffee», sagte sie. «In der Nische nebenan haben sich zwei Frauen unterhalten. Ich hab sie ganz unfreiwillig belauscht.»

«Du hast dich nicht zurückgelehnt und die Ohren gespitzt?», fragte Lanigan liebevoll.

«Hab ich nicht!» Sie lachte. «Die haben nämlich so laut geredet, dass ich das gar nicht brauchte. Es scheint gestern Abend in der Synagoge Ärger gegeben zu haben. Eine Gruppe von Frauen ist aufgestanden und hinausgegangen, gerade als Rabbi Small mit seiner Predigt anfangen wollte.»

«Ach? Warum denn das?»

«Leider konnte ich mich nicht weit genug zurücklehnen, um das genau mitzubekommen. Es scheint so, dass diese Frauen mit den Fines befreundet sind. Weißt du, mit dem, der wegen der Windemere-Affäre verhaftet worden ist. Sie hatten die Idee, es wäre die Schuld des Rabbi. Weißt du was darüber, Hugh?»

Er verneinte verwundert.

«Warum machen Leute nur so was? Und der Rabbi ist doch so ein netter junger Mann.»

«Vermutlich aus schierer Bösartigkeit.» Er schüttelte sehr

philosophisch den Kopf. «Sie möchten ihn loswerden. Und weißt du, aus welchem Grund? Weil er da ist. Bei ihnen ist das anders als bei uns. Es gibt eine Menge Leute, die Father Aherne nicht leiden können, aber keiner würde dran denken, ihn loswerden zu wollen. Sie wüssten nicht mal, wie man so was anfängt. Das liegt daran, dass er vom Erzbischof eingesetzt ist, und wir dabei nichts zu sagen haben. Bei ihnen ist das so: sie stellen den Rabbiner an und können ihn daher auch rauswerfen. Aber ich sag dir was, Gladys, bei aller Sanftheit ist David Small ein hart gesottener Bursche. Und er bleibt hier, solange er will. Den gibt's einfach nicht, der ihn rausdrängt.» Er setzte sein Glas ab. «Aber ich könnte morgen mal bei ihm reinschauen.»

«Oh, das würde ich nicht tun», sagte sie schnell.

«Warum nicht?»

«Weil sie nämlich der Meinung sind, der Rabbi habe seine Anschuldigungen gegen Fine nur an den Mann bringen können, weil er mit dir befreundet ist.»

Er starrte sie in zornigem Nichtbegreifen an.

44

Obwohl es Sabbat war, die Zeit der Ruhe und Erholung, der stillen Freude, in der weltliche Gedanken aus dem Geist des frommen Juden verbannt sein sollten, war der Rabbi schon den ganzen Tag lang abgelenkt und hatte kaum ein Wort mit Miriam gesprochen. Und nun, am frühen Abend, nachdem der Sabbat vorbei war, ging er ins Wohnzimmer und war bald in einem Buch versunken.

«Glaubst du, dass er es getan hat?», fragte Miriam aufgebracht. «Roger Fine. Glaubst du, dass er es war?»

Er zog die Schultern hoch. «Woher soll ich das wissen?» Dann wandte er sich wieder dem Buch zu.

«Ja, willst du denn nichts unternehmen?»

Mit einem ungeduldigen Seufzer klappte er das Buch zu. «Was kann ich denn machen?»

«Wenigstens kannst du ihn besuchen.»

«Ich bin gar nicht sicher, ob das ratsam ist. Fine hat nicht nach mir verlangt, und seine Familie hat mich auch nicht aufgefordert. Hinzu kommt, dass sie nach den Unerfreulichkeiten vor der Hochzeit nicht darum bitten werden, schon gar nicht nach dem Vorfall von gestern Abend in der Synagoge. Wenn sie schon Gerüchte verbreiten, dass ich ihn angeklagt oder denunziert hätte, dann möchte ich nicht wissen, was sie daraus machen werden, wenn ich ihn jetzt auch noch im Gefängnis besuche.»

«Früher hat es dir nie was ausgemacht, was die Leute dachten», stellte sie leise fest. «Du hast getan, was du für richtig hieltest, egal was die Leute dachten.»

«Na, vielleicht bin ich jetzt etwas weiser», bemerkte er zynisch.

Sie sah rasch auf. Das passte gar nicht zu ihm. Er fing ihren Blick auf und fand, dass er ihr eine Erklärung schuldig sei. «Ich bin nie ein rauschender Erfolg in Barnard's Crossing gewesen. Anfangs dachte ich, es wäre die Schuld der Gemeinde, und wenn sie einmal umgestimmt wäre, würde alles gut werden. Jedes Mal, wenn es eine Krise gegeben hat – und praktisch ist es jedes Jahr, solange ich hier bin, zu einer gekommen – und sie endlich vorüber war, habe ich gedacht: Jetzt ist alles im Reinen, und ich kann endlich anfangen zu arbeiten. Aber dann kam die nächste Krise. Es war wie bei unserem ersten Auto, erinnerst du dich? Wir hatten Ärger mit der Zündung, und als wir die repariert hatten, dachten wir, jetzt wäre alles gut. Dann war die Benzinpumpe im Eimer. Also haben wir eine neue besorgt, und in weniger als einer Woche war's der Auspufftopf. Danach war's dann das Getriebe, und sie verlangten – wie viel – zweihundert Dollar? Dreihundert?»

«Dreihundert haben wir für den Wagen bezahlt», sagte sie.

«Jedes Mal, wenn was kaputtging, dachten wir, es wäre nur was Einmaliges, und wenn das repariert wäre, wäre alles in Ordnung. Aber bei einer Serie von Einzelfällen ist es nicht mehr einmalig. Dann herrscht Murphys Gesetz.»

«Murphys Gesetz?»

«Ja. Ich habe es zuerst kennen gelernt, als ich als Geistlicher bei der Army war. Murphys Gesetz besagt, dass ein Unfall oder eine Panne, die geschehen können, auch geschehen werden. Darum hab ich dann auch nach einiger Zeit angefangen zu denken, dass es vielleicht an mir und nicht an der Gemeinde läge.» Er lächelte reumütig. «Du kennst doch das alte talmudische Sprichwort: Wenn dir drei Leute sagen, du bist betrunken, geh nach Hause und leg dich hin.»

«Du willst dich also hinlegen?»

«Miriam, wenn du mich nicht mehr verstehst –»

«Aber ich versuche es doch, David», sagte sie leidenschaftlich. «Ich versuche es wirklich.»

«Weißt du, in den früheren Fällen, wenn es Krach gegeben hat, blieb mir immer das Gefühl, dass die Gemeinde mich respektierte. Wenn wir auch über Prinzipien verschiedener Meinung waren, so achteten sie mich doch. Aber dies – ach, das war schon wie eine Demonstration. Gegen mich persönlich gerichtet – von meiner eigenen Gemeinde.»

«Einige von diesen Frauen sind nicht mal Mitglieder der Gemeinde.»

«Andere aber doch.»

Sie war verwirrt. «Versuchst du zu sagen, David, dass du das Rabbinat leid bist?»

Er lachte verbittert. «Nein, aber das würde ich auch gern mal versuchen.»

«Was meinst du denn?»

Er stand auf und ging im Zimmer herum. «Mein Großvater war Rabbiner einer kleinen orthodoxen Gemeinde. Der hielt keine kleinen Ansprachen vor Bar-Mitzwa-Knaben. Er ist während der Feiertagsgottesdienste nicht aufgestanden, um die Seiten im Gebetbuch anzusagen. Er hat sein Leben größtenteils mit Studien verbracht. Wenn jemand in seiner Gemeinde eine Frage hatte, die die Religion betraf, kam er zu ihm, und er forschte im Talmud und beantwortete sie. Wenn es zwischen zwei oder mehr Mitgliedern der Gemeinde zu einem Streit kam, gingen sie zu ihm, und er hörte alle Seiten an und sprach Recht. Und sie hielten sich an seinen Spruch. Er verrichtete die traditionelle Arbeit eines Rabbiners.»

«Aber dein Vater –»

«Mein Vater ist ein konservativer Rabbi. Er hat eine alte, eingesessene Gemeinde, die Gefühl und Verständnis für die Aufgaben des Rabbiners hat; die Menschen vertrauen ihm uneingeschränkt. Sie sind nicht zu ihm gegangen, um seinen Richtspruch zu erbitten, und die Fragen, die meinem Großvater vorgelegt wurden, interessieren sie nicht sonderlich, aber ihre jüdische Religion ist ihnen wichtig, und sie verlassen sich auf die Führung meines Vaters.»

«Ja, aber ist das nicht das, was du auch tust?»

«Was ich zu tun versucht habe. Es ist das, was ich tun würde, wenn die Gemeinde mich nur ließe. Aber sie hindern mich auf Schritt und Tritt. Erst glaubte ich, ich könnte sie allmählich gewinnen, um ihnen dann so zu dienen, wie mein Vater seiner Gemeinde gedient hat.»

«Aber –»

«Aber jetzt sehe ich, dass das Rabbinat nicht das ist, wofür ich es gehalten habe.»

Sie sah ihn an. Er wirkte entmutigt.

«Von Generation zu Generation verändert sich alles, David», begann sie leise. «Du bist Rabbiner geworden, weil dich das Richteramt deines Großvaters inspirierte. Wie ist es denn mit dem Arztsohn, der sich berufen fühlt, Mediziner zu werden, durch das Beispiel seines Vaters, der die Nacht am Bett eines Schwerkranken durchwacht? Heute muss er sich spezialisieren, muss Ordinationszeiten an fünf Tagen der Woche einhalten und hat den Mittwochnachmittag frei. Statt einen Menschen zu behandeln, gibt er sich mit einer Kette von Mägen oder Herzen ab. Und bei den Handwerkern ist es ebenso. Als Mr. Macfarlane neulich hier war, um die Fenster in Ordnung zu bringen, hat er mir erzählt, sein Vater hätte das Haus, in dem sie wohnen, ganz allein gebaut. Und während des Winters hat er auch noch viele Möbel selber getischlert. Aber unser Mr. Macfarlane macht – abgesehen von kleinen Reparaturarbeiten am Rande – nichts anders als Fußbödenlegen. Die Methoden ändern sich, aber die Berufe nicht. Ärzte heilen immer noch Kranke, Tischler bearbeiten Holz, und Rabbis leiten ihre jüdische Gemeinde und sorgen dafür, dass sie jüdisch bleibt. Und was ist mit den Lehrern?»

«Ich hab nicht das Gefühl, auf dem Gebiet erfolgreich tätig gewesen zu sein», sagte er düster.

«Jetzt redest du Unsinn!», fuhr sie hoch. «Du bist ein ausgezeichneter Rabbi und auch ein ausgezeichneter Lehrer. Mit deiner Gemeinde hast du Schwierigkeiten, weil du ein guter Rabbi bist.»

«Was meinst du damit?»

«Wenn du nur mit deiner Gemeinde gut auskommen willst, wenn du populär sein willst, David, dann gehst du auf sie ein, statt sie zu führen und zu leiten. Du darfst sie nie vor harte Wahrheiten stellen. Und wenn ein Lehrer bei seiner Klasse beliebt sein will, dann versucht er nicht, sie zum Lernen zu zwingen.»

«Ja, natürlich …»

Aber sie sah nun, dass sich seine Stimmung gewandelt hatte. Mit einer großartigen Missachtung aller Logik sagte sie: «Und du brauchst Fine auch nicht im Gefängnis zu besuchen, wenigstens nicht gleich. Ich könnte mir denken, dass es besser wäre, erst mit diesem Bradford Ames zu sprechen und die Lage zu klären. Schließlich ist er dir was schuldig, weil du ihm mit den Selzers geholfen hast.»

Der Rabbi überdachte das. «Ich könnte es versuchen.»

«Dann ruf ihn doch gleich zu Hause an. Es kann nicht so viele Leute mit dem Namen Bradford Ames geben, nicht mal in Boston.»

Ames schien sich über seinen Anruf zu freuen. «Ich würde mich sehr gern mit Ihnen treffen, Rabbi. Und ausgerechnet morgen komme ich in Ihre Gegend, um unser Haus für den Winter dicht zu machen. Wissen Sie, wo es ist? ... Fein, dann erwarte ich Sie irgendwann am späteren Vormittag.»

45

Das Ames-Haus lag am Point, einem felsigen Landfinger, der in die Hafeneinfahrt zeigte. Es war ein großes weißes Holzhaus, rundherum von einer breiten Veranda umgeben. Auf der Hafenseite überragte es die Flutmauer. Bei Hochwasser lag es über dem Meer und gab einem das Gefühl, an Bord eines Schiffes zu sein. Es war ein warmer Altweibersommertag, und Bradford Ames genoss das schöne Wetter in einem großen Korbsessel auf der Veranda. Als der Rabbi kam, rief er: «Kommen Sie gleich herauf, Rabbi. Ich dachte, wir sollten uns in die Sonne setzen, solange sie noch so schön scheint.»

David Small trat ans Geländer und blickte in das Wasser unter ihm. «Schön», sagte er, «sehr schön.» Er atmete tief die salzige Luft ein.

«Ich bin immer ein bisschen traurig, wenn es wieder Zeit wird, das alte Haus für den Winter zuzumachen. Ich suche mir extra einen schönen Tag dafür aus, und wenn ich fertig bin, sitze ich noch ein wenig draußen, nehme vom Meer Abschied und trinke ein Glas, ehe ich wieder in die Stadt zurückfahre.» Er deutete auf eine Flasche. «Kann ich Ihnen was anbieten, Rabbi? Sie sind doch kein Abstinenzler, oder?»

«O nein, das sind wir nicht.»

Ames schenkte ein. Als sie beide in den tiefen Korbsesseln saßen, tranken sie sich stumm zu. «Ich könnte mir vorstellen, dass Sie sich für Roger Fine interessieren», stellte Ames endlich fest. «Er ist doch wohl Mitglied Ihrer Gemeinde?»

«Nein, aber er gehört zu den jüdischen Bürgern von Barnard's Crossing. Und als einziger Rabbi am Ort ...»

«Fühlen Sie sich verantwortlich.» Ames kicherte. «Und als der einzige Rabbi unter den Lehrern des Windemere College können Sie sich für jedes jüdische Mitglied gleichermaßen verantwortlich fühlen, ja?»

«Das war mir noch gar nicht aufgegangen», gestand der Rabbi, «aber da Sie es jetzt erwähnt haben ...»

Ames rutschte im Stuhl nach hinten. «Gut, ich spreche sehr gern mit Ihnen über Fine, Rabbi. Ich glaube auch, ich bin es Ihnen schuldig, nachdem Sie für mich die Kastanien aus dem Feuer geholt haben, als Sie dafür sorgten, dass die Studenten einen Antrag auf Kaution stellten.» Er war so weit im Stuhl heruntergerutscht, dass sein runder Kopf gerade noch in Höhe der Tischplatte war. «Ich erwähne das, Rabbi, um anzudeuten, dass es mir nicht um Verurteilungen nur um der Verurteilung willen geht.»

«Das ist klar.»

«Ich werde Ihnen sagen, was wir gegen Fine haben. Ich will Ihnen den Fall darlegen. Ich lege alle unsere Karten offen auf den Tisch.» Er drehte den Kopf so weit herum, dass er zum

Rabbi aufblicken konnte. «Und nun fragen Sie mich, warum ich das tun will.»

Der Rabbi grinste. «Schön. Warum wollen Sie das tun?»

«Weil ich dem jungen Mann helfen möchte, oh, ich hab eine Menge Belastungsmaterial, und ich werde meinen Schuldspruch bekommen. Aber das Strafmaß, das ist ein anderer Fall. Das kann von hier bis dort reichen.» Er hielt die Zeigefinger dicht nebeneinander und breitete dann die Arme immer weiter aus.

«Das heißt, Sie möchten, dass ich Professor Fine beeinflusse, ein Geständnis abzulegen?»

«Das könnte sehr gut sein – gut für ihn», sagte Ames, «wenn Sie es fertig brächten. Ach, das ist übrigens kein Vorschlag unter der Hand. Ich habe darüber mit seinem Anwalt, Jerry Winston, gesprochen.»

«Und?»

Ames richtete sich wieder zu voller Höhe auf. «Es ist eine Art Spiel von uns, Rabbi. Vor Gericht sind wir höflich-kühl. Ich meine, der Assistant District Attorney und die Strafverteidiger. Wir sind auch nicht darüber erhaben, gemeine juristische Tricks anzuwenden oder uns anzupöbeln. Aber außerhalb des Gerichts stehen wir sehr gut miteinander. Was wieder nicht bedeutet, dass Winston nicht mit aller Kraft für seinen Klienten kämpft, wie ich für den Staat kämpfe. Wir sind Profis, verstehen Sie. Aber einen großen Unterschied gibt es. Winston kämpft mit Klauen und Zähnen für einen Freispruch, aber ich kämpfe nur dann für seine Verurteilung, wenn ich von der Schuld des Mannes überzeugt bin. Obwohl er der Ankläger ist, ist es auch Aufgabe des District Attorney, die Unschuldigen zu schützen.»

«Ich verstehe.»

Ames trank einen Schluck aus seinem Glas. «Schön, lassen Sie mich Ihnen darlegen, was wir haben; danach werde ich erklären, wie Sie helfen können. Professor Fine hat von Anfang an unter Verdacht gestanden, einfach weil er zur Tatzeit im Haus war. Aber richtig haben wir uns erst für ihn interessiert, als wir Sie überprüft hatten.» Er lachte glucksend über das erstaunte Gesicht seines Gastes. «O ja, Rabbi, eine Weile waren Sie Sergeant Schroeders Hauptverdächtiger. Er hat einen sehr überzeugenden Fall gegen Sie aufgebaut. So hatten Sie zu erwähnen versäumt, dass Sie Ihre Studenten vorzeitig verlassen haben.»

«Wie sollte –»

«Das bedeutete, dass Sie, statt sich nur eben auf dem Heimweg von Hendryx zu verabschieden, eine ganze Stunde lang mit ihm allein im Büro gesessen haben. Sie beide, in einem winzigen Büro mit nur einem Schreibtisch und einem ziemlich wackeligen und unbequemen Besucherstuhl. Letzteres kann ich persönlich bezeugen.» Er lehnte sich behaglich an die fächerförmige Rückenlehne des Korbsessels. «Innerhalb dieser Stunde haben Sie sich unterhalten – ein Rabbi und ein Mann, der allgemein als Antisemit galt. In einer Stunde gibt es ausreichend Gelegenheit zu argumentieren und wütend zu werden, und wenn Sie wütend genug waren …»

«Aha. Ich wurde also so wütend, dass ich beschloss, ihn umzubringen. Und wie habe ich das angestellt? Ich kann nicht einfach nach oben greifen und die Büste herunterziehen. So weit kann ich nicht reichen. Hat der freundliche Sergeant dafür auch eine Erklärung?»

«Lassen Sie die Ironie, Rabbi. Der Sergeant hat den Fall sehr gut dargelegt. Es liegen Stapel ausrangierter Bibliotheksbücher auf den Regalen; Sie hätten nur hinaufzuklettern brauchen, um nach einem zu suchen, und dabei hätten Sie leicht aus Versehen den Gipskopf zu Fall bringen und damit das Rededuell endgültig gewinnen können. Der Sergeant räumte sogar ein, dass es auch ein Unfall hätte sein können.»

«Wie nett von ihm.»

Ames gluckste. «Sie sind natürlich entsetzt. Ihre erste Reaktion ist vielleicht, es jemand mitzuteilen. Wem anderem als dem Dean? Aber gerade, als Sie um die Ecke kommen, sehen Sie, wie sich ihre Tür schließt. Vielleicht betrachten Sie das als Omen. Vielleicht aber wird Ihnen nun klar, dass sie nichts von dem Vorfall mitgekriegt haben kann. Auf jeden Fall verlassen Sie das Haus. Sie sind natürlich völlig durcheinander und fahren einige Zeit in der Gegend herum, um sich schlüssig zu werden, was Sie tun sollen. Und das ist der Grund für Ihre verspätete Heimkehr. Aber als Sie dann daheim sind, hören Sie von dem Bombenattentat und erkennen, dass der Vorfall dadurch eine ganz andere Dimension annehmen kann. Als sich dann der Sergeant bei Ihnen meldet, suchen Sie nach einem Vorwand, ihn abzuwimmeln, und gewinnen somit Zeit herauszufinden, was passiert ist und sich eine Geschichte auszudenken.»

«Alles zusammengenommen ergibt das einen guten Fall», gab ihm der Rabbi Recht.

«Ich könnte noch darauf hinweisen, dass Sie einen Schlüssel für das Büro hatten und hineingehen konnten, ohne dass Hendryx aufstehen musste. Jeder andere hätte klopfen müssen. Es ist wirklich ein guter Fall», sagte Ames fast bedauernd.

«Aber Sie haben ihm das nicht abgenommen?»

Ames schüttelte mit einem breiten Grinsen den Kopf. «Ich glaube nicht mal, dass Schroeder selbst davon überzeugt war. Ich vermute, es war nur seine Rechtfertigung, mit Ihnen nicht gerade sanft umzuspringen.»

«Ja, aber warum wollte er das?»

«Na, wahrscheinlich hat er daran gedacht, wie Sie ihn behandelt haben, als er ganz höflich bei Ihnen angerufen hat. Das hat ihn gewurmt. Sie müssen einen Mann wie Schroeder verstehen. Er ist fast am Ziel seines Ehrgeizes. Als Detective Sergeant arbeitet er weitgehend selbständig. Natürlich bekommt er Weisungen von seinen Vorgesetzten, aber in der Öffentlichkeit, besonders wenn er mit einem wichtigen Fall befasst ist, ist er sein eigener Chef und nicht daran gewöhnt, dass seine Machtvollkommenheit angezweifelt wird.»

«Aber er hat mich gar nicht in die Mangel genommen.»

«Weil ich eingeschritten bin. Ich habe ihm gesagt, ich wollte Sie selbst verhören. Ihre Erklärungen für Ihr spätes Nachhausekommen am Freitag und Ihr Versäumnis, dem Sergeant zu sagen, dass Sie Ihre Klasse haben sitzen lassen, waren derartig naiv, dass ich gar nicht anders konnte, als sie für wahr zu halten.»

Der Rabbi lachte.

«Natürlich war das eine gefühlsmäßige Entscheidung. Denn genau genommen konnte ich die Auslegung Schroeders nicht mit gutem Gewissen so einfach von der Hand weisen. Ein ungebildeter Mensch wird für seine verdächtigen Handlungen die Erklärung liefern, die ihm plausibel erscheint, aber sie wird auffällige Lücken haben, und wir werden sie einfach wegen ihrer inneren Widersprüche widerlegen können. Ein intelligenterer Mensch wird mit einer Erklärung aufwarten, die weder auffällige Lücken noch Widersprüche enthält. Sie muss nicht notwendigerweise unseren Verdacht beseitigen, aber wir werden wahrscheinlich zusätzliche Beweise finden müssen, um sie zu widerlegen.» Er machte eine Pause. «Ein ungewöhnlich intelligenter Mensch, Rabbi, könnte eine ganz und gar unwahrscheinliche Erklärung abgeben.»

«Soll das alles heißen, dass ich immer noch unter Verdacht stehe?», fragte der Rabbi.

Ames schüttelte den Kopf. «Nein, Sie haben Ihre Unschuld bewiesen, als Sie den Widerspruch zwischen dem gerichtsärztlichen Befund und der Aussage der Putzfrau aufzeigten. Wenn Sie schuldig wären, wäre es sinnlos gewesen darzulegen, dass das Buch und die Pfeife in Hendryx' Wohnung ein Alibi waren, und das gleich darauf wieder zu entkräften.»

«Na, es ist schon eine Erleichterung zu wissen, dass ich nicht verdächtig bin, obwohl es mir nie aufgegangen ist, dass ich jemals zu den Verdächtigen gehörte. Aber Sie sagten eben, Sie hätten begonnen, Roger Fine zu verdächtigen, als Sie dabei waren, mich zu überprüfen.»

«Das stimmt. Sie haben uns darauf gebracht, uns Gedanken zu machen, wie die Büste heruntergefallen sein könnte, nachdem es nicht die Erschütterung durch die Explosion verursacht haben konnte. Sie könnte von jemand heruntergestoßen worden sein, der am Regal hinaufkletterte, aber das ist nicht sehr wahrscheinlich. Einmal ist sie ganz schön schwer; mehr als zweiundsechzig Pfund kippt man nicht durch eine ungeschickte Handbewegung um. Und Hendryx hätte auch nicht einfach still gesessen und sich das angesehen.»

«Das ist mir sofort eingefallen, als Sie zum ersten Mal davon sprachen», sagte der Rabbi. «Darauf hatte ich meine Verteidigung aufgebaut.»

Ames nickte. «Also, wie ist sie dann heruntergeholt worden? Wir haben die Scherben zusammengekittet und experimentiert. Mit einem Stock ging es nicht, da hat man keinen Ansatzpunkt. Wenn man einen langen Stab hätte, mit einem Haken, zum Beispiel wie man ihn für das Öffnen von hohen Fenstern benutzt, hätte man ihn dahinter schieben und dann ziehen können. Das würde gehen, aber dann stürzt das Ding zur Seite ab. Nur mit einem Stock mit einer Krümmung am Ende –»

«Ein Stock mit einer Krümmung?»

«Ja, einem Spazierstock. Damit ist es ein Kinderspiel. Man schiebt nur die Krücke dahinter und zieht. Damit wäre das

‹Wie› erklärt. Die Gelegenheit: Er war zur fraglichen Zeit im Haus. Und die Waffe –»

«Die Waffe war die Büste, und die konnte jeder benutzen», widersprach der Rabbi.

Ames schüttelte den Kopf. «Ja, sicher, sie war dort, aber nur für einen Mann mit Spazierstock benutzbar. Professor Fine ist der einzige Mann im College, der zu jeder Zeit einen Stock mit sich trägt.»

Der Rabbi blieb einen Augenblick stumm und fragte dann: «Und das Motiv? Was für ein Motiv hatte er?»

Ames wehrte mit einer Handbewegung ab. «Wer weiß schon, was einen Menschen in Wirklichkeit motiviert? Häufig weiß er das selber nicht. Wir können nur vermuten oder raten – bis er gesteht. Wir wissen, dass sie Streit gehabt haben, dass Fine ihn für einen Antisemiten hielt –»

«Er machte kleine, spitze Bemerkungen, gelegentlich einen Scherz, nichts, das mehr als eine scharfe Entgegnung rechtfertigte», wandte der Rabbi ein.

«Von Ihnen. Aber Professor Fine ist jünger als Sie. Trotzdem schließe ich mich Ihnen an: das ist kein Motiv für einen Mord. Dann aber haben wir diesen Ekko aufgegriffen, das fünfte Mitglied der Studentengruppe; nach einiger Zeit hat er ausgepackt. Es stellte sich heraus, dass Professor Fine das Treffen der Delegation mit dem Dean wie auch die ganze Studentenkampagne gegen seine Entlassung verhindern wollte.»

«Aber warum denn?», fragte der Rabbi.

«Ja», sagte Ames, «das konnten wir auch nicht verstehen. Bis Ekko mit etwas herausrückte, das Fine ihm im Vertrauen mitgeteilt hat. Sehen Sie, am Ende des Sommerkursus hat Fine einer Studentin die Examensfrage verraten. Hendryx hat das entdeckt und gemeldet.»

«Hat Fine das zugegeben?»

«Schriftlich, Rabbi, sogar schriftlich. Sein handgeschriebenes Geständnis lag im Safe vom Büro des Dean. Es war eine Bürgschaft dafür, dass er keinen Ärger machen würde, wenn sie ihn nach Ablauf seines Vertrags nicht mehr weiterbeschäftigten.»

«Und Ekko hat versucht, den Safe zu sprengen, um das Schriftstück zu beseitigen?»

«Nein, nein», sagte Ames hastig. «Das heißt, das haben wir anfangs geglaubt. Aber dann hat sich herausgestellt, dass er nichts mit dem Bombenanschlag zu tun hat, gar nichts.»

Der Rabbi hätte gern gewusst, wer denn nun tatsächlich für die Bombe verantwortlich war, aber als er merkte, dass Ames seiner Bemerkung nichts mehr hinzufügen wollte, fragte er: «Sie wollen doch wohl nicht andeuten, dass Fine Hendryx ermordete, weil er ihn bei Dean Hanbury angeschwärzt hat?»

«Das gibt ihm ein Motiv.»

«Aber Sie sagen, das alles wäre im Sommer geschehen. Dann hat er sich aber eine Menge Zeit damit gelassen», stellte der Rabbi trocken fest.

«Manchmal schwelen solche Dinge lange vor sich hin.»

«Und schwelen weiter, bis der Ärger verraucht und vergessen ist», sagte der Rabbi.

«Aber nehmen wir mal an, am Tag des Mordes geschah etwas, das das Feuer neu entfachte. Etwas, das es Fine unmöglich gemacht hätte, weiter als Lehrer zu arbeiten? Wie hätte Fine dann reagiert?»

«Was hätte das denn gewesen sein können?», fragte der Rabbi.

«Ich weiß leider nicht, nach welchen Gesichtspunkten Colleges ihre Lehrer einstellen», sagte Ames faul. «Aber ich kann mir vorstellen, dass es nicht so sehr auf die Referenzen des kommissarischen Leiters einer Abteilung ankommt, da er ja nur für Verwaltungsdinge zuständig ist. Aber auf die des Leiters einer Abteilung kommt es an. Und am Tag des Mordes, Rabbi, ist Hendryx zum Leiter der englischen Abteilung ernannt worden.»

Der Rabbi spitzte die Lippen. «Mir hat Hendryx nichts davon gesagt.»

«Das durfte er auch nicht, weil es noch nicht offiziell verkündet worden war. Präsident Macomber hat Dean Hanbury gebeten, nichts zu erwähnen, bis das Kuratorium es offiziell bekannt gegeben hatte.»

«Aber wie sollte Fine dann davon erfahren haben?»

«Oh, ich schätze, dass Hendryx es ihm gesagt hat.» Er sah den Rabbi an und genoss offensichtlich dessen Verwirrung. «Passen Sie auf: Hendryx und Betty, die Tochter des Präsidenten, wollten heiraten, und sie hat ihren Vater rumbekommen, ihn zu befördern.» Er kicherte. «Dean Hanbury hatte sich die ganze Zeit schon für seine Ernennung eingesetzt, aber ohne Erfolg. Eine Tochter aber, eine einzige Tochter, hat anscheinend mehr Durchsetzungskraft. Ich kann mir vorstellen, dass Macomber nicht gegen sie ankommt.»

Der Rabbi begriff immer noch nicht, was das mit Fine zu tun hatte.

«Rabbi, haben Sie denn gar keine Phantasie? Erinnern Sie sich: Dieser Ekko hat uns gesagt, dass Fine gegen die Studenteneingabe zu seinen Gunsten war, weil er Dean Hanbury und vermutlich auch Hendryx versprochen hat, keinen Ärger zu machen. Und ausgerechnet an diesem Nachmittag kommt eine Studentenabordnung, um seinetwegen eine Bittschrift einzureichen. Da Dean Hanbury beschäftigt ist, geht Fine zu Hendryx ins Büro, um ihm zu versichern, dass er nichts mit der Studentenabordnung zu tun hat. Ich kann mir ausmalen, wie Hendryx, der schon am Abend davor von Betty Macomber von seiner Bestallung gehört hat, sich in seinen Stuhl zurücklegt und die Situation bis zur Neige auskostet. Ich kann mir vorstellen, wie er mit einem gewissen sadistischen Vergnügen dem jungen Mann mitteilt, dass er nun der Chef der Abteilung ist und Fine nicht auf ein Empfehlungsschreiben von ihm hoffen darf und dass er vielleicht mal über einen neuen Beruf nachdenken soll.»

«Vielleicht», sagte der Rabbi. «Aber das Motiv scheint doch zum größten Teil aus Ihrer Einbildung zu stammen.»

«Jetzt sind Sie nicht objektiv, Rabbi», sagte Ames vorwurfsvoll. «Sie sprechen wie der Verteidiger. So weit sind wir noch nicht.»

«Gut. Machen Sie weiter. Oder ist das schon alles? Was ist mit dem Alibi? Haben Sie herausgefunden, wie Fine in Hendryx' Wohnung gekommen sein kann?»

Ames strahlte. «In dem Punkt bin ich sogar sehr mit mir zufrieden. Ich habe die Putzfrau nochmal vernommen, und es scheint so, dass sie die Tür immer offen gelassen hat, während sie herein- und herausging, um die Papierkörbe zu leeren. Als sie fortging, hat sie einfach vergessen, den Riegel wieder zurückzuziehen.»

«Aber woher sollte Fine das wissen? Oder hat er es nach Ihrer Theorie auf gut Glück probiert?»

«Oh, wir wissen von anderen Mitgliedern seiner Abteilung, dass Hendryx sich dauernd über seine Putzfrau beklagt hat, auch darüber, dass sie immer die Tür offen ließ.»

Der Rabbi schwieg, und Ames wartete ein paar Sekunden, bevor er fortfuhr: «Damit haben wir alles: Gelegenheit, Motiv und Waffe – Letztere besonders typisch für den Tatverdächtigen. Wir haben uns also Fine geschnappt und ihn verhört. Natürlich hat er alles abgestritten und sich geweigert, über seine Unternehmungen an dem betreffenden Nachmittag Rechenschaft abzulegen.»

«Das ist doch sein gutes Recht, oder nicht?», fragte der Rabbi.

«Selbstverständlich. Aber warum sollte er sich weigern? Wenn er ein Alibi hat, braucht er es uns nur zu sagen. Wir würden es überprüfen, und wenn es einwandfrei ist, würden wir ihn entlassen. Aber wenn es kein sehr gutes Alibi ist, sagen wir, ein frisiertes Alibi, das er uns vor Gericht als Überraschung liefern will, sodass wir es vorher nicht prüfen können – derartiges könnte einem schlauen jungen Mann wie Fine schon einfallen –, tja, Rabbi, dann würden Sie ihm einen Gefallen tun, wenn Sie ihn von seiner Torheit überzeugten. Denn wir werden das Alibi zerpflücken, glauben Sie mir. Aber die Tatsache, dass er es probiert hat, könnte sich schlecht auf den Richter und das Strafmaß auswirken. Ich habe mit Winston darüber gesprochen.»

«Und was sagt er dazu?»

Ames lächelte. «Ach, Strafverteidiger geben nie was zu. Das gehört zum Spiel. Selbst wenn sie einlenken, geben sie nicht zu, dass ihr Mandant schuldig ist. Ich glaube nicht, dass Jerry sich auf ein frisiertes Alibi einlassen würde, aber wenn er sich dessen nicht ganz sicher wäre, könnte es doch sein.»

«Kann ich ihn besuchen?»

«Fine? Ich glaube schon. Ich würde es aber gern erst mit Jerry Winston absprechen. Ich rufe ihn morgen an, dann können Sie ihn am Dienstag besuchen.»

46

Sie war klein und dünn. Sie trug ein langes Kleid aus Baumwolle, das beinahe den Boden berührte. Es wurde unter den Brüsten zusammengehalten, und es war deutlich zu sehen, dass sie keinen Büstenhalter trug. Von ihrem Hals baumelte ein großes silbernes Kruzifix an einem Samtband. Das braune Haar war glatt heruntergekämmt und wurde von den Bügeln einer Nickelbrille aus dem Gesicht gehalten. Sie hatte große, dunkle Augen und war auf eine traurige, gedämpfte Weise recht anziehend.

«Rabbi Small?» Sie stand vor dem Hörsaal.

«Ja?»

«Ich bin – mein Name ist Kathy Dunlop, und ich wollte fragen, ob ich Sie ein paar Minuten sprechen kann?»

«Natürlich, Miss Dunlop.» Er sah sie forschend an.

«Es könnte doch ein bisschen länger als nur ein paar Minuten dauern. Ich dachte, wenn Sie Zeit hätten ...»

«Aber selbstverständlich. Wollen Sie mit in mein Büro kommen?»

Sie nickte dankbar und folgte ihm. Er bot ihr den Besucherstuhl an, setzte sich dann hinter den Schreibtisch und wartete.

Sie spielte mit dem Kreuz auf ihrer Brust und fasste dann Mut. «Es ist so, Rabbi, meine Freundin – sie ist Christin wie ich. Sie geht nicht hier aufs College, aber ich hab ihr von Ihnen erzählt, ich meine, dass Sie ein Rabbi sind und hier eine Vorlesung halten. Und da hat sie mich gebeten, Sie mal zu fragen.»

«Ah, ja.»

«Ja, also, sie ist Christin, und sie ist in einen jüdischen Jungen verliebt.»

«Und sie möchten heiraten?», sagte der Rabbi prompt.

«Noch nicht sofort, verstehen Sie. Ich meine, sie liebt ihn, und er liebt sie. Sie weiß das ganz sicher. Ich meine, ich kenne die beiden, da gibt es wirklich keine Frage.»

«Gut», sagte er leise. «Ich verlasse mich auf Ihr Wort.»

«Ja, und nun wollte ich wissen, also, sie möchte das wissen, und ich sollte Sie fragen, ob es richtig wäre, dass sie den Glauben wechselt.»

«Sie will zum Judentum überwechseln?»

«Ja. Was muss sie dazu tun?»

Er lächelte. «Sie müsste mit einem Rabbi sprechen.»

Das Mädchen ließ das Kreuz aus der Hand fallen. «Natürlich, ich weiß schon, dass das ein Rabbi machen muss, aber was muss *sie* dabei tun?»

David Small lehnte sich zurück. «Das hängt davon ab, zu welchem Rabbi sie geht. Die meisten Rabbis werden ihr sagen, sie soll den Jungen aufgeben und sich einen ihres eigenen Glaubens suchen.»

«Sie meinen, der Rabbi würde es nicht tun?», fragte sie überrascht. «Aber das ist nicht fair; ich meine, wenn Sie überzeugt sind, den wahren Glauben zu haben, dann müssten Sie es doch jedem, der dazu übertreten möchte, schuldig sein, ihm den rechten Weg zu zeigen, ihn zu überzeugen, ihm die Rettung zu bieten.»

«Aber wir haben es nicht mit der Rettung, Miss Dunlop.»

«Nein? Aber Sie bekehren doch Menschen. Ich weiß das, weil ich jemand kenne.»

«Ja, wir tun das, aber wir fördern es nicht. Es ist nicht leicht, Jude zu sein, und darum versucht der Rabbi, es ihnen zu ihrem eigenen Besten auszureden. In der Theorie sollen wir niemand bekehren; es sei denn, dass jemand aus innerer Überzeugung danach verlangt. Auf jeden Fall nicht einfach deshalb, weil jemand einen Juden heiraten möchte.»

«Ja, aber wenn jemand in einen Juden verliebt ist und mit ihm – wissen Sie, alles mit ihm teilen möchte und so denken wie er – nein, ich finde das wirklich nicht fair!» Sie begann von neuem: «Ich meine, wenn Sie was wissen, was ich nicht weiß, und Sie glauben, es ist die Wahrheit, sollten Sie dann nicht den Wunsch haben, es mir zu sagen? Könnte die Liebe dieses Mädchens zu dem Jungen – könnte das nicht der Anfang sein, dass sie konvertiert, nein, dass sie überzeugt wird?»

«Ja. Ich glaube auch, dass das die Begründung ist, die die

meisten Rabbis bei solchen Fällen angeben.» Er seufzte. Wie sollte er es diesem so ernsten und so eifrigen Mädchen beibringen? Er überlegte, ob sie schwanger sein könnte und ob das, was er sagen würde, notwendig wäre, ihr zur Lösung ihres dringendsten Problems zu helfen. «Warum tragen Sie dieses Kreuz?»

«Oh, stört Sie das?»

«Nein. Ich habe mir nur Gedanken gemacht. Tragen Sie es immer oder nur heute?» Er hätte gern gewusst, ob sie es als Talisman betrachtete, der sie schützen sollte, wenn sie mit einem Rabbi sprach.

«Ich trage es, weil ich Christin bin», sagte sie. «Das habe ich Ihnen doch gesagt.»

«Ja, aber die meisten Christen tragen keine großen Silberkreuze.»

«Es ist ein Geschenk, ein besonderes Geschenk meines Vaters. Er ist Geistlicher. Er bekehrt immerzu Leute. Ich meine, das gehört zu seinem Beruf, dass er Menschen zu Jesus bekehrt.»

«Und wie bekehrt er sie?», fragte der Rabbi.

«Er predigt ihnen. Er überzeugt sie, dass sie durch Jesus zu besseren Menschen werden, dass sie wie neugeboren sein werden und frei von ihren Sünden.»

«Und was müssen sie tun?»

«Sie müssen nur Jesus annehmen. Mehr braucht es nicht – sie müssen den Willen haben, Jesus anzunehmen, ihre Herzen zu öffnen und Ihn hereinkommen zu lassen; denn wenn jemand an Ihn glaubt, ist das schon fast alles, was nötig ist.»

«Ja, das ist bei uns etwas anders», sagte er. «Wissen Sie, in dem Sinn haben wir keine Religion. Die Dinge, an die wir glauben, glauben auch viele Menschen, die keine Juden sind. Aber das macht sie deswegen nicht zu Juden. Und es gibt viele Juden, die nicht daran glauben, aber trotzdem Juden sind. Die

Faustregel geht so: Jeder, der von einer jüdischen Mutter geboren ist, die nicht zu einer anderen Religion übergewechselt hat, ist Jude. Es ist mehr die Zugehörigkeit zum jüdischen Volk, zur Familie, als das Annehmen eines bestimmten, spezifischen Glaubens.»

«Das verstehe ich nicht. Wenn es eine Religion ist –»

«Haben Sie mal römische Geschichte gelernt?»

Das überraschte sie. «Ja, in der High School. Aber was hat das damit zu tun?»

«Wissen Sie, was die Laren und die Penaten waren?»

«Warten Sie mal», sagte sie, als wäre sie gerade in der Schule drangekommen. «Waren das nicht Idole oder Statuen, die die Römer in ihren Häusern hatten?»

«So was Ähnliches», sagte der Rabbi. «Sie waren die Hausgötter, die Familiengötter. Die Götter, die eine bestimmte Familie mit sich nahm, wo immer sie hinging. Sehen Sie, Miss Dunlop, ein bisschen ist das bei uns auch so. Der Judaismus ist eine Familienreligion. Es ist eine Zusammensetzung von Überzeugungen, Praktiken, Riten, eine Lebensweise, die uns eigen ist, unserer Familie, den Nachkommen Abrahams. Die Bekehrung ist wie eine Adoption in die Familie. Der Konvertit nimmt sogar einen neuen Namen an, einen jüdischen Namen, bei einem Mann ist es gewöhnlich Abraham, Sarah bei einer Frau.»

«Also, was muss man dann tun?», fragte sie nun ungeduldig. «Um adoptiert zu werden, meine ich.»

«Zuerst», sagte er, «müssen Sie die Bräuche und die Riten lernen.»

«Kennen die alle Juden?»

«Nein», gestand er, «aber von Konvertiten wird es verlangt.»

«Dauert das lange?»

«Monate, manchmal Jahre.»

«Jahre? Aber das ist nicht gerecht. Ich meine, wenn sogar Juden sie nicht kennen.»

«Ich nehme an, dass es absichtlich so ist, um die Konvertiten zu entmutigen. Allerdings gibt es auch die Theorie, dass jeder, der als Jude geboren ist, das Wissen um die jüdische Art unbewusst übernommen hat, sozusagen mit der Muttermilch. Ein anderer muss dafür Arbeit leisten.»

«Aber Jahre!»

Der Rabbi war mitfühlend. «Es scheint kaum der Mühe wert, nicht wahr? Warum sagen Sie Ihrer Freundin nicht, sie soll versuchen, den Jungen zu vergessen, ihn aufgeben? Anfangs mag es ihr unmöglich erscheinen, ohne ihn leben zu können, aber sie wird erfahren, dass sie das kann. Wissen Sie, Menschen verlieben sich immer wieder in Menschen, die sie nicht heiraten können. Zum Beispiel kann der andere schon verheiratet sein.» Er lächelte. «Meistens überleben sie's.»

Sie blieb stumm und machte keine Anstalten zu gehen.

«Ist dies, was ich Ihnen erzählt habe – ist das ein Schock für Sie gewesen?», fragte er freundlich.

«Nein, es war das, was er vorausgesagt hat.» Sie holte tief Luft, und ihr Gesicht nahm einen entschlossenen Ausdruck an. «Rabbi, Sie kennen doch Professor Fine? Den, der verhaftet worden ist?»

«Ja. Ich kenne ihn. Warum?»

«Weil er es nicht getan hat. Er kann es nicht getan haben, weil er bei mir war. Als das geschehen ist, meine ich.»

Langsam stellte der Rabbi den Stuhl wieder gerade. «So? Und wo war das?»

«In einem Motel, dem *Excelsior,* an der Route 128. Ich habe uns ein Zimmer genommen, dann hab ich ihn hier angerufen, hier im College, und ihm die Nummer gesagt, und er ist sofort gekommen.»

«Um welche Zeit ist er abgefahren?»

«Um Viertel nach zwei.»

Er sah sie an. «Wie kommt es, dass Sie die Zeit so genau wissen?»

«Weil ich, nachdem ich das Zimmer genommen hatte, nicht – nicht sicher war. Ich hatte irgendwie Angst bekommen. Ich hab so was noch nie vorher gemacht. Und wie die Frau vom Motel mich angesehen hat, als ich ihr sagte, mein Mann machte noch ein paar Besorgungen und käme etwas später … Wissen Sie, es liegt ganz dicht bei einem Einkaufszentrum. Ich dachte, ich könnte zur Rezeption zurückgehen und sagen, ich hätt's mir anders überlegt und mein Geld zurückfordern. Dann dachte ich, ich könnte mich einfach in meinen Wagen setzen und abfahren, ohne was zu sagen, und auf das Geld verzichten. Dann dachte ich, ich würde bis Viertel nach zwei warten.»

«Warum gerade Viertel nach?»

«Weil es da gerade ein paar Minuten nach zwei war, und mir Viertel nach für einen Entschluss gut geeignet erschien.»

«Und dann haben Sie ihn angerufen?»

Sie nickte.

«Gibt's bei dem Motel eine Telefonzentrale, oder kann man direkt wählen?»

«Ich hab nicht vom Zimmer aus telefoniert. Auf dem Parkplatz ist eine Telefonzelle. Ich hab von da aus angerufen, weil ich nicht wollte, dass die Frau vom Motel mithört.»

«Und wie sind Sie gerade auf dieses Motel gekommen?»

Sie senkte den Blick. «Eines der Mädchen aus dem Studentenheim hat es mir empfohlen.»

«Hm. Und wann ist Professor Fine gekommen?»

«Ich – ich weiß es nicht genau. Aber er hat gesagt, er führe sofort los und würde nicht … Ich meine, wenn er zu mir käme, würde er nicht unterwegs …»

«Nein, das glaube ich auch nicht», sagte der Rabbi freundlich. Und dann: «Haben Sie zufällig aufgepasst, wann er bei Ihnen eingetroffen ist?»

Sie schüttelte langsam den Kopf. «Nein, ich habe erst später auf die Uhr gesehen, als ich Angst hatte, es könnte zu spät für ihn werden, aber er hat gesagt, er wäre nicht in Eile. Seine Frau war irgendwo eingeladen, und er hatte ihr gesagt er würde in der Stadt bleiben.»

«Weiß die Polizei von der ganzen Sache?»

«Natürlich nicht, sonst wäre er längst frei, nicht?»

«Wenn sie ihm glauben», sagte er. «Hat jemand im Motel Sie zusammen gesehen?»

Sie wehrte sehr entschieden ab. «Nein, bestimmt nicht. Wir waren sehr vorsichtig. Darum haben wir ja auch ausgemacht, dass ich das Zimmer nahm. Er wollte nicht gesehen werden. Er hatte Angst, dass sich der Besitzer wegen seiner roten Haare und des Stocks an ihn erinnern könnte und dass es eines Tages herauskommen würde.»

«Hm.»

«Er würde es nie erzählen», sagte sie überzeugt, «weil er mich da nicht reinziehen will.»

«Obwohl er deswegen im Gefängnis bleiben muss?»

«Ja, sicher.»

47

David Small füllte seinen Besucherschein aus und schob ihn in die Schale unter dem dicken, kugelsicheren Glas.

«Wie in einer Bank», stellte er fest.

Der Wärter lachte automatisch. Die Bemerkung wurde Dutzende von Malen jeden Tag gemacht. «Ja, das ist ja auch 'ne Art Bank. Wenn Sie jetzt bitte die Taschen ausleeren und an der Scheibe vorbeigehen möchten.»

Der Rabbi legte Brieftasche, Kleingeld und Armbanduhr auf ein Häufchen und trat unter einen Bogen.

«Nun kommen Sie zurück.»

Die Nadel an der Skala bewegte sich.

«Sie haben immer noch was aus Metall an sich.»

Er klopfte seine Taschen ab, und als er dann die Hand in die Seitentasche seines Jacketts schob, spürte er die aufgeplatzte Naht im Futter. Er hatte immer wieder vergessen, Miriam zu bitten, sie zuzunähen. Er förderte einen Bleistiftstummel ans Licht. «Der ist ins Futter gerutscht. Ich hab das ganz vergessen.»

«Schon gut. Gehen Sie nochmal durch. Jetzt ist es okay.»

«Meinen Sie, der Bleistift gibt einen Ausschlag?»

«Nein, die Metallhülse vom Radiergummi», sagte der Wärter.

Rabbi Small sammelte seine Sachen ein, wurde durch einen kurzen Flur und eine schwere Tür aus Stahlbalken gewiesen, die sich klickend hinter ihm schloss. «Erste Tür links», rief der Wärter hinter ihm her. «Warten Sie dort.»

Es war ein kleiner Raum, der nur mit ein paar Stühlen und einem Tisch möbliert war. Während er wartete, fragte sich der Rabbi, was er sagen sollte. Wusste Fine, was am Freitagabend in der Synagoge vorgefallen war? Sollte er erwähnen, dass Ames die Anregung zu seinem Besuch hier gegeben hatte? Die Tür öffnete sich, und Roger Fine kam herein. Ihm folgte ein schwarzer Wärter mittleren Alters.

«Ich muss hier warten, Professor Fine», sagte der Mann, «aber Sie können die Tür zumachen.»

«Okay, John, danke. Ach, das ist übrigens Rabbi Small. Er unterrichtet auch in Windemere. John Jackson, Rabbi. Sein Sohn ist Student am College.»

«Tag, Rabbi», sagte der Wärter und zog die Tür hinter sich zu.

«Sein Sohn ist einer von denen, die ich im Sommer unterrichtet und ins College bekommen habe», sagte Fine. «Ein netter Kerl.»

«Ich hab von Ihrem Programm gehört. Ich kann mir denken, dass das viel Mut erfordert hat.»

«Nicht Mut, Rabbi, Teilnahme.» Er ließ sich auf einen Stuhl fallen und hängte den Stock an den Tischrand. Er schien dünner zu sein als bei ihrer letzten Begegnung, und sein Gesicht war hart.

«Und wie hat es sich nun gemacht?», fragte der Rabbi. «Haben Ihre Schützlinge sich bewährt?»

Fine zuckte die Achseln. «Manche ja, manche nicht so sehr. Aber Sie, Rabbi, haben sich doch mit dem Establishment angebiedert. Was haben denn die darüber zu sagen?»

Der Rabbi lachte kurz auf. «Anbiedern würde ich es nun bestimmt nicht nennen – es beschränkt sich auf eine gelegentliche Tasse Kaffee in der Cafeteria. Und dass sie das Establishment sind, war mir auch nicht aufgegangen, ich hielt sie für die älteren Lehrer. Aber ich habe von ihnen gehört, dass die Gruppe, die Sie unterrichteten, nicht die richtige Vorbereitung fürs College hatte, dass sie aus Roxbury kamen und die meisten schon seit Jahren aus der Schule waren.»

«Und was bedeutet das?», fragte Fine. «Die Erfahrung, sich im Ghetto durchzuschlagen, ist zehnmal mehr wert als ein Latein- oder Algebrakursus in der High School.»

«Gut möglich», sagte der Rabbi, «aber darum geht's ja nicht, nicht wahr? Ein Algebrakurs mag im Ghetto wenig nützen, aber er ist wahrscheinlich eine notwendige Vorbereitung für Physik oder Chemie im College.»

«Genau darum haben wir sie ja auch im Sommer unterrichtet», sagte Fine hitzig.

«Und was konnten Sie im besten Fall dadurch erreichen?

Wenn Sie mehrere Jahre der College-Vorbereitung in zwei Monaten aufholen konnten, dann ist unser höheres Schulsystem eine Farce. Wenn es das nicht ist, ist Ihr Projekt der Nachholkurse eine Farce, die nur dazu dient, die Leute in einen Studiengang zu bringen, dem sie dann nicht gewachsen sind.»

«Was soll das?»

«Was soll das?», wiederholte der Rabbi wie ein Echo.

«Ja, was soll das?» Fine lachte verächtlich. «Für was halten Sie Windemere? Oder jedes andere College? Es ist eine verknöcherte Institution – wie der Wahlmännerausschuss oder die britische Monarchie oder das Oberhaus. Heutzutage ist das College nur eine Institution zur Erhaltung des plutokratischen Klassensystems. Es soll dazu dienen …» Seine Stimme verlor sich, als er die Augen seines Besuchers starr an sich vorbeigerichtet sah. Er wandte sich um, folgte dem Blick des Rabbi und sah eine Küchenschabe über die Wand laufen. Er schlug sie mit dem Stock herunter und trat sie tot. «Dies ist hier nicht gerade das Ritz, aber dafür kostet es auch nichts.» Er lachte. «Das ist eine der Redensarten, die man hier so hört. Nicht umwerfend komisch, aber es hebt die Stimmung.»

Der Rabbi nickte und fuhr dann nach einer Pause fort: «Es ist merkwürdig. Professor Hendryx glaubte auch nicht daran, dass es noch die Aufgabe des College sei, junge Leute zu unterrichten. Er glaubte, seine gegenwärtige Funktion wäre es, College-Professoren zu unterhalten.»

«Das ist typisch Hendryx», sagte Fine. «Aber wenn Sie mal seine Wirkung auf die Gesellschaft untersuchen, finden Sie, dass das College nichts anderes tut, als die Schafe von den Ziegen oder die weißen von den blauen Kragen zu trennen.»

«Es überrascht mich, dass Sie sich dieser Ansicht anschließen wollen», sagte der Rabbi liebenswürdig.

«Ach, da gibt es noch so eine kleine Nebenwirkung, auf die

das Establishment vielleicht noch nicht gestoßen ist, und die ist der Grund, warum wir mitmachen und warum wir diese Sommerkurse aufgezogen haben.»

«Und die wäre?»

«Jeder von der anderen Seite des Zauns, dem es gelingt einzusteigen, wird automatisch sozial angehoben. Man kann nicht abstreiten, dass das College der Weg ist, der zum sozialen Aufstieg führt. Das ist eine Tatsache, die von allen Soziologen und den meisten Pädagogen erkannt ist.»

«Ich muss gestehen, dass ich Ihren Glauben an die Weisheit der Soziologen und Pädagogen nicht teile.»

«Verdammt nochmal, Rabbi –»

«Natürlich ist meine Ansicht die traditionelle jüdische Ansicht», fuhr er ganz ungestört fort, «dass Lernen um des Lernens willen geschehen soll. Ein College mit philosophischer Fakultät wie Windemere ist ein Platz für die, die mehr wissen möchten als das, was man ihnen in der High School beigebracht hat. Wenn Sie es zu einem Mittel zum sozialen Aufstieg umwandeln, wie Sie das eben genannt haben, oder in etwas allzu Praktisches, um das nicht zu vergessen, erfüllt es seinen Zweck nicht mehr.»

«Sie meinen, man sollte Colleges mit einer philosophischen Fakultät den klügsten jungen Leuten vorbehalten?»

«Keineswegs, obwohl ich nicht weiß, was Sie unter den ‹klügsten jungen Leuten› verstehen oder wie Sie sie auswählen wollen. Gute Noten belohnen meistens die gefügigsten Schüler, die, die sich der Meinung ihrer Lehrer anschließen. Lernen hat nichts von einem Wettbewerb an sich, es ist etwas, das jeder für sich allein tut. Ein dicker Mann, der Gymnastik betreibt, um abzunehmen, konkurriert nicht mit einem, der dort ist, um seine Muskulatur zu entwickeln, ja nicht einmal mit einem anderen, der auch abnehmen möchte. Jeder ist da, um seine eigenen Zwecke zu erreichen.»

«Also sind Ihrer Meinung nach die Einzigen, die in ein philosophisches College gehen sollten –»

«Nicht die klügsten, sondern die, die wirklich dort studieren wollen, die ihr Wissen erweitern möchten», sagte der Rabbi abschließend.

Fine gelang es kaum, sein leicht triumphierendes Lächeln zu verbergen, als er sagte: «Warum erheben Sie dann Einwände gegen unser Programm, Schwarze ins College zu bringen?»

«Das tue ich nicht.» Der Rabbi blieb völlig unberührt. «Für die, die lernen wollen, habe ich keine Einwände, vorausgesetzt, sie haben die nötige Vorbildung. Aber ohne die werden sie die Arbeit nicht leisten können, ebenso wie der dicke Mann in der Gymnastikschule die physische Anstrengung nicht zu seinem Zweck auswerten kann, wenn er einen schweren Herzfehler hat. Und Sie tun diesen Studenten nichts Gutes an. Nein. Ganz im Gegenteil.»

Der rothaarige junge Mann lehnte sich in seinem Stuhl zurück und schüttelte verwundert den Kopf. Erst grinste er, und dann lachte er laut.

«Habe ich etwas Komisches gesagt?», fragte der Rabbi.

«Nein, Sie sind ganz in Ordnung, Rabbi. Wissen Sie, als mein Anwalt gesagt hat, Sie kämen, hab ich mich gefragt warum. Würden Sie kommen, um den Verurteilten zu einem Geständnis zu bewegen? Um ehrlich zu sein: Ich war nicht wild auf Ihren Besuch, aber Winston, das ist mein Anwalt, schien es für sinnvoll zu halten. Und da sitzen wir jetzt in einem kleinen Zimmer im City Jail und sprechen – ausgerechnet – über Erziehungstheorien und Philosophie. Sie müssen zugeben, Rabbi, dass das komisch ist.»

Der Rabbi grinste. «Sie haben Recht, es ist komisch.»

Fine beugte sich vor. «Ich würde mich Ihrer Theorie nur zu gern anschließen, Rabbi, aber das System kämpft ja gerade gegen Ihre großartige Liebe zum Lernen an. Da belegen sie Kurse auf einem Dutzend verschiedener Gebiete ohne Zusammenhang, ohne Beziehung, und der Hauptgegenstand ist Tage nach dem Abschlussexamen vergessen – es verhindert ja nur, dass jemand eine anständige Ausbildung bekommt. Mann, der normale College-Absolvent kann keinen vernünftigen wissenschaftlichen Aufsatz schreiben.»

«Und wessen Fehler ist das?», schlug der Rabbi zurück. «Sie haben Ihre Ansprüche heruntergeschraubt, weil Sie nicht länger glauben, es wäre Ihre Aufgabe zu unterrichten, Sie wollen nur sozial aufwerten, und wie das geschieht, ist Ihnen egal. Jede Art, den Studenten bestehen zu lassen, ist ihnen recht, Hauptsache er besteht.»

Fine sah den Rabbi scharf an. «Ist das eine allgemeine Bemerkung, Rabbi, oder denken Sie vielleicht an eine gewisse Schwierigkeit, die ich mit Hendryx und dem Dean hatte?»

«Davon weiß ich.»

«Ach ja, Sie saßen ja mit Hendryx im selben Büro.»

«Aber er hat es mir nicht gesagt», warf der Rabbi ein.

«Wer dann –» Fine machte eine abwehrende Kopfbewegung. «Das spielt auch keine Rolle.»

«Hören Sie», sagte der Rabbi, «kennen Sie zufällig eine Kathy Dunlop?»

Die Atmosphäre kühlte sich sofort ab. «Ja, ich kenne Kathy. Was ist mit ihr?»

«Sie hat mich gestern besucht.»

«Hat sie es Ihnen erzählt?»

«Nein, sie hat nichts über das Examen gesagt. Sie wollte wissen, was ein Mädchen machen muss, wenn es zur jüdischen Religion übertreten will. Anscheinend ist eine Freundin von ihr in einen jungen Juden verliebt.»

Fine rückte nervös auf dem Stuhl herum. «So?»

«Natürlich», fuhr der Rabbi fort, «war es klar, dass sie über sich sprach. Vorfühlende Fragen werden oft auf diese Art gestellt. Sind Sie der Mann, den sie zu heiraten gedenkt?»

Fine blieb stumm. Der Rabbi wartete, und als es so aussah, als würde er nicht antworten, sagte er: «Sie hat erzählt, dass Sie beide sich lieben.»

Abrupt stand Fine auf und ging um seinen Stuhl herum. «Ja», sagte er, «ich liebe Kathy. Aber glauben Sie nicht, ich hätte jemals angedeutet, ich würde mich von meiner Frau scheiden lassen und sie heiraten.» Er hockte nun auf der Tischkante.

«Offenbar nahm sie das aber an.»

Fine zog die Schultern hoch. «Von mir ist sie nicht dazu ermutigt worden. Ich habe ihr sogar gesagt, ich würde nur immer wieder ein jüdisches Mädchen heiraten. Das war mir ernst. Glauben Sie mir das?»

Der Rabbi überlegte einen Augenblick. «Ja, ich glaube Ihnen.»

«Überrascht Sie das?»

«Nein.»

«Na, mich überrascht es.» Er warf sich wieder auf den Stuhl. «Es ist mir unverständlich, aber es stimmt; ich fühle das. Hier bin ich, modern, aufgeklärt, intellektuell – und, in aller Bescheidenheit, sogar intelligent. Meine Vernunft sagt mir, dass Religion, Gebete, Glaube – all das – nichts als Unsinn sind. Tut mir Leid, Rabbi, aber so empfinde ich. Trotzdem habe ich ein jüdisches Mädchen geheiratet und würde nie eine heiraten, die es nicht wäre. Vermutlich ist es so, weil meine Eltern sich aufregen würden, und dabei habe ich gar keine so enge Bindung an sie. Verrückt, was?»

«So verrückt ist es gar nicht. Ich kenne einen Juden, der sich völlig vom Judentum losgesagt hat, aber keine Butter auf dem heimischen Esstisch duldet, wenn er Fleisch isst. Er behauptet, es bekäme ihm nicht. Wenn er aber in einem Restaurant isst, macht es ihm nichts, Butter und Fleisch zusammen zu essen.»

«Leider sehe ich da die Verbindung nicht. Doch, ich glaube fast, ich sehe sie. Sie meinen, dass in gewissen Dingen der rationalste Mensch irrational handelt.»

«Wie nimmt Ihre Familie es auf, dass Sie hier sind?»

«Sie wissen es nicht. Sie sind auf einer von diesen Drei-Wochen-Reisen nach Israel. Ich hoffe, dass ich alles hinter mir habe, bis sie zurückkommen.»

«Und wenn das nicht gelingt?»

Der junge Mann stützte die Stirn in die Hand.

«Kathy –», bedrängte ihn der Rabbi. «Sie haben Sie an dem Nachmittag getroffen. Der Anruf, auf den Sie warteten, war von ihr?»

«Was soll das alles?», fragte er kriegerisch.

«Es könnte Sie hier herausholen. Es könnte Ihnen ein Alibi geben.»

Fine beugte sich vor und sagte leidenschaftlich: «Wenn sie mit der Geschichte zur Polizei geht – oder wenn Sie das tun –, ich streite alles ab. Ich werde sagen, sie ist eine dumme kleine Gans, die sich in mich verknallt hat und die Phantasie mit sich durchgehen lässt. Außerdem wird niemand ihre Geschichte bezeugen können. Mich hat keiner gesehen, dafür habe ich gesorgt.»

«Aber warum?»

«Weil meine Ehe daran kaputt-, wahrscheinlich zu Ende gehen würde. Verstehen Sie das nicht? Ich liebe meine Frau.»

«Eben haben Sie gesagt, Kathy zu lieben.»

«Und? Monogamie ist eine gesellschaftliche Institution, sie ist kein Naturgesetz. Ich würde nicht mit Kathy ins Bett gehen, wenn ich sie nicht liebte. Aber das heißt nicht, dass ich meine Frau nicht auch liebe. Wenn Sie zehn Jahre jünger und kein Rabbi wären, könnten Sie das vielleicht verstehen.»

«Ich war zehn Jahre jünger und zu der Zeit kein Rabbi», sagte er gutmütig, «und ich habe ein gutes Gedächtnis. Ich möchte Sie verstehen.»

«Na gut», sagte Roger Fine. «Meine Frau und ich führen eine gute Ehe. Im Bett haben wir Spaß miteinander. Jetzt gerade bekommt sie mein Kind, und ich bin froh, dass sie es ist, mit der ich ein Kind haben werde. Aber Kathy – wissen Sie, Edie ist ein nettes, anständiges, bürgerliches jüdisches Mädchen. Das ist eine gute Sorte, aber sie hat ihre Grenzen. Mit Kathy – oh, wir haben uns begehrt, und als wir zusammenkamen, unterwarf sich jeder dem anderen mit seinem Geist, seiner Seele und seinem Körper. Es war gut, und darum kann es nicht falsch sein.»

«Ich begreife das.»

«Ja, wirklich?», fragte Fine. «Begreifen Sie es wirklich?»

«Natürlich. Sie möchten Ihren Kuchen behalten und ihn gleichzeitig auch aufessen.»

48

«Ich riskiere meinen Kopf, ist Ihnen das klar?», sagte Chef Lanigan, als er den blauen Polizeiwagen mit dem goldenen Polizeiwappen von Barnard's Crossing in den dichten Verkehr auf der Route 128 lenkte.

«Weil es in Swampdale ist und nicht in Barnard's Crossing?», fragte der Rabbi. «Ach, das ist nur eben über der Grenze.»

«Nein, um Swampdale geht's nicht. Barney Rose ist ein guter Freund von mir und macht sich nichts draus, wenn ich einer reinen Routinesache wegen auf sein Territorium übergreife. Nein, ich denke an die Polizei von Boston. Das ist ihr Fall, und sie könnten sehr unfreundlich auf eine Einmischung reagieren.»

«Ja, das verstehe ich», sagte der Rabbi. Seine Miene hellte

sich aber gleich auf. «Genau genommen überprüfen Sie ja nur die Geschichte von Kathy Dunlop. Wenn Sie entdecken, dass ein Mann mit ihr im Motel gewesen ist, ein rothaariger Mann, der hinkte, der Professor Fine sein könnte, der in Barnard's Crossing wohnt, dann fällt das doch unter *Ihre* Gerichtsbarkeit.»

«Ja, ja, David, vielleicht sind solche Haarspaltereien bei Ihren rabbinischen Freunden akzeptabel, aber ich würde sie nicht so sehr gern bei Schroeder oder Bradford Ames ausprobieren.» Er warf einen Blick auf seinen Begleiter. «Nicht dass mir das Kummer macht, ich maule nur ein bisschen. Das ist die Art von Konversation, die Bullen führen.»

«Auf jeden Fall bin ich dankbar, dass Sie sich die Mühe machen.»

«Ach, das ist keine Mühe.» Lanigan fiel etwas ein; er lachte. «Haben Sie auch bestimmt keine Angst, dass der Mann vom Motel Sie für den betrogenen Ehemann halten könnte?»

«Der Gedanke ist mir auch schon gekommen», antwortete der Rabbi lachend. «Wissen Sie was über den Laden? Über seinen Ruf?»

«Früher waren es immer Hühner», sagte Lanigan scheinbar ganz aus dem Zusammenhang gegriffen. «Ein Mann arbeitete sein ganzes Leben, sparte sich ein bisschen Geld und fand dann heraus, dass er die Stadt, den Schmutz und den Lärm leid war. Er und die Frau schwärmten vom Landleben, und dann setzte ihnen einer die Idee von der Hühnerfarm in den Kopf. Gerade genug Arbeit, um nicht ganz abzustumpfen, frische Landluft und ein regelmäßiges Einkommen durch die Eier und das Geflügel. Joe Gargan, der als Lieutenant den Abschied nahm, war ganz versessen darauf. Er hat mir erzählt, was man für das Futter zahlt, und was man für die Eier bekommt und was für die Viecher selbst. Es konnte einfach nicht schief gehen. Nur, dass eben manchmal die Futterkosten stiegen, und man dann nichts verdiente. Manchmal konnte auch der gesamte Bestand an einer Krankheit eingehen. Und dann kamen andere Ausgaben dazu, mit denen man nicht gerechnet hatte. – Na ja, jetzt sind die Hühner passé. Jetzt sind Konzessionen die Masche, wenn ich recht unterrichtet bin. Man zahlt seine gesamten Ersparnisse und verschuldet sich noch weiß Gott wie hoch, um einen Stand aufzumachen, an dem man für jemand anderen Würstchen oder Buletten oder Eis verkauft. Sie sagen einem, dass man nur für sich arbeitet, und sie können beweisen, dass man einfach Erfolg haben muss.»

Er schüttelte verständnislos den Kopf. «Vor gar nicht langer Zeit waren es Motels. Man brauchte nicht mehr zu tun, als am Morgen die Betten zu machen und frische Handtücher ins Bad zu hängen. Ein Vormittag Arbeit für einen Mann und seine Frau oder nur für die Frau, während der Mann sich ums Büro kümmerte.»

«Wird das *Excelsior* von einem Ehepaar geführt?»

«Ja, es liegt gleich neben einem kleinen Einkaufszentrum. Sie wissen doch, wie es mit diesen Motels geht. Haben sie eine gute Lage, und läuft das Geschäft, sind sie anständig, legal und achtbar. Aber lassen Sie das Geschäft mal abflauen, sofort werden sie ein bisschen nachlässiger und vermieten Zimmer an Straßenmädchen oder College-Studenten, die sich ein paar Stunden lang amüsieren wollen.»

«Und wie ist das Geschäft im *Excelsior*?»

«So lala. Hat sie zufällig gesagt, warum sie gerade dahin gegangen ist?»

«Nur, dass es ihr von einem Mädchen aus dem Wohnheim empfohlen worden ist», sagte der Rabbi trocken.

«Wundert mich gar nicht. Da sind wir übrigens.»

Eine Messingtafel auf einem dreieckigen Mahagoniblock nannte den Namen von ALFRED R. JACKSON. Mr. Jackson, mit einem Sporthemd und Golfpullover bekleidet, kam heraus, um sie zu empfangen und stellte sich vor. «Kann ich Ihnen helfen, Gentlemen?»

«Ich würde gern telefonieren», sagte Lanigan.

«Bitte schön, bedienen Sie sich.» Er schob den Apparat herüber.

«Ist irgendwas nicht in Ordnung?», fragte er den Rabbi, während der Chef wählte.

Rabbi Small winkte ab. Lanigan sagte ein paar Worte in die Muschel und legte dann auf. «Nur eine Routineuntersuchung», erklärte er. «Kann ich mal Ihre Gästekartei vom 13. dieses Monats sehen?»

«Jemand Bestimmtes?», fragte Jackson, als er zum Karteikasten ging. «Der 13., das war ein Freitag, nicht?»

«Ja. Katherine oder Kathleen Dunlop. Sie müsste sich irgendwann am Nachmittag eingetragen haben.»

«Hier ist eine Mrs. Kathy Dunlop. Nummernschild von Massachusetts 863–529. Hat sich um 13 Uhr 52 eingetragen.» Er zog eine Karte heraus und legte sie auf den Schreibtisch.

«Das heißt nicht Mrs., das heißt Ms.», stellte der Rabbi fest.

«O ja, stimmt. Women's Lib.» Er lachte, als wäre das ein guter Witz.

«War sie allein?», fragte Lanigan.

«Au, das weiß ich nicht mehr, Captain – hm, Chef. An den Tag erinnere ich mich gut, weil es Freitag, der 13., war. Ich bin nicht abergläubisch, aber so was erinnert man eben.»

«Sie hat gesagt, sie hätte mit einer Frau verhandelt», teilte der Rabbi Lanigan mit.

«Ach, das war dann meine Frau. Einen Augenblick.» Er öffnete eine Tür und rief: «Martha, kommst du mal?»

Eine Frau in einer Kittelschürze und mit Plastiklockenwicklern gesellte sich zu ihnen. «Ich seh schrecklich aus», entschuldigte sie sich. «Ich wollte mich gerade umziehen.»

«Die Gentlemen interessieren sich für eine Kathy Dunlop, die sich am Freitag, dem 13., am frühen Nachmittag bei uns eingetragen hat. Erinnerst du dich an sie? Du hast sie aufgenommen.»

«Ja, doch. Eine winzige Person. Ein nettes Mädchen.»

«Wie kommen Sie darauf?», fragte Lanigan.

«Ach, das weiß ich selber nicht genau; sie war bescheiden und höflich und – ach ja, sie trug ein Kreuz um den Hals und unterschied sich dadurch von den Mädchen, die man sonst sieht. Sie hat gesagt, sie wäre seit dem vorigen Abend durchgefahren und wäre müde. Darum hab ich ihr Nr. 6 gegeben, weil es da so ruhig ist. Ach, dann hat sie noch gefragt, ob ein Telefon im Zimmer wäre, und ich hab gesagt, sie müsste entweder die Zelle auf dem Parkplatz gegenüber benutzen oder hier das Telefon im Büro.» Zu ihrem Mann sagte sie: «Erinnerst du dich nicht, Al? Ich hab gesagt, Freitag, der 13., bringt Unglück, und an dem Tag hatten wir den Ärger mit der Telefonanlage.»

Lanigan fragte, ob sie im Büro telefoniert habe.

«Ich kann mich nicht erinnern, aber das auf dem Parkplatz ist viel näher.»

«Hatte sie Besucher?»

«Ich spioniere nicht hinter meinen Gästen her», erklärte sie tugendhaft. «Wenn ein Gast ein Zimmer nimmt, kann er dort Besuch empfangen wie bei sich zu Hause.»

«Haben Sie sie mit jemandem gesehen? Mit einem rothaarigen Mann mit einem Stock?», forschte Lanigan.

Mrs. Jackson schüttelte den Kopf.

«Wer war zu der Zeit noch hier?», fragte der Rabbi.

Sie sah fragend ihren Mann an. «Das Ehepaar aus Texas?»

«Nein, die sind schon gegen elf abgereist. Um die Zeit müssen wir keine anderen Gäste gehabt haben.»

Sie erläuterte das. «Um diese Jahreszeit treffen die Leute erst im Laufe des Nachmittags oder am frühen Abend ein. Sie blätterte die Karteikarten durch. «Da – 16 Uhr 20 – 16 Uhr 38 – 17 Uhr 05.»

«Wann ist Miss Dunlop wieder abgereist?», fragte Lanigan.

Die Frau errötete. «Ich meine, ich erinnere mich, dass sie am Abend den Schlüssel abgegeben hat. Sie sagte, sie wollte noch was essen. Ich glaub nicht, dass sie – nein, ich bin sicher, sie ist nicht zurückgekommen. Weißt du noch, Al, ich sagte, sie wäre vielleicht ins Kino gegangen?»

Lanigan fragte Mrs. Jackson, ob sie am nächsten Morgen das Zimmer gerichtet habe und ob das Bett benutzt worden sei.

«Ich erinnere mich nicht», sagte sie vorsichtig. «Wenn es nicht benutzt worden wäre, würde ich mich bestimmt erinnern.»

«Von ein oder zwei Personen?»

«Woher soll ich das wissen?»

«Ach, das würden Sie bestimmt wissen.»

«Ich – ich erinnere mich nicht.»

Als sie wieder abfuhren, sagte Lanigan: «Tut mir Leid, David, aber ich fürchte, Ihr Freund Fine hat kein Alibi. Weder der Mann noch die Frau haben ihn gesehen, im Motel waren keine weiteren Gäste, und da das Telefon nicht in Ordnung war, konnte niemand dort anrufen.»

«Wir haben immer noch das Mädchen ...»

«Nein, die nützt uns nichts. Die ist in ihn verliebt und würde ohne weiteres für ihn lügen. Natürlich kann Fines Anwalt sie in den Zeugenstand rufen und hoffen, dass sie auf die Geschworenen einen guten Eindruck macht. Und das kann sie sogar – bis der D. A. sie sich vornimmt. Er macht aus ihr spielend eine ganz gewöhnliche Nutte oder Schlimmeres, da sie ja wusste, dass er verheiratet ist.»

49

Als Lanigan und der Rabbi das Polizeirevier betraten, rief ihnen der Dienst habende Beamte zu: «He, Chef! Grace hat gerade angerufen, dass sie sich ausgesperrt hat. Könnte ich wohl mal eben hinfahren und ihr den Schlüssel bringen?»

«Okay», sagte Lanigan. «Ich bleibe so lange hier.»

Er warf einen Blick auf den Block. «Warum haben Sie den Anruf nicht eingetragen?»

«Wieso, sie ist doch meine Frau? Es war privat.»

«Eine Mitbürgerin ruft an, dass sie aus ihrem Haus ausgesperrt ist, und ich schicke einen Sergeant los, um ihr zu helfen. Das ist normale Polizeiarbeit. Jedes Gespräch muss eingetragen werden. So, und jetzt machen Sie, dass Sie fortkommen.»

Als Lanigan den Anruf eintrug, fragte er: «Wollen Sie Mrs. Fine besuchen, David?» Die Frage überraschte den Rabbi. «Warum sollte ich das wohl wollen?»

Lanigan maß ihn aufmerksam. «Sie haben ihren Mann im Gefängnis besucht, nicht wahr? Wenn das bei uns passierte, würde der Priester selbstverständlich zu ihr gehen.»

«Aber ich bin kein Priester. Ich habe nicht diese Art von Verbindung zu den Mitgliedern meiner Gemeinde. Und im Übrigen hab ich vor einiger Zeit Ärger mit ihr gehabt.»

«So?»

«Ach, nichts Wichtiges», wehrte der Rabbi ab.

Auf der Heimfahrt war er keineswegs davon überzeugt, dass er Mrs. Fine besuchen müsse. Wahrscheinlich war sie nicht einmal zu Hause. Wahrscheinlich wohnte sie bei ihren Eltern; und er hatte nicht das geringste Verlangen, Mr. und Mrs. Chernow auch noch wieder zu sehen.

Aber er kam sowieso am Haus der Fines vorbei, und als er Licht sah, hielt er an.

Edie Fine öffnete auf sein Klingeln. «Ach, Sie sind das, Rabbi», sagte sie offensichtlich überrascht. «Ich – ich wollte gerade zu meinen Eltern gehen …»

«Darf ich hereinkommen?»

«Ja, gut, nur, ich hab nicht viel Zeit. Sie erwarten mich zum Essen.» Sie führte ihn ins Wohnzimmer. «Sie wollen mir vermutlich sagen, dass Sie nichts mit Rogers – ich meine, wegen dieser Sache am Freitagabend. Ich hab sie nicht dazu aufgewiegelt, glauben Sie's mir.»

«Ach, schon gut, Mrs. Fine. Ich habe Ihren Mann heute Morgen besucht. Er war ruhig und gar nicht deprimiert.»

«Das ist eine gute Nachricht. Ich weiß natürlich, dass das ein schreckliches Missverständnis ist und dass es jedem passieren kann, aber es lässt einen doch über manches nachdenken.»

«Worüber nachdenken, Mrs. Fine?»

«Über alles Mögliche. Ob es noch Gerechtigkeit auf der Welt gibt. Über die Polizei und die Gerichte und – ob es sich lohnt, anständig zu sein –»

«Mrs. Fine!» Er sprach streng. «Ich freue mich, sagen zu können, dass Ihr Mann seine Last tapfer trägt. Ich nehme an, dass das so ist, weil er sich seiner Unschuld gewiss ist. Wenn ich ihn wieder sehe, würde ich ihm gern sagen, dass auch Sie guten Mutes sind.»

Sie starrte ihn an, dann plötzlich verstand sie ihn. Sie sagte leise und mit beherrschter Stimme: «Ja, sagen Sie ihm das. Danke.»

Statt Miriam, als er nach Hause kam, seinen Mantel zu geben und sie wie üblich flüchtig auf die Wange zu küssen, umarmte er sie und küsste sie fest auf den Mund.

«Nanu», sagte sie staunend, «wie kommt denn das?»

«Ich hab einen unerfreulichen Tag hinter mir, aber ich hab dabei gelernt, dass ich dich sehr liebe.»

«Wenn du das gelernt hast, musst du mir alles erzählen.»

«Ich kann nicht.»

«Dann will ich dir wenigstens einen Whisky holen.»

«Nein, aber eine Tasse Kaffee hätte ich gern.»

«Ich auch.» Sie ging in die Küche und setzte Wasser auf.

Er band die Schuhe auf und schleuderte sie fort, dann schob er sich ein Kissen zurecht und legte sich lang auf den Diwan. Aber dann klingelte das Telefon, und er musste aufstehen. Es war der Assistant District Attorney.

«Ja, Mr. Ames. Was kann ich für Sie tun?»

«Sergeant Schroeder war gerade bei mir. Er ist ziemlich wütend auf Sie. Und ich bin auch nicht gerade entzückt.»

«Es tut mir Leid, das zu hören», sagte der Rabbi. «Ist es ein generelles Gefühl, oder glaubt er, ich hätte was Bestimmtes getan?»

Ames kicherte anerkennend. «Am liebsten hätte er es, wenn ich Sie als Hauptzeugen verhaften ließe. Es geht um etwas, was Sie vermutlich eine Unterlassungssünde nennen würden. Eine Kathy Dunlop hat Sie besucht und Ihnen Informationen gegeben, die mit unserem Fall zu tun haben. Er findet, Sie hätten das der Polizei melden müssen.»

«Aha. Sie ist also mit ihrer Geschichte auch zu Ihnen gekommen?»

«Ja, das ist sie.»

«Ich habe darüber nachgedacht», sagte der Rabbi, «und befunden, dass der Polizei wenig mit einer unbelegbaren Geschichte gedient wäre, während meine Meldung einer Angelegenheit, für die ich mich verantwortlich fühle, sehr schaden würde. Ich habe eins gegen das andere abgewogen und beschlossen, vorläufig nicht davon zu berichten.»

«So, haben Sie das? Um was geht es denn, Rabbi?»

«Die Beziehung zwischen Mr. und Mrs. Fine. Ich habe die beiden getraut, wissen Sie.»

«Sie hatten Angst, Schroeder könnte zu Mrs. Fine gehen?» Es folgte eine Pause. «Gut, Rabbi, ich nehme Ihnen das ab. Aber was ist mit Ihrem kleinen Ausflug zum *Excelsior*? Da handelt es sich um eine reine Polizeiangelegenheit.»

«Auch dafür habe ich eine Rechtfertigung.»

«Sparen Sie sie sich, Rabbi. Treffen wir uns doch morgen nach Ihrer Vorlesung im Apartment von Hendryx. Dort können Sie mir dann alles erzählen. Und, Rabbi», fügte er hinzu, «ich hoffe, dass Ihre Geschichte gut ist.»

Er legte auf, als Miriam gerade mit dem Tablett ins Zimmer kam. «Noch mehr Ärger?», fragte sie besorgt.

«Nichts Ernstes. Und nichts, worüber ich mir vor morgen Gedanken machen müsste. Heute freue ich mich auf einen ruhigen Abend zu Hause.»

Sie hörte ein Auto und trat ans Fenster.

«Oh, David, jetzt hält ein Streifenwagen vor dem Haus.»

Und gleich darauf klopfte es auch schon energisch. Miriam öffnete die Tür. Der Polizist tippte an seine Mütze und sagte: «Guten Tag, Mrs. Small. Ich hab Ihnen die Karten für den Polizeiball gebracht.»

«Ach, liefern Sie die jetzt persönlich ab?», fragte der Rabbi.

«Der Chef meint, es wäre gut für unsere Kontakte mit den Bürgern. Wissen Sie, so lernen wir die Leute kennen. Kontakte zu den Bürgern sind jetzt bei uns im Revier die große Mode.»

«Na, ich finde das eine sehr gute Idee», sagte Miriam. «Warum machen Sie keine Nägel mit Köpfen und kommen auf einen Kaffee herein?»

«Das ist sehr freundlich von Ihnen, Mrs. Small, aber mein Kollege sitzt im Wagen.»

«Dann holen Sie ihn doch rein.»

«Bei der Polizei sind Public Relations jetzt der letzte Schrei», sagte der erste Beamte noch einmal, als er und sein

Kollege auf den Stuhlkanten saßen und die Kaffeetassen vorsichtig auf den Knien balancierten. «Es geht alles auf das Konto der jungen Leute, die uns ‹Schweine› und was sonst nicht alles nennen. Und wenn man dann einen von ihnen verhaften muss, schreien sie gleich von Polizeibrutalität. Und darum soll dieser Feldzug dazu dienen, dass die Leute die Polizei kennen lernen und dann eher unterstützen. Vermutlich hat es schon einen Sinn, aber ich persönlich meine, dass die, die keinen Ärger machen, schon lange wissen, dass die Polizei zu ihrem Schutz da ist, und die anderen sind gegen uns, weil wir sie am Unfugmachen hindern.»

«Ist das auch Ihre Ansicht?», fragte Miriam den anderen.

«Na, in der Stadt könnte es anders sein, *madam*. Aber hier in Barnard's Crossing kennt jeder jeden, der bei der Polizei ist. Für mich sind diese Public Relations nichts wie Überstunden.»

«Auf die Sie verzichten könnten, was?», fragte der Rabbi.

«Ach, das macht mir nichts aus», sagte er schnell. «Wir machen das freiwillig. Es macht Spaß, die Leute kennen zu lernen, Kaffee mit ihnen zu trinken und zu reden. Außerdienstlich, wissen Sie.»

«Vielleicht sollten sie das ruhig auch mal in der Stadt probieren», schlug Miriam vor.

Der Polizist schüttelte den Kopf. «Da funktioniert so was nicht. Nehmen Sie mal die jungen Leute. Hier kennen wir sie alle. Ich hab bei ihnen geschiedsrichtert, als sie noch in der Jugendmannschaft waren, und Jee hat seit Jahren eine Baseballmannschaft trainiert. Sie nennen uns bei den Vornamen. Aber in der Stadt kennen sie die Polizei nicht, und die Polizei kennt sie nicht. Die, die hier so nett und freundlich zu uns sind, können in der Stadt zu einer Bande von Wahnsinnigen werden, wenn sie der Polizei gegenüberstehen.» Er drehte sich zu seinem Kollegen um. «Weißt du noch, wie sie sich damals aufgeführt haben, als wir Miss Hanbury zum College zurückfahren mussten?»

«Ja, das war der Tag, an dem da die Bombe hochging. Ich kann Ihnen sagen, die waren vielleicht wild.»

«Sie haben Miss Hanbury nach dem Bombenanschlag zurückgefahren?», fragte der Rabbi. «Warum denn das?»

«Ach, die war gerade zu Hause angekommen», sagte Joe. «Sie hatte uns angerufen, als sie entdeckte, dass eins ihrer Fenster offen stand. Meistens lassen die Leute sie offen und vergessen es dann, und wenn sie nach Hause kommen, rufen sie die Polizei an, weil sie glauben, es könnte einer eingebrochen haben.» Er wandte sich an Miriam. «Lassen Sie sich aber ja nicht dadurch abhalten, uns anzurufen, wenn Sie glauben, dass was nicht stimmt, Mrs. Small. Uns macht das nichts aus. Wir sind nur froh, wenn sich herausstellt, dass Sie es selber gemacht und dann vergessen haben. Na, damals sind wir sofort zu Miss Hanburys Haus gefahren, und ich hab nach Fußabdrücken oder nach Schrammen von einem Stemmeisen auf dem Fensterbrett gesucht, hab aber nichts finden können.»

«Und während er gesucht hat», fuhr sein Kollege fort, «kam übers Radio die Meldung von der Explosion im College. Sie wollten, dass Miss Hanbury sofort wieder nach Boston käme. Aber wo sie doch gerade erst hier angekommen war, haben wir ihr angeboten, sie hinzufahren. Und als wir dann beim College ankamen, war da diese Horde von jungen Leuten, die die Beamten beschimpfte, die das Haus bewachten. Sie haben sie angepöbelt und ausgelacht, obwohl die doch bloß ihre Pflicht taten. Wissen Sie, wenn so etwas hier passiert, kennen wir jeden Einzelnen beim Namen und könnten mal mit den Eltern reden.»

Als sie gegangen waren, kümmerte sich Miriam ums Abendessen. Während sie arbeitete, sprach sie mit ihm – über die Kinder, über die Begegnungen am Morgen im Supermarkt. Sie hob die Stimme, damit er sie auch aus der Küche hören könnte, aber er reagierte nicht.

Als sie dann schließlich ins Wohnzimmer kam, um ihn zum Essen zu rufen, sagte er: «Ich hab im Augenblick überhaupt keinen Hunger, Miriam.»

«Ist was, David?»

«Nein, ich bin nur nicht hungrig. Ich – ich muss noch was arbeiten.» Damit stand er auf und ging in sein Arbeitszimmer.

Später, sehr viel später, war er immer noch dort. Er las nicht, er arbeitete nicht, er starrte nur blicklos ins Leere. Als sie ihn fragte, ob er nicht ins Bett gehen wolle, gab er ihr keine Antwort, sondern schüttelte nur irritiert den Kopf.

50

Der morgendliche Verkehr war dichter als sonst, und der Rabbi fand erst ein paar Minuten nach neun Uhr einen Parkplatz. Bis er sein Büro erreicht hatte, war es schon zehn nach neun. Er war überzeugt, dass alle Studenten schon gegangen wären, rannte aber dennoch los, weil vielleicht ja doch ein paar gewartet hatten. Zu seiner Überraschung fand er im Hörsaal das normale Kontingent vor.

«Auf der Brücke hat's eine Panne gegeben», erklärte er quasi zu seiner Entschuldigung, «sie war auf der ganzen Strecke nur einspurig zu befahren.»

«Ach, das macht nichts, Rabbi», sagte Harvey Shacter großmütig. «Wir haben abgestimmt, bis Viertel nach zu warten.»

«Das war sehr rücksichtsvoll von Ihnen.» Er lächelte. «Vielleicht ist das ein Zeichen dafür, dass Sie die traditionelle jüdische Einstellung zum Lernen und Studieren angenommen haben.»

«Heißt das, dass wir eine spezielle Einstellung haben?», fragte Shacter.

«Natürlich», erklärte sein Freund Luftig verächtlich. «Bekomme As, werde Ehrenstipendiat und hochverdienter Wissenschaftler.»

«Nein, Mr. Luftig, so ist das nicht», sagte der Rabbi. «Ganz im Gegenteil. Die Rabbiner postulierten, Wissen solle nicht als Spaten gebraucht werden, mit dem man umgräbt; damit meinten sie, es solle keinem praktischen oder materiellen Nutzen dienen. Lernen und Studieren sind bei uns eine religiöse Pflicht und infolgedessen kein Wettbewerbsobjekt. A-Noten und Ehrenprädikate sind Belohnungen bei einem Wettbewerb.»

«Wenn man keinen praktischen Nutzen davon hat, wozu dann das Ganze?», fragte Shacter.

«Weil der Wunsch nach Wissen, Wissen um seiner selbst willen, den Menschen vom Tier unterscheidet. Alle Tiere brauchen praktisches Wissen – wo die besten Nahrungsquellen zu finden sind, die besten Verstecke oder Lager – aber nur der Mensch unterzieht sich der Mühe, etwas zu lernen, einfach weil er es noch nicht weiß. Der Geist des Menschen hungert nach Wissen wie der Körper nach Nahrung. Und dieses Lernen dient ihm ganz allein, wie die Nahrung, die er isst.»

«Sie meinen also, es ist nicht koscher, wenn einer studiert, um Arzt oder Anwalt zu werden?», fragte Shacter.

«Er meint, er soll dafür kein Geld nehmen», erklärte Mazelman.

«Nein, Mr. Mazelman, das meine ich nicht. Die Gelehrsamkeit, die man erwirbt, um Arzt oder Rechtsanwalt oder auch Schreiner und Klempner zu werden, ist von ganz anderer Art. Es ist praktisches Lernen zum Nutzen der Gesellschaft. Und diese Art von Lernen erkennen wir ebenfalls an. Es gibt auch ein rabbinisches Sprichwort, das besagt, dass ein Vater, der seinem Sohn kein Handwerk beibringt, einen Dieb aus ihm macht. Sie müssen sehen; es gibt zwei Arten des Lernens: eine für sich selbst und eine für die Gesellschaft.»

«Was ein Arzt oder ein Anwalt lernt, ist das nicht auch für ihn selbst?», fragte Lillian Dushkin.

«Es füttert seinen Geist, das bestimmt; alles Erlernte tut das. Aber in erster Linie bildet er sich aus, um der Gesellschaft zu dienen. Ein Arzt lernt nichts über alle möglichen Krankheiten, nur um sich selber zu kurieren. Gewisse Zweige der Medizin haben gar nichts mit ihm zu tun, zum Beispiel die Geburtshilfe –»

«Die treffen für Ärztinnen zu.»

«In der Tat, Ms. Draper», bestätigte sie der Rabbi.

Luftig war auf einen Gedanken gekommen. «Wenn es zwei Arten des Lernens gibt, sollte es dann nicht auch zwei Arten des Lehrens geben?»

Der Rabbi erwog das. «Das ist ein guter Punkt, Mr. Luftig. Ein berufsgebundenes Studium sollte zweckdienlich sein. Ich sehe keinen Sinn darin, einem Jurastudenten mittelalterliches Kirchenrecht beizubringen oder einem Medizinstudenten die Humoraltheorie über Krankheiten.»

«Sollte nicht jedes Studium zweckgebunden sein?»

«Warum? Warum sollte das an einer philosophischen Fakultät eine Rolle spielen, Mr. Luftig? An ihr ist alles – was Sie interessiert, und das *könnte* mittelalterliches Kirchenrecht oder lateinische Inschriftenkunde sein – wert, studiert zu werden. Oder, um es anders auszudrücken: An einer philosophischen Fakultät ist alles relevant.»

«Wie rechtfertigen Sie dann schriftliche Arbeiten?», fragte Mark Leventhal. «Brechen Sie nicht Ihre eigenen Regeln, indem Sie uns Noten geben?»

«Ja, ich glaube, ich tue das. Aber ich muss mich an die Regeln des College halten.»

«Was würden Sie tun, wenn Sie es bestimmen könnten?», fuhr Leventhal beharrlich fort.

Der Rabbi überlegte einen Augenblick. «Ja, nachdem Sie aus einem abgelegten Examen Nutzen ziehen, müsste ich zwischen denen unterscheiden, die sich größte Mühe gegeben haben und denen, die das nicht taten. Ich würde also nur zwei Noten nehmen – bestanden und nicht bestanden. Und dann würde ich mir Examensfragen ausdenken, die mehr das Interesse als das nur Angelernte aufzeigen würden.»

«Wie könnten Sie das?»

«Im Moment weiß ich das auch nicht. Ich stelle mir vor, dass Sie die Wahl haben würden, alle Fragen zu beantworten, oder nur ein paar oder nur eine, aber die ausführlich.»

«Au, das ist eine gute Idee.»

«Klar, warum machen wir es nicht einfach so?»

«Vielleicht hätten die anderen Lehrer –»

«Sagen Sie, Rabbi, unterrichten Sie eigentlich im nächsten Semester wieder?»

Es war eine von vielen Fragen, aber die Klasse verstummte, nachdem Shacter sie gestellt hatte, als hätte jeder von ihnen dasselbe fragen wollen.

«Ich hab es nicht vorgehabt.»

«Vielleicht könnten Sie ja hauptberuflich unterrichten», schlug Lillian Dushkin vor.

Aus ihrer Fragestellung leitete er ab, dass man ihn als Lehrer anerkannte, und freute sich darüber. «Warum sollte ich das wohl wünschen, Miss Dushkin?»

«Na, es muss doch viel einfacher sein als zu rabbinern.»

«Ja, aber es bringt weniger ein», erklärte Shacter.

«Ach, das wäre ihm doch piepegal», warf Luftig ein.

«Ein Rabbi ist sowieso ein Lehrer», sagte Leventhal. «Das ist die Bedeutung des Wortes.»

Ihm kam der Gedanke, dass er diese freie Diskussion über

seine Zukunft noch vor gar nicht langer Zeit als unverschämt empfunden hätte, aber seit seiner ersten Unterrichtswoche hatte er sich sehr gewandelt. «Sie haben durchaus Recht, Mr. Leventhal», sagte er. «Und Sie auch, Miss Dushkin. Unterrichten ist leichter. Aber ich will weiter ein Rabbi bleiben und einer Gemeinde dienen.» Er blickte aus dem Fenster zur Wohnung auf der anderen Straßenseite hinüber und sah Männer, die er für Polizeibeamte in Zivil hielt, zwischen der Hendryxschen Wohnung und einem vor dem Haus geparkten Wagen hin- und hergehen. Er drehte sich wieder zu den Studenten um und lächelte verhalten. «Was das Unterrichtgeben im nächsten Semester betrifft: Ich bin nicht mal sicher, ob ich dieses zu Ende bringen werde.»

Hinterher, als die Stunde vorbei war und er in sein Büro ging, schloss sich ihm Mark Leventhal an. «Wissen Sie, Rabbi, meine Familie möchte, dass ich nach Cincinnati gehe, wenn ich mit dem College fertig bin. Sie hätten es gern, wenn ich Rabbiner würde.»

«Ach? Und was halten Sie davon?»

«Ich hatte eigentlich vor, auf die Universität zu gehen und dann Lehrer an einem College zu werden.»

Sie waren beim Büro angekommen. Der Rabbi holte den Schlüssel aus der Tasche. «Haben Sie jetzt eine Vorlesung, Mr. Leventhal?»

«Ja, aber ich könnte schwänzen.»

«Dann kommen Sie herein.» Er bot dem jungen Mann den Besucherstuhl an und setzte sich hinter den Schreibtisch auf den Drehstuhl. «Suchen Sie Rat, welchen Beruf Sie wählen sollen?», fragte er.

«Ach, wissen Sie, ich würd nur gern hören, was Sie davon halten, wo Sie doch beides machen.»

«Es ist natürlich heute alles anders», sagte der Rabbi. «In den kleinen Gettostädten in Osteuropa, dem Zentrum der jüdischen Kultur, wurde der Rabbiner von der Stadt und nicht von der Synagoge angestellt. Er wurde von den Bürgern unterhalten, verbrachte den größten Teil seines Lebens mit Studien und diente der Gemeinschaft dadurch, dass er Recht sprach, wenn die Gelegenheit es erforderte. Er hielt keine Gottesdienste ab und predigte nicht einmal. Er musste nur zweimal im Jahr vor der Öffentlichkeit sprechen, und das war dann meistens keine Predigt, sondern eine These über eine religiöse oder biblische Frage.»

Als er fortfuhr, erkannte er, dass es ihm ebenso sehr darum ging, Klarheit in seine eigenen Gedanken zu bringen, wie den jungen Mann zu beraten. «Er wurde vielfach von den Bürgern hoch geachtet, aus dem einfachen Grund, weil er der gelehrteste Mann der Gemeinde war, und zwar auf dem einzigen Wissensgebiet, das sie hatten, der Religion, dem Talmud, der Bibel. Aber hier in Amerika ist alles völlig anders. Er spricht nicht mehr Recht; dafür haben wir die Gerichte. Und sein Wissen ist nicht mehr allein stehend; es wird von seiner Gemeinde nicht einmal mehr als sehr wichtig betrachtet. Medizin, Jura, Naturwissenschaften, Technik gelten in der modernen Welt – und natürlich auch in seiner Gemeinde – als sehr viel bedeutsamer.»

«Meinen Sie, dass man ihm nicht mehr die gleiche Achtung entgegenbringt, wie es früher der Fall war?»

Der Rabbi lächelte. «Das könnte man sagen. Er muss sich seine Position selber erarbeiten, und die besteht größtenteils aus Verwaltungsarbeit und Politik.»

«Politik?»

«Ja. In doppeltem Sinn: Er ist normalerweise der Kontaktpunkt zwischen seiner Gemeinde und dem Rest der Bürgerschaft; und er muss sich auf seinem Posten halten. Wie jeder Mensch, der in der Öffentlichkeit auftritt, hat er immer eine Opposition, mit der er sich abfinden muss.» Er erinnerte sich an das, was Miriam gesagt hatte. «Im Grunde ist der Beruf, obwohl er sich so sehr geändert zu haben scheint, immer noch derselbe.»

«Wie meinen Sie das?»

«Vom Wesen her war es seine Aufgabe, die Gemeinde zu führen und zu lehren. Und das ist immer noch seine Aufgabe, nur ist heute seine Gemeinde weniger formbar, weniger folgsam, weniger interessiert und sogar weniger bereit, sich führen zu lassen. Der Beruf ist viel schwerer geworden, Mr. Leventhal, als er es früher war, und auch viel, viel schwerer als der Unterricht an einem College, wo Ihre Tätigkeit als Lehrer sich auf eine begrenzte Zahl von Kursen zu bestimmten Zeiten mit Prüfungen und Notengeben beschränkt.»

«Ja, warum wählen Sie dann aber das Rabbinat, statt am College zu unterrichten?», fragte der junge Mann forschend.

Der Rabbi lächelte, weil er wusste, dass er nun seine eigene Antwort gefunden hatte. «Wir sagen, es ist schwer, Jude zu sein, und ich meine, es ist noch schwerer, Rabbiner zu sein, weil der eine Art professioneller Jude ist. Aber haben Sie das nicht in Ihrem eigenen Leben schon festgestellt, Mr. Leventhal: Je schwerer die Aufgabe, desto größer ist die Befriedigung, sie zu erfüllen?»

51

Der Rabbi klingelte schüchtern an der Wohnungstür von Hendryx. «So, Sie sind das», sagte Sergeant Schroeder angriffslustig. «Mit Ihnen hab ich ein Wörtchen zu reden.»

«Das hat Zeit, Sergeant», sagte Bradford Ames. «Kommen Sie rein, Rabbi.»

Das Zimmer war strahlend hell von mehreren Scheinwerfern erleuchtet. Beamte in Zivil maßen, fotografierten und bestäubten Gegenstände, um Fingerabdrücke abzunehmen.

Ames erklärte, dass Hendryx' Verwandte von der Westküste kommen und seine Sachen abholen wollten, und es ihre letzte Chance sei, die Wohnung noch einmal gründlich zu untersuchen.

«Was ist mit der Kommode? Soll ich die Schubladen fotografieren, Sergeant?»

«Ja, jede einzeln. Dann haben wir gleich ein Inventar.»

Ames zeigte auf das Bett. «Setzen Sie sich, Rabbi. Da sind Sie aus dem Weg. Ich akzeptiere übrigens Ihre Erklärung der Kathy-Dunlop-Story, aber andererseits muss ich Ihnen sagen, dass Ihre kleine Ermittlung im *Excelsior*-Motel – na ja, das hängt von Ihrem Ergebnis ab.» Er ließ sich keinen Ärger anmerken, sein Ton war aber merkbar kühl.

Der Rabbi berichtete, was er erfahren hatte – dass keiner im Motel Roger Fine gesehen und an dem Tag die Telefonzentrale nicht funktioniert hätte. «Es hätte ihn also niemand von außerhalb anrufen können.»

Schroeder rieb sich die Hände. «Das ist ja geradezu großartig. Ganz großartig.»

Auch Ames lächelte zufrieden. Mit etwas freundlicherer Stimme erklärte er: «Verstehen Sie, wenn es anders gewesen wäre, wenn die Hoffnung auf ein Alibi bestanden hätte, dann hätte Ihre Fragerei den Gedanken im Kopf des Zeugen festsetzen oder ihn erst darauf bringen können.»

«Ich hatte eigentlich nach Kathys Geschichte kein Alibi erwartet. Sie erinnerte sich nur an die Zeit, zu der sie ihn im College angerufen hat. Allerdings meinte sie, wenn Fine gerade jemand getötet hätte, würde er ihr kaum unmittelbar danach einen Besuch abgestattet haben.»

«Trotzdem gibt es in der Literatur Fälle», sagte Ames, «in denen gerade das geschehen ist. Soweit ich informiert bin, soll es dem Liebesakt ein gewisses Flair verleihen.»

«Am nächsten Tag», fuhr der Rabbi fort, «hab ich Fine im

Gefängnis besucht und es nachgeprüft, weil Kathy ja was vergessen haben könnte. Aber er wollte nicht, dass die Sache herauskam, ich meine, dass er bei ihr gewesen war. Auch wenn ihm das zu einem Alibi verhelfen würde, wollte er es nicht benutzen. Um selber festzustellen, ob Miss Dunlops Bericht stimmte, wollte ich mit den Leuten vom Motel sprechen.»

«Ihre Gründe kann ich verstehen», gab Ames zu, «aber diese Ermittlung hätte der Polizei überlassen bleiben müssen.»

«He, Sarge», rief der Fotograf, «die unterste Schublade ist leer.»

Ames ging zu ihm. Der Rabbi schloss sich ihm an; er hatte nicht das Gefühl, dass ihm befohlen worden war, auf dem Bett sitzen zu bleiben. «Die Schublade hat er sicher für die schmutzige Wäsche gebraucht», sagte Ames. «Im Hotel mache ich das auch immer so.»

«Das glaube ich nicht, Sir», sagte Schroeder. «Im Bad steht dafür ein Wäschekorb.»

«Dann hatte er vielleicht nichts, was er da unten hineintun konnte.»

«Aber alle anderen Schubladen sind ziemlich voll, fast voll gestopft», stellte der Rabbi fest.

«Ach?» Ames kicherte. «Es sieht so aus, als brauchten wir den Talmudtrick, von dem Sie mir erzählt haben. Wir müssen auf wen – Elias? – warten, damit er das Problem für uns löst.»

«Die Talmudisten griffen erst dann darauf zurück, wenn sie jede andere Möglichkeit ausgeschöpft hatten», sagte der Rabbi vorwurfsvoll.

«Nachdem ich mit Ihnen darüber gesprochen hatte, hab ich mich über das Thema informiert, Rabbi. Aus reiner Neugier. Aber laut dem Absatz im Lexikon ist Ihr Talmud nur eine Sammlung von Geschichten, Altweibergewäsch und Moralpredigten. Und sogar der Teil, der sich mit den Gesetzen befasst, so heißt es, war größtenteils nur ein uferloses, unsystematisches Gerede über manchmal ganz unwahrscheinliche Fälle.»

«Der Talmud enthält von allem ein bisschen», gestand ihm der Rabbi zu, «aber seine nützlichste Funktion ist die in ihm entwickelte Methode.» Die Techniker waren nun fertig und hatten zusammengepackt. Schroeder fragte Ames, ob er ihn ins Stadtzentrum mitnehmen könne.

«Noch einen Augenblick, Sergeant. Der Rabbi gibt mir gerade Unterricht im Talmud.» Er lachte leise. «Und was ist das für eine Methode, Rabbi?»

«Im Grunde geht es darum», sagte der Rabbi ganz ernst, «jeden Aspekt eines Problems von jedem möglichen Blickpunkt aus zu betrachten. Vermutlich meint das Ihr Lexikon, wenn es andeutet, einige der Fälle wären höchst unwahrscheinlich. Diese alten Talmudisten hatten viel Zeit, die Jüngeren übrigens auch, und sie befassten sich auch nicht, wie zum Beispiel das Gewohnheitsrecht, mit dem Irrelevanten, dem Nebensächlichen und dem Nichtzuständigen. Nehmen wir doch mal diese leere Schublade –»

«Ja, was hätten Ihre Talmudisten zu einer leeren Kommodenschublade gesagt?»

Der Rabbi grinste. «Auf jeden Fall hätten sie zwei Möglichkeiten erwogen: a) dass die Schublade nie voll gewesen war; und b) dass sie voll war und dann geleert worden ist.»

«Ich kapier es nicht», sagte Schroeder. «Ich will nichts Ehrenrühriges gegen diesen Talmud sagen, was immer das sein mag, aber was für einen Unterschied macht es, ob das Ding voll war und geleert worden ist oder ob es nie benutzt wurde? Jetzt zumindest ist es leer.»

«Nun, wenn die Schublade nie benutzt worden wäre, würden Sie sich dann nicht nach dem Grund fragen? Offenbar liegt es nicht daran, dass er nichts zum Hineintun hatte. Sehen Sie doch mal, wie er da die Pullover auf die Unterhemden gestapelt hat.»

«Na, vielleicht hat er sich nicht gern gebückt.»

«Er musste sich aber bücken. Seine Schuhe standen unten im Kleiderschrank», stellte der Rabbi fest.

«Schon gut», unterbrach Ames ungeduldig. «Nehmen wir also an, ursprünglich hat sich etwas in der Schublade befunden. Was ergibt das?»

«Die nächste Frage: Wer hat sie ausgeräumt? Es war entweder Hendryx oder jemand anderes.»

«Donnerwetter, ist das logisch!», sagte Schroeder ironisch. «Sie können auch sagen, dass entweder ich das war oder ein anderer, oder George Washington oder sonst wer.»

Ames grinste, aber der Rabbi fuhr fort, als wäre er nie unterbrochen worden. «Oder es könnten beide gewesen sein.»

«Ich glaube nicht, dass zwei Leute gebraucht werden, um eine Kommodenschublade auszuräumen», sagte Ames.

«Ich meine nicht, dass sie es zusammen gemacht haben. Ich wollte andeuten, dass Hendryx wahrscheinlich die Schublade geleert hat, um für etwas anderes Platz zu schaffen. Und dass dieses andere danach wieder entfernt wurde.»

«Und zwar von jemand anderem? Wollen Sie drauf hinaus, Rabbi?»

Der Rabbi nickte Ames zu.

Dem Sergeant dämmerte es plötzlich. «Moment! Ich weiß, was er damit sagen will! Hendryx räumt die Schublade aus, um etwas Spezielles hineinzutun, Papiere vielleicht oder Dokumente. Dann wird er ermordet, und – jetzt passen Sie auf – Roger Fine kommt hierher, um sie zu holen, weil sie für ihn natürlich wichtig sind – es ist sein Geständnis und die Prüfungsaufgabe. Das sind die einzigen Beweise, dass er die Aufgaben verraten hat. Als er dann hier ist, sieht er, wie leicht es ist, vorzutäuschen, dass Hendryx noch einmal in seine Wohnung gegangen ist, nachdem die Putzfrau fort war, und sich dann ein Bombenalibi zu verschaffen. Also legt er die Pfeife in den Aschenbecher und brennt ein paar Streichhölzer ab.»

Der Rabbi nickte anerkennend. «Das ist ausgezeichnet, Sergeant, nur trifft das nicht auf Roger Fine zu.»

«Warum nicht?»

«Weil Fine kein Alibi hat. Außerdem brauchte Hendryx für die Papiere, von denen Sie gesprochen haben, keine Schublade leer zu räumen. Er würde sie doch wohl in den Schreibtisch gelegt haben.»

«Was hat er dann in die Schublade getan?»

«Vermutlich das, was jeder in eine Schublade legt, Kleidungsstücke.»

«Sie meinen, es wären Kleidungsstücke des Mörders drin gewesen, und er wäre gekommen, sie zu holen?», fragte Ames. «Warum? Ich verstehe es immer noch nicht.»

«Versuchen Sie's mal mit *sie*», schlug der Rabbi vor. «Sie ist gekommen, sie zu holen.»

«Eine Frau?» Ames dachte einen Moment darüber nach. «Ja, wenn sie –»

«Mann, warum denn nicht!», rief Schroeder. «Der Bursche war Junggeselle, wieso sollte der sich nicht gelegentlich was Liebes an Land ziehen?» Plötzlich fiel ihm Ames ein, und er verstummte.

«Schon gut, Sergeant», sagte dieser, «ich kenne die Tatsachen des Lebens.»

«Also, Sir, ich meine ja nur, wenn er mal eine Frau zu Besuch hatte, dann würde sie doch natürlich über Nacht geblieben sein.»

«Natürlich.»

«Vielleicht hat sie ein Nachthemd und ein bisschen Wäsche hier gehabt, wenn sie öfter kam.» Er schnippte mit den Fingern. «Klar! Betty Macomber! Sie waren heimlich verlobt.

Heutzutage wartet doch keiner mehr. Und wenn man's mal genau überlegt – so am Boden zerstört war die gar nicht, nicht so, wie man es von einer Frau erwarten sollte, deren Verlobter plötzlich gestorben ist.»

«Sie sagten ja auch, dass der Vater sich nicht sehr aufgeregt hätte», bemerkte Ames.

«Ja, das stimmt. He! Der ist ein Golfnarr. Einer von der Sorte, die sogar die Schläger ins Büro mitnimmt. Als ich damals zu ihm gegangen bin, hat er auf dem Teppich Putting geübt.»

«Und was hat das hiermit zu tun?», fragte Ames schroff.

«Sehen Sie's denn nicht, Sir? Ein Golfschläger hat auch ein gekrümmtes Ende – wie ein Spazierstock.»

«Hm …» Ames nickte langsam. «Vater und Tochter. Wenn ihm die Verbindung nicht zusagte …»

«Oder entdeckte, dass sie mit ihm schlief», riet Schroeder.

«Würde er ihn umbringen?» Der Rabbi machte ein erstauntes Gesicht. «Obwohl sie verlobt waren? Und dann kam er her, um das Nachthemd seiner Tochter zurückzuholen, damit ihre Ehre nicht befleckt würde?»

«Wie Sie das sagen, hört es sich albern an», gab Ames zu.

Der Rabbi fuhr fort: «Hat denn Präsident Macomber ein Alibi? Oder etwa seine Tochter?»

«In dem Fall scheint keiner eines zu haben», gestand Schroeder.

«Bis auf Millicent Hanbury», sagte der Rabbi.

«Die Dekanin?», rief Schroeder laut. «Na, hören Sie!»

«Eine anziehende Frau», gab der Rabbi zu bedenken. «Noch recht jung. Unverheiratet. Sie haben als Erster auf sie hingewiesen, Sergeant.»

«Ich?»

«Als Sie damals mit Lanigan zum ersten Mal zu mir kamen, ließen Sie durchblicken, sie könnte in die Sache verwickelt sein. Wir haben uns darüber lustig gemacht, soweit ich mich erinnere, aber das zeigt nur, dass Intuitionen eines erfahrenen Ermittlungsbeamten nicht leichthin abgetan werden sollten.»

«Ja, das hab ich, nicht wahr?»

Ames kicherte. «Das Alibi, von dem Sie eben sprachen –»

«Es gab sogar mehrere», sagte der Rabbi. «Das Treffen mit der Studentendelegation um halb drei – meines Wissens hat sie die Zeit bestimmt. Dann das Hinauslaufen aus der Besprechung – ein ausgezeichnetes Alibi, weil es so ungekünstelt war. Jemand nach der Uhrzeit zu fragen, erweckt automatisch Verdacht. Aber aus einer Konferenz herauszulaufen und nicht wiederzukommen, ist eine Garantie, dass die Leute nach einer Weile unruhig werden und auf die Uhr sehen. Aber der Höhepunkt war, als sie nach Barnard's Crossing kam und die Polizei anrief, um mitzuteilen, dass in ihrem Haus ein Fenster offen stünde. Sie konnten keinen Hinweis finden, dass es aufgestemmt worden war, natürlich nicht, aber der Anruf hatte seinen Zweck erfüllt – die genaue Zeit stand im Dienstbuch des Reviers. Durch einen reinen Zufall hab ich entdeckt, dass die Polizei von Barnard's Crossing es mit den Eintragungen sehr genau nimmt.»

«Das tun alle Polizeidienststellen», sagte Ames. «Aber der Mord wurde früher begangen, wahrscheinlich gegen zwanzig nach zwei, und alle diese Alibis sind für eine spätere Zeit.»

«Darum musste sie es ja so einrichten, dass es so aussah, als wäre Hendryx, als sie fortfuhr, noch am Leben gewesen. Und die Studenten mussten dies Alibi noch bestätigen.»

«Und was ist mit der Obduktion des Gerichtsarztes?», beharrte Ames. «Sie muss doch gewusst haben, dass er sich nicht in der Todeszeit irren würde.»

«Sie hatte ja nicht ahnen können, dass die Leiche so kurz nach dem Tod untersucht werden würde», sagte der Rabbi.

«Und das geschah aufgrund der Bombenexplosion. Normalerweise wäre die Leiche nicht vor Montagmorgen gefunden worden. Wahrscheinlich von mir, sobald ich ins Büro kam. Das wäre sechzig Stunden später gewesen, und dann hätte kein Gerichtsarzt die Zeit so genau auf eine Stunde mehr festlegen können. Und im Übrigen hätten die Beweise in seiner Wohnung gezeigt, dass Hendryx, lange nachdem sie das Haus verlassen hatte, noch am Leben gewesen war.»

Ames stimmte zu. «Und da sie wusste, dass wir seine Wohnung durchsuchen würden, ist sie reingegangen und hat ihr Nachthemd geholt? Höschen, Strümpfe? Aber wie hätte man daraus auf sie schließen können?»

«Wie wäre es mit etwas Persönlicherem?»

«Persönlicher als Höschen?», fragte Ames lächelnd.

«Ich dachte an einen Beutel mit Strickzeug.»

«Aber ja», rief Ames. «Ich begreife, dass sie das holen musste.»

«Hören Sie», sagte Schroeder. «Ich bin vielleicht nur ein blöder Bulle, aber Sie haben immer noch nicht erklärt, wie sie die Gipsbüste runterholen konnte, ohne dass es zu einem Kampf kam.» Er überlegte kurze Zeit. «Auch wenn sie früher mal Turnlehrerin war.»

Auch Ames warf dem Rabbi einen fragenden Blick zu.

«Kehren wir wieder zum Talmud zurück», sagte der Rabbi. «Es geht wieder darum, alle Möglichkeiten zu überdenken. Eine Büste auf einem Regal kann herunterfallen, wenn es eine Erschütterung gibt – sagen wir, eine Bombenexplosion. Den Standpunkt nahm die Polizei ein, als sie damals die Studenten verhaftete. Sie kann aber auch heruntergezogen werden: Das war der Ausgangspunkt Ihres Verdachts gegen Fine – und eben erst, Sergeant – gegen die Macombers. Man kann sie aber auch vom Regal stoßen, und das ist, meiner Meinung nach, in Wirklichkeit geschehen.»

«Stoßen?», wiederholte Ames. «Wie konnte sie gestoßen werden?»

Der Rabbi erklärte: «Unser Bürotelefon hängt am gleichen Kabel wie der Dekanatsapparat; die Leitung führt durch ein Loch in der Wand oberhalb des obersten Regalfachs, dicht unter der Decke. Die Büste stand direkt davor. So dicht davor, dass der Monteur sie zur Seite schieben musste, um das Loch bohren zu können.»

«Gut, es ist also ein Loch in der Wand, durch das die Leitung geht», sagte Ames unwillig. «Na und?»

«Der Draht geht durch, aber es bleibt genügend Platz, um eine dünne, aber starke Stahlnadel durchzuschieben», sagte der Rabbi.

«Eine dünne Stahl- … eine Stricknadel!», rief Ames.

«Ja», sagte der Rabbi. «Ich denke mir, dass sie, als sie mich fortgehen hörte – und man kann alles hören, die beiden Büros haben nur eine einfache Trennwand –, den Schreibtisch an die Wand gerückt hat und darauf geklettert ist. Dann hat sie die Stricknadel durch das Loch geschoben und die Büste zum Kippen gebracht. Sie wusste, dass Hendryx' Stuhl direkt darunter stand. Und das Ding ist ihm auch prompt auf den Kopf gefallen und hat ihn getötet.»

Ames blieb lange Zeit stumm. «Und das Motiv, Rabbi?», fragte er endlich. «Haben Sie eine Theorie über das Motiv?»

«Ich hab schon eine», sagte der Rabbi schüchtern. «Ich nehme an, sie glaubte fest, dass sie und Hendryx heiraten würden, vielleicht gleich nachdem er zum Leiter der Abteilung befördert worden wäre. Es ist kein Geheimnis, dass sie sich sehr dafür eingesetzt hat, bisher aber ohne Erfolg. Hendryx muss sich mehr davon versprochen haben, wenn sich die Tochter des Präsidenten für ihn verwendete, also nahm er sie aufs Korn, und es kam zu einer Verlobung. Am Freitagvormittag, als Präsident Macomber zu Dean Hanbury ging und ihr mitteilte, dass Hendryx endlich befördert werden würde, hat er ihr wahrscheinlich auch von der Verlobung erzählt. Er wusste ja nichts von ihrer Beziehung zu seinem zukünftigen Schwiegersohn.»

«Eine fabelhafte Theorie, Rabbi», sagte Ames, «und sie scheint wirklich auf alles zu passen. Aber es ist Ihnen wohl klar, dass Sie nicht die Spur eines Beweises haben.»

«Ich bin nicht mal sicher, ob sie wirklich auf alles passt», warf Schroeder ein. «Sie sagen, sie hat den Schreibtisch an die Wand geschoben?»

«Oh, das muss sie gemacht haben», sagte der Rabbi. «Die Stühle wären alle zu niedrig.»

Schroeder winkte ab. «Der Schreibtisch steht gute drei Fuß von der Wand entfernt, und er ist am Fußboden festgeschraubt. Sie hätte ihn nicht verrücken können.»

Der Rabbi runzelte die Stirn. Bradford Ames gluckste nervös.

«Drei Fuß? Ja, das dürfte hinkommen.» Das Gesicht des Rabbi hellte sich auf. «Dann kann ich Ihnen vielleicht sogar einen Beweis liefern, Sergeant.» Er stand auf, stellte sich in etwa drei Fuß Abstand vor die Wand, streckte den rechten Arm aus und stützte sich mit der Handfläche an die Wand. Dann zog er einen Bleistift aus der Brusttasche und tippte mit ihm gegen die Wand. «So hoch oben dürfte der Abdruck wahrscheinlich noch vorhanden sein.»

Sie blickte von ihrem Strickzeug auf, als die drei Männer das Büro betraten. «Sie erinnern sich an mich, *ma'am*?», fragte Schroeder höflich.

«Natürlich. Sie sind von der Polizei.»

«Und dies ist Mr. Bradford Ames, der Assistant District Attorney. Er leitet die Untersuchung.»

«Guten Tag, Mr. Ames. Und wer ist dieser Herr?»

«Er ist unser Fingerabdruckfachmann, Miss Hanbury», sagte Ames. «In Ordnung, Bill.»

Der Mann betrachtete die Wand. «Ich brauche was, worauf ich mich stellen kann», sagte er.

«Klettern Sie doch einfach auf den Schreibtisch», schlug Ames vor.

Sie sah interessiert zu, wie Bill auf den Schreibtisch stieg und die Wand absuchte. «Ja, da ist es», sagte er. «Abdruck einer ganzen Handfläche und aller fünf Finger. Ganz ausgezeichnet.»

Sie beugte sich lächelnd über ihre Strickerei. «Dann wissen Sie es also.»

«Ja, Miss Hanbury, wir wissen es.»

52

Einige Zeit danach kam Ames zum Rabbi in das Apartment.

«Ich könnte eine Tasse Kaffee vertragen», sagte er. «Ich glaube, in der Küche war ein Glas Pulverkaffee.»

Mit der Praxis eines geübten Junggesellen machte er sich in der Küche zu schaffen, kochte Wasser, spülte Tassen aus und deckte den Tisch.

Sie saßen beide am Küchentisch, die dampfenden Tassen vor sich, ehe Ames zu sprechen begann. «Trotz des talmudischen Boheis müssen Sie eine Idee gehabt haben, wohin Sie zielten. Und, bitte, ersparen Sie mir den Schmus, dass mein braver Sergeant Sie als Erster auf Dean Hanbury gebracht hatte. Was war es wirklich?»

Der Rabbi setzte die Tasse ab. «Vom ersten Tag des Kennenlernens an hab ich mir Gedanken über Millicent Hanbury gemacht. Vermutlich liegt es an unserer generellen Art, die Dinge zu betrachten: am biblischen Gebot fruchtbar zu sein und sich zu mehren. Für uns ist die unverheiratete Frau, die alte Jungfer, eine tragische Gestalt, weil sie nicht die Gelegenheit gehabt hat, ihren normalen Lebenszyklus zu vollenden. Im *Städtl*, den kleinen Ghettostädten in Russland und Polen, wo jedes Mädchen eine Mitgift in die Ehe bringen musste, wurde den armen Mädchen oder Waisen eine Mitgift von der Gemeinde gestellt, damit sie nicht zu einem Leben als alte Jungfer verurteilt würden. Selbst wenn das Mädchen hässlich war, brachten sie sie irgendwie an den Mann. Im *Städtl* gab es keine alten Jungfern.»

«Und was war mit den Junggesellen?»

«Die gab es gelegentlich.» Der Rabbi lächelte. «Sie galten weniger als tragische Gestalten denn als Leute, die ihre Pflicht nicht erfüllten, den Anforderungen nicht gerecht wurden.»

«So, Sie auch?» Als Antwort auf den fragenden Blick des Rabbi erklärte er: «Das hab ich fast mein Leben lang von meiner Familie zu hören bekommen – ich würde den Anforderungen nicht gerecht, ich erfüllte meine Pflicht nicht. Aber nicht, weil ich nicht geheiratet habe, sondern weil ich als Anwalt kein großes Tier geworden bin. Ich mache nichts aus meinen Möglichkeiten, heißt es meistens.»

Der Rabbi lachte leise. «Ach, in unserer modernen Zeit, in der man aus romantischer Liebe heiratet, ist es mehr oder minder eine Glücksfrage, ob man heiratet oder nicht. Aber ich wage zu behaupten, dass Sie im alten System der arrangierten Eheschließung kein Junggeselle geblieben wären, und Miss Hanbury wäre bestimmt auch nicht ledig geblieben. Sie ist viel zu hübsch. Darum hab ich mir auch Gedanken gemacht, warum sie nicht geheiratet hat. War es der akademischen Laufbahn wegen?» Er verstummte, als wäre ihm ein plötzlicher Gedanke gekommen. «Wissen Sie, wenn Sie geheiratet hätten, wäre es ohne weiteres möglich gewesen, dass Ihre Frau für Ihre Karriere als großer Anwalt gesorgt hätte.»

Ames lachte vor sich hin. «Dann ist es eigentlich gut, dass es bei uns keine arrangierten Heiraten gibt.»

Der Rabbi grinste mitfühlend. «Na ja, kurz darauf hab ich zufällig Chef Lanigan getroffen, und er hat mir von Millicent Hanbury erzählt. Sie ist eine Hanbury, und Hanburys verkehren nicht mit jedem. Da sie aber einem armen Zweig der Familie angehörte, verkehrte sie nicht mal mit denen, die sie für gleichberechtigt hielt. Sie durfte es nicht. Es war eine Frage des Familienstolzes und ihrer Erziehung. Und darüber verkümmerte ihr Gefühlsleben.»

«Ich kenne ähnliche Fälle», sagte Ames.

«Ja, das kann ich mir denken. Eines Tages tauchte dann Hendryx auf, der als Junge aus Barnard's Crossing fortgezogen war. Und die Hendryx' waren aus derselben Schublade wie die Hanburys. Sie hat ihn damals gekannt, und es ist durchaus möglich, dass sie trotz des Altersunterschieds als Kind für ihn geschwärmt hat.»

«Sehr wahr. Und nun kommt er und will von ihr angestellt werden. Er ist nicht verheiratet. Sie beschafft ihm nicht nur die Stelle, sondern sie macht ihn sogar zum kommissarischen Leiter der Abteilung.»

«Er war dafür qualifiziert?»

«Ja, sicher. Soviel ich weiß, war er nichts Großartiges, hatte aber gute Examen gemacht und auch einiges veröffentlicht.»

«Warum war er dann ohne feste Anstellung, als er in Windemere auftauchte?», fragte Ames. «Wir haben festgestellt, dass er in den letzten zehn Jahren mehrfach gewechselt hat.»

«Das könnte an seiner Persönlichkeit gelegen haben. Er war stolz und anmaßend und tendierte zu spitzen, verletzenden Bemerkungen. Vielerorts entscheiden die eigenen Kollegen über Beförderungen und Vertragsverlängerungen, und ich kann mir denken, dass diese Eigenschaften vielen Leuten gegen den Strich gegangen sind – wie bei Fine übrigens. Aber ich hatte den Verdacht, dass er hier in Windemere Fuß fassen wollte. Er war nicht mehr so jung, schon über vierzig, und wenn man sich bis dahin noch keinen Namen gemacht hat, ist es in dem Alter nicht mehr so einfach, eine Stellung zu finden.»

Ames nickte.

«Ich bin überzeugt, dass Miss Hanbury mit der Heirat rechnete. Ich kann mir einfach nicht vorstellen, dass sie – wie hat der Sergeant das nochmal genannt? – sich von ihm hat an Land ziehen lassen. Ihr Stolz hätte auf Dauer so eine Regelung nie zugelassen.»

Ames bestätigte das. «Als wir sie verhört haben, sagte sie, sie hätten heiraten wollen, sobald Hendryx einen festen Vertrag gehabt hätte. Dann hätte sie den Beruf aufgeben können, sie hätte es übrigens gemusst, denn hier gibt es eine Regel, dass Mann und Frau nicht gleichzeitig am College unterrichten dürfen.»

«Ach ja.» Der Rabbi fuhr fort: «Aber solange er nur auf Zeit angestellt war, hatte sie den wesentlich besseren Job. Wenn sie also bald heiraten wollten, hätte er gehen und sie ihn unterhalten müssen. Damit hätte sie sich bestimmt nicht abgefunden, er übrigens auch nicht. Es war also eine Frage der Zeit.»

«Aber er konnte nicht warten?»

«Das vermute ich», sagte der Rabbi. «Hendryx muss sich gedacht haben, dass er sein Ziel über die Tochter des Präsidenten schneller und sicherer erreichen könnte. Und es hat ja auch funktioniert. Doch Millicent Hanbury war stolz, zu stolz, um sich einfach gebrauchen und dann fortwerfen zu lassen.» Er blickte nachdenklich vor sich hin. «Ich möchte wissen, wie er das geschafft hat, die eine Frau zu hofieren und die andere –»

«Zu bumsen?» Ames lachte. «Sogar verheiratete Männer schaffen das oft spielend. Für einen Junggesellen ist es noch viel einfacher.»

53

«Ich hoffe, es stört Sie nicht, dass ich Sie heute Nachmittag hergebeten habe, Rabbi», sagte Präsident Macomber, «aber Freitag nachmittags ist das Haus praktisch leer. Wir können uns privat unterhalten, ohne gestört zu werden. Aber sagen Sie mir erst, ob Ihnen der Unterricht hier Freude macht?»

«O ja. Ich hatte heute fünfundzwanzig Studenten.»

«Wirklich?», murmelte Macomber.

Der Rabbi merkte, dass der Präsident keine Ahnung hatte, was er damit meinte. Er erklärte es sofort.

«Das ist sicher die Folge Ihres guten Unterrichts», sagte Macomber höflich. Er spielte mit einem Bleistift und wirkte befangen. Endlich räusperte er sich. «Sie haben sich mit Hendryx ein Büro geteilt. Haben Sie mit ihm gesprochen?»

«Ja, gelegentlich. Nicht sehr oft und meistens nur recht kurz.»

«Sagen Sie mir, Rabbi», er lehnte sich im Stuhl zurück, «war Professor Hendryx Ihrer Meinung nach ein Antisemit?»

Der Rabbi schob die Lippen vor. «Das möchte ich nicht behaupten! Er war voreingenommen, das wohl. Die meisten Menschen sind gegen die eine oder andere Gruppe eingestellt. Es ist eine natürliche Reaktion auf den Fremden, auf das Mitglied einer Minorität. Wir Juden haben darunter mehr als andere gelitten. Vermutlich, weil wir in so vielen Ländern eine Minorität dargestellt haben. Aber ich nenne es nicht Antisemitismus, wenn man mich nicht mag, auch wenn man mich nicht mag, weil ich Jude bin. Ich betrachte das nicht als Antisemitismus, falls das Vorurteil nicht in politische, legale oder soziale Handlung umgesetzt wird. Zum Funktionieren einer vielschichtig zusammengesetzten Gesellschaft gehört es nicht, dass ein Teil der Bevölkerung jeden anderen Teil schätzt. Das ist utopisch. Es geht schon, wenn jeder Teil dem anderen gleiche Rechte zubilligt, gleichgültig, ob sie sich schätzen oder nicht. Was nun Professor Hendryx anbelangt, so machte er dann und wann abwertende Bemerkungen über Juden, aber das tat er auch bei Iren, Italienern und Schwarzen. Er neigte dazu, fast über jeden bittere, sarkastische Bemerkungen zu machen. Für mich war er ein gequälter, unglücklicher Mann.»

Macomber nickte langsam. «Ja.»

«Sie scheinen enttäuscht zu sein.»

Der Präsident lachte kurz auf. «In gewisser Weise bin ich das. Es wäre für mich leichter, wenn Professor Hendryx ein Antisemit gewesen wäre.» Er blieb stumm und sagte dann schließlich: «Jetzt, wo das Semester zu Ende geht, ist bei uns alles durcheinander. Wir sind ohne Dean, und die englische Abteilung hat nicht mal einen Vorsitzenden. Normalerweise wäre Letzteres nicht so bedeutsam, aber wir sind sowieso schon unterbesetzt. Und wo nun Professor Fine geht –»

«Muss er gehen?»

«Das ist ja der Punkt.» Macomber griff nach einem langen weißen Umschlag, der auf der Tischplatte lag. «Vor seinem Tod hat Professor Hendryx schwere Beschuldigungen gegen Professor Fine bei Dean Hanbury geäußert, Beschuldigungen, die sie mir mitgeteilt hat und die mich bewogen haben, seinen Vertrag nicht zu verlängern. Ich nehme mir heraus, mit Ihnen darüber zu sprechen, weil Mr. Ames andeutete, dass Sie mit den Umständen vertraut sind.» Er sah den Rabbi fragend an.

Der Rabbi bestätigte es.

«Ich kann diese Beschuldigungen nicht einfach außer Acht lassen, obwohl Dean Hanbury durch die seither erfolgten Ereignisse nicht mehr als zuständig betrachtet werden kann. Es ist etwas, worüber ein Präsident des College einfach nicht hinweggehen kann. Nicht wenn er ein Gewissen hat.»

«Verstehe ich richtig, Präsident Macomber, dass Sie Fine gern behalten würden, weil Sie zu wenig Lehrer haben –»

«Und weil ich ihn für einen guten Lehrer halte.»

«Aber weil Sie Grund zu der Annahme haben, dass er Examensaufgaben verraten hat, erlaubt ihr Gewissen nicht, dies zu übersehen?»

«Hm – ja, so etwa meine ich es», sagte Macomber unglücklich.

«Und wenn ich nun gesagt hätte, Hendryx sei Antisemit gewesen, dann hätten Sie sich einreden können, die Beschuldigungen entstammten einem Vorurteil, und Sie brauchten sie nicht so ernst zu nehmen?»

«Wenn ich in Betracht zog, dass ich sie nur von Dean Hanbury gehört hatte. Ich habe nicht selbst mit Hendryx gesprochen.»

«Und sie ist inzwischen in Misskredit geraten.»

«Ja, unglücklicherweise gibt es aber noch diesen Umschlag. Er enthält den Beweis für die Anklage. Wie Sie sehen, ist er versiegelt, und Fine hat seinen Namen quer darüber geschrieben. Aber ich weiß, was drin steht, weil ich Dean Hanbury gesagt habe, wie ich es haben wollte. Ich habe den Text persönlich formuliert.» Er öffnete eine Schublade und nahm eine Mappe heraus. Sie enthielt ein einziges Blatt, das er über den Schreibtisch reichte. «Lesen Sie das.»

«Es ist nicht unterschrieben», sagte der Rabbi lesend. «Das Datum fehlt.» Er sah forschend auf.

«Das war, damit wir ein neueres Datum einsetzen konnten, falls Professor Fine sich nicht an sein Versprechen hielt.»

Der Rabbi las weiter: *Ich gestehe hiermit aus freien Stücken, dass ich eine Kopie der abschließenden Examensarbeit des Englischkurses Nr. 74 an eine Teilnehmerin des Kurses weitergegeben und ihr damit ermöglicht habe, das Sommersemester mit einer besseren Note abzuschließen. Ich bedaure diese Handlung und garantiere, dass so etwas in der restlichen Zeit meiner Vertragsdauer nicht wieder vorkommen wird.*

«Das Blatt im Umschlag ist natürlich von Professor Fine unterschrieben», sagte Macomber.

Der Rabbi blieb kurze Zeit stumm, dann sagte er: «Die traditionelle Aufgabe eines Rabbiners ist es, Recht zu sprechen. Wussten Sie das?»

Macomber lächelte. «Ames hat etwas Ähnliches erwähnt, als er mit mir über – den Fall gesprochen hat. Wollen Sie andeuten, dass Sie die Beschuldigung anders betrachten würden, wenn Sie der Richter wären?»

«Würde mir der Fall vorgetragen, könnte ich dies nicht als Beweis annehmen. Es steht im Gegensatz zum talmudischen Gesetz.»

«Da Roger Fine Jude ist», sagte Macomber, «läge wohl eine gewisse Gerechtigkeit darin, ihn nach talmudischem Recht zu behandeln. Also gut, wie würden Sie verfahren?»

«Ich würde erst seine Ankläger hören.»

«Aber das ist unmöglich. Sie sind beide –»

«Eben.»

«Aber hier ist sein eigenes Geständnis.»

«Ich könnte das nicht als Beweis werten. Nicht nach unserem Recht. ‹Keiner darf sich selbst einen Übeltäter nennen.› In unserem Strafrecht ist das ein grundlegendes Prinzip.»

«Wenn ich es mir genau überlege, trifft das für unsere ebenso zu», sagte Macomber.

«Nein, da gibt es einen Unterschied. Nach amerikanischem Recht kann ein Mensch nicht gezwungen werden, gegen sich selbst auszusagen. Nach jüdischem Recht kann er nicht gegen sich aussagen, selbst wenn er es möchte.»

«Aha, wenn Sie also in diesem Fall der Richter wären?»

«Würde ich die Klage abweisen», sagte der Rabbi prompt.

Macomber lächelte. «Das wäre ja nun wirklich ein Ausweg, aber trotzdem –»

«Trotzdem sind Sie nicht zufrieden?»

«Ja, das ist wahr.»

«Ich auch nicht», gab der Rabbi zu. «Vermutlich liegt das daran, dass wir es hier weniger mit einer Rechts- als mit einer Gewissensfrage zu tun haben. Ich glaube, ich habe es anfangs eine Sünde und nicht ein Vergehen genannt. Diese Sünde, einen Examenstext zu verraten – betrachten Sie, als Präsident des College, so etwas für unverzeihlich?»

«Keine Sünde ist unverzeihlich, würde ich sagen.»

«Was muss dann einer tun, um eine Sünde verziehen zu bekommen?»

«Das scheint mir mehr in Ihrer als in meiner Linie zu liegen, Rabbi. Vielleicht durch eine Beichte, durch Reue und das Versprechen, es nicht wieder zu tun.»

Der Rabbi begann zu strahlen. «Na, hat Fine das nicht getan?»

«Wann? Jetzt?»

«Nein, hier auf diesem Blatt Papier. ‹Ich gestehe hiermit aus freien Stücken› – das ist ein Geständnis. ‹Ich bedaure diese Handlung› – das ist Reue. ‹Und garantiere, dass so etwas nicht wieder vorkommen wird› – das ist der dritte Punkt.»

Macomber erwog das. Dann lachte er leise. «Ja, ich glaube, das genügt. Und damit wäre auch das Problem der englischen Abteilung gelöst.» Er lehnte sich strahlend auf seinem Stuhl zurück. «Sagen Sie, Rabbi, vermutlich wollen Sie nicht mal ausprobieren, wie Sie sich als Dean machen? Oder etwa doch?»

Virginia Doyle

Virginia Doyle ist das Pseudonym einer mehrfach ausgezeichneten Krimiautorin. Im Rowohlt Taschenbuch Verlag sind folgende Titel lieferbar:

Die schwarze Nonne
(43321)
Wir schreiben das Jahr 1876: Jacques Pistoux, französischer Meisterkoch und Amateurdetektiv, löst seinen ersten Fall auf dem Gut des Lords von Kent, bei dem er eine Stelle als Leibkoch angenommen hat.

Kreuzfahrt ohne Wiederkehr
(43352)
Nach seinem Abenteuer bei dem Lord von Kent beschließt Jacques Pistoux, dem britischen Inselleben den Rücken zu kehren und mit einer amerikanischen Reisegesellschaft eine Kreuzfahrt auf dem Mittelmeer zu wagen. Doch auch hier zieht der Meisterkoch das Verbrechen an wie der Honig die Fliegen.

Das Blut des Sizilianers
(43356)
Nach seinem Kreuzfahrtabenteuer hat es Jacques Pistoux nach Sizilien verschlagen, wo er ganz unfreiwillig zum ersten Undercover-Agenten der italienischen Justiz wird, die ihn als Küchenjungen auf dem Landsitz eines Mafia-Paten einsetzt ...

Tod im Einspänner
(43368)
Im Jahr 1879 verlassen der junge Meisterkoch und seine adelige Geliebte Charlotte Sophie Sizilien und erreichen nach einer abenteuerlichen Odyssee Wien.

Die Burg der Geier *Ein historischer Kriminalroman*
(22809)
Jacques Pistoux befindet sich auf dem Weg nach Frankreich. In Heidelberg engagiert ihn ein adeliger Landsmann ...
Und wieder begibt sich der junge Meisterkoch in ein schmackhaftes Abenteuer.
«Ein wahrhaft appetitliches Lesevergnügen.» *Norbert Klugmann*

Das Totenschiff von Altona
(23153)
Der neue Fall von Jacques Pistoux: Viel Spannung und historisches Hamburg-Flair!

rororo

Weitere Informationen in der **Rowohlt Revue**, kostenlos im Buchhandel, und im **Internet: www.rororo.de**

3750/2

Laurie R. King

«Wenn jemand die Nachfolge von P. D. James antritt, dann **Laurie R. King.**» *Boston Globe*

Die Gehilfin des Bienenzüchters
Kriminalroman
(rororo 13885)
Der erste Roman einer Serie, in der Laurie R. King das männliche Detektivpaar Sherlock Holmes und Dr. Watson durch eine neue Konstellation ersetzt: dem berühmten Detektiv wird eine Assistentin – Mary Russell – zur Seite gestellt. «Laurie King hat eine wundervoll originelle und unterhaltsame Geschichte geschrieben.» *Booklist*

Die Apostelin *Kriminalroman*
(rororo 22182)
«*Die Apostelin* ist ein wundervolles Buch. Ich habe diesen Roman geliebt.» *Elisabeth George*

Die Feuerprobe *Roman*
Deutsch von Eva Malsch und Angela Schumitz
544 Seiten. Gebunden und als rororo 23130

Das Moor von Baskerville
Roman
(rororo 22416)
Baskerville revisited: Die Fortsetzung des berühmtesten Falls von Sir Conan Doyle

rororo Unterhaltung

Die Farbe des Todes *Thriller*
(rororo 22204)
Drei kleine Mädchen sind ermordet worden. Kein leichter Fall für Kate Martinelli, die gerade erst in die Mordkommission versetzt wurde und noch mit der Skepsis ihres Kollegen Hawkin zu kämpfen hat.

Die Maske des Narren
Kriminalroman
(rororo 22205)
Kate Martinelli und Al Hawkin übernehmen ihren zweiten gemeinsamen Fall.

Geh mit keinem Fremden
Kriminalroman
(rororo 22206)

Wer Rache schwört
Roman
(22922)

Weitere Informationen in der **Rowohlt Revue,** kostenlos im Buchhandel, und im **Internet: www.rororo.de**

3666/7